立憲平和主義と有事法の展開

山内敏弘

立憲平和主義と有事法の展開

学術選書
9
憲法

信山社

はしがき

本書は、私がこれまで日本の「有事法制」やドイツの非常事態法制に関連して書いてきた論文に現時点で必要と思われる加筆修正や補注を付した上で収録したものである（初出一覧は、本書末尾に掲載した）。

ところで、「有事」という言葉あるいは「有事法制」という言葉が国会やマスコミなどで一般的に用いられるようになったのは、一九七八年七月のいわゆる栗栖発言を契機としてである。当時、自衛隊の制服組のトップの座にあった栗栖弘臣統幕議長は、週刊誌のインタビューに答えて、奇襲攻撃があった時で、内閣総理大臣の防衛出動命令が間に合わない場合には自衛隊は超法規的な行動を取らざるを得ないと発言した（週刊ポスト一九七八年七月二八日・八月四日合併号二〇六頁）。防衛庁長官はこの発言がシビリアン・コントロールに反するとして栗栖統幕議長を更迭したが、これと引き替えにするかのように、福田赳夫首相は、「有事法制」の検討をするように防衛庁長官に指示をしたのである。「有事法制」の検討は、すでに前年の一九七七年の段階で防衛庁長官の指示の下で防衛庁内部で行われていたが、この福田首相の公然の指示によって国民的な関心を呼ぶこととなった。

「有事法制」という言葉はこのようにして一般化したが、「有事」の意味について、防衛庁は、「自衛隊法七六条の規定により防衛出動を命じられる事態」、つまり「外部からの武力攻撃が発生し、または発生するおそれのある場合」を指すとした（一九七八年九月二一日の防衛庁の「防衛庁における有事法制の研究について」）。言い換えれば、「有事」とは戦争の事態を意味しているというわけである。

「有事」が戦争事態を意味しているとすれば、「有事法制」とは戦争に備えるための法制、あるいは端的に戦時法制ということになる。しかし、このような戦時立法は憲法九条で戦争を放棄した日本国憲法の下ではその合憲性が疑問視されざるを得なくなる。政府防衛当局が「戦時法制」といわないで、あえて「有事法制」というあいまいな表現を用いたのも、その実態を覆い隠し、憲法違反の批判を回避するねらいがあったということができる。もっとも、政府防衛当局が、端的に「戦時法制」ということができずに、「有事法制」という言い方をせざるを得なかったということは、他面において、憲法九条に対するそれなりの顧慮が政府防衛庁局の側にもあったからであるといえなくもない。政府をして「戦時法制」といわせない抵抗力が国民の側に存在していたという見方もできるであろう。そして、そのような状態は、基本的に今日に至るまで続いているといってよいであろう。

ところで、「有事」という言葉を政府防衛当局が用いる場合に、その意味が「戦時」に限られるのかといえば、必ずしもそうではない。従来、政府防衛庁局は、それ以外にも、例えば防衛出動待機命令が発せられるような事態も「有事」と呼んできたし（竹岡勝美防衛庁官房長、朝日新聞一九七八年八月二六日）、さらには、治安出動命令が発せられるような事態とか（浜崚・航空自衛隊佐渡基地司令、小西反軍裁判支援委員会編『小西反軍裁判公判記録第五集』（一九七四年）一六六頁）、地震などの災害事態をも含めて「有事」と呼んできた（三原朝雄防衛庁長官、一九七七年一一月一七日、第八二回国会参議院内閣委員会会議録第四号一三頁）。「有事」という言葉が、主として戦争事態を指しているとしても、このように、それ以外にも国内的な非常（緊急）事態をも含めて用いられてきたことは一応確認しておいてよいであろう。「有事法制」とは、その意味では、従来、諸外国で非常事態法制とか緊急事態法制と言われてきたものとほぼ重なるといってもよいであろう。

そうであるとすれば、このような「有事法制」は、一九七八年以前においてもすでに日本の戦後法制の下において存在してきたということができる。日本国憲法自体は、参議院の緊急集会の規定を除けばこの種の「有事」に関する規定を置いていないが、条約や法律のレベルでは一連の「有事」法体系とでもいうべきものが存在してきたのである。いうまでもなく、日米安保条約や自衛隊法などである。日米安保条約は「日本国の施政の下にある領域における、いずれか一方に対する武力攻撃」（五条）に対処するための条約であるし、また、自衛隊法やそれに関連する一連の法令は「直接侵略及び間接侵略に対しわが国を防衛することを主たる任務とし、必要に応じ、公共の秩序の維持に当る」(三条)ためのものである。その他、警察法における緊急事態の特別措置(七一条以下)、災害対策基本法上の諸措置(一〇五条以下)なども、災害緊急事態を含めた緊急事態に対処するための法制であるし、さらには各種の法律に含まれている非常事態のための特別規定あるいは適用除外規定(道交法三章七節の「緊急自動車」に関する規定など)も、前述した意味での「有事法制」の中に含めることができるであろう。

このように、すでにかなりの程度の「有事法制」がすでに存在していたにもかかわらず、政府防衛当局が、一九七八年以降、「有事法制」の検討の必要性を説いてきたのは、一体どうしてなのか。その理由は、一言でいえば、政府防衛当局からすれば、上記のような条約や法律ではいまだ「有事」に十分に対応できるような法制度は完備していないと考えられたからである。それ以来、政府防衛当局の「有事法制」の検討と立法化への具体的な試みは、継続的に続けられることになる。二〇〇三年の有事関連三法の制定と二〇〇四年の有事七法の制定、さらには二〇〇六年の防衛省設置法の制定は、そのような政府防衛当局の長年の「有事法制」の「整備」の一つの到達点を示したということができよう。

しかし、このような「有事法制」に関しては、日本国憲法の立場からすれば、根本的な疑問が提起されることにならざるを得ないであろう。一切の戦争を放棄し、また戦力の保持を禁止するとともに、平和的生存権の保障をも唱った憲法前文や九条の下で、戦争に備え、戦争に自衛隊や駐留米軍をもって対処し、そのために国民の基本的人権をも制限することを内容とする「有事法制」がそもそもどのような意味でその合憲性を主張しうるのかという疑問である。また、基本的人権の保障と権力分立を核心とする憲法によって国家権力を規律し、そのような憲法の遵守を国家権力の担当者に要求する憲法原理を立憲主義とするならば、このような「有事法制」は立憲主義にかなったものと言いうるのかという疑問である。戦後における日米安保条約や防衛二法の制定以来の「有事法制」の展開は、それ自体立憲主義のなし崩し的な侵害状況の展開過程と位置づけることができないのかという疑問でもある。

もっとも、このように「有事法制」の展開を立憲主義の侵害状況の展開過程と捉えることに対しては、そもそも立憲主義をどのように理解するのか、また立憲主義と平和主義の関係をどのように捉えるのかという問題が存在している。さらにいえば、このような状況が立憲主義にとって危機的な事態であるとしても、そのような事態を打開するためにとるべき方策については、相異なる見解がこれまでにも出されてきた。すなわち、立憲主義を護るためには「有事法制」の違憲性を主張し、その廃棄を目指すべきだとする見解と、立憲主義の擁護のためにはむしろ憲法九条の改定が必要であるという見解である。このような論点についての具体的な検討はここでは省略するが（拙稿「日本国憲法六〇年と改憲論議の問題点」憲法理論研究会編『憲法の変動と改憲問題』（敬文堂、二〇〇七年）三頁以下参照）、結論的に言えば、本書は、立憲主義と平和主義を整合的なものと捉える従来の憲法学界の多数説の見解に立っている。そして、本書では、その立場を立憲平和主義という言葉で言い表すことにしたい。立憲平和主義という言葉は、立憲主義と平和主義を整合的に捉える憲法学説にあっても必ずしも一般的に用いられてきたわけではないが、しかし、深瀬忠一教授（深瀬忠一ほか編『恒久世界平和のために』（勁草書房、一九九八年）三五頁以下）をはじめとして学説上有力に用いられてきた言葉である（浦田賢治編『立憲主義・民主主義・平和主義』（三省堂、二〇〇一年）四二頁以下、上田勝美『立憲平和主義と人権』（法律文化社、二〇〇五年）八一頁以下参照）。私も、これらの学説にならって、立憲平和主義という言葉を用いることで、立憲主義と平和主義を整合的に捉えるとともに、戦後日本における「有事法制」の展開が日本国憲法の平和主義と立憲主義をなし崩し的に侵害してきたことを明らかにすることにしたい。

本書は、このような基本的立場を踏まえて、全体を三部構成とした。まず「第一部　有事法制の展開」では、戦後日本における「有事法制」の生成展開過程と現在の状況を批判的に検討し、「第二部　軍事秘密法制と情報公開」では、広い意味での「有事法制」の中に含めることができると思われる「軍事秘密」法制について情報公開との関連で検討することにした。そして、「第三部　ドイツにおける非常事態法制」においては、憲法に典型的な非常事態条項を採用したドイツの事例に則してこの問題を比較憲法的に検討することにした。本書の全体を通して、「有事法制」

の問題点が解明されるとともに、日本国憲法の立憲平和主義の現代的な意義を明らかにすることができれば、幸いである。

なお、「有事」あるいは「有事法制」という言葉は上述したような政治的意味合いをもつので、この「はしがき」ではカッコ書きで用いてきたが、本書の書名及び本文では便宜上カッコをはずして用いることにした。

最後に、本書の刊行については、信山社の大変なお世話をいただいた。本書の企画以来数年間が経過したが、法科大学院での講義の準備などもあって、執筆は予定通りには捗らず、大幅に遅れることになった。同社には、その間辛抱強く待って頂くと共に、内容的にも少なからず追加修正をせざるを得なくなったことについても快くご了解いただいた。心より御礼を申し上げたい。

二〇〇八年四月八日

京都・伏見深草の研究室で

山内敏弘

目　次

目次

第二部　軍事秘密法制と情報公開

立憲平和主義と有事法の展開

第一部　有事法制の展開

第一章　日米安保条約と自衛隊法制

一　警察予備隊令

一九五〇年七月八日、朝鮮戦争が勃発してまもなくであるが、占領軍最高司令官マッカーサーは、吉田首相に書簡を送り、七万五千人からなる警察予備隊（National Police Reserve）の設置と海上保安庁職員八千人の増加を指令した。これを受けて、政府は、同年八月十日警察予備隊令（政令二六〇号）を制定した。ここに、戦後日本における再軍備と有事法制の第一歩が始まった。

たしかに、警察予備隊令に示されている限りでは、警察予備隊は、いくつかの基本的な点で軍隊としての属性を欠くと思われる法制をとっていた。まず第一に、警察予備隊の目的は、「わが国の平和と秩序を維持し、公共の福祉を保障するのに必要な限度内で、国家地方警察及び自治体警察の警察力を補う」こと（一条）にあるとされており、その任務も、「治安維持のため特別の必要がある場合において、……行動する」（三条一項）ことにおかれ、その活動は「警察の任務の範囲に限られるべきもの」（三条二項）と限定されていた。警察予備隊令では、対外的な平和や独立を確保し、そのために必要とあらば、武力の行使に訴えるという通常の軍隊にみられる任務はなんら掲げられていなかったし、武力の保持についてもなんら規定されていなかった。

このような規定に則して見る限りは、当時、代表的な憲法学者の宮沢俊義が「警察予備隊が軍隊でないことは、明瞭だ」(1)と述べたことも、あながち根拠のないものではなかった。しかし、それでは、警察予備隊は、まったく警察力そのもので、軍隊としての性格をまったく持ち合わせていなかったのかといえば、決してそうではなかった。警察予備隊の創設当時における日本側関係者の一人である加藤陽三は、次のように述べている。「書簡（＝マッカーサー書簡）の内容からみて、当初私は警察予備隊は警察を補完する力であり、実質的にも警察の一機関であろうと考えていた。しかし、命をうけてＧＨＱと折衝してみると、治安維持の機関とはいえ、当時の警察とは全く異なった別個の独立した機関で、むしろ軍隊的なものを米国側が考えていることが次第に明らかになった。(2)」

法制的にみても、警察予備隊は国家地方警察、自治体警察とは全く別個独立の存在として総理府の直轄の機関とされていたし（二条）、その行動も、通常の警察とは異なって、内閣総理大臣の命を受けて行うものとされていた（三条）。組織的にも、通常の警察とは異なって、警察予備隊本部と総隊総監部という、その後の自衛隊の内部部局と幕僚監部の関係に相通ずる区別が設けられていた（警察予備隊本部及び総隊総監部の相互事務調整に関する規程）。

警察予備隊の職員は特別職の国家公務員とされた（八条一項）のも、「制服の隊員は営内居住で特別の規律に服し、いつでも出動するという勤務条件」があったからであるし、(3)隊員が一等警察士補以下二等警査までの任用期間が二年とされ、その後は志願により引き続き任用される旨定められていたことも（警察予備隊令施行令五条）、一般の警察官とは異なるものであった。

しかも、このような法制の下で、実際に警察予備隊の指導、訓練にあたったのは、シェパード少将を長とする米軍事顧問団であったし、なによりも、配備された武器が、カービン銃、ライフル、機関銃、バスーカ砲、迫撃砲、さらには「特車」という名の戦車であったことは、(4)警察予備隊が単なる警察力の補充・強化以上のものであることを示していた。米軍事顧問団の幕僚長であったフランク・コワルスキーは、つぎのようにすら言っていた。「予備隊編成の任に当たった、われわれ米軍人にとっては、われわれが築いているものが陸軍であることは、疑う余地もなかったが、それを警察部隊のようにカモフラージュすることが要求された(5)」。

このようにカモフラージュすることの必要性が当時のアメリカ占領当局にとってどのような意味で存在していたかは必ずしも明らかではないが、少なくとも日本政府にとっては「国内的には再軍備反対派との対立をかわし、アメリカ側に対しては急速な再軍備要求に抵抗し、朝鮮戦線へ派遣せよという一部の声を押さえるのに役立った(6)」ことは否定しがたかったといえよう。

ただ、このような建前（あるいは制度）と実態（あるいは本音）との矛盾は、そのままの形で永久に続くということは不可能であった。警察予備隊が実態的に軍隊となるべく運命づけられていたとすれば、やがては法制を実態に近づける方向での改正はなされざるを得なかった。警察予備隊の保安隊への改組は、そのような改正の一歩であった。

二　旧日米安保条約の締結

敗戦国日本が独立を回復する時点で、平和条約をどのような形で締結するかは、独立以降の日本の平和保障のあり方にとって決定的な意味をもっていた。平和条約の精神に照らすならば、独立以降の日本は非武装かつ中立でいくことが要請されていたはずであるし、事実、そのような主張は当時全面講和論として強く打ち出されていた(7)。しかし、一九五〇年の朝鮮戦争の勃発とそれに端的に示される東西対立の激化は、日本を「反共の防壁」たらしめるように米日政府支配層を決意させることになった。かくして一九五一年に締結された（翌五二年四月二八日発効）対日講和条約（「日本国との平和条約」）は、ソ連などを含まない片面講和となり、しかも、米国軍隊の駐留をも容認するものとなった（対日講和条約六条参照）。旧日米安保条約は、このような講和条約と同時に締結され、発効したのである。

もっとも、アメリカ側は、当初、必ずしも旧日米安保条約のような二国間の安保条約を構想していたわけではなかった。アジア太平洋地域をより広域的に包含する多国間の反共集団安保体制を構想していたが、しかし、そのような構想は、一方では、日本に対する警戒心をなおもつアジア諸国の受け入れるところとはならなかったし、他方で、日本国内においても抵抗があって、結局実現することなく終わった(8)。アメリカは、日本、韓国、そしてフィリピンと個別的に二国間の安全保障条約を締結することにしたのである。

このようにして成立した旧安保条約の特色を一言で言い表せば、対米従属的な色彩の濃い片務的な軍事条約であったということができる。(9) この条約の下でアメリカは、無制限に日本に基地を設けることができたし（全土基地方式）、それでいて、この条約の下でアメリカは日本防衛の義務をなんら課されていなかった。しかも、米軍は、「一または二以上の外部の国による教唆又は干渉によって引き起こされた日本国における大規模の内乱および騒じょうを鎮圧するため」にも、日本国政府の要請に応じて行動しうることとされた（一条）。いわゆる間接侵略を口実とする形で日本国内の紛争に米軍が介入することが認められたのである。

また、この条約は、前文で「アメリカ合衆国は、日本国が……直接侵略及び間接侵略に対する自国の防衛のため漸増的に自ら責任を負うことを期待する」と規定していた。日本の再軍備が明示的に要請されたのである。警察予備隊の設置もそうであったが、日本における再軍備がこのようにアメリカ側の要請に強く依拠するものであったことは、十分留意されてよいであろう。しかも、このようなアメリカ側からの要請は、その後の自衛隊の増強や有事法制の研究・整備にも引き継がれていったのである。

なお、このような安保条約（三条）に基づき国会の承認もなしに締結された行政協定によって、米軍には出入国特権、免税特権、軍事裁判権など広範な治外法権が付与された。日本の国家主権はこの点でも大幅に制限を被ったのである。

このような安保条約の下で、極東における東西の緊張は決しておさまらず、日本が自らあずかり知らぬ戦争に巻き込まれる危険性も決して少なくはなかった。また、日本国内では米軍の駐留に伴う基地問題が頻発し、各地で基地反対闘争が起きた（内灘、北富士、砂川など）。有名な砂川事件も、そのような反対闘争の中で起きたものであった。

三　保安庁法

旧日米安保条約が、前述したように「(米国は、日本が) 直接侵略及び間接侵略に対する自国の防衛のため漸増的に自ら責任を負うことを期待する」旨を規定したことを踏まえて行われたのが、一九五二年七月三一日の警察予備隊の全面改組＝保安隊の設置であった。警察予備隊が反対派の抵抗をおそれて、また緊急に作る必要性のために政令の形式で設置されたのに対して、保安隊は、さすがに一片の政令というわけにはいかず、保安庁法（法律二六五号）により設置されたが、この立法形式の変化は、内容の重大な変更をも伴っていた。

まず、保安庁法によれば、保安隊の任務は「わが国の平和と秩序を維持し、人命及び財産を保護するため特別の必要がある場合において行動する部隊を管理し、運営し、及びこれに関する事務を行い、あわせて海上における警備救難の事務を行うこと」（四条）とされ、警察予備隊令にあった「警察力を補う」とか、「警察の任務の範囲に限られる」といった限定は完全に取り払われた。

保安隊が「その任務の遂行に必要な武器」の保有を明示的に認められた（六八条）ことも、重要な点であり、保安隊の保安官は、警職法七条による場合の他、「多数集合して暴行若しくは脅迫をし、又は暴行若しくは脅迫をしようとする明白な危険があり、武器を使用する外、他にこれを鎮圧し、又は防止する適当な手段がない場合」などにおいても、「その事態に応じ合理的に必要と判断される限度で」武器を使用しうることとなった（七〇条）。非常事態の際の内閣総理大臣による命令出動（六一条）あるいは都道府県知事による要請出動（六四条）にさいして、保安隊には通常の警察力にはない権限が認められることとなったのである。

さらに、保安庁法においてとりわけ特徴的な点は、保安官（及び警備官）の服務規律が一般の公務員のそれとは質的に異なるものとされ、実質的に軍人のそれに近いものとされたことである。出動命令時などにおいて任用期間を本人の意思を無視してでも延長できるようにしたこと（三三条）、常時勤務態勢になければならないと明記されたこと（四九条）、指定場所での居住を義務づけられたこと（五〇条）、さらには命令出動時などにおける職務場所離脱、抗命については刑事罰を科することにしたこと（九二、九三条）などがそれである。

保安隊は、このようにして、警察予備隊とは大幅に異なって、法制的にも軍隊に近づくことになった。保安庁法一六条六項が「長官、次長、官房長、局長及び課長は、三等保安士以上の保安官又は三等警備士以上の警備官の経歴のない者のうちから任用するものとする」と規定して、いわゆる文官優位の原則を明示したのも、そのことをはしなくも証明するものとなったのである。[10]

もっとも、以上の点が指摘できるとしても、それと同時に留意されるべきは、保安隊はなお重要な一点で軍隊としての法制を完備し得ていなかったということである。保安庁法は、保安隊の任務として国の防衛ということを、また保安隊の行動として防衛出動ということを、少なくとも明示的には掲げていなかった。その限りでは、実態と法制の乖離は、保安庁法の段階でも存在していた。この乖離をなくして名実ともに戦力としての法制を確立することになったのが、防衛二法の制定であった。

四　防衛二法の成立

一九五三年九月二七日、吉田自由党総裁と重光改進党総裁は会談し、「現在の国際情勢および国内に起りつつある民族の独立精神にかんがみ、この際、自衛力を増強する方針を明確にし」、「これとともに、さしあたり保安庁法を改正して、保安隊を自衛隊に改め、直接侵略に対する防衛をその任務に付加する」ことを合意した。[11] また、翌五四年三月八日に締結されたＭＳＡ（日米相互防衛援助）協定でも、「日本国政府は、……自国の政治及び経済の安定と矛盾しない範囲でその人力、資源、施設及び一般的経済条件の許す限り自国の防衛力及び自由世界の防衛力の発展及び維持に寄与し、自国の防衛能力の増強に必要となることがあるすべての合理的な措置を執……るものとする」（八条）と定められ、日本の自衛力増強がこの協定でも要請されることになった。一九五四年六月九日の防衛庁設置法及び自衛隊法（法律一六四号、一六五号）（＝防衛二法）の制定は、このような日米支配層の要請に応ずる形でなされたものであった。

ところで、防衛二法が、それまでの保安庁法と異なる最大のポイントは、防衛二法にあっては防衛庁・自衛隊の目的及び主要任務が国の防衛にあることが明記されるに至ったということである。「防衛庁は、わが国の平和と独立を守り、国の安全を保つことを目的とし、……」（防衛庁設置法〈以下、設置法と略〉四条）、及び「自衛隊は、わが国の平和と独立を守り、国の安全を保つため、直接侵略及び間接侵略に対しわが国を防衛することを主たる任務とし、……」（自衛隊法〈以下、隊法と略〉三条一項）という規定がそれである。そして、防衛二法に示される自衛隊の組織機構や行動権限なども、このような自衛隊の目的・任務に見合ったものとして規定されることになった。

まず、組織機構に関して言えば、実質的には同一のものが防衛庁と自衛隊という形で二本立てで構成されている点が一つの特色となっている。前者は、国家行政組織法上の行政機関という、いわば静的な把握方法であるのに対して、後者は防衛庁の実体をなす実力組織をいわば動的に把握し、それが一般の行政官庁とは異なったものであることを明確にしようとしたものである。

ところで、防衛庁は、国家行政組織法上は、総理府の外局として位置づけられたが（設置法二条）、その長たる防衛庁長官は憲法六六条二項で「文民」たることを要求される国務大臣をもって充てられる（設置法三条）。内閣を代表して自衛隊の最高指揮権を有するのは内閣総理大臣であり（隊法七条）、防衛庁長官は内閣総理大臣の指揮監督を受けて自衛隊の隊務を統括する。ただし、陸上自衛隊、海上自衛隊、航空自衛隊に対する長官の指揮は、それぞれ陸上幕僚長、海上幕僚長、航空幕僚長を通じて行う（隊法八条）ものとされた。

自衛隊の組織機構上、建前としてはいわゆる文民統制の原則が採用されたことは、以上によっても明らかであるが、このことは、さらに国防会議の設置などによっても示された。すなわち、国防に関する重要事項を審議する機関として内閣に国防会議が設置され、内閣総理大臣は、国防の基本方針、防衛計画の大綱、防衛出動の可否などの重要事項に関しては、国防会議にかけなければならないこととされた（設置法四二条）（国防会議の構成については、国防会議の構成等に関する法律参照）。また、この文民統制の原則に関しては、設置法二〇条も重要である。すなわち、同条によれば、官房長及び局長はその所掌事務に関し、陸海空自衛隊に関する各般の方針及び基本的な実施計画の作成等について長官を補佐することとされているが、これは、制服組に対する内局の統制を根拠づける規定となった。

自衛隊の組織機構上の特色としてさらに注目されるのは、かつての保安隊あるいは戦前の帝国軍隊とは異なって、自衛隊が陸上、海上、及び航空の三自衛隊によって構成されることになった点である。そして、これら三自衛隊を統合運用するための機関として統合幕僚会議が新たに設置された。統合幕僚会議は、統幕議長、陸上幕僚長、海上幕僚長及び航空幕僚長をもって組織され、統合防衛計画の作成、幕僚監部の作成する防衛計画の調整その他に関して長官を補佐するものとされた（設置法二六、二七条）。

つぎに、自衛隊の行動・権限に関して言えば、防衛出動をはじめとして戦力としての自衛隊の行動・権限を法制的にも明確なものとされたことが特徴的である。

（a）まず、防衛出動は、外部からの武力攻撃（そのおそれのある場合を含む）に際してわが国を防衛するため必要と認める場合に、内閣総理大臣が国会の承認を得て下令するものとされた（隊法七六条）。国会の承認は事前が原則であるが、特に緊急の必要がある場合には事後でもよいとされた。防衛出動が発令された場合、自衛隊はわが国を防衛するため必要な武力を行使することが可能となる（隊法八八条一項）。その際には、国際の法規及び慣例を遵守しなければならない（同条二項）。

また、その際、防衛庁長官は予備自衛官に対して防衛招集命令を発しうる（隊法七〇条）。防衛招集命令に従わない予備自衛官あるいは防衛出動命令に従わない者は刑罰を科せられる（隊法一一九、一二三条）。防衛出動命令が下った場合、都道府県知事は、防衛庁長官等の要請に基づき、一定地域において必要な施設を管理し、土地などを使用し、物資を収用し、さらには業務従事命令を発することが可能となる（隊法一〇三条）。ただし、業務従事命令違反については罰則の規定がなく、この点がその後の有事法制研究の一つの重要な論点となっていった。

（b）治安出動という言葉自体は自衛隊法で新たに用いられたものであるが、その実質は、すでに保安庁法でかなりの程度整備されていたものである。ただ、治安出動下令の要件の中に「間接侵略」が登場してきたことは（隊法七八条）、重要である。治安出動に際しては、国会の事前の承認は必要とされていない点、警察権の場合とちがっていわゆる特別の武器使用権（隊法九〇条一項）が認められている点なども、留意されるべきであろう。

（c）海上における警備行動（隊法八二条）も、基本的には保安庁法（六五条）で認められていたものをほぼ踏襲したものとなっている。

（d）領空侵犯に対する措置（隊法八四条）は、防衛出動と同様に自衛隊法で新たに取り入れられたものである。防衛庁長官は、外国の航空機が国際法規または航空法などの規定に違反してわが国の領域の上空に侵入したときは、自衛隊の部隊に対し、これを着陸させ、またはわが国の領域の上空から退去させるため必要な措置を講じさせることができる。ただ、自衛隊法では、このような措置に際していかなる権限を行使しうるかは規定されていなかったので、この点も、その後の有事法制論議の一つの論点とされた。

（e）災害派遣（隊法八三条）は、保安隊の時から認められていたものである。都道府県知事等の要請に基づく場合と緊急を要し、防衛庁長官等の判断でなされる場合とがある。ちなみに、災害派遣を命じられた部隊の自衛官には警職法四条、六条一、三、四項の規定が準用される。

五　日米安保条約の改定

（1）改定の経緯と新安保条約の概要

一九五一年に締結された旧日米安保条約は、前述したように対米従属的な性格が強いものであり、このような条約は野党などからも批判があっただけではなく、政府の立場からしてもやがては是正されてしかるべきものであった。他方、アメリカ側にとっても、旧日米安保条約がもつ片務的な性格は、「継続的かつ効果的な自助及び相互援助」を定めたヴァンデンバーグ決議（一九四八年）に照らしても、日本の国力の回復にともなっていずれは是正されてしかるべきものと考えられた。(12)

ただ、具体的にどのような改定がふさわしいかについては、日本政府とアメリカ政府との間には当初必ずしも見解の一致がみられたわけではなかった。例えば、アメリカ政府は、日米安保条約を改定する以上は、かつて構想していたような太平洋地域の集団的安全保障条約を締結することは無理だとしても、相互の防衛義務をできるだけ規定する案を考えていた。アメリカ側が最初に提案した案には「太平洋において他方の行政管理下にある領域又は地域に対する武力攻撃が自国の平和と安全を危うくするものであると認め、自国の憲法上の手続きに従って共通の危険に対処するように行動することを宣言する」といった条項が見られた[13]。しかし、このようにあからさまに集団的自衛権の行使を認めた条項は、日本政府にとっては、憲法上の制約からしても受け入れることはできないものであった。日米安保条約の改定交渉は、一九五八年から本格的に開始され、一九六〇年一月一九日には、ワシントンで新日米安保条約として調印されたが、新条約は、日米間の妥協の産物としての意味合いをもっていた。その後の国会での審議及び衆議院での強行採決は、戦後最大規模の国民運動ともいうべき安保闘争を引き起こしたが、条約の批准を阻止するまでには至らなかった[14]。このようにして、一九六〇年六月二三日には新日米安保条約が発効した。新安保条約の特色を旧安保条約との対比で要約すれば、以下のようになる[15]。

第一に、名称が「日本国とアメリカ合衆国との間の安全保障条約」から「日本国とアメリカ合衆国との間の相互協力及び安全保障条約」へと変わった。経済協力などの相互協力の促進を新たに盛り込んだが（二条）、そのことは、安保条約の核心が軍事条約であることを変更するものではなかった。第二に、旧安保条約では、アメリカは、日本国が「自国の防衛のために漸増的に自ら責任を負うことを期待する」（前文）となっていたが、新安保条約では、締約国が「武力攻撃に抵抗するそれぞれの能力を、憲法上の規定に従うことを条件として、維持し発展させる」（三条）とされた。日本側は、防衛力の増強をより明確に約束させられ、これ以降、自衛隊は、数次に及ぶ防衛力整備計画によってその戦力を増強させていったのである。第三に、旧安保条約にあった「内乱条項」が新安保条約ではなくなった。「内乱条項」はあまりにも従属的な性格を示していたからである。

第四に、新安保条約では、「各締約国は、日本国の施政の下にある領域における、いずれか一方に対する武力攻撃が、自国の平和及び安全を危うくするものであることを認め、自国の憲法上の規定及び手続に従って共通の危険に対処するように行動することを宣言する」（五条）とされた。旧安保条約では米国政府には日本防衛の義務はなんら課されていなかったが、新安保条約では「自国の憲法上の規定及び手続に従って」という条件付きでそのような義務が課されることになった。もっとも、これにともなって、日本側も、「日本国の施政の下にある領域における、いずれか一方」、つまりは沖縄を除いた日本領域にある米軍基地に対して武力攻撃が加えられた場合には、共同防衛行動をとることが義務づけられた。第五に、新安保条約では、いわゆる事前協議制が採用された。条約の本文ではなく、「交換公文」で採用されたこの制度では、①合衆国軍隊の日本国への配置における重要な変更、②同軍隊の装備における重要な変更、③日本国から行われる戦闘作戦行動（条約五条に基づくものを除く）のための基地の使用は、「日本国政府との事前協議の主題」とされた。第六に、旧安保条約では、具体的に米軍の日本における権限や基地の使用は国会の承認を得ないで行政協定で定められたが、新安保条約では国会の承認を得る地位協定で定められることになった。最後に、新安保条約では旧安保条約にその暫定性の故になかった固定期限の一〇年がつけられた（一〇条）。条約発効後一〇年を経過すれば、締約国は、条約の終了を通告することができ、通告後一年後に条約は終了するものとされた。

（２）新安保条約をめぐる問題点

以上のような新安保条約に関しては、国会での審議などで次のような点が問題とされた。まず第一は、集団的自衛権に関してである。新安保条約五条は、前述したように、「日本国の施政の下にある領域における、いずれか一方に対する武力攻撃」があった場合には、日米両国が「共通の危険に対処するように行動する」と規定したが、これが、憲法が禁止する集団的自衛権の行使に該当しないかどうかが国会でも頻繁に論議された。新安保条約は、旧安保条約と同様に、「両国が国際連合憲章に定める個別的又は集団的自衛の固有の権利を有していることを確認」（前文）したが、しかし、政府は、集団的自衛権の保持が国連憲章上認められていることと、それを行使することとは別個の問題であり、後者は憲法上認められていないとする見解をとった。このように「保持」と「行使」を区別する見解には、少なからざる問題が存していたが、いずれにしても政府は、このような見解を踏まえつつ、国会では、新安保条約五条は日本の施政下にある領域が武力攻撃を加えられた場合なので、集団的自衛権の行使ではなく、個別的自衛権の行使であると答弁して、同条が憲法には違反しないと突っぱねた。(16)

しかし、このような説明は、学説上も批判を受けただけではなく、(17)政府自身も必ずしも適切なものと考えていなかったことは、次のような高辻正己（内閣法制局）の指摘によっても知ることができる。「日本国の施政の下にある米軍基地が武力攻撃を受ければ、日本としても『共通の危険に対処するように行動することを宣言する』と規定している以上、日本国内では米軍を守るために集団的自衛権を行使することになる。しかし、それを改めて集団的自衛権の行使と言わなくても、実際にやることは個別的自衛権行使と同じなので、岸首相、林法制局長官ら政府側は個別的自衛権で押し通したが、米国は、米軍基地を防衛するための日本の行動を日本の集団的自衛権行使と理解している」。(18)集団的自衛権の行使に関して、日本政府は、内向けの説明と外側での理解とが異なることを承知の上で、上記のような（二枚舌的な）答弁を行ったのである。この点は、そのまま現在まで尾を引いている問題といってよい。

第二は、条約の適用範囲の問題である。とりわけ新安保条約六条が、アメリカは「極東における国際の平和及び安全の維持に寄与するため」に日本における基地を使用することができると規定した点については、国会でも激しい論議が交わされた。これによって、日本自身が関知しない戦争に巻き込まれる危険性が少なからずあったからである。この点についての政府の統一見解（一九六〇年二月二六日衆議院安保特別委員会）はつぎのようなものであった。「かかる地域（＝極東）は大体において、フィリピン以北並びに日本及びその周辺の地域であって、韓国及び中華民国の支配下にある地域もこれに含まれる」。(19)ただし、留意されるべきは、この統一見解では、同時に、「この区域に対して武力攻撃が行われ、あるいはこの区域の安全が周辺地域に起こった事態のため脅威されるような場合、米国がこれに対処するためとる行動の範囲は、その攻撃または脅威の性質いかんによるのであって、必ずしも前記の区域に局限されるわけではない」とされたことである。「極東」は、いわば「目的の地域的限界」であって、「使用の地域的限界」ではなかったのである。その後、ヴェトナム戦争や湾岸戦争などでは、在日米軍（基地）は「極東」以外の地域の紛争のためにも使用され、「極東条項」は「目的の使用的限界」をも逸脱する形で運用されていった。

第三は、新安保条約の交換公文で、いわゆる事前協議制が採用された点についてである。この点については、周知のように、藤山・マッカーサー了解が交わされ、例えば、②の「装備における重要な変更」とは「核弾頭及び中長距離ミサイルの持ち込み並びにそれらの基地の建設」を意味するとされた。ただ、「核の持ち込み」については、一九八一年のライシャワー発言でも明らかにされたように、日本側とアメリカ側とでは認識の相違があった。アメリカ側は、持ち込み（introduction）は事前協議の主題とされたが、寄港（transit）は事前協議の主題には含まれないと解していた。[20] 日本政府が双方とも「持ち込み」に含まれると国民に対して行った説明とはちがっていたのである。いずれにしても、このような事前協議制は、アメリカが核についてＮＣＮＤ（Neither Confirm, Nor Deny）政策をとってきたことと矛盾するものであり、最初から形骸化は免れ難かったといえよう。また、③の「日本から行われる戦闘作戦行動」についても、朝鮮半島への在日米軍の出動については、日本政府はあらかじめ承認を与えることとする旨の密約がなされていたことがその後暴露された。[21] ちなみに、事前協議制はその後一度も発動されることのないままに今日に至っている。

六　沖縄返還と日米ガイドラインの策定

（1）　沖縄返還と核問題

一九六九年一一月二一日、佐藤栄作首相とニクソン米大統領は、「共同声明」を発表し、日米安保条約の自動延長を確定するとともに、沖縄を一九七二年に日本に返還することを表明した。[22] まず、共同声明は、「日米安保条約の堅持」をうたい、自動延長を確定したが、その実質は、むしろ安保条約の再改定を指向するものであった。そのことは、「韓国の安全は日本自身の安全にとって緊要である」、「台湾における平和と安全の維持も日本にとってきわめて重要な要素である」とする文章に示されている。「共同声明」は、韓国や台湾をめぐる問題についても、今後は日本自らの安全に関わる問題として関与していくことを表明したのである。

「共同声明」は、このような「韓国条項」、「台湾条項」といわば引き替えに一九七二年における沖縄返還を明記した。一九五一年の対日講和条約は、米国に沖縄の長期軍事占領を要請した「天皇メッセージ」もあって、沖縄をアメリカの施政権下に置いたが、それ以来、沖縄での米軍基地の使用は米国政府の思いのままにされた（「銃剣とブルドーザーによる基地の使用」）。このような状況の下で、沖縄ではとりわけ一九六〇年代に入ってから本土復帰の運動が燃え上がり、日米政府としてもそれを無視することはできなくなり、上記「共同声明」の発表となった[23]が、ただ、「共同声明」には、沖縄の本土復帰に関して重要な留保が付されていた。「沖縄の施政権返還は、日本を含む極東の諸国の防衛のために米国が負っている国際義務の効果的遂行の妨げとなるようなものであってはならない」という留保である。これによって、アメリカが沖縄を極東軍事戦略の拠点としていくことに、返還後は日本自身も関与していくことが示された。「沖縄の本土化」ではなく、「本土の沖縄化」といわれる事態が生ずることになったのである。

米国の施政権下の沖縄に核兵器が貯蔵されていたことは常識であったが、返還後にこの問題をどうするかは大きな論点であった。「共同声明」は、一応、「安保条約の事前協議制度に関する米国政府の立場を害することなく」、「核抜き返還」を実現することを明らかにした。その後、一九七一年一一月二四日、衆議院本会議は「非核兵器並びに沖縄米軍基地縮小に関する決議」を行い、「政府は、核兵器を持たず、作らず、持ち込まさずの非核三原則を遵守するとともに、沖縄返還時に適切な手段をもって、核が沖縄に存在しないこと、並びに返還後も核を沖縄に持ち込ませないことを明らかにする措置をとるべきである」とした[24]が、しかし、このような「共同声明」の裏には、実は日米政府間に密約があったことがその後明らかにされた。沖縄返還交渉に際して佐藤首相の特使としてアメリカ側の交渉にあたった若泉敬はその後著した本の中で、日米政府は緊急事態における沖縄への核持ち込みを密約したことを暴露した[25]。「核抜き返還」は、その実、「緊急時を除き」という条件付きのものでしかなかったのである。

日米政府は、一九七一年六月一五日に沖縄返還協定に正式に調印したが、返還協定は基本的に上記「共同声明」を踏まえたものとなった。そして、沖縄は、返還協定に従って、翌一九七二年五月一五日には本土に復帰した。ここに、一つの戦後が終わったのである。

ただ、本土復帰によって沖縄の基地問題が解決したのかといえば、決してそうではなく、多くの問題が未解決のままに存続することになった。国土全体の〇・五%を占めるにすぎない沖縄に在日米軍基地の七五%が集中するという実態は返還後も基本的には変わることなく、このような基地の存在は沖縄住民に大きな負担を課し、米兵による少女暴行事件（一九九五年）などさまざまな人権侵害問題が生ずることになった。そして、このような状況の中から、多くの基地関連裁判が提起されることになった。その最たるものが、大田昌秀県知事による代理署名拒否訴訟であったが、最高裁（一九九六年八月二八日民集五〇巻七号一九五二頁）は、日米安保条約に基づく米軍用地特措法並びに同法に基づく基地の運用実態を合憲とし、沖縄における違憲状態を追認した。かくして、沖縄はその後も基地に囲まれ、いわば恒常的な有事法制下に置かれることとなった。

（2）日米防衛協力のための指針（日米ガイドライン）の策定

日米安保条約は、前述のように「日本国の施政の下にある領域における、いずれか一方に対する武力攻撃」があった場合には、日米両国が「共通の危険に対処するように行動する」ことを定めたが、その具体的な共同行動のマニュアルは存在していなかった。そこで、一九七八年一一月二七日に日米政府間で策定されたのが、日米防衛協力のための指針（Guidelines for U.S.-Japan Defense Cooperation）であった[26]。

日米ガイドラインは、「前提条件」として「事前協議に関する諸問題、日本の憲法上の制約に関する諸問題及び非核三原則は、研究・協議の対象としない」とした上で、「侵略を未然に防止するための態勢」、「日本に対する武力攻撃に際しての対処行動等」、「日本以外の極東における事態で日本の安全に重要な影響を与える場合の日米間の協力」

の三項目について要旨以下のように記述した。

まず、「侵略を未然に防止するための態勢」では、日本は、自衛のために必要な範囲内で適切な規模の防衛力を保有するとともに、米軍による在日施設・区域の安定的かつ効果的な使用を確保する。また、米国は核抑止力を保持するとともに、即応部隊を前方展開し、来援し得るその他の兵力を保持する。そして、日本に対する武力攻撃がなされた場合には、共同対処行動を円滑に実施しうるように、作戦、情報、後方支援等の分野における自衛隊と米軍との間の協力態勢の整備に努める。そのために、自衛隊と米軍は共同作戦計画についての研究を行い、また必要な共同演習及び共同訓練を行う。

「日本に対する武力攻撃に際しての対処行動等」では、「日本に対する武力攻撃がなされるおそれがある場合」には、自衛隊と米軍との間に調整機関の開設を含めて、整合のとれた共同対処行動を確保するために必要な準備を行うとともに、それぞれが実施する作戦準備のための共通の基準を情報活動、部隊の行動準備、移動、後方支援その他の事項に関して策定する。また、「日本に対する武力攻撃がなされた場合」には、日本は原則として限定的かつ小規模な侵略を独力で排除する。独力で排除することが困難な場合には、米国の協力を得て排除する。自衛隊と米軍が共同作戦行動を実施する場合には、調整機関を通じて指揮及び調整に関して整合のとれた作戦を共同して効果的に実施できるようにする。後方支援活動は、補給、輸送、整備、施設などについて行う。

「日本以外の極東における事態で日本の安全に重要な影響を与える場合の日米間の協力」に関しては、「日本が米軍に対して行う便益供与のあり方は、日米安保条約、その関連取極、その他の日米間の関係取極及び日本の関係法令によって規律される。日米両政府は、日本が上記の法的枠組みの範囲内において米軍に対し行う便宜供与のあり方について、あらかじめ相互に研究を行う。このような研究には、米軍による自衛隊の基地の共同使用その他の便益供与のあり方に関する研究が含まれる。」

以上のような日米ガイドラインに関して確認しうるのは、第一に日米政府が共同の武力行使を本格的に想定したマニュアルを作成したということであり、第二に日本が「極東有事」に際して米軍を支援するための方策をも具体的に検討する旨を明らかにしたということである。この点は、日米安保条約の枠組みを踏み超えることを意味したが、ただ、「極東有事」についての日本の関与は、この時点ではなお研究の段階にとどまっていた。この「極東有事」が「周辺事態」と形を変えて、具体的な作戦行動についても規定するようになるのが、一九九七年に策定されることになる新たな日米ガイドライン（日米新ガイドライン）である。一九七八年の日米ガイドラインは、そのための第一ステップであった。

（1）宮沢俊義「戦争放棄・義勇兵・警察予備隊」改造三一巻（一九五〇年）一〇号三〇頁。
（2）加藤陽三『私録・自衛隊史』（防衛弘済会、一九七九年）一九頁。
（3）加藤陽三・前掲書（注(2)）二二頁。
（4）警察予備隊に配備された武器については、防衛庁「自衛隊十年史」編集委員会編『自衛隊十年史』（大蔵省印刷局、一九六一年）三三頁以下参照。ちなみに、この本は、自衛隊の十年史を警察予備隊の創設から書き始めている。警察予備隊が再軍備の第一歩であったことを、防衛庁自身が認めた記述といい得よう。
（5）フランク・コワルスキー（勝山金次郎訳）『日本再軍備』（サイマル出版会、一九六九年）一九九頁。
（6）秦郁彦『史録日本再軍備』（文芸春秋社、一九七六年）一四三頁。
（7）世界臨時増刊「戦後平和論の源流」（一九八五年）参照。
（8）古関彰一「『平和国家』日本の再検討」（岩波書店、二〇〇二年）五一頁以下参照。
（9）旧安保条約の成立過程については、豊下樽彦『安保条約の成立』（岩波書店、一九九六年）、室山義正『日米安保体制（上）』（有斐閣、一九九二年）参照。
（10）保安庁保安局編『逐条保安庁法解説』（立花書房、一九五三年）二〇頁参照。
（11）防衛二法の概要に関する主要な文献としては、杉村敏正『防衛法』（有斐閣、一九五八年）、深瀬忠一「防衛制度Ｉ・自衛隊」ジュリスト三六一号（一九六七年）三八頁、宇都宮静男監修『口語・防衛法』（自由国民社、一九七三年）、西修『国の防衛と法』

（学陽書房、一九七五年）、安田寛『防衛法概論』（オリエント書房、一九七九年）など参照。
(12) 安保改定については、原彬久『日米関係の構図――安保改定を検証する』（ＮＨＫブックス、一九九一年）、坂元一哉『日米同盟の絆』（有斐閣、二〇〇〇年）一三九頁以下、外岡秀俊・本田優・三浦俊章『日米同盟半世紀』（朝日新聞社、二〇〇一年）など参照。
(13) 坂元一哉・前掲書（注(12)）二三七頁。
(14) 安保闘争については、とりあえずは、拙稿「平和の担い手と運動と世論」和田英夫ほか編『平和憲法の創造的展開』（学陽書房、一九八七年）二〇三頁以下及びそこに掲載されている文献参照。
(15) 新安保条約の概要と問題点については、とりあえずは、深瀬忠一・山内敏弘編『文献選集日本国憲法・安保体制論』（三省堂、一九七八年）、民科法律部会編『法律時報臨時増刊・安保条約――その批判的検討』（日本評論社、一九六九年）参照。
(16) 例えば、一九六〇年三月八日の衆院安保特別委における藤山国務大臣の答弁（『法律時報臨時増刊・安保条約――その批判的検討』前掲書（注(15)）四七六頁。
(17) 田畑茂二郎『安保体制と自衛権（増補版）』（有信堂、一九六八年）一一三頁以下。
(18) 中村明『戦後政治にゆれた憲法九条』（中央経済社、一九九九年）一八五頁。
(19) 末川博・家永三郎監修『日米安保体制史二巻』（三省堂、一九七〇年）六三〇頁。
(20) ライシャワー発言については、有斐閣編『憲法第九条（改訂版）』（有斐閣、一九八六年）八八頁参照。
(21) 外岡秀俊ほか・前掲書（注(12)）五四一頁。
(22) 野村平爾編『日米共同声明と安保・沖縄問題』（日本評論社、一九七〇年）参照。
(23) 沖縄返還運動については、法律時報臨時増刊『沖縄白書』（日本評論社、一九六八年）、中野好夫・新崎盛輝『沖縄戦後史』（岩波書店、一九七六年）、沖縄県編『沖縄　苦難の現代史』（岩波書店、一九九六年）など参照。
(24) 「憲法第九条」前掲書（注(20)）八七頁参照。
(25) 若泉敬『他策ナカリシヲ信ゼムト欲ス』（文藝春秋、一九九四年）三三六頁以下。
(26) 日米ガイドラインについては、法学セミナー増刊『これからの日米安保』（日本評論社、一九八七年）八八頁以下、外岡秀俊ほか・前掲書（注(12)）三三八頁以下など参照。

第二章　有事法制研究の軌跡

一　はじめに

第一章で明らかにしたように、日本では、すでに一九五〇年代から日米安保条約や防衛二法といった形で有事法制が存在していたが、それにもかかわらず、政府防衛当局は、一九七八年から国民にも公然と明らかにした形で有事法制の研究に取り組むことになった。政府は、一九七八年九月二一日、「防衛庁における有事法制の研究について」を発表し、有事法制研究の趣旨などを明らかにしたのである。政府防衛当局が、そのように新たな立法措置を講じたいと考えたのは、なぜであったのか。その理由は、政府防衛当局にとっては、既存の有事法制は自衛隊なり米軍が「有効かつ円滑に」行動するためにはあまりにも憲法上の制約を配慮しすぎていて欠陥が多く、「軍事の論理」を十分に貫徹することができないと考えられたということである。

たしかに、たとえば、既存の防衛二法は、一九五四年の制定当時においては、現在よりもはるかにきびしく憲法違反ではないかとの批判を受けて、それを少しでもかわすためにいくつかの点で日本国憲法の立場を顧慮した内容のものとなっていたことは事実であろう。既存の防衛二法につぎのような特色がみられたのは、そのような制定当時の事情を反映していたからである。①シビリアン・コントロールの観点から、自衛隊が武力行使をなしうるのは原則として外部からの武力攻撃に際して（外部からの武力攻撃のおそれのある場合を含む）、内閣総理大臣が国会の承認を得て防衛出動命令を下した場合に限るとしたこと、②防衛出動命令下令時以外における武器の使用は、治安出動時、海上における警備行動時など極めて限定された場合においてのみ認められるものとしたこと、③防衛二法で認められるのは個別的自衛権の行使だけであり、いわゆる海外派兵や集団的自衛権の行使は是認されていないこと、④国民に対するいわゆる防衛負担も、防衛出動命令が下令された場合にのみ認められ、しかもそれは刑事罰による強制を伴わないものとしたこと、⑤シビリアン・コントロールを防衛庁の組織機構の内部にまで貫徹するためにいわゆる内局の制服組に対する優位の原則を確立したこと。これらの点になんらかの形で修正を加え、少しでも「軍事の論理」が優先するような法制改革を図ることこそが、有事法制研究の基本的なねらいであったということができよう。

ところで、このような理由に基づく有事法制研究の必要性はすぐ後で述べるようにすでに防衛二法の制定段階から説かれてきたが、ただ、そのような有事法制研究の必要性がとりわけ一九七八年頃から改めて公然と強調され出したことについては、それなりの時代的背景が潜んでいたことも確かであろう。それは、端的にいえば、一九七八年の「日米防衛協力のための指針」（日米ガイドライン）以後における新しい日米安保体制の展開である。この問題については、前章で若干指摘したので、ここで詳論することは省略するが、いずれにせよ、この日米ガイドラインでいわゆる「極東有事」についても日米が軍事的に協力することを明らかにし、また一九八一年五月の日米共同声明では日本の周辺空・海域（一千カイリ）の防衛分担をアメリカ側に約束するといったような内外の状況の展開の中で、有事法制研究への新しい本格的な対応が政府防衛当局にとって必要となってきたことは間違いないといえよう。同年四月二二日に防衛庁によって発表された「有事法制の研究について」や一九八四年一〇月一六日に発表された「有事法制の研究について」も、このような背景の下でなされたのである。

そこで、以下には、一九七八年以降政府防衛当局による有事法制研究の概略を検討することとするが、そのような検討を行うためにも、それ以前の段階からの有事法制研究の経過をひととおりフォローしておくことは有用であろう。したがって、まずこの点について一応の検討を加えておくことにする。

二　三矢研究以前の研究

従来の有事法制研究の中でとりわけ有名なのは、いうまでもなく一九六三年の三矢研究であるが、三矢研究は、ある意味ではそれ以前の段階における有事法制研究の蓄積を踏まえ、それら研究の当時における到達点としての性格をもっていた。したがって、まずはじめに三矢研究以前の段階における有事法制研究を一瞥することにしよう。

(1)「保安庁法改正意見要綱」

まず自衛隊法・防衛庁設置法の制定過程において保安庁第一幕僚監部が保安庁長官に提出した「保安庁法改正意見要綱」(1)が注目されよう。これは、当時の保安庁の制服組が制定されるべき有事法制（＝防衛二法）の要綱をまとめたものであるが、最終的に国会を通過した防衛二法とこの「改正意見要綱」とを比較すると、制服組の意向がどの点で採り入れられ、どの点で採り入れられなかったかを知ることができて興味深い。たとえば注目すべき点としては、この「改正意見要綱」には、すでに「非常緊急立法を別に定めること――出動の場合必要とする非常戒厳、非常時徴発法等またはその他の国内法の適用除外、特例あるいは特別法については非常緊急立法として、別に定めること」と述べられていたことがあげられる。この「意見」については、保安庁内局が、「出動した場合の徴発等の強制収用、強制使用の問題および戒厳または国家緊急事態の布告等の問題が当然予想されるが、事態の切迫感のない現段階では立法は至難のことに属するので、このような事態の発生した最初の国会に提案し得るよう準備しておく程度にとどめるべきである」（傍点・引用者）として受け入れるところとはならなかったが、いずれにせよすでに当時の段階からこの種の有事法制の研究の必要性が指摘されていたことは確認しておいてよいであろう。

その後、このような状況認識を踏まえてか、防衛庁・自衛隊内部における有事法制研究が着々と積み重ねられていくが、もちろん、そのような研究は、当時にあって国民に公開されることなく密かに行なわれることになる。たとえば、陸上自衛隊幹部学校「人事幕僚業務の解説」（一九五七年）[2]、防衛研修所『自衛隊と基本的法理論』（一九五八年）[3]、陸幕第三部「関東大震災から得た教訓——関東大震災における軍、官、民の行動とこれが観察」（一九六〇年）[4]、陸上幕僚監部「治安行動（草案）」（一九六〇年）[5]、防衛研修所「非常立法の本質」（一九六二年）[6]などである。これらによっても示されるように、一九五〇年代においてはどちらかといえば国内的非常事態に備える法制化に重点がおかれていたといいうるが、しかし、もちろんそれに尽きるものではない。しかも、留意されるべきは、ある意味ではこの当時の有事法制研究の中に防衛庁・自衛隊当局の志向している本音が随所に見出され得たということである。

⑵　「人事幕僚業務の解説」

たとえば、「人事幕僚業務の解説」[7]では、「敵の進攻時の様相を一応想定し、その場合の渉外活動（＝陸上自衛隊が地方官民に対して行う活動）を検討すると次のようなことが考えられる。したがって現行法規は渉外業務遂行上にきわめて不完全なものと思われる」（傍点・引用者）として、「戦場付近の地域で、地方自治体による住民の組織的統制が困難な地域（＝甲種地域）」の場合には、「地方行政事務と司法事務は、その地域の上級指揮官に管掌させることが適当であるかと考えられる。なお、その地域の上級指揮官に対し、作戦上必要な事項について緊急の場合措置しうる権限を付与しておくことが必要であろう」と述べている。これは、いうまでもなく、その実質において戒厳令の必要性を説いたものといえよう。しかも、この「解説」では、さらに「作戦時における自衛隊の渉外業務は、次の事項を主眼として行わなければならない」として、「ａ　地方諸機関および住民を密に作戦に協力させる。ｂ　地方諸機関および住民に作戦を妨害させない。ｃ　作戦上許す限り住民を保護する」（傍点・引用者）と書かれていたのである。沖縄戦において沖縄の民衆が帝国軍隊にいかに悲惨な目にあわせられたかは、数多くの証言が物語るところである。これが、かつての天皇制軍隊に特有の体質であったならばまだしも、実は決してそうではなく、戦後の自衛隊にも当然のことながらそのまま引き継がれていることを、この「解説」ははしなくも証明しているのである。いずれにせよ、ここでは、住民の生命・安全の保護は軍の作戦遂行という至上目的の下で副次的な意義しか与えられていないのである。

(3)『自衛隊と基本的法理論』

また、戒厳令についてさらに具体的な内容を述べているのが、防衛研修所の教材として書かれた『自衛隊と基本的法理論』である。これによれば、「旧戒厳法をもととし、法に最低限度必要な事項は、次のとおり。」（傍点・引用者）としてつぎのようなおどろくべき内容が記されていた。「1 戒厳地区内の知事、地方総監、又は戒厳司令官は、次の非常警察権を有すること。a 集会、多衆運動等の禁止、制限、解散　b 新聞、放送、雑誌、文書等の停止、禁止　c 郵便、通信の検閲　d 銃砲刀剣、火薬類等の使用所持等の禁止、検査、押収　e 運輸・通信の停止、統制　f 船舶、航空機、車両等の立入、検査　g 食糧その他必需物質の移動の禁止　h 民有家屋等の立入、検査　i 特定地域内の者に退去命令、立入禁止、外出禁止　j 緊急止むをえぬとき、動産、不動産の使用、破壊、焼却　k 国又は地方公共団体の動産又は不動産の必要な範囲での使用。2 関係主務大臣その他政令で定めた者は、次のような権限を有する。a 必要な物資の生産、集荷、販売、配給、保管又は輸送を業とする者に対し、物資の保管命令、使用、収用、調査の権限　b 病院、診療所、旅館等の施設の管理、使用の権限　c 医療、輸送、通信、放送、土木建築工事等に従業する者に従事命令。3 軍事裁判所の問題　一般裁判所を設置しつつ、特別裁判所としての軍事裁判所を設けるか、軍事裁判所を終審裁判所とするや否や、軍事裁判所の管轄権をいかなる範囲において認むるや……、軍刑法、刑事訴訟法の特例等の解決も要する。」(8)

三　三矢研究から一九七八年まで

(1)　三矢研究における「非常事態措置諸法令の研究」

一九六〇年の日米安保条約の改定は、有事法制研究にも一定の影響を及ぼすことになる。いわゆる内乱条項を削除し、「日本国の施政の下にある領域における、いずれか一方に対する武力攻撃」に対して、「共通の危険に対処するように行動する」ことを宣言した新安保条約の下で日本も対外戦争に対処しうる軍事力を着実に備えはじめると、有事法制の研究も、当然そのような戦争勃発の事態を想定した包括的なものになってくる。一九六三年の三矢研究[9]は、このような新しい状況に対応して包括的体系的になされた有事法制研究の代表的な事例となったのである。

しかも、三矢研究はもっぱら日本の防衛当局の思惑のみによって行われたものではなく、アメリカ側の軍事的思惑にも少なからず影響を受けて行われたものであった。例えば、一九六三年四月、ギルパトリック米国防次官はワシントンでの演説で要旨つぎのように述べている。「アメリカは日本が太平洋西北部の防衛負担をこれまでより多く受け持ってほしいと考えている。ワシントンでは、日本が将来おそらく朝鮮半島の一部をも含む区域を守るのに十分な『監視戦力』をもつものと期待している。そうなれば、韓国にもう一度紛争が起こった場合にも、アメリカの師団の再増強に依存しなくてもすむことになろう[10]」。三矢研究が、第二次朝鮮戦争の勃発を契機として、それが日本にも波及してくるという事態を想定して行われたということや、三矢研究には在日米軍司令部から部長クラスが数人参加していたのも[11]、このようなアメリカ側の軍事的意向を反映したものと思われる。

ところで、三矢研究は、第二次朝鮮戦争の勃発が日本にも波及することを想定してなされた「防衛研究」と並んで、そのような事態に法的に対応するための「有事法制」の包括的な研究を行っている。「非常事態措置諸法令の研究」がそれであるが、これは、その規模・内容においてそれ以前の有事法制研究の総決算としての性格をもつとともに、それ以後における有事法制研究の出発点としての性格をも併わせもつことになった。

そこで、「非常事態措置諸法令の研究」の具体的内容であるが、研究全体は大きく(1)国家総動員対策の確立、(2)政府機関の臨戦化、(3)自衛隊行動基礎の達成、および(4)自衛隊内部の施策の四つの項目に分けられている。そして、この内、まず(1)国家総動員対策の確立の項目は、さらに(i)戦力の増強達成と、(ii)国民生活の確保の小項目に分けられる。ここで検討されているのは、一般労務の徴用、業務従事の強制、防衛徴集制度の確立、交通・通信の強制的統制、国民生活衣食住の統制、強制疎開など、国民の基本的人権の重大な侵害・制限に関わるものである。また、⑵政府機関の臨戦化の項目では、内閣総理大臣の権限強化、最高防衛指導機構の確立、国家総動員法施策実施のための機構整備、自衛隊の行動に適応する地方行政機構の整備などが検討され、国家および地方の行政機構の文字通りの臨戦化が図られている。⑶自衛隊行動基礎の達成の項目では、(i)官民による国内防衛態勢の確立、(ii)自衛隊の行動を容易ならしめるための施策の小項目に分けられるが、この内、(i)官民による国内防衛態勢の確立の小項目では、民間防空、民間防空監視隊、郷土防衛隊の設置と並んで、戒厳が検討事項として明示されている。また、(ii)自衛隊の行動を容易ならしめるための施策の小項目では、防衛出動下令前における国家非常事態宣言、防衛徴集、強制服役、非常時における物資、土地の収用、防衛司法制度の確立、国防・軍事秘密の保護などが記されている。研究の内容がいかに広範かつ多様であるかは、このような項目をざっと見ただけでも、容易に理解できるであろう。

もっとも、これら各項目の具体的内容がどのようなものであるかは今日でも不明のままであるが、しかしこれら項目を一瞥しただけでも、それらがいかに日本国憲法総体に対する挑戦を意味しているかは明白であるように思われる。統幕事務局長田中義男陸将を統裁官として、主として自衛隊の制服組によって行なわれたこの三矢研究が一九六五年二月に国会で暴露されたとき、佐藤栄作首相自身が、「自分はそのような研究があることは承知していない。自衛隊がそのような計画を行なうことはゆゆしい問題であるので、政府としては真相を十分調査して、善処するつもりである」[12]と述べたのも、ある意味では当然であった。ただ、このような首相の発言にもかかわらず、結局のところは真相の究明はほとんどなされず、三矢研究はその全文が国会に提出されることもないまま廃棄処分とされ、責任者の処分どころか、逆に秘密漏洩者の処分が追及される結果となったところに、政府防衛当局の日本国憲法並びに有事法制に対する基本的姿勢が示されていたということができる。

政府防衛当局は、これによって有事法制研究を取り止めることは無論せず、むしろより巧妙な形で有事法制研究を続けていくことになった。たとえば戒厳令とか、徴兵制のように憲法にあからさまに違反するようなものは正面に出さず、比較的国民にも抵抗が少ないようなものから、しかも実際に自衛隊にとっても必要なものから、憲法の枠内でシビリアン・コントロールに服させるという装いを持たせながらやっていくという形でである。

⑵「法制上、今後整備すべき事項について」

その後、一九六六年に防衛庁法制調査官室が作成した「法制上、今後整備すべき事項について[13]」が、「不必要または不適当と判断されたもの」として「郷土防衛隊の設置、組織および権限等に関するもの」とか、「防衛出動待機命令時の武力の行使」などを挙げたのは、このような巧妙なやり方をすることを防衛庁内局なりに必要と判断したことの表れでもあったといえよう。もっとも、それと同時に、この研究は、三矢研究とはちがい、立法の形式（自衛隊法の改正を必要とするか、それともその他の法律、政令の改正、制定を必要とするか）とか、所轄省庁の別（「他省庁の研究に待つべき事項」か否か）などを基準として必要な有事法制を整理分類している点で、それだけ一層具体的に立法制定の段階を念頭に入れたものとなっている点が注目される。ちなみに、その後の防衛庁による有事法制研究も、有事法制の分類の仕方としては、この「法制上、今後整備すべき事項について」を基本的に踏襲したものとなったのである。

ところで、この法制調査官室の研究で具体的に主張されている点は多岐にわたるが、主要なものだけをあげれば、①まず自衛隊法の改正を要する点としては、出動する自衛隊に特別権限を付与し、土地等の使用、優先・緊急通行、危険区域、道路交通整理、公の営造物占用等で所要の事項を定めること、武器等の防護のための武器使用をできるようにすること、出動時の自衛隊について適用除外規定を増やすこと、自衛隊法の罰則をたとえば抗命罪などについて強化することなどがあげられているし、②また自衛隊法施行令の改正を要する事項としては、自衛隊法一〇三条に基づく物資の収用、業務従事命令を実施するために必要な事項を定めること、警務官等の権限を強化し、出動命令があった場合、警務官等は秘密保護法に規定する犯罪について被疑者が隊員以外の者であっても司法職員としての職務を行なうことができるようにすることなどがあげられている。③また新たな立法措置を講ずべき点としては、非常事態において特別措置（その具体的内容は不明である）を講ずるために、「非常事態における特別措置に関する法律」を制定することとか、わが国の防衛上の秘密を保護するため、「国家防衛秘密保護法」の制定を行なうことなどを主張している点が重要であろう。

このような有事法制の研究は、ただ、七〇年安保闘争が高揚する中で、部分的には国会の審議の中で国民の前に明らかにされることはあっても、全体としてはむしろ防衛庁の内部で沈潜した形で進められていった。有事法制論議が改めて国民の前で大々的に展開せられるのは、七〇年代も後半になって日本を取り巻く内外の諸状況の変化の中で自衛隊や日米安保のあり方にも変化が生じてくることをきっかけとしてである。

四　一九七八年から一九八四年まで

一九七八年七月、制服組のトップの座にいた栗栖弘臣統幕議長（当時）は週刊誌（週刊ポスト一九七八年七月二八日、八月四日合併号）でのインタビューに答えて、奇襲攻撃があった場合、内閣総理大臣の防衛出動命令が間に合わないときには自衛隊は超法規的な行動をとらざるをえないと発言し、防衛庁長官は、この発言がシビリアン・コントロールに反する疑いがあるとして栗栖統幕議長を更迭した。ところが、これとひきかえにするかのように福田首相（当時）は、有事法制の研究を改めて公然と防衛庁に対して指示したのである。これを契機として有事法制論議は国会やマスコミで沸騰することになる。

(1)　「防衛庁における有事法制の研究について」（一九七八年）

これは、この時期に明らかにされた有事法制研究に関する防衛庁の公式見解であるが[14]、この文書で、防衛庁は要旨以下のようなことを明らかにした。①有事法制研究は、シビリアン・コントロールの原則に従って、内閣総理大臣の了承の下に行なわれていること。②研究の対象は防衛出動を命ぜられるという事態において自衛隊がその任務を有効かつ円滑に遂行する上での法制上の諸問題であること、またいわゆる奇襲対処の問題は、本研究とは別個に検討していること。③有事法制研究は、現行憲法の範囲内で行なうものであるから、旧憲法下の戒厳令や徴兵制のような制度を考えることはあり得ないし、また言論統制などの措置も検討の対象としないこと。④有事法制研究は、別途着手されている防衛研究の作業結果を前提とする面があるとともに、防衛庁以外の省庁等の所管にかかわる検討事項も多く、相当長期に及ぶ検討を必要とする。ここにも示されるように、防衛庁は、一方で有事法制研究の必要性を指摘しながら、センサスを得るようにすること。④研究の成果は、ある程度まとまり次第国民に明らかにし、そのコン他方でそれが憲法の範囲内で行なわれるものであることを強調しているが、しかし有事法制研究がそもそも憲法の枠内でなされ得るものであるかどうかについて根本的な疑義が存することはすでに述べた通りである。自衛隊の存在そのものが、また自衛隊の武力行使が憲法上是認され得ないものである以上、有事に際して自衛隊の行動を「有効かつ円滑に」するために国民の権利を制限・侵害する有事法制が「現行憲法の範囲内」におさまるとすること自体に、疑問を差しはさまざるを得ないのである。

ちなみに、この時期、防衛庁は有事法制に関するつぎのようないわゆる八項目の検討事項を国会に提示するが、それら事項は、きわめて抽象的であって、具体的な内容は、国民に明示されないままに終わったのである。①有事に際して自衛隊の行動を容易ならしめるためにどのような例外規定・適用除外規定が必要か、②自衛隊法一〇三条を防衛出動下令前の段階から適用できないかどうか、③防衛庁・自衛隊の事務の簡素化、④有事に際して一般市民の避難誘導、保護をどうするか、⑤有事における国民の自衛隊に対する協力体制をどう確立するか、⑥捕虜の取扱いなどに関する国内法の整備、⑦有事における米軍への協力体制の確立、⑧自衛隊員の特別待遇の問題。(15)

(2)「防衛二法改正の提言」

もっとも、その後まもなく、防衛庁に代わって防衛庁（とりわけ制服組）の真のねらいの一端を明らかにする主張が出されてくることになる。一九七九年六月八日に自民党国防問題研究会が発表した「防衛二法改正の提言」[16]がそれである。この「提言」は、「防衛出動時に必要とする総合的な法令については、別途研究することとし」、とりあえず「平時の領土保全と奇襲防止に関連する法令の整備」と「国際条約、国際法に関連する法令の整備」をとりあげて防衛二法改正要綱の骨子としてうたったものであるが、その内容は、日米ガイドライン以後の新しい日米軍事同盟関係を反映したものとなっていた。

たとえば、「提言」は、平時の領域保全と奇襲防止のために、①「外国の武装部隊の領域への不法侵入を阻止……するため、防衛庁長官は自衛隊の部隊に対し、国際法規慣例に従い退去を命ずる等必要な措置を講じさせることができること」との規定を新たに加え、またこれに伴い自衛隊法八四条（領空侵犯措置）に「国際法規慣例に従い」必要な措置を講じうる旨明記すること、②部隊に対する奇襲（不法行為）に対処するために「自衛隊の部隊は、部隊および自衛艦の自衛、自衛隊法第九五条に掲げる防衛物件の防護、自衛隊の使用する船舶、庁舎、営舎、飛行場、演習場その他の施設の管理保全のため警備を行うこと」の規定を新たに加えることなどを提案している。

「提言」は、さらに、たとえば「防衛出動発令前に奇襲に対応するため、重要地点に部隊を配備し、陣地を構築するため土地の強制使用ができるよう、自衛隊法第一〇三条二項を、防衛出動待機命令が発令された場合においては発令を受けた部隊の配備地域において都道府県知事に要請できることを加えるように改定すること。また、自衛隊法第一〇三条に欠けている罰則規定を加えること」「領域警備行動の際、急迫の事態において……行動部隊の指揮官に、土地等の緊急使用、処分権、緊急通行権および危険区域設定と出入禁止権、避難命令権、航空機、船舶その他車両、輸送機関の運行（航）禁止権を付与する規定を新たに加えること」を提案している。この点は、そのまま一九八一年の「中間報告」へと受け継がれている点が注目されよう。

「提言」についてなお一点指摘しておくべきは、「提言」が、自衛隊法八二条（海上における警備行動）に「海上における国際協力による秩序の維持、国際法、条約に基く権利の行使と義務の履行に必要とする措置をとるため」という行動目的、および「国際法規慣例に従い、又は関係国内法令に基き必要な行動をとること」という行動内容を追加すること、さらには「国会の承認を得て、内閣総理大臣は国連安保理事会の要請に基き自衛隊の部隊を派遣し、又は要員の提供を行なうことができる」旨を新たに規定することを主張している点である。端的にいって、これは自衛隊の海外派兵と海外（公海）における自衛隊の武力行使を容認することにつながる主張といわなければならない。日米ガイドライン以後の新しい日米軍事同盟の中で日本は海外派兵と集団的自衛権の行使への道に踏み出したといってよいが、日本国憲法の枠内では到底容認しえないこの種の行動を防衛二法の改正によって、しかも「国際法規慣例に従い」といった文言をそう入することによって可能としようとするところに、この「提言」の大きなねらいの一つがあったと見なければならない。

⑶　「有事法制の研究について」（一九八一年）

一九八一年四月二二日に防衛庁が国会に提出した有事法制研究に関する「中間報告」ともいうべき文書「有事法制の研究について」（以下、「八一年中間報告」と略称）[17]は、以上のような有事法制研究の経緯を踏まえて、政府防衛当局が八一年の時点においてとりあえず必要で、かつ実現の可能性があると考える点を選び出して、それをまとめあげたものといいえよう。その意味では、これは、あくまでも「中間」報告であって、政府防衛当局が立法化したいと考えている有事法制のすべてではなんらなかった。

たとえば、「八一年中間報告」が基礎にしているのは、一九七八年九月二一日の防衛庁の前述した見解であり、そこでは、「今回の研究は、むろん現行憲法の範囲内で行うものであるから、旧憲法下の戒厳令や徴兵制のような制度を考えることはあり得ないし、また、言論統制などの措置も検討の対象としない」と述べられていた。なるほど、「八一年中間報告」には旧憲法下の戒厳令や徴兵制、さらには直接言論統制にわたるような事項は含まれてはいない。しかし、それでは、この種の有事法制の研究なり、立法化が将来においてもまったく有りえないものであるかといえば決してそうではないことは、これまでの有事法制研究の中でこれらの問題がさまざまな形で取り扱われてきたことからも明らかであろう。しかも、たとえば、徴兵制についていえば、政府の徴兵制に関する答弁は、現行憲法下では徴兵制が全く不可能であるとするものでは必ずしもなく、現行憲法のもとでも合憲となりうる含みを持たせたものとなっているのである。[18]また、言論統制に関しては、防衛庁の前記見解が発表されたすぐ後で福田首相（当時）が「国がひっくりかえるかどうかという有事の時に国を売ることは許されない」と述べて軍機保護法の制定の必要性を説いたことは周知の通りである。政府防衛当局としては国民の反発も強いこの種の有事法制を最初から出すのではなく、国民の抵抗が比較的弱いものから小出しに出して行き、それらがなしくずし的に国民の間で容認されていく中で徴兵制や軍機保護法、さらには戒厳令なども出していこうという計算だと思われる。その意味では、「八一年中間報告」は、それら有事法制のいわば「本丸」へと至る「外堀」的な性格を兼ね備えているということもできなくはない。

もっとも、「八一年中間報告」が「外堀」的な性格をもつからといって、それは決して政府防衛当局にとって重要性の少ないものということではない。「八一年中間報告」の依って立つ前記防衛庁見解では「有事の場合においても可能な限り個々の国民の権利が尊重されるべきことは当然である」と述べているが、しかし他ならぬこの『中間報告』が、文字通り国民の権利制限・侵害を行なうことをその内容としたものであることは、否定しようのない事実であろう。

①　**研究の対象**　そこで、「八一年中間報告」の具体的内容に関してであるが、『中間報告』は、まず「研究の対象となる法令」を「防衛庁所管の法令（第一分類）、他省庁所管の法令（第二分類）、所管省庁が明確でない事項に関する法令（第三分類）」の三つに分類整理している。たとえば第二分類に属するものとしては、「部隊の移動、資材の輸送等に関係する法令、通信連絡に関連する法令、火薬類の取り扱いに関連する法令など、自衛隊の有事の際の行動に関連ある法令多数が含まれる」とし、また第三分類に属するものとしては、「有事に際しての住民の保護、避難又は誘導の措置を適切に行うための法制あるいは人道に関する国際条約（いわゆるジュネーブ四条約）の国内法制のような問題

がある」としている。ところで、このような「第二分類については他省庁との調整事項等も多く、検討が進んでいる状況にはなく、第三分類については未だ研究に着手していない」とするのである。他省庁所管の法令とか、所管省庁が明確でない事項に関する法令について防衛庁だけの名前で研究内容や研究結果を公表することは、確かに官庁のなわ張りからしても差しひかえるべきであるという「配慮」が働いたと思われるが、しかし、ある意味ではそのような「配慮」をすること自体すでに具体的な立法化の過程・手続を防衛当局も読む段階に入ったからといえなくもないのである。これまでの研究の経過からしても、これら第二分類、第三分類についてもかなりの程度の研究はすでに行なわれているのであろうことは、推察に難くないのである。

②　**一〇三条の整備**　ところで、防衛庁所管の法令（第一分類）についてであるが、「八一年中間報告」は、まず第一点として、自衛隊法一〇三条について全面的な整備の必要性を強調している点が大きな特徴となっている。この点、ごく簡単に問題点を摘示しておけば、一〇三条で必要とされている政令の内容がことこまかに示され、政府の一存で明日にでも現実の政令となりうる準備が整った点は重大であろう。しかも、物資の収用、土地の使用等を都道府県知事に要請しうる者（事態に照らし緊急を要すると認めるときは都道府県知事に通知した上で自らこれらの権限を行うことができる者）としては、自衛隊の方面総監、師団長、自衛艦隊司令官、地方総監、航空総隊司令官、航空方面隊司令官等があげられている。換言すれば、師団長クラスの制服組の一方的判断で、物資の収用、土地の使用等が命ぜられ、業務従事命令が国民に対して課せられることになる訳である。

業務従事命令を受ける国民の範囲については、「別紙」は「医療、土木建築工事又は輸送に従事する者の範囲は、災害救助法施行令に規定するものとおおむね同様のものとする」（傍点・引用者）と述べており、基本的には、医師・歯科医師又は薬剤師、看護婦・准看護婦・看護士、土木技術者又は建築技術者、大工・左官又はとび職、土木業者又は建築業者及びこれらの者の従業者、地方鉄道業者及びその従業者、自動車運送業者及びその従業者、船舶運送業者及びその従業者、港湾運送業者及びその従業者などが予定されているようである。かなりの広範囲の労働者が含まれているといわざるをえない。もっとも、物資の保管命令については罰則が検討されているが、業務従事命令違反に対する罰則については、「八一年中間報告」はなんら言及していない。しかし、逆にそのような場合には罰則を科さないという明示の言及がない以上は、いずれは業務従事命令に違反した者にも罰則が検討されるであろうことは覚悟しておくべきであろう。

③　**防衛出動待機命令**　「八一年中間報告」の内容に関して重大なのは、第二に、陣地構築等のための土地の一方的使用、特別部隊の編成、さらには予備自衛官の招集などを「例えば、防衛出動待機命令下令時から」行なえるようにしたいと主張している点である。周知のように、防衛出動命令は、防衛出動命令とはちがって国会の承認は不必要で、防衛庁長官が「事態が緊迫し、第七六条第一項の規定による防衛出動命令が発せられることが予測される場合において、これに対処するため必要があると認めるとき」に内閣総理大臣の承認を得て下令しうるものである（七七条）。これによっても明らかなように、防衛出動待機命令下令の要件はきわめてあいまいである。しかも、かりに防衛庁長官が下令の要件があると思い込み陣地構築等を国民の土地を一方的に使用して強行したと仮定しよう。あとで防衛出動待機命令下令の要件が存在しないことが判明したとき、あるいはそのような要件が消滅したとき、はたして陣地は取り壊され、土地は完全に元通りに修復されるのであろうか。そのような可能性はむしろ少ないと考えた方が確かと思うがどうであろうか。つまり、このことからも推察されるように、「八一年中間報告」は、外部からの武力攻撃が実際には存在せず、またはその恐れもないような段階から国内に臨戦態勢を作りあげることを意図しているのであり、このような論理を一旦認めてしまえば、「先んずれば人（?）を制す」で、結局平時から軍事の論理が貫徹する戦時態勢を準備しておくことが一番よいということになってしまうのである。有事法制が、所詮は限りなく平時に近い段階から平和憲法を侵蝕してしまうといわざるを得ないゆえんである。

④　**部隊の緊急通行権**　「八一年中間報告」の問題点として第三点目に指摘しておくべきは、自衛隊の部隊のいわゆる緊急通行権、部隊防衛の権限を自衛隊法に新たに追加することが必要であると述べている点である。まず緊急通

行権についていえば、たしかに自衛隊法には、部隊が緊急に移動する必要がある場合に公共の用に供されていない土地等を通行しうるとする規定はない。「八一年中間報告」は、「このため、部隊の迅速な移動ができず、自衛隊の行動に支障をきたすことがある」ので、その種の規定が必要である、とするのであるが、しかし、これは国民の権利保護の観点からはきわめて危険な考え方といわざるをえない。たしかにたとえば消防法二七条および三五条の八には、消防隊および救急隊に関して類似の規定があるが、しかし、そこでは「一般交通の用に供しない通路若しくは公共の用に供しない空地及び水面」（傍点・引用者）という一応の限定がなされている。「八一年中間報告」では、公共の用に供されている場合は無論のこと、公共の用に供されていない「土地等」を一切自由に通行しうるようにしたいというのである。農作物が現に植えてある土地であると、個人の庭先であるとを問わず「そこのけ、そこのけ、戦車が通る」ということになるわけである。しかも、これは、何も自衛隊に防衛出動命令が下令された場合に限定されない。自衛隊の部隊が「緊急に移動する必要がある」と自衛隊自身が判断すればよいように読みうる以上、たとえば防衛出動待機命令時の段階などからも、十分になされうることになる。ちなみに、補償についてもなんら規定しないままにである。軍事の論理がまる出しともいいうるのである。消防法に類似の規定があるにもかかわらず、自衛隊法にこの種の緊急通行権の規定が設けられなかったことの積極的な意味を改めて想起すべきであろう。

⑤　**武器使用の要件の緩和**　つぎに部隊防護の権限については、この場合には一応「防衛出動待機命令下にある部隊が侵害をうけた場合」という限定はある。「八一年中間報告」は、そのような場合に現行法にはなんらの規定もないため「部隊に大きな被害を生じ、自衛隊の行動に支障をきたすことがあるので、当該部隊の要員を防護するため武器を使用しうることとする規定」を設けるべきと主張している。国会での答弁などでは、ゲリラ的な攻撃に対処するためには、この種の「部隊を守るための武器使用」は必要であるとするのであるが、けだし疑問というべきであろう。すでに現行自衛隊法上も、防衛出動時に武力行使ができることはもちろんのこと、治安出動時、さらには「人又は武器、弾薬、火薬、航空機、車両若しくは液体燃料を防護するため必要であると認める相当の理由がある場合」（九五

条）にも、武器の使用が認められていることは周知の通りである。これら現行法では十分に対処しえないという具体的な事実がなんら示されないままに、「部隊（要員）の防護」という抽象的で漠然とした根拠にもとづいて自衛隊の武器使用の要件を緩和することは、その武器が他ならぬ国民に対して向けられる可能性も決して少なくないだけに、厳に慎むべきであろう。しかも、部隊指揮官の判断に委ねられるこのような武器の使用は、もちろん国内においてなされるだけではない。この種の規定は、現地の部隊が独断専行して武力行使に訴え、ひいては日本の側から戦争に突入する危険性を少なからず有するものでもある。「自衛権又は緊急状態排除権」をこのように自衛隊の武器使用のなしくずし的拡大のための論理として認めることは日本国憲法上決して容認しえないのである。

(4) 「有事法制の研究について」（一九八四年）

防衛庁は、一九八四年一〇月一六日に、「八一年中間報告」をさらに補充する形で、第二次の「中間報告」ともいうべき「有事法制の研究について」（以下、「八四年中間報告」と略称）を発表した[19]。これは、「八一年中間報告」が前述したように主として第一分類についての研究を行ったのに対して、その時点では積み残された第二分類（他省庁所管の法令）の研究の概要を明らかにしたものである。

まず、「八四年中間報告」は、従来の有事法制研究の経緯を述べた上で、「第二分類で検討した事項と問題点」を「有事に際しての自衛隊の行動等の態様に区分して検討した」として、その検討項目を以下のようにあげた。①部隊の移動、輸送、②土地の使用、③構築物建造、④電気通信、⑤火薬類の取扱い、⑥衛生医療、⑦戦死者の取扱い、⑧会計経理。そして、これら項目について、それぞれ問題点を指摘する。①部隊の移動、輸送については、陸上輸送等に際しては、部隊自らが道路の応急補修を行えるように道路法に特例措置を設ける必要があること、また、航空輸送等に際しては、自衛隊法一〇七条で航空法の規定の相当部分が適用除外とされているが、その現実の運用面で自衛隊の任務遂行に支障のないような運用がなされることが必要である。また、②土地の使用については、部隊は、侵攻が予想される地域に陣地を構築するために土地を使用する必要があり、この点、海岸法、河川法、森林法などは国土保全の観点から、一定の区域への立ち入りや土地の形状の変更については法令に定める手続きが必要とされるが、そのような手続きをとる暇がない場合があり、そのような場合に特例措置を設けることが必要となる。③構築物建造については、建築基準法は建築物の工事計画を建築主事に通知などの手続きを定めているが、自衛隊が有事に際して建築する構築物については、特例措置が必要である。④電気通信については、自衛隊法一〇四条が防衛出動を命令ぜられた自衛隊の任務遂行上必要な場合には郵政大臣に公衆電気通信設備の優先使用等を求めることができるとしているので、特に支障はない。⑤火薬類の取り扱いについては、自衛隊法一〇六条が火薬類取締法の適用除外を一定程度定めているが、なお不十分な点もある。⑥衛生医療については、有事に際して負傷者が多数生ずることが考えられるが、医療法によれば、病院などを設置する場合には厚生大臣に協議などを行うことを定めている。この点、有事に際して野戦病院等を自衛隊が設置するために医療法の特例措置を設けることが必要である。⑦「戦死者の取扱いについて」は、有事に際して戦死者については自衛隊の部隊などが埋葬することが考えられる。ところが、墓地、埋葬等に関する法律によれば、墓地以外の場所に埋葬することは禁じられており、また埋葬、火葬に際しては市町村長の許可が必要とされている。この点、有事に際して部隊などが行う埋葬等については、特例措置が必要である。⑧会計経理については、有事に際して自衛隊が任務遂行のために工事用資材などの物資を調達する場合には、会計法上の特例措置を講ずることが必要である。

「八四年中間報告」は、以上のように検討項目と問題点を指摘した上で、「今後の研究の進め方」として、次のように述べる。第二分類の研究は、今後とも進められることが必要であるが、「その際、有事において自衛隊の行動が円滑に行われるための準備の重要性にかんがみ、陣地の構築のための土地の使用、建築物の建築などの特例措置については、例えば、防衛出動待機命令下令時から適用するような点をも考慮する必要がある」。

また、有事における住民の保護、避難又は誘導を適切に行う措置など、国民の生命財産の保護に直接関係し、かつ自衛隊の行動にも関連するため総合的な検討が必要と考えられる事項及び人道に関する国際条約に基づく捕虜収容所の設置など捕虜の取扱いの国内法化など所管省庁が明確でない事項が考えられ、今後より広い立場からの研究が必要である。

このような「八四年中間報告」に関して特徴的な点は、自衛隊が有事に際して任務遂行上必要とあれば、通常の国内法の適用を除外することをさまざまな形で規定しようと考えているということである。既存の公法や民事法などが規定している法の一般規定が「軍事の論理」とは少なからず矛盾するものであることを示しているともいいえよう。また、「八四年中間報告」に関して注目されるのは、「戦死者の取扱いについて」検討しているということである。「戦死者の取扱い」を検討するということは、戦争を行うことを前提として初めて可能となってくる事柄といえよう。一切の戦争を放棄した憲法九条との抵触を防衛庁はどのように認識したのか、疑問に思わざるを得ない。同様のことは、「捕虜の取扱いを検討する」必要があるとしている点についても言いうるであろう。この点も、やはり戦争を行うことを前提としているといわざるを得ないのである。このようにして、防衛庁の有事法制研究は、着実に憲法九条との乖離を深めていくことになったのである。[20]

（1）宮崎弘毅「防衛法シリーズ（12）」国防一九七八年三月号一頁以下による。
（2）法学セミナー増刊『戦争と自衛隊』（日本評論社、一九七八年）二〇〇頁。
（3）防衛研修所編『自衛隊と基本的法理論』（一九五八年）、但し、前掲書・注（2）二〇四頁による。
（4）前掲書・注（2）二〇六頁。
（5）林茂夫編『治安行動の研究』（晩聲社、一九七九年）三一頁。
（6）防衛研修所編『非常立法の本質』（一九六二年）は、田上穣治教授を中心として研究者が、防衛研修所の委託研究として、欧米諸国の非常事態法制についての比較憲法的研究を行ったものである。
（7）前掲書・注（2）二〇〇頁。

(8)　前掲書・注(2)二〇四頁。
(9)　三矢研究については、林茂夫編『全文・三矢作戦研究』(晩聲社、一九七九年)参照。
(10)　前掲書・注(9)八頁以下。
(11)　前掲書・注(9)七頁。
(12)　朝日新聞一九六五年二月十日。
(13)　林茂夫編『国家緊急権の研究』(晩聲社、一九七八年)七一頁。
(14)　防衛庁編『防衛白書一九八五年度版』(大蔵省印刷局)二九七頁参照。
(15)　八項目の検討については、拙稿「有事立法と日本国憲法の立場」法学セミナー一九七八年一二月号四六頁。
(16)　この「提言」は、軍事民論一七号(一九七九年)一〇五頁以下に掲載されている。
(17)　前掲書・注(14)二九八頁。
(18)　政府の徴兵制違憲論については、有斐閣編『憲法第九条(改訂版)』(有斐閣、一九八六年)九六頁参照。政府見解は、承知のように、徴兵制は憲法九条に照らして違憲というものではなく、憲法一三条と一八条に照らして違憲とするものであり、したがって、「公共の福祉」に関するとらえ方の変化によっては違憲論そのものも変更される危険性を内包する議論である。
(19)　前掲書・注(14)三〇五頁。
(20)　なお、この時期における有事法制に関する文献としては、軍事問題研究会編『有事立法が狙うもの』(三一書房、一九七八年)、小林直樹『国家緊急権』(学陽書房、一九七九年)、京都憲法会議ほか編『有事立法と日本の現状』(法律文化社、一九七九年)、宮崎弘毅「防衛法シリーズ」(1)~(18)国防一九七七年三月号九八頁~一九七八年十月号九二頁、山内敏弘ほか「『有事立法』とは何か」世界三九八号(一九七九年)一一三頁以下、拙稿「有事立法」清宮四郎ほか編『新版憲法演習1』(有斐閣、一九八〇年)などがある。

第三章　安全保障会議設置法

一九八六年五月二二日、国会は、安全保障会議設置法（法律七一号）（以下、安全保障会議法と略称）を可決した（同年七月一日施行）。この法律は、従来から存在していた国防会議を安全保障会議に代え、国防会議がこれまで有していた権限に加えてさらにいわゆる「重大緊急事態」への対処措置等を審議する権限を安全保障会議に付与することなどを直接的な内容とするものであるが、しかし、この法律には、日本国憲法の立場からみると看過することのできない重大な問題が含まれていると言わなければならない。端的にいって、この法律は、憲法の規定している議院内閣制を無視した形での「戦争指導機構」の確立をめざし、さらには日本国憲法が容認していない国家緊急権の発動をもくろむものとなっている。この法律によって、シビリアン・コントロールが現在以上に形骸化されることはもちろんのこと、有事と平時の区別も不分明なものとされ、平時からの有事体制づくりが一層のこと促進されることになると思われる。

有事立法の一環としてのこのような法律が一九八〇年代に登場してきたことは、日米安保体制が、このような「戦争指導機構」の確立と、そのような「戦争指導機構」による国家緊急権の発動を必要とするような状況に立ち至っていることをも示唆している。以下においては、このような危険な意味をもつ安全保障会議法について、その成立の歴史的経緯、組織機構、権限、内閣や国会との関係などについて批判的な検討を加えることにする。

一　歴史的経緯

(1)　国防会議の問題点

安全保障会議設置法は、直接的には、一九八五年七月二二日の行革審の答申が緊急事態に有効適切に対処するために国防会議に代えて安全保障会議を設置すべき旨を提言したことを受けて、内閣がその立法化を国会に提案して成立したという形式を一応はとっている。しかし、国防会議の改革論議そのものは、なにも一九八〇年代にはじまったものではなく、すでに一九六〇年代から存在していた。

国防会議の改革論議がこのようにかなり早い段階から存在していたことについては、そもそも一九五四年の防衛庁設置法における国防会議関連規定及び一九五六年の国防会議構成法自体が一定の明確なプリンシプルに基づいてつくられたものではなく、保守政党間の、あるいはそれらと防衛当局との間の、いわば妥当の産物として成立し、従って少なからず性格のあいまいなものとして発足したことも、大きな原因となっていた。

すなわち、国防会議の設置にあたっては、当時これを積極的に提案したのは改進党であるが、改進党は、国防会議を「内閣総理大臣の専断を防ぐための抑制力」として構想し、その性格・構成をつぎのようにしようと考えた。「自衛軍は国防会議の補佐により内閣総理大臣でこれを統率する。国防会議の構成員はその三分の二以上は文民でなければならない」。改進党がとりわけ重視したのは、国防会議の構成員に民間人あるいは学識経験者を加えることであり、そのことにより自衛隊の最高指揮権をもつ内閣総理大臣に過度の権力が集中することを防ぎ、また内閣の更迭により異動しない構成員を加えることによって防衛計画に一貫性を与えることができると考えたのである。

しかし、これに対して、自由党では消極論が強く、国防会議を「防衛政策審議機関」と捉える立場から、民間人あるいは学識経験者を加えると責任の所在が不明確になり、内閣責任制を崩すおそれがあること、防衛の秘密が漏らされるおそれがあることなどを理由として反対した。また、保安庁内部にあっては、そもそも国防会議の設置そのものに反対意見が強かったが、かりに国防会議の設置が不可避であるとすれば、国防会義を「直接統帥権に関与しない総理大臣の一個の諮問機関にとどめたい意向で、米国の国家安全保障会議、英国の国防委員会のような閣僚を中心としたものにすべきであるとした」。さらに、制服組からは、「米国の安全保障会議または英国の国防委員会と同様に、統幕議長は常時陪席させたいとの強い希望」が表明された(1)。

国防会議が改進党が主張したように民間人あるいは学識経験者をも加えたものとなっていたならば、あるいは国防会議の性格も少しはちがったものとなっていたかも知れない。しかし、実際にこれらさまざまな思惑の中から妥協の結果として生れた国防会議は、一方では統幕議長などの常時陪席についてはこれを認めないこととしたが、しかし、他方では民間人の参加をも排除し、かくして文民統制の実をもあげ得ない、性格のあいまいなものとなってしまった。[2]

そして、このように性格のあいまいな国防会議について、以後、改革の論議は文民統制を強化する観点からではなく、むしろそれとは逆の観点からなされていったことは、全体としての「防衛」論議が「自衛力」強化の方向で進められていったことからすれば、ある意味では不可避的であったといえよう。

(2) 行革審答申までの経過

国防会議の改革をめぐる論議は、一九六〇年代に入ると、自民党あるいは制服組などから打ち出されることになる。すなわち、まず一九六一年六月、池田内閣の下で党内右派によってつくられた「安全保障懇談会」（座長・船田中）は、半年後に「安全保障会議に関する構想」を打ち出したし、一九六二年三月に発足した安保調査会は、一九六六年五月、「わが国の安全保障に関する中間報告案」を作成し、その中で、「わが国の安全保障のため、首相の諮問機関として安全保障会議を創設し、また強力な総合中央情報機関を設け、さらに、機密保護法の制定、防衛庁の国防省昇格が必要である」[3]旨を主張した。

そして、このような自民党の右派と相呼応するかの如くに、一九六三年に防衛庁の制服組が行った「三矢研究」は、周知のように、「非常事態措置諸法令の研究」の中で「政府機関の臨戦化」を課題とし、その具体的な内容として「内閣総理大臣の権限強化」をはかると共に、「国防会議に最高防衛指導的性格を付与」すべく国防会議構成法等の改正をうたった。ちなみに、「三矢研究」では、「国家の最高戦争指導が国防会議において行なわれることを前提とし」、これを補佐する機関として「戦争指導に関する委員会」の設置が、また「国家見積に必要な情報見積を行なうとともに国家的見地から情報業務全般の組織運営、予算等の大綱決定について国防会議を補佐する」ために「国家情報委員会」の設置が検討されたことも、見過し得ない点であろう。[4] とりわけ「国家情報委員会」の構想は、一九八六年に成立した安全保障会議設置法の下で「内閣広報官室」や「内閣情報調査室」が新たにつくられ、緊急事態に関連する情報を集中管理・統制することが企図されていることと、基本的なねらいを一にするものといえよう。

三矢研究そのものは、周知のように、国会や世論による鋭い批判にあって形の上では廃棄処分とされたが、しかし、そこに示された国防会議の権限強化あるいは最高戦争指導機構の確立への動きは、その後一九七〇年代になってより現実具体的なものとなってくる。その背景にあるのは、一九七一年のドル危機、一九七三年のベトナム戦争終結などに示されるアメリカの軍事的、経済的後退であり、そのアジアにおける肩代りとしての日本の軍事的役割の増大である。具体的には、それは、一九七五年八月における坂田防衛庁長官とシュレジンジャー米国防長官との間で交わされた日米共同作戦体制の確立についての合意を出発点として、一九七八年一一月における「日米防衛協力のための指針」の策定という形で進行するが、このような動きの中で国防会議の権限強化の動きも現実化してくることになる。すなわち、一九七六年一月、坂田長官は国防会議の機能強化の意向を表明し、同年三月には三木首相の同意の下にその具体策の検討を開始したし、同年一二月に政権の座についた福田首相も、翌年一月にはさっそく国防会議の強化について久保国防会議事務局長に検討を指示している。そして同年一月七日に開かれた国防会議においては、国防会議の強化についての検討を行っていくことを決定した。[5]

一九七八年四月に防衛庁法制調査官室がまとめた「防衛二法改正について（案）」が防衛庁設置法の中にある国防会議規定を取り出して独立した「国防会議法」を制定して「内閣直属の安全保障問題協議機関」にふさわしいものに拡充強化する考えを打ち出したのも、[6] このような一連の流れを踏まえてであった。もっとも、この「防衛二法改正について（案）」は、国防会議の強化をうたったが、それを廃止することまでは考えていなかった。ところが、同じ一九七八年に国防会議事務局が作成した「国家安全保障会議設置法案」では、国防会議に代えて国家安全保障会議を設置すべき旨がはっきりとうたわれている。(7) しかも、国家安全保障会議は、従来の国防会義の権限に加えてさらに「国の安全保障に関する重要事項」についても調査審議し、あるいは内閣総理大臣に意見を述べることができるものとされている。この「国家安全保障会議設置法案」と一九八六年に実際に成立した「安全保障会議設置法」とでは、もちろん、「国家」が付くか付かないかといった点、あるいは前者では「国の安全保障に関する重要事項」とされているのが、後者では「国防に関する重要事項及び重大緊急事態への対処に関する重要事項」となっている点など、いくつかの相異はあるが、会議の構成メンバーに新たに国家公安委員長と内閣官房長官が加えられている点などは同じであり、従って、「安全保障会議法」の基本的な原型は、すでにこの「国家安全保障会議設置法案」によって設定されたということができる。

このように国防会議に代えて（国家）安全保障会議を設置すべきであるとする構想は、もちろん前述したようにすでに一九六〇年代にもあったが、より直接的には、一九七〇年代に入ってからオイル・ショック（一九七三年）なども契機となって国家体制の安全を単に軍事・国防の観点からだけではなく、経済・外交などをも含めた総合的安全保障の観点から捉えることの必要性が政府支配層の間で認識され出してきたことに基づいている。「危機管理」の必要性が、単に軍事・国防の領域に限定されることなく、エネルギー問題や食糧問題さらには大規模災害や治安問題などをも含めた形で論じられてきた動向と、(8) それは軌を一にしている。

このような動向を踏まえて、たとえば一九八〇年八月には、日本戦略研究センター（金丸信所長）が「防衛力整備上の問題点と国家施策に対する要請」を発表し、その中で「国の安全保障政策を策定し、危機管理や戦争指導についての政策や措置を決定することは国の浮沈安危に関わる重大事であって、防衛をはじめ外交、内政、経済、科学技術など万汎にわたるものであって、防衛庁設置法のもとに設置された現在の国防会議のよく司るところではない」として、「安全保障に関する国家指導機構の設置が必要である」旨を提言した。(9) さらに、同様の観点から、総合的な安全保障政策の策定とそのための国家機構の確立の必要性を説いたのが、一九八〇年七月の「総合安全保障研究グループ」

（猪木正道議長）による報告書「総合安全保障戦略」であった。この報告書は、具体的には外交、防衛、エネルギー、食糧、大規模地震対策などを取り上げ、これら内政、外政全般にわたる安全保障政策の推進の必要性を説き、合せて「現在の形骸化している『国防会議』に代え、安全保障政策を総合的、有機的に推進していくための機構として、『国家総合安全保障会議』を設立すること」を提案したのである。(10)同報告書の提案は、とりあえずは、一九八五年一二月の「総合安全保障関係閣僚会議」の設置となって具体化されたが、より本格的に国防会議の廃止＝安全保障会議の設置のためには、行革審の答申を待たなければならなかった。

(3)　行革審の答申

一九八一年三月に発足した臨時行政調査会（第二臨調、土光敏夫会長）は、第二部会の部会長案（一九八三年一二月二三日）の中で、「中央行政機構の再編・合理化及び総合調整機能の強化」の第一に「総合安全保障」を掲げ、その具体的内容として、外交・防衛、経済問題、危機管理、情報管理などを検討課題とした。ただ、これに対しては、行政改革について審議するはずの臨調が総合的安全保障のあり方についてまで審議するのは筋ちがいではないかとの批判も出されて、一九八二年七月の答申「行政改革に関する第三次答申――基本答申」では総合安全保障の問題を正面から論ずることはしなかった。代って、同答申は、行政の総合調整機能の強化のために内閣及び内閣総理大臣の指導権の強化をうたい、国防会議については、「必ずしもその機能を適切に発揮しているとはいい難い」としてその機能の活性化の必要性を説いたにとどまった。(11)

第二臨調の答申を踏まえて、さらに具体的に講ぜられるべき行政改革を調査審議し、内閣総理大臣に意見答申すべく、一九八三年六月に設けられたのが臨時行政改革推進審議会（行革審、土光敏夫会長）である。行革審は、その後約二年間にわたり審議を行ったが、一九八四年五月、後藤田行政管理庁長官が行政改革の検討課題の一つとして「危機管理のための政府の仕組み」を提起したことをも受けて、一九八五年七月二二日に内閣総理大臣に提出された「行政改革の堆進方策に関する答申」は、「緊急事態の対処体制の確立」と、そのための具体的な機構改革として国防会議の廃止＝安全保障会議の設置をつぎのように提言することになった[12]。

すなわち、「緊急事態には、直接侵略等の軍事危機を除いても、大規模地震のような自然災害のほか、大停電、通信網の断絶等のような人為的事故、エネルギー危機等の経済的危機、さらに、領空・領海侵犯や他国による航空機撃墜、政治的意図をもったテロ・ハイジャック事件、騒擾事件等が考えられる。このような緊急事態の発生は、国民生活の複雑高度化、国際的依存関係の深化と我が国の国際的役割の増大等の結果、従来よりもその潜在的な可能性が高まっており、対処体制の整備は緊要の課題となっている」。そして、このような緊急事態への「迅速・的確な対応には内閣総理大臣及び内閣の指導性の発揮が不可欠なのである」。

しかるに、「現状は、大規模災害等一部の緊急事態について対処体制が比較的整備されているものの、他の緊急事態やそれらの複合的な出現に対しては、①発生の予測・予知のための情報収集、分析・評価がほとんど行われていない、②関係機関相互間の迅速、緊密な情報連絡体制が不十分である、③全政府的な意思決定を迅速に行うための仕組みや対処方針が十分に確立していない、④政府全体を通ずるマニュアルが整備されていない、⑤事態発生時に中枢的機能を果たす官邸は狭隘かつ旧式で、交通・通信設備も完備していない等、極めて問題が多い」。「以上の観点から、緊急事態に内閣として有効、適切に対処し、有事に至らしめないようにするため、内閣を中心として、……対処体制等を整備する必要がある。」

行革審答申は、以上のように述べて、①安全保障会議（仮称）の設置、②緊急事態対処に係る総合調整機能の充実等、③報道、広報対策、そして④緊急事態対処のための基盤整備を提案した。そして、具体的に安全保障会議については、国防会議を廃止して国防会議の所掌事務を安全保障会議が継承すると共に、安全保障会議は、「重大緊急事態に関する次の重要事項について平常時から調査審議し、必要に応じ内閣総理大臣に対して意見を述べる任務を有する機関とする。①重大緊急事態対処の基本方針、②情勢分析及び重大緊急事態の想定、③重大緊急事態に対処する政府部内の情報連絡、意思決定の仕組み等に関するマニュアル、④その他国家の安全に係る重要事項」とし、また安全保障会議の構成については、「内閣総理大臣を議長とし、外務大臣、大蔵大臣、内閣官房長官、国家公安委員長、防衛庁長官及び内閣法第九条の規定によりあらかじめ指定された国務大臣」をもって構成し、「議長が必要と認めた場合は、構成員以外の関係閣僚等も出席し、審議に参加することができるものとする」と提言した。

以上のような行革申の答申を受けて、政府は同年七月二六日、答申を最大限尊重する旨の閣議決定を行い、かくして翌一九八六年二月四日、政府は国会に「安全保障会議設置法案」を提出するはこびとなった。そして、同法案は、きわめて短期間の国会での審議ののちに、同年五月二二日に国会で可決され、成立した。

二　安全保障会議の組織機構

安全保障会議設置法（三条〜五条）によれば、安全保障会議は、議長及び議員をもって構成され、議長は、内閣総理大臣をもって充てることとされる。また、議員となるのは、内閣法九条の規定によりあらかじめ指定された国務大臣、外務大臣、大蔵大臣、内閣官房長官、国家公安委員会委員長、防衛庁長官及び経済企画庁長官である。

従来の国防会議の構成とちがうのは、新たに内閣官房長官と国家公安委員長が加わった点であるが、この点について、政府は国会での審議においてつぎのように説明している。「官房長官は内閣の総合調整を行う。また会議に関する事務を取り扱う担当大臣である。国家公安委員長は、警察が重大緊急事態対処に特に深い重要な機能を果す……」[13]。ちなみに、行革審の答申では、経済企画庁長官は除外されていたが、成立した安全保障会議設置法では、経済企画庁長官は従来の国防会議と同様に構成メンバーとされている。その理由は、政府によれば、つぎのようなものである。「（安全保障会議は）国防会議の任務についてはそのまま引き継ぐということを大前提にいたしておりますので、そういう意味合いからも、従前の国防会議のメンバーである経企庁長官を落とすのはいかがなものかということで残すようにいたしたわけであります[14]」。

以上のような安全保障会議の組織構成に関しては、しかし、政府がさりげなく説明している以上に重大な意味合いが含まれていると思われる。まず、内閣官房長官に関していえば、内閣官房長官が安全保障会議に正規のメンバーとして加わったことは、安全保障会議が有事あるいは重大緊急事態においては内閣にとって代わるインナー・キャビネットとしての役割を果し得ることを容易にするものと捉えることが可能であろう。けだし、安全保障会議が従来の国防会議と同様にインナー・キャビネットとしての役割を特に目指すものでないのであれば、安全保障会議には、国防会議事務局長に相当する安全保障会議室長が事務当局として存在していれば十分であって、なにも内閣官房長官がわざわざ議員として参加する必要はないのである。それにもかかわらず、あえて内閣事務の総元締めとしての内閣官房長官が安全保障会議に加わっているのは、安全保障会議が内閣にとって代わる役割を果たす場合の「総合調整」の任務を内閣官房長官が行うためと考えることができるのである。

つぎに、安全保障会議のメンバーに国家公安委員長が加わったことも、従来の国防会議とは質的に異なる安全保障会議の性格を浮きぼりにするものとなっている。すなわち、国家公安委員長は、いうまでもなく国内的な治安・警察機構の総元締めであるが、そのような役割をもつ国家公安委員長が安全保障会議に加わることによって、国内的な緊急事態に対する対処体制と対外的な緊急事態に対する対処体制の一元化あるいは統合化がはかられようとしているのである。もちろん、このような国家公安委員長の安全保障会議への参加が、安全保障会議の権限として「重大緊急事態」への対処措置についての審議が規定されるに至ったことと相対応していることはいうまでもない。ただ、このような規定が設けられるに至ったこと自体、より根本的には、対外的な有事と国内的な緊急事態とを一体的に捉えることの必要性を政府（防衛・治安）当局が明確に認識してきていることに基づいていることは、留意されてよいであろう。[15]

なお、安全保障会議の構成員には統幕議長は加えられておらず、「議長は、必要があると認めるときは、関係の国務大臣、統合幕僚会議議長その他の関係者を会議に出席させ、意見を述べさせることができる」（七条）と規定されることになった。その理由は、国防会議の構成メンバーに統幕議長が加えられなかったのと同じであるが、安全保障会議そのものが後述するように戦争指導機構としての役割を果そうとする場合には、統幕議長の果す役割にもおのずから従来とは異なったものが生じてくることは容易に推定され得るところであろう。規定の上では「必要があると認めるとき」となっていても、議長が統幕議長の出席を常時「必要があると認め」れば、実際上は統幕議長が安全保障会議の構成メンバーになったのと同じことになり得る。運用上十分に警戒を要する点の一つといえよう。

三　安全保障会議の権限

安全保障会議の権限については、安全保障会議設置法の第二条が規定しているが、これによれば、安全保障会議は、大きく分けて以下の三つの権限を有している。㈠国防に関する重要事項について内閣総理大臣の諮問に基づき審議する（第一項）。㈡いわゆる重大緊急事態への対処措置について内閣総理大臣の諮問に基づき審議する（第二項）。㈢国防に関する重大事項および重大緊急事態への対処措置について、必要に応じて内閣総理大臣に対して意見を述べる（第三項）。

⑴　国防に関する重要事項の審議

まず、これらのうち、㈠の権限は、従来から国防会議の権限とされていたものをそのまま安全保障会議が引き継いだものであり、規定上も、①国防の基本方針、②防衛計画の大綱、③前号の規定に関連する産業等の調整計画の大綱、④防衛出動の可否、そして、⑤その他内閣総理大臣が必要と認める国防に関する重要事項とされていて、国防会議のそれ（旧防衛庁設置法第四二条二項）と同じものとなっている。ただ、規定の上では、そうであったとしても、現実の運用面においては、かつての国防会議と新たに発足した安全保障会議とでは、この点についても異なることは、十分に有り得るところである。現に、国会での審議の過程では、政府当局者は、⑤の国防に関するその他の重要事項として安全保障会議にかけられるものとして、つぎのような事項を挙げている。㈠治安出動、㈡有事法制（民間防衛をも含めて)、(ウ) 防衛出動待機命令及び自衛隊の作戦準備、(エ) 自衛隊法八二条に基づく海上警備行動、(オ) 在日米軍が日本の基地から出動する場合の承諾、(カ) 極東有事の際の米軍に対する後方支援。[16] 従来の国防会議が、自衛隊や米軍の軍令面あるいは運用面については原則的に扱わないものとされていたことと対比して少なからざる相違が示されているのである。

(2) 重大緊急事態への対処措置の審議

安全保障会議の権限の中でもっとも問題となるのは、(二)のいわゆる重大緊急事態への対処措置についての審議である。これは、国防会議の権限にはなく、安全保障会議設置法で新たに導入されたものであるが、しかし、この権限は、法律の規定を見ても、また国会での政府説明をみても、いろいろな意味で不明確で、すっきりしないところが多く、日本国憲法の趣旨にも少なからず抵触すると思われる。

まず第一に、第二条二項によれば、「重大緊急事態」とは、「国防に関する重要事項としてその対処措置につき諮るべき事態以外の緊急事態であって、我が国の安全に重大な影響を及ぼすおそれがあるもののうち、通常の緊急事態対処体制によっては適切に対処することが困難な事態」をいうとされているが、しかし、このような定義によっては、「重大緊急事態」の具体的な内容はなんら明らかにされていないと言わざるを得ない。たしかに、これが従来の緊急事態対処体制ではカバーし切れないような事態を指しているということからすれば――もっとも、「通常の緊急事態対処体制」という言い方自体が一種の形容矛盾であるが――、自衛隊法がすでに規定している防衛出動や治安出動が下命されるような事態、あるいは警察法が規定している緊急事態、さらには大規模地震対策特別措置法の想定する事態などは、ここに言う「重大緊急事態」には含まれず、それら事態以外の緊急事態ということには一応なるであろう。ちなみに、国会での政府当局者の説明によれば、「重大緊急事態」の要件としては、①重大性、②緊急性、そして③異例性の三つが挙げられるとされており、[17] また、過去における事例でこれに相当するものとしては、関東大震災、ダッカ事件、ミグ25事件、そし大韓航空機事件の四つが挙げられるとしているが[18]、しかし、これだけでは、その全体的な内容は、決して明確にはなってこないと言わざるを得ない。

しかも、第二に、政府の国会での説明などに関して少なからず気になることは、「通常の緊急事態対処体制」と「重大緊急事態」による対処措置との関係である。政府によれば、前述したように関東大震災のような大地震も「重大緊急事態」に含まれることになるが、しかし、大地震については、すでに「通常の緊急事態対処体制」として警察法上の緊急措置や大規模地震対策特別措置法などがあるはずである。にもかかわらず、なお、これら対処体制によることなく、それらとは異なる「重大緊急事態」として別個の対処措置を講じることとしているのは、一体どうしてなのか。結局のところ、これまでの既存の法体制――緊急事態法制をも含めて――の枠組みを超えて、いわば超法規的な措置をとり得るようにするために「重大緊急事態」というカテゴリーを設けたというように解さざるを得ないのである。

第三に、このような「重大緊急事態」について、さらに問題になるのは、その発生をだれが認定するのか、そしてそのような認定を踏まえて「対処措置」をだれがどのように講じるのかということである。まず「重大緊急事態」の認定権者については、安全保障会議設置法自体は特に明記していないが、安全保障会議設置法の趣旨からすれば、内閣総理大臣ということになるであろう。国会での答弁でも、政府は、「最終的には所管大臣あるいは官房長官の意見を参考にして総理大臣が決める」[19]と述べているが、ただ、「重大緊急事態」の概念内容そのものが前述したように極めて不明確なものであるだけに、内閣総理大臣がその発生を認定する場合には、内閣総理大臣の広範な裁量、というよりはむしろ恣意的な判断が働く危険性は大きいといわざるを得ないであろう。

しかも、そのような恣意的な判断を踏まえてなされる「対処措置」についてであるが、具体的にどのような機関がどのような内容の「対処措置」を講じるのかについて、安全保障会議設置法は、なにも明確な規定を置いていない。これは、この法律の重大な問題点あるいは欠陥の一つであるといってよいが、この点について、政府当局はつぎのように答弁している。「この安全保障会議は対処のための基本方針を決めます。基本方針が決まりますと、それを受けて対処するのは各省庁であります。その各省庁は当然現在あたえられました法律上の権限、任務に基づいて対処するわけでございまして、そういう意味で申し上げますと、既存の法体系以外のことを考えておるということではございませんので、あくまでも執行は現在の法体系の中でされる、こういうことでございます」[20]。

それでは、いわゆる超法規的な措置はまったく考えていないのかといえば、決してそうではない。たとえば、後藤田官房長官は、市川議員の質問に答えて、つぎのようにいっている。「多くの場合は既存の法体系の中で実施はやっていくと思います。問題は、その実施は既存の体系で、既存のそれぞれの組織体で仕事をするのですが、多くの機関が関係しているがゆえに基本方針そのものが決まらない場合が多い、それを今度のやつで決めていこう、こういうことです。……市川さんがおっしゃる超法規的なような事態もあり得るのではないかといわれれば、それは先例がございますからそういう場合もあり得る、こう答えざるを得ないと思います」[21]。

これは、憲法がなんら明示的には規定していない国家緊急権の行使を一片の法律によって超憲法的に容認しようとするものであるといってよいであろう[22]。しかも、このような超憲法的な国家緊急権の行使は、手続法的な点についてのみならず、実体法的な点についても既存の憲法制度の枠組みを無視して行われる危険性が少なくない。憲法の保障する平和主義や基本的人権がこのような超法規的な措置に際して尊重されるという保障はないのである[23]。

⑶　国防・重大緊急事態に関する重要事項についての意見

安全保障会議の三つ目の権限とされているのは、国防に関する重要事項や重大緊急事態への対処に関する重要事項について必要に応じて内閣総理大臣に対して意見を述べることができることである。これは、安全保障会議が国防に関する重要事項や重大緊急事態について平素から研究や調査を行い、それらの結果を踏まえた意見や立案を内閣総理大臣に提示することができることを定めたものであり、安全保障会議を常設的な機関として国防会議以上に重視しようとする立法者の意思がここにも表明されているといえよう。ちなみに、安全保障会議が、重大緊急事態発生に備えて平素から研究・調査して置くべき事項としては、①重大緊急事態への対処に当たって常に準拠すべき基本方針、②情勢分析及び重大緊急事態発生の想定、③対処に関する政府部内の連絡調整、意思決定の仕組みについてのマニュアルの作成などが挙げられている。[24]

ここでいわれているところのマニュアルは、すでに作成されていると思われるが、しかし、それらしきものは、一向に国民には公表されていない。のみならず、マニュアルは、「事態がもし起こった場合の対処の措置につきまして内部の手続きをあらかじめ勉強して置くという性質のもの」だから、「安全保障室」の「内部資料」として「安全保障室からその上司でありますところの内閣官房長官、あるいは安全保障会議の議長であります所の総理大臣、こういった方に報告するということは十分考えられ」るけれども、「これが閣議に報告されるということにはならない」[25]というのが、政府当局者の見解である。閣議にさえ報告されないマニュアルとは、一体なんのためにあるのか、という疑問を持つのは、決して私一人だけではないであろう。

四　文民統制の形骸化と戦争指導機構への道

改めて指摘するまでもなく、日本国憲法の下では、国会は「国権の最高機関」（四一条）であり、また内閣は、行政権の主体として「行政権の行使について、国会に対し連帯して責任を負ふ」（六六条三項）ものとされている。そして、「内閣がその職権を行うのは、閣議によるもの」（内閣法四条一項）とされ、内閣総理大臣は、「閣議にかけて決定した方針に基づいて、行政各部を指揮監督する」（同法六条）とされている。

ところで、このような国会と内閣のあり方についての基本原則を安全保障会議設置法がどこまで尊重しているのかといえば、同法は、この点について明確な規定を置いていないのである。このように重要な点について明確な規定を置いていないということは、有事あるいは重大緊急事態において安全保障会議の権限が恣意的に濫用され、シビリアン・コントロールが形骸化される危険性を不可避的に随伴するものと言わざるを得ないであろう。

(1) 国会との関係

まず、内閣総理大臣が、「重大緊急事態」について一定の対処措置を講じようとする場合、事前あるいは事後に国会での承認あるいは報告が義務づけられているのかといえば、この点について安全保障会議設置法はなんらの規定を置いていない。このことは、例えば自衛隊法が、防衛出動や治安出動を内閣総理大臣が下令する場合には、事前あるいは事後において国会での承認を必要と規定している（七六条、七八条）ことと対比しても、あるいはまた警察法が、緊急事態の布告を内閣総理大臣が発した場合には国会での事後の承認を求めなければならないと規定している（七四条）ことと対比しても、著しい国会無視を意味しているといえよう。

ちなみに、この点を国会で質問された政府は、つぎのように答えているが、このような答弁では、納得することができないであろう。「既存の法律等で国会の承認が必要とされておる場合には、当然その手続きがとられることに相成るわけでございます[26]」。「一般論としては、そういうことが適当である場合にはできるだけ適切なときに国会に連絡するあるいは報告する、そういうようなことは望ましいことで、これは国会が国権の最高機関であり、行政を監督するという立場にもありますから、一般論としては当然そういうことが行われることがよろしい、と思っておるわけでありま す[27]」。つまり、防衛出動や治安出動の場合には自衛隊法によって国会の承認を求めるが、「重大緊急事態」の場合には、「一般論としては」あるいは「そういうことが適当である場合には」できるだけ国会に報告するが、そうでない場合には国会に報告することはしない、というわけである。国会への報告についてすら、こうである以上は、いわんや国会での承認を求めるなどということは、政府の念頭にはないといって差し支えないであろう。

ところが、それにもかかわらず、政府当局は、この安全保障会議の設置によってシビリアン・コントロールはむしろ強化されるとさえ言っている。その理由として挙げるのは、①対処を誤れば、国防事案すなわち有事になるかもしれない事態について、従来は国防会議で審議されていなかったが、今度は安全保障会議で審議されることになり、しかもその中で純防衛的判断以外の政治的、外交的判断が加えられるようになったこと、②形式的には、安全保障会議設置法は独立法であり、防衛庁との区別がはっきりすることなどであるが[28]、しかしこれらは、説得力ある理由とはなりえないと思われる。むしろ、前述したところからすれば、国会のコントロールは従来以上に軽視されるのであり、その意味ではシビリアン・コントロールも肝心のところで機能しなくなる危険性が高いように思われる。

⑵　内閣との関係

安全保障会議法が、以上のように国会軽視の内容のものであるのに対して、内閣との関係はどのようであろうか。この点、内閣の意向を尊重する建て前が採られているというならば、まだしもであるが、ところが、決してそうはなっていない。安全保障会議は、法形式的には、内閣法第一二条に基づいて設置された内閣の諮問機関であるにもかかわらず、その実体は、有事・重大緊急事態においては内閣に代わるインナー・キャビネットとしての役割を、さらには戦争指導機構としての役割を果たそうとしているように思われる。憲法上、行政権の主体が内閣とされていることが、これによって、形骸化されようとしているのであり、きわめて重大な問題といわなければならない。

もちろん、政府当局は国会での答弁においては、一応「閣議を形骸化する意思など毛頭ない」し、「閣議決定を経べきもの……はその所管省が閣議に付議して、閣議としての政府の方針を決定する」旨を強調している[29]。しかし、そのことと、つぎのような安全保障会議のそもそもの設置趣旨との間に一体どのような論理的整合性があるというのであろうか。疑問という他はない。

「日本は御案内のようにコンセンサス社会ですよ。……だから、通常の行政事務というものはそれぞれの各省に分掌させておりますから、各省がそれぞれ上に上げてきて、次官会議、閣議にかけるべきものは閣議にかけていくといったようなやり方でやっているのですから、それはそれなりにいいわけですよ。ところが、最近のような内外情勢になると、同じ一つの事柄についてたくさんの省が関係してくる。そうなると、各省それぞれの立場でなかなか意思がまとまらない、まとまらなければ政府全体としての意思決定ができないから、緊急重大な事態というものに限定して、そういった場合にはトップ・ダウンで意思の決定だけはやらなければ、政府全体の対処方針が決まらぬということで非常な危険性を包含するわけです。それを今度の安全保障会議でやっていこう、こういう仕組みを考えておる」(30)。

つまり、閣議で審議していてはなかなか決まらないから安全保障会議でトップ・ダウン方式で決定していこうというわけである。これを閣議無視といわずしてなんというのであろうか。しかも、有事・重大緊急事態という、国政上もっとも重大な事項について、内閣が無視されるのである。なるほど、政府が国会で答弁しているように、安全保障会議で対処措置が決定された後において、形の上では然るべき時期に閣議に付議されることは当然に有り得るであろう。しかし、それは、もはや形式だけであって、閣議は事後承諾の機関でしかない。内閣総理大臣が議長となって主宰し、決定した安全保障会議の対処措置を、同じく内閣総理大臣が主宰し、その任免権を内閣総理大臣によって掌握されている国務大臣からなる閣議があとになってくつがえすことはまずは考えられないからである(31)。

それだけではない。安全保障会議で決定した方針はすべて閣議にかけられるのかどうかという点について、政府当局は、つぎのように答えている。「それは案件によると思います。閣議にかけて初めて内閣として行政権を行使する必要があるという案件もありましょうし、事態によっては閣議にかけないで、この安全保障会議の答申を受けて総理が直ちに各省に指示するということによって、各省が動くという案件もあろうかと存じます」(32)。しかも、防衛出動や治安出動等に関しては、閣議にかける必要が必ずしもない旨をつぎのようにはっきりと述べている。「防衛出動命令なりあるいは治安出動等の内閣総理大臣が出される命令につきましては、条文に閣議にかけてということが明記はいたしておりません。……したがって、明文の規定がございませんから、必ずかけなくちゃいけないというものというように私どもは考えておりませんが、通常の場合、こういった重要な事態であるからかかるであろうということは言えますけれども、かけなくちゃいけないというような明文、明記されていないということは、自衛隊法の防衛出動待機命令等の規定に明らかなところでございます[33]」。

防衛出動命令や「重大緊急事態」への対処措置が閣議にかけられることなく、安全保障会議だけで決定されるということになれば、まさに有事に関しては安全保障会議が、内閣に代わって、最高指導機関としての役割を果たすことになるのは、否定しがたいところであろう。政府は、安全保障会議はアメリカの国家安全保障会議やイギリスの国防海外政策委員会などとはちがう旨を指摘しているが、しかし、それが果たそうとしている役割は、少なからず近似したものとなりかねないであろうことは、推測に難くない[34]。このような戦争指導機構の確立は、日本国憲法の規定する政府機構のあり方に照らしても、また第九条に示される平和主義からしても容認し得ないところといわなければならないであろう。

（１）　以上については、宮崎弘毅「防衛二法と国防会議」国防一九七七年四月号九四頁以下参照。なお、その他国防会議設置の経緯については、久保卓也「国防会議について」防衛法研究二号一〇七頁以下および麻生茂「国防会議設置の経緯」防衛法研究九号（一九八五年）二六頁以下、古川純「安全保障会議の設置と国家緊急権確立の方向」ジュリスト八六五号（一九八六年）四一頁以下も参照。

（２）　たとえば、佐藤功「国防会議法案について」ジュリスト八九号（一九五五年）四一頁は、「民間議員をもし加えないのであれば国防会議を設ける意味がないと思う。民間議員の加わらぬ国防会議では関係閣僚の懇談会にすぎず何ら特に国防会議として設置する必要はない」と述べていた。けだし、妥当な指摘というべきであろう。

（３）　朝日新聞社編『自民党』（一九七〇年）八二頁以下。

（４）　三矢研究については、林茂夫編『全文・三矢作戦研究』（晩聲社、一九七九年）および藤井治夫『日本の国家機密』（現代評論社、一九七二年）二〇八頁以下参照。

（５）　以上の経過については、中条勲「安全保障会議と日米共同作戦」月刊社会党一九八六年一〇月号九一頁参照。

（６）　林茂夫編『国家緊急権の研究』（晩聲社、一九七八年）一一八頁参照。

（７）　林茂夫編・前掲書・注（６）一二〇頁。

（８）　川村俊夫「安全保障会議と日本型ファシズム」科学と思想六三号一八頁参照。なお、より広く現代国家の一般的な特性としての

「危機管理国家」への傾斜という観点から問題を捉えるものとして、水島朝穂「『危機管理国家』をめざす『戦後政治の総決算』」『法セミ増刊・これからの日米安保』（一九八七年）一六〇頁以下参照。

(9) 日本戦略研究センター編『防衛力整備に関する提言』（一九八〇年）五四頁以下。

(10) 大平総理の政策研究会報告書5『総合安全保障戦略』（一九八〇年）八六頁。

(11) 桜井敏堆「重大緊急事態への対処──安全保障会議設置法案」立法と調査一九八六年四月号八頁。

(12) 以下については、臨時行政改革推進審議会編『行革推進提言』（一九八五年）一四頁以下参照。

(13) 一九八六年三月二五日の衆議院本会議での中曽根首相の答弁（衆議院会議録第一三号一二頁）。

(14) 一九八六年四月二二日の衆議院内閣委での答弁（衆議院内閣委員会議録第一二号八頁）。

(15) 林茂夫「安全保障会議設置がめざすもの」法律時報五八巻八号（一九八六年）九頁は、つぎのようにいう。「重大緊急事態への対処措置、対処体制を整備するという名目で、対内的にも、対外的にも、それぞれの人民的変革への動きを封じ込め阻止する管理支配、弾圧支配の体制が強められようとしているのである。このように、国内外の危機管理と治安対策を強化するものだからこそ、旧国防会議では構成メンバーでなかった内閣官房長官、国家安安委員会委員長が、このたびの安全保障会議では新たに加えられたのである。」

ちなみに、渡辺巧「安全保障会議設置法の制定と警察の立場」（上）警察学論集三九巻一〇号（一九八六年）四〇頁は、国家公安委員長が安全保障会議の議員となった点について、「警察が重大緊急事態対処に当たって特に関係が深い行政機関であるからである」と述べると共に、さらに、「警察は、重大緊急事態と最も関係の深い行政機関である」（同（下）警察学論集三九巻一一号（一九八六年）一〇七頁）と警察側の立場を明らかにしている。なお、安全保障会議を公安警察との関連で検討したものとして、石村修「今日の公安警察に対する憲法的評価(二)」専修法学論集四七号（一九八八年）一三二頁以下参照。

(16) この点については、中条勲・前掲・注（5）九四頁参照。

(17) 一九八六年四月二二日の衆議院内閣委での塩田国防会議事務局長の答弁（衆議院内閣委会議録第一二号一三頁）。

(18) 一九八六年三月二五日の衆議院本会議での後藤田官房長官の答弁（衆議院会議録第一三号(一)九頁）。

(19) 一九八六年三月二五日の衆議院本会議での中曽根首相の答弁（衆議院会議録第一三号(一)一二頁）。

(20) 一九八六年四月二二日の衆議院内閣委での塩田国防会議事務局長の答弁（衆議院内閣委会議録第一二号一四頁）。

(21) 一九八六年四月二二日の衆議院内閣委での答弁（衆議院内閣委会議録第一二号一四頁）。

(22)　古川純・前掲・注（1）四五頁も、「現行憲法には明示されていない（むしろ、制憲過程で原理的に排除されたと解すべき）国家緊急権……を、内閣総理大臣を中心とする『安全保障会議』に授権しようとするもの」と言っている。
(23)　塩田国防会議事務局長は、一応、「今度の安全保障会議ができてそこで重大緊急事態の対処について審議する、その審議をすることによってこの会議に何らかの新しい権限を付与しようとしているものではないわけです。……したがいまして、今御指摘のように、住民の権利義務を制限するとかどうとかという新しい権限がここで与えられるということはございません」（一九八六年四月二二日、衆議院内閣委会議録第一二号一五頁）と答えているが、しかし、重大緊急事態への対処措置が国民の権利義務に一切関わりを持たないということは、むしろ有り得ないというべきであろう。
(24)　一九八六年四月二二日の衆義院内閣委での塩田国防会議事務局長の答弁（衆議院内閣委会議録第一二号一〇頁）。
(25)　一九八六年四月二二日の衆議院内閣委での塩田国防会議事務局長の答弁（衆議院内閣委会議録第一二号四頁）。
(26)　一九八六年三月二五日の衆議院本会議での後藤田官房長官の答弁（衆議院会議録第一三号(一)九頁）。
(27)　一九八六年五月八日の衆議院内閣委での中曽根首相の答弁（衆議院内閣委会議録第一五号四八頁）。
(28)　一九八六年五月二一日の参議院内閣委での加藤防衛庁長官の答弁（参議院内閣委会議録第一〇号一〇頁）。
(29)　一九八六年五月二〇日の参議院内閣委での後藤田官房長官の答弁（参議院内閣委会議録第九号三頁）。
(30)　一九八六年四月二二日の衆議院内閣委での後藤田官房長官の答弁（衆議院内閣委会議録第一二号五頁）。
(31)　渡辺巧「安全保障会議設置法の制定と警察の立場（上）」警察学論集三九巻一〇号二三頁も、つぎのように言っている。「一般論としては、内閣総理大臣は会議（＝安全保障会議）の意見に法的に拘束されず、会議の決定が直ちに各省庁の施策を拘束することもない。ただし、実際問題として、内閣総理大臣及び各省庁は会議の意見を専重することから、政府の決定が会議の決定と異なることはありえない」。
(32)　一九八六年四月二二日の衆議院内閣委での塩田国防会議事務局長の答弁（衆議院内閣委会議録第一二号二六頁）。
(33)　一九八六年五月二〇日の参議院内閣委での西広整輝防衛庁防衛局長の答弁（参議院内閣委会議録第九号二二頁）。
(34)　塩田国防会議事務局長は、「この法案をつくるに当たりまして、アメリカのみならず諸外国の同種の機能を持った制度につきまして勉強はいたしております。それはいたしたわけでございますが、……具体的に今回の改正についてアメリカのNSCのどこかを取り入れたとか、そういうことは全然いたしておりません」と述べている（一九八六年四月二二日、衆議院内閣委会議録第一二号二頁）が、問題は、その具体的な機能がどうであるかということである。なお、アメリカの国家安全保障会議については、宮脇岑生

「アメリカ」『世界の国防制度』（大平善梧＝田上穣治編一九八二年）一二一頁以下、中村陽一「アメリカの国家安全保障会議システム」法学新報九四巻一・二号一三九頁以下、高瀬忠雄「米国国家安全保障法における軍の統合」レファレンス一九八〇年七月号三〇頁以下、及び山本繁「米国の国家安保政策決定過程」国防一九八七年二月号八頁以下などを、また、イギリスの国防海外政策委員会については、麻生茂「国防会議設置の経緯」防衛法研究九号五四頁以下参照。

〈補注〉　安全保障会議設置法は、二〇〇三年に武力攻撃事態法の制定に付随して改定された。「武力攻撃事態等への対処に関する基本的な方針」などが安全保障会議の諮問事項とされた他に、安全保障会議の下に「事態対処専門委員会」が設置されたのである。このような改定の意味については、本書第一部第七章を参照されたい。また、二〇〇六年の「防衛庁設置法等の一部を改正する法律」によって、安全保障会議の諮問事項に新たに自衛隊法三条二項二号に規定されるに至った自衛隊の海外活動に関する重要事項などが加えられた。さらに、安倍内閣の下で設置された「国家安全保障に関する官邸機能強化会議」は、二〇〇七年二月二七日の「報告書」において、外交・安全保障上の重大事態に関する官邸機能を強化するために、安全保障会議の機能を吸収した上で、「司令塔」の役割を果たす「国家安全保障会議」を新たに設置することを提言している。この「報告書」を踏まえて、政府は、二〇〇七年四月六日に「国家安全保障会議設置法案」を閣議決定した。このような安全保障会議の強化の動向は、本文で述べたような問題性をますます増幅させることになると思われる。

第四章　ＰＫＯ協力法

一九九二年六月一五日に国会で成立した国際連合平和維持活動等に対する協力に関する法律（法律七九号）（以下、ＰＫＯ協力法と略称）は、国連の平和維持活動等への参加という名目の下に武装した自衛隊の海外派兵を法的に可能ならしめるものであるが、しかし、このような法律には、日本国憲法の平和主義に照らして基本的な疑義が存するといわなければならない。このことは、すでにさまざまな形で指摘されているところであるが[1]、そのことを明確にしておくことは、この法律に基づいてカンボジアへの自衛隊派兵が現実に行われたことなどをも踏まえるならば、一層必要になってきていると思われる。

それだけではない。一九九二年九月一七日から実施され始めたカンボジアへの自衛隊派兵は、ＰＫＯ協力法の運用という点でも少なからざる問題をはらんでいると思われる。私は、ある座談会で、冷戦終結以後のＰＫＯの変容に照らせば、ＰＫＯ協力法三条一号の定義は運用上大した意味を持たなくなるであろうといった趣旨のことを述べたが[2]、カンボジアへの自衛隊派兵はまさにそのような運用上の問題点をすでに浮き彫りにしているのである。そこで、以下にはこの点についても若干検討してみることにする。

なお、ＰＫＯ協力法については、そもそもその成立に際して国会での審議が十分に行われず、強行的に可決された[3]という問題がある。これは、議会制民主主義に関連する重大な問題であるが、この点については別稿の参照を請うこととして、本稿では省略することにする。

一　ＰＫＯ協力法の違憲性

(1)　自衛隊の違憲性

まず第一に、この法律は、武装した自衛隊が海外に出動することを可能とする内容となっているが、自衛隊そのものが憲法九条に違反するものである以上、このような違憲の自衛隊に新たな任務を付与する立法は、そのこと自体においてすでに違憲と言わざるを得ないと思われる。なるほど政府は、自衛隊を合憲と解しており、国民の間でも合憲論は少なくない。しかし、他方において、違憲論も決して少なくない（朝日新聞一九九二年九月二八日掲載の世論調査によれば合憲論は四七％と、過半数には達していないし、違憲論は二八％となっている）。のみならず、憲法九条を虚心に読めば、それが一切の戦力の保持を否認した規定であることは、容易に理解できると思われる。しかも、自衛隊は紛れようもなく軍隊であり、これを戦力に至らざる自衛力であるなどという議論は、憲法論としては到底説得力をもち得ないものであることは、すでに多くの学説によっても明らかにされているところである。[4]また、自衛戦力合憲論も、近時一部の学者によって、例えば憲法制定段階における総司令部や極東委員会などでの議論を根拠にして行われているが、[5]このような議論も、憲法解釈論としては所詮取り得ないものであることは、総司令部や極東委員会の見解はなんら憲法制定者の意思を有権的に示すものではないことによっても明らかである。[6]そうである以上、このような違憲な自衛隊に新たな任務を付与し、自衛隊の存在を正当化するようなＰＫＯ協力法は、憲法上容認し得ないものというべきなのである。

(2)　海外派兵の違憲性

第二に、ＰＫＯ協力法は、自衛隊の海外派兵を容認し、海外における武力行使を容認するという点で、従来の国会や政府の見解に立ったとしても違憲と言わざるを得ないと思われる。改めて指摘するまでもなく、一九五四年の参議院の「自衛隊の海外出動を為さざることに関する決議」は、「本院は、自衛隊の創設に際し、現行憲法の条章と、わが国民の熾烈なる平和愛好精神に照らし、海外出動はこれを行わないことを、茲に更めて確認する」と明言していた[7]し、これを受けて政府も、「自衛隊は、海外派遣というような目的は持っていないのであります。従いまして、只今の決議の趣旨は、十分これを尊重する所存であります」と述べていたのである。自衛隊法や防衛庁設置法も、このような海外出動禁止の趣旨を踏まえて専守防衛をその任務として制定されたことは、自衛隊法三条や防衛庁設置法四条をみれば明らかである。ところが、この度のＰＫＯ協力法は、このような政府や国会が戦後一貫してとってきた「防衛」政策の根幹を、十分な審議をなんら行うことなく変更してしまったのである。政府や自民党は、ＰＫＯ協力法についてはー〇〇時間以上の審議を行ったと述べているが、しかし、たとえば、ＰＫＯ協力法とこれに明らかに矛盾すると思われる前記参議院決議との関係をどのように捉えるのか、参議院決議を変更するのか否かについてもなんら明確な判断を国会としては示すことなく終わってしまったのである。このようになし崩し的な「国是」の変更は、憲法的にみても許されないところといわなければならないのである[8]。

なるほど、政府は、ＰＫＯ協力法が規定しているのは、憲法上禁止されている武力行使を伴う海外派兵ではなく、武力行使を伴わない海外派遣であると説明している。ＰＫＯ協力法でも、わざわざ「国際平和協力業務の実施等は、武力による威嚇又は武力の行使に当たるものであってはならない」（二条二項）と規定している。しかし、この点に関しては、そもそも一九五四年の参議院の前記決議は、政府がいうような海外派兵と海外派遣の区別をなんら設けることなく「海外出動」を一律に禁止したものであったことが留意されるべきであるし、かりにこの点をしばらく措いたとしても、自衛隊がＰＫＯ、とりわけＰＫＦに参加すれば、武力行使の可能性を伴わざるを得ないことは、例えば国連自身の文書であるＳＯＰ（ＰＫＯ標準実施手続き）ガイドラインなどによっても[9]、明らかである。同文書は、はっきりと「武力は、国連要員への直接攻撃、要員の生命への脅威に対して、あるいは国連全般の安全が脅威に直面した場合に、自衛のためだけに行使することができる」と定め、また現地司令官に一二〇ミリ迫撃砲の使用権限を認めているのである。ＰＫＯ、とりわけＰＫＦは、紛争地域において、紛争が終息したわけではない状況下で行われる活動である以上、このような武力行使の可能性を否定することができないのである。そうであるからこそ、ＰＫＯ協力法二四条三項は、ＰＫＯに参加する自衛隊員に小型武器に限定されない武器の使用を認めているのである。

ところが、政府は、このようなＰＫＯの活動原則及び活動実態には目をつぶって、国民に対しては「国連平和維持活動は、その名のとおり、平和のための活動です。武力を用いず、中立の立場で、国連の権威と説得によって平和を維持するもので、……」といったまちがった説明を行っているし（朝日新聞一九九二年七月五日掲載の「政府広報」）、また、ＰＫＯ協力法が成立した時点で防衛庁が自衛官に配布したパンフレット「ＰＫＯ及び国際緊急援助活動と自衛隊」でも、「（ＰＫＯの）仕事は、武力などの強制力は使わずに国連の権威と説得によって行います。これがＰＫＯの最も重要な特色です」といったまちがった説明を行っているのである。このような政府の説明は、ＰＫＯの活動原則並びに活動実態を主権者である国民の目から覆い隠すものであるといわざるを得ないと思われる。

(3)　「武器使用」と「業務の中断」及び「撤収」

ＰＫＯ協力法は、以上のような自衛隊のＰＫＯ参加の違憲性をカムフラージュするためにいくつかの工夫をこらしているが、しかし、これらは、所詮はＰＫＯ協力法の違憲性を払拭し得るものとはなっていないのである。たとえば、武器使用の権限を自衛官に認めている二四条三項の規定や、自衛隊が武力行使を行うような事態に立ち至った場合には、業務を中断し、あるいは撤収（「派遣の終了」）をする旨定めている規定（六条一三項、八条一項六号）などがその具体例であるが、しかし、これらの規定は、前引したＳＯＰガイドラインが、「作戦にかかわる事項は、事務総長の権限に委ねられる。軍事要員は、事務総長の命を受けた現地司令官の指揮下に入り、出身国の指揮を受けないことがＰＫＯの基本原則である」と定めていることと明らかに矛盾したものとなっているのである。実際にＰＫＯに参加する自衛隊（員）は、ＳＯＰガイドラインなどの定めるこのような規定に従って、必要とあれば武力行使を行うこととならざるを得ないのであって、ひとり自衛隊員だけが現地司令官の指揮命令に従わないで、武力行使を拒否したり、業務の中断を行うなどの独自行動をとることは許されないのである。そのことは、例えば幹部自衛官達によっても、つぎのように認められているのである。(10)

「――個人の判断で（武器の使用を行う）という話がありますが

A　はっきり言ってできませんよ。

B　行けば、たぶんUNTACの交戦規定があるから、それに従うのでしょうね。

D　僕もそう思う。もし僕が部隊を連れていったら、UNTACの指揮官の命ずるとおりに動きます。向こうの交戦規定、SOP（作戦規定）その他に従って行動することになると思います。」

ところが、政府の説明によれば、二四条三項が規定しているのは、あくまでも個々の隊員の武器使用であって、部隊としての武器使用（＝武力行使）ではないというのである。この点については、承知のように法案の審議段階で政府は、「組織としてではなく、組織的にいわば束ねるような形で武器使用することはありうる」という珍妙な答弁を行ったが、このような珍答弁が部隊行動を基本とする実力組織としての自衛隊の行動原則に反するだけではなく、上記SOP文書の原則とも抵触することは明らかというべきであろう。自民党の後藤田正晴元官房長官からも「ガラス細工」と批判された疑問点は、なんら解消されていないのである。

さらに、国会でも明らかにされたいわゆる「モデル協定案」（第五項）(11)によれば、「国連事務総長は、〈参加国〉によって利用される人員を含む〈国連平和維持活動〉の配置、組織、行動及び指令について完全な権限を行使する」（傍点・引用者）とされている。すなわち、国連事務総長並びに国連事務総長の権限を現地において代行する現地司令官は、単に部隊行動のみならず、それと密接な関連をもつ部隊配置についても権限をもつとされているのである。カンボジアに派兵した自衛隊は、主として国道二号線や三号線などの危険の少ない、従って武力行使の可能性の比較的少ない地域で活動を行うことになったようであるが、しかし、日本側の意向でこの地域での活動に終始することができるのかといえば、必ずしもそうとは限らないのであって、現地司令官の命令によって、武力衝突の危険性がある地域への配置が決定されることもあり得るのである。このことは、明石代表が、「自衛隊施設部隊の担当地域にポト派の支配地域を貫く国道六号線も加わるという話もありますが」という質問に対してつぎのように答えているところからも、明らかであろう。「時々刻々と変わるＵＮＴＡＣのニーズに基づいて検討し、相談させていただくことになる。将来的にはどのような可能性もある」（毎日新聞一九九二年八月二三日）。

なお、ＰＫＯからの撤収は、たしかに、ＰＫＯへの参加の場合と同様に、基本的には参加国の自由とされている。しかし、前記「モデル協定案」は、この点についても、「〈参加国〉政府は、国際連合事務総長に対して適切な事前通告を行うことなく、〈国際連合平和維持活動〉から自国の人員を撤収してはならない」（第九項）（傍点・引用者）と定めているのである。このような手続きを無視して、自衛隊の判断で一方的に撤収することはできないのである。ＰＫＯ協力法の上記「撤収」に関する規定は、この点からしても疑問をはらむものといわざるを得ないと思われる。

(4)「凍結」の問題点

自公民三党の妥協によって最終段階で導入されたＰＫＦの凍結（附則二条）に関しても、疑問点は少なくない。この問題に関していえば、まず、これはあくまでも一時的な凍結であって、削除では決してないことが留意されなければならないであろう。この凍結は早晩解除され、ＰＫＦにも参加することが企図されていることは、渡辺外務大臣の「最初は、若葉マークの運転で」という発言にも端的に示されている。それだけではない。凍結の仕方そのものがきわめてあいまいであって、結局はなし崩し的にＰＫＦにも参加することが考えられていることは、例えば自衛隊員の武器使用を定めた二四条三項はなんらの凍結あるいは修正もなされていないことによっても示される。この規定は、前述したように自衛隊員の携帯する武器については小型武器とか、護身用の武器といった限定をなんら行っていないが、その理由は、ＰＫＦに参加した場合には武力行使を行うような事態に立ち至るであろうことを想定しているからである。いいかえれば、本気でＰＫＦへの参加は凍結するというのであれば、このような規定は必要ないか、少なくとも自衛隊員が携帯する武器についても他の協力隊員の場合と同様に小型武器という限定を付して然るべきであったのである。そのような措置を一切講じなかったということは、結局本気でＰＫＦを凍結する気持ちが自公民三党にはなかったからといわざるを得ないのである。しかもまた、自公民三党が国会答弁のために作成した「補足見解」によれば、ＰＫＯ協力法三条三号のヌからタまで掲げる業務等を実施する場合にも、隊員の生命身体の安全を確保するために必要とあれば、「地雷等」の有無の確認並びに処分を為し得るとされているのである。しかし、「地雷等」の処分行為は明らかに凍結されたはずの三条三号ニ（「放棄された武器の収集、保管又は処分」）に該当するはずである。にもかかわらず、この規定は、「隊員の生命身体の安全の確保」という理由の下に事実上凍結解除されてしまっているのである。ＰＫＦの凍結がいかにあいまいなものであるかは、以上のような簡単な指摘だけからも明らかであろう。

さらにカンボジアのＵＮＴＡＣに関していえば、そこではそもそもＰＫＯとＰＫＦの区別そのものが明確にはなされていないという問題が存しているのである。たしかに、従来のＰＫＯの場合には、もっぱら停戦監視活動を行う停戦監視団と兵力引き離しなどの活動を行うＰＫＦ（平和維持軍）が区別されることはあった。しかし、他方ではこれまでにも、両者を兼ね備えたＰＫＯが、国連ナミビア独立支援グループのように存在していたのであって、したがってＰＫＯとＰＫＦの区別はあくまでも相対的なものであった。ＵＮＴＡＣについても、軍事部門と非軍事部門の区別は一応なされているが、しかし、軍事部門の中でＰＫＯとＰＫＦを区別することは特になされていないのである（例えば、一九九二年二月一九日の「カンボジアに関する事務総長報告」参照）。このような最近のＰＫＯの実状からすれば、ＰＫＯ協力法が「凍結」によって行っているＰＫＯとＰＫＦの区別が国際的にどの程度までに実効性を伴うものであるかは、少なからず疑問に思われるのである。

⑸　集団的自衛権行使の問題

ＰＫＯ協力法は、政府自身従来違憲としてきた集団的自衛権の行使に踏み込まざるを得ないという点からしても、違憲といわざるを得ないと思われる。ＳＯＰガイドラインや「モデル協定案」は、前述したように「作戦に関する事項」や「部隊の配置」などについては、現地司令官が権限をもち、出身国の命令を受けないと定めているのであり、従って、自衛隊がＰＫＯに参加した場合には外国部隊の隊員のためにも武力行使を行うように現地司令官から命じられるということは十分にあり得るのである。そのような場合に、自衛隊が外国部隊の隊員のための武力行使はできないと拒否することは事実上不可能と思われるのである。たしかに、ＰＫＯ協力法の規定（二四条三項）上は、自衛隊員が武器使用できるのは、日本の協力隊員のためだけのように読めるが、外国隊員のためにも武器使用することがあり得ることは政府自身国会で答弁している通りである。政府は、それは「人道的な立場」から行うのであって、集団的自衛権の行使には当たらないとしているが[12]、しかし、現地司令官が武力行使を命じるのは、なにも狭義の意味での正当防衛や緊急避難の場合に限定されるわけではないことは、ＳＯＰガイドラインが明記している通りである。そうであるとすれば、そのような場合の武力行使を「人道的立場」ということで正当化することは決してできないし、いわんや個別的自衛権の行使と捉えることもできないのである。そうである以上は、結局のところは憲法で禁止された集団的自衛権の行使に踏み込まざるを得ないと思われるのである。

⑹　「民間の協力」の問題点

ＰＫＯ協力法に関して留意されるべきは、この法律は決して単に自衛隊のみの海外派兵を定めた立法ではないということである。同法は、第一章総則第二条（国際連合平和維持活動等に対する協力の基本原則）において、「政府は、この法律に基づく国際平和協力業務の実施、物資協力、これらについての国以外の者の協力等……を適切に組み合わせるとともに、国際平和協力業務の実施等に携わる者の創意と知見を活用することにより、国際連合平和維持活動及び人道的な国際救援活動に効果的に協力するものとする」（傍点・引用者）と定め、国際平和協力業務が、「国以外の者の協力」を得てなされるものであることを明記しているのである。具体的には、二六条が「民間の協力等」を定め、第一項で、「本部長は、第三章の規定による措置によっては国際平和協力業務を十分に実施することができないと認めるとき、又は物資協力に関し必要があると認めるときは、関係行政機関の長の協力を得て、物品の譲渡若しくは貸付け又は役務の提供について国以外の者に協力を求めることができる」とうたっているのである。

たしかに、この点に関しては、協力を要請された一般国民が協力を拒否した場合に、刑罰などの制裁が科せられる旨の規定はないので、これがそのまま徴兵制や国民徴用を定めたものと断定することはできないであろう。しかし、「関係行政機関の長の協力」を得てなされる民間への「協力」要請が企業などになされた場合には、許認可権等を握られている企業としては、このような要請をすげなく断ることはきわめて困難であろうし、また企業のトップで国際平和協力業務への「協力」を決定し、労働者に業務従事命令を発した場合には、そのような業務従事命令を労働者が拒否することは実際問題として決して容易ではないであろう。このようにして、広く国民をも巻き込んだ形でのPKO協力が、この法律の重要な特色をなしているのである。ゆるやかな形での国家総動員体制への道が、このようにして敷かれはじめているのである。その指し示す先に徴兵制があると考えることは、決して不自然ではないと思われる。

(7)　議会の民主的統制の欠如

ＰＫＯ協力法の問題点としてさらに見過ごすことができないのは、同法には国会が自衛隊のＰＫＯ参加について厳しい民主的統制を加えるという発想がきわめて少ない、あるいはほとんど欠落しているということである。この点に関してまず指摘されるべきは、六条七項は、確かに三条三号のイからへに掲げる業務に自衛隊が部隊として参加する場合には国会の承認を求めなければならないと規定しているが、しかし、それ以外の場合には国会の承認を不要としているということである。したがって、たとえば、カンボジア派兵の場合のように、自衛隊が部隊として参加する場合でも三条三号のイからヘに掲げる業務以外の業務（例えば、紛争によって被害を受けた施設等の復旧作業）に携わる場合には、あるいは三条のイからヘに掲げる業務（例えば、停戦監視活動）に部隊としてではなく個々の自衛官として参加する場合には、国会の承認はなんら求められないということである。しかし、このような場合にも自衛隊（員）が海外出動するという点では基本的に同じである以上、さらにはまた紛争地域において武力紛争に巻き込まれる、あるいは自ら武力行使を行う危険性は少なくない以上、このような場合に国会の承認を不要としているのは、「国権の最高機関」としての国会の権威を著しく軽視するものというべきであろう。

また、自衛隊が部隊として三条三号イからヘに掲げる業務を行う場合についても、問題は存している。六条八項は、「内閣総理大臣から国会の承認を求められた場合には、先議の議院にあっては内閣総理大臣が国会の承認を求めた後……七日以内に、後議の議院にあっては先議の議院から議案の送付があった後……七日以内に、それぞれ議決するよう努めなければならない」と定めているが、このようにきわめて短い期間を限って国会に対して議決を要請するような規定は、自衛隊のＰＫＯ参加という、国会がもっとも慎重な審議をしなければならないはずの重大問題について国会の審議に大きな制約を課するものであって、議会による民主的統制という観点からして納得し得ないところというべきであろう。この点に関して、政府は、この規定は単に「努めなければならない」と規定しているにすぎないので、国会を法的に拘束するものではなんらないと説明しているが、しかし、形式論理的にはそのようなことが言えたとしても、この規定が議会審議に対して事実上の拘束力を及ぼすことは否定し得ないのであって、まさにそのような事実上の拘束力を及ぼすこと自体がすでに疑問とされなければならないのである。

さらに、議会統制という観点からＰＫＯ協力法について問題というべきは、同法には政令に委ねた事項が非常に多いということである。三条三号レが「国際平和協力業務」について、「イからタまでに掲げる業務に類するものとして政令で定める業務」としている点、あるいは、別表（三条関係）が「国際機関」として「国際連合の総会によって設立された機関又は国際連合の専門機関で、次に掲げるものその他政令で定めるもの」としている点などはその最たるものであるが、この他にも、隊員が保有する小型武器の種類（二二条）など、ＰＫＯ協力法の核心に関わる事項が少なからず政令に委ねられているのである。このように重要な事項が法律で定められるのではなく、政令に委ねられているということは、それだけ国会のコントロールが及ばない授権立法的な性格が強いということを意味するのであって、ＰＫＯ協力法の重大な問題点というべきであろう。

二　カンボジア派兵に伴う問題点

政府は、ＰＫＯ協力法の成立に伴い、一九九二年八月一〇日に同法を施行するとともに、同年九月八日にはカンボジア及びアンゴラへのＰＫＯ協力のための「実施計画」を閣議決定し、同「実施計画」に基づいて、九月一七日にはカンボジアへの自衛隊派兵を開始した。同日、海上自衛隊は、「守るも攻むるも黒鉄の……仇なす国を攻めよかし」といった歌詞をもつ「軍艦マーチ」に送られて呉港を出発したし、翌一八日には小牧基地で航空自衛隊のカンボジア派兵部隊の編成完結式に臨んだ石塚航空幕僚長は、「国軍としての自衛隊が初めてアジアのために汗を流すことは、大変意義深い」と訓示した。これらの事実は、カンボジアへの自衛隊派兵がなんたるかを端的に物語っているが、具体的にみても、カンボジア派兵にともなっていくつかの問題点が生じていると思われる。

まず、ＰＫＯ協力法は、自衛隊のＰＫＯ参加の前提条件としていわゆる五原則を掲げているが、問題とされるべきは、そのなかでとりわけ「武力紛争の停止及びこれを維持するとの紛争当事者間の合意」、「紛争当事者の当該活動が行われることについての同意」、そして「いずれの紛争当事者にも偏ることなく実施されること」といった原則が果たしてカンボジアへの自衛隊派兵に際してどのように守られたのかという点である。前記「実施計画」は、この点についてはなんら明確な説明を加えることなく、「現状においては、ＵＮＴＡＣについてそれらが満たされており、……紛争当事者の同意も得られている」と断定しているが、しかし、このような断定には少なからず疑問が存するといわなければならない。

具体的に、まず「武力紛争の停止及びこれを維持するとの紛争当事者間の合意」に関していえば、パリ和平協定の実施についてポル・ポト派とプノンペン政府等との間に対立が見られ、ポル・ポト派が武装解除を拒否していた状態の下においては、このような前提条件がはたして存在しているといえるのか否かは少なからず疑わしいと思われるのである。もっとも、ＰＫＯ協力法の規定自体、この点、具体的にどのような事実が存在していたならばこれらの前提条件が充たされたといえるのかについては必ずしも明確にはなっていない。たとえば、「停戦の合意」が形式的に存在すればよいというのか、それとも停戦状態が実質的・客観的にも存在することが必要であるのかは不明確なままなのである。また、「紛争当事者の同意」についても、それをどのような形で確認するのかについてはＰＫＯ協力法自体はなんら明確には規定していないのである。ごく常識的に解釈すればカンボジア四派の同意がすべて必要とされるはずであるが（加藤官房長官は、一時「ポルポト派の同意が前提条件だ」と述べていた（朝日新聞一九九二年七月三一日））、ＳＮＣ（カンアボジア最高国民評議会）の同意だけで十分との解釈がなされる可能性もあり（外務省幹部は、その後加藤発言をくつがえすかのように、「ポルポト派に拒否権を与えてはならない」と述べた（朝日新聞一九九二年八月一日））、結局この点はあいまいなままに自衛隊はカンボジアへと出兵してしまったのである。

さらに、いわゆる「中立原則」についていえば、そもそもＳＮＣの上位にＵＮＴＡＣが存在し、ＵＮＴＡＣが外交・国防・財政などについてＳＮＣに優位する権限を持つということ自体、「中立原則」あるいは「内政不介入の原則」の侵害といわざるを得ないと思われる。かつてハマーショルド事務総長がまとめたＰＫＯについての「研究摘要」は、「中立性の厳守」や「国内紛争への不介入」を原則とし、後者については、「国連軍は、本質上国内的性格の事態に使用することは認められない。国連の要員は、いかなる意味でも、国内紛争の当事者となることは許されない」と定めていた(13)。ところが、このような「内政不介入原則」あるいは「中立原則」は、冷戦構造終焉以後のＰＫＯにあっては少なからず変質させられてしまったが、しかし、少なくとも日本のＰＫＯ協力法が、自衛隊のＰＫＯ参加の基本条件として「中立原則」を掲げる以上は、これを遵守することが必要であるはずである。そして、このような

「中立原則」を遵守したならば、カンボジアには自衛隊を派兵することはできないはずであるにもかかわらず、そのことは大して問題とはされていないのである。疑問という他はない。

なお、かりにこの点はかっこに入れたとしても、ポル・ポト派による武装解除の拒否が続き、さらには選挙ボイコットというような事態が発生した場合には、ＵＮＴＡＣの方針に従って武装解除を強行し、あるいは選挙監視に参加することが果たして「中立原則」の条件を充たしたことになるのかといえば、きわめて疑わしいと思われる。そのような事態がかりに発生した場合に政府がどのような対応をとるのかは、決して見過ごすことのできない問題というべきであろう。

三　小　結

以上、ＰＫＯ協力法の違憲性並びに運用上の問題点について検討してきた。ＰＫＯ協力法に関連しては、以上に留まらないさまざまな問題が出てきていることはもちろんである。例えば、ＰＫＯ協力法の制定に関連して改めて浮上してきているのが、有事法制あるいは軍事立法再編の動きであるし、あるいは、国連軍への参加や在外邦人の救出など、他の名目をもってする自衛隊海外派兵の動きである。ＰＫＯ協力法による自衛隊の海外派兵が、単にそれのみに留まらない問題をはらむことは、このような動きからしても明瞭というべきであろう。さらに、指摘されなければならないのは、いうまでもなく、改憲論議の台頭である。例えば小沢一郎元自民党幹事長が、ＰＫＯ協力法の成立後さまざまなところで改憲論を説いていることは、承知の通りである。このような改憲論議は、冷戦構造終焉という国際環境の歴史的変化を背景としており、また「国際貢献」論を前面に押し出している点に従来とは異なる特色があるが、それだけに、改憲論議の動向も従来とは展開を異にしてくる可能性もあり、決して予断を許さないように思われる。

このように、平和憲法は、いま憲法施行以来最大の危機的状況を迎えているように思われる。ＰＫＯ協力法及びその運用の批判的検討と並んで、このようなトータルな憲法状況の検討を、今日の国際社会の動向とも関連づけて行うことが必要となってきていると思われるが、その点については、他日を期することにしたい。

(1) とりあえずは、拙著『平和憲法の理論』(日本評論社、一九九二年)三五一頁以下。
(2) ジュリスト九九一号(一九九一年)六〇頁以下の「座談会・ＰＫＯ協力法案の法的意味」参照。
(3) 拙稿「ＰＫＯ法と平和憲法の危機」法律時報六四巻一〇号(一九九二年)二頁。
(4) とりあえずは、深瀬忠一『戦争放棄と平和的生存権』(岩波書店、一九八七年)一四九頁以下、前掲書・注(1)五三頁以下参照。
(5) 西修「憲法解釈の基本的発想の転換を」国会月報一九九二年一月号五三頁。
(6) とりあえずは、山内敏弘・太田一男『憲法と平和主義』(法律文化社、一九九八年)三頁以下参照。
(7) この決議については、吉原公一郎・久保綾三編『日米安保条約体制史２巻』(三省堂、一九七〇年)二六四頁。
(8) 樋口陽一「〝選択しないままの選択〟でよいのか」世界一九九二年八月号二八頁。
(9) UN, Guideline Standard Operating Procedures for Peace-Keeping Operations. ＳＯＰについては、前掲書・注(1)三八一頁参照。
(10) 「自衛隊幹部覆面座談会・派遣される立場から」世界一九九二年八月号七七頁。
(11) 「モデル協定案」については、前掲書・注(1)三八二頁参照。
(12) 第一二二回国会衆議院国際平和協力特別委員会一九九一年九月二五日。
(13) 香西茂『国連の平和維持活動』(有斐閣、一九九一年)八三頁参照。

〈補注〉　本稿は、一九九二年一一月にジュリスト一〇一一号に掲載された論文に若干の修正と注を加えて収録したものであるが、その後、このＰＫＯ協力法に基づいて、自衛隊は、多数の海外でのＰＫＯ活動に参加することになった。その具体的事例と問題点については、とりあえずは、『憲法と平和主義』(前掲書・注(6))一八頁以下を参照されたい。また、その後、一九九八年にはＰＫＯ協力法が改定されて(法律一〇二号)、新たに「小型武器又は武器の使用は、当該現場に上官が在るときは、その命令によらなければならない。」(二四条四項)といった規定が挿入されて、武器使用が自衛官個々人の自然権的なものではなく、上官の命令による組織的なものであることとされた。さらに、二〇〇一年にも、ＰＫＯ協力法が改定されて（法律一五七号）、「凍結」されていたＰＫＦが解凍されることになった。「凍結」は所詮は「解凍」される運命にあると指摘していたことがその通りになったのである。

第五章　日米新ガイドラインと周辺事態法

一　はじめに

一九九九年五月二四日に成立した「周辺事態に際して我が国の平和及び安全を確保するための措置に関する法律」(法律六〇号)(以下、周辺事態法と略称)、日米物品役務相互提供協定の改定、自衛隊法一〇〇条の八の改定(いわゆる新ガイドライン関連法)は、一九九七年九月に日米政府間で策定された「日米防衛協力のための指針」(新ガイドライン)の実施法としての意味合いをもつが、これら関連法は、日本国憲法との関係において多くの重大な疑義をもつのみならず、現行の日米安保条約との関係においても、その整合性に関して少なからざる問題をはらむものと思われる。これら関連法の成立によって、平和憲法の理念と現実との乖離はかつてないほどに大きくなったし、日米安保体制は従来とは異なる新たな段階に立ち至ったといってよいように思われる。

新ガイドライン関連法のこのような問題性は、当初から指摘されてきたことであるが、国会での審議においてそのような問題点が十分に論議され、解明されたのかといえば、私には必ずしもそのようには思われない。国会での審議においては、ややもすれば、憲法論とは直接的に関係のない(国際)政治論や、政党間の妥協を図るための技術的な修正論議が少なからず行われる一方で、憲法の基本に立ち戻った議論が少なかったというのが、私の率直な印象である。衆参両院の特別委員会での審議時間は一二〇時間を超えたともいわれるが、しかし、このような審議の実態を踏まえれば、国会が「国権の最高機関」としての職責を十分に果たしたとはいえないように思われる。そこで、以下においては、日本国憲法に照らせば新ガイドライン関連法にどのような問題点が存在しているかを、私なりの観点から

検討することにする。(1)

二　戦争放棄条項との関係

改めて指摘するまでもなく、憲法前文は「政府の行為によって再び戦争の惨禍が起ることのないやうにすることを決意し」と規定し、また九条一項は「(日本国民は) 国権の発動たる戦争と、武力による威嚇又は武力の行使は、国際紛争を解決する手段としては、永久にこれを放棄する」と規定している。この戦争放棄の条項は、戦力不保持、平和的生存権と並んで、憲法の平和主義の核心をなすものであるが、新ガイドライン関連法についてまずなによりも問題となるのは、これら関連法がこの戦争放棄の憲法原則に抵触しないかどうかということである。

この点、たしかに、周辺事態法は、二条二項で「対応措置の実施は、武力による威嚇又は武力の行使に当たるものであってはならない」と規定している。また、三条一項三号は「後方地域」を「我が国領域並びに現に戦闘行為が行われておらず、かつ、そこで実施される活動の期間を通じて戦闘行為が行われることがないと認められる我が国周辺の公海……及びその上空の範囲」と定義して、このような「後方地域」における支援活動は戦闘とは関係がないかのような規定を設けている。そして、政府は、国会での答弁においても、自衛隊による対応措置が憲法の禁止する武力行使または武力による威嚇にはあたらないことを繰り返し強調している。(2) しかし、このような規定や答弁にもかかわらず、周辺事態法が規定する自衛隊の対応措置は、憲法が禁止する武力の行使または武力による威嚇に該当することになるのは避け難いと思われる。

なぜならば、周辺事態法は、自衛隊の対応措置として「後方地域支援」や「後方地域捜索救助活動」を規定しており、しかも、これら活動に際して「武器の使用」を認めているが (一一条)、これら「武器の使用」は、所詮は憲法が禁止する武力の行使に該当することにならざるを得ないと思われるからである。また、かりにこれら活動が「武器の使用」を伴わなかったとしても、武器を携帯してなされる「後方地域支援」や「後方地域捜索救助活動」は、武力紛争の一方の側に立つ活動として、相手側から武力による威嚇と受け取られてもやむ得ないからである。現に小沢一郎氏自身、「今度のガイドラインは、ごく大ざっぱにいうと、まさに戦争に参加する話なんです」と明言している。(3)小沢氏の言葉を借りれば、政府自民党の姿勢は「そんな大事なことを、まったくいい加減な、嘘をついてごまかそうとしている」ということになる。(4)

ところで、政府が、周辺事態法が規定する「武器の使用」が憲法の禁止する武力の行使に該当しないとする理由は、前者はあくまでも自衛官が「自己又は自己と共に当該職務に従事する者の生命又は身体の防護のため」にやむを得ず行使する「自然権的な権利」であるのに対して、後者は「わが国の人的・物的組織体による国際的な武力紛争の一環としての戦闘行為」である点にあるとされる。(5)このような説明は、国会での審議に際して繰り返し行われ、それ以上に深められることのないままに終わったが、しかし、このような説明では到底納得することが困難と言わざるを得ないであろう。(6)

なぜならば、まず第一に、自衛隊が「人的・物的組織体」であることはいうまでもなく、周辺事態法にあって自衛官はそのような自衛隊の組織の一員として「武器の使用」を行うのであって、決して個人として武器使用を行うわけではない。そのことは、周辺事態法一一条が「武器の使用」を規定しているのは「その職務を行うに際し」てであって、職務とは無関係にでは決してないことによっても示される。かつてＰＫＯ法の制定に際して、同法が規定する武器使用がやはり自然権的権利であるというために、隊員はあくまでも個々的に武器の使用を行うのであって、上官の命令によって組織的に行うわけではないという苦しい説明を行ったが、(7)そのＰＫＯ法の武器使用規定も一九九八年に改定されて上官の命令に従って武器使用を行うことになった。周辺事態法では、そのことは明記はされていないが、しかし、「武器の使用」が上官の命令に従って行われることは当然のこととして、なんら否定されていない。しかも、その際用いられる武器の種類や規模についても「その事態に応じ合理的に必要と判断される限度で」と規定されているだけであって、それ以外の限定はなんらない。「その事態に応じ」必要とあれば、重火器やミサイルなども使用することができる。しかし、このような武器使用を自己防衛のための自然的権利ということは到底できないであろう。そもそも、一般国民には自己の生命などを守るために正当防衛権は認められているが、しかし、その場合にも武器使用が認められているわけではない。一般国民にとって、武器使用はなんら自然的権利ではない。そのことを踏まえれば、自衛官の武器使用だけを自然的権利と称することは、自然的権利という言葉の誤用以外の何物でもない。

第二に、周辺事態法において自衛官が武器使用を行うのは、まさに「国際的な武力紛争」を典型例としている「周辺事態」に際してである。そのような「周辺事態」に際して自衛官が行う「武器の使用」は、「国際的な武力紛争の一環」としてなされる武器使用＝武力行使であって、この意味でも自然的な権利と称することは到底できないと思われる。もっとも、このような議論に対しては、自衛官が武器使用を認められているのは「後方地域支援」や「後方地域捜索救助活動」などに際してであって、これら活動は「後方地域」における活動として、周辺事態法三条一項三号の定義からしても「戦闘」行為とは切り離されているという説明もなされるのかもしれない。しかし、このような説明は説得力があるとは到底思えない。なぜならば、「後方地域」を周辺事態法がそのように定義付けたとしても、現実の武力紛争に際しては前線と後方地域を明確に区別することができないことは過去の幾多の武力紛争に照らしても、またＮＡＴＯ軍によるユーゴ空爆に照らしても明らかだからである。そもそも、「後方地域」が戦闘行為と切り離された安全な地域であるならば、「武器の使用」を認める必要性はないはずである。「後方地域支援」に際しても「武器の使用」を認めたということは、その活動が武力紛争に巻き込まれる可能性を認めたからに他ならない。少なくとも、これら活動がアメリカが行う武力行使の支援活動としてなされる以上、「武力紛争の一環」として行われる武器使用とみなされても致し方ないと思われる。

なお、政府が想定する「周辺事態」の中には、必ずしも「武力紛争」とはいえない「事態」も含まれているようであるが、しかし、そのような事態における武器使用も「国際紛争を解決する手段として」なされることには変わりがない。憲法が禁止しているのは「国際的な武力紛争の一環として」なされる武力行使だけではなく、「国際紛争を解決する手段として」なされる武力行使であることを踏まえれば、周辺事態における武器使用は、いずれにしても憲法が禁止する武力行使に該当せざるを得ないと思われる。

以上検討してきたように、周辺事態法が規定する武器使用は、憲法が禁止する武力の行使に該当せざるを得ないと思われるが、それは、さらに、政府自身が従来違憲としてきた集団的自衛権の行使にも踏み込まざるを得ない性格のものとなっている。なぜならは、政府の従来の説明によれば、憲法でその行使が禁止されている集団的自衛権とは「自国と密接な関係にある外国に対する武力攻撃を、自国が直接攻撃されていないにもかかわらず、実力をもって阻止する権利」とされているが[8]、周辺事態法の下での武器使用＝武力行使は、「周辺事態」、つまりはわが国が直接攻撃されているわけではない事態においてなされるものだからである。もっとも、衆議院での修正論議を経て最終的に成立した周辺事態法では、「周辺事態」の定義（一条）の中に「そのまま放置すれば我が国に対する直接の武力攻撃に至るおそれのある事態等」という文言が挿入されたが、しかし、ここでいう「事態」も、決して現にわが国に対する直接の武力攻撃が加えられている事態ではない。しかも、これも単なる例示でしかないことは、「等」という文言があることでも、また国会での修正案提出者の答弁でも明らかである[9]。いずれにしても、「周辺事態」の典型例がわが国に対する直接の武力攻撃が加えられている事態ではないことを踏まえれば、そのような「周辺事態」に際して自衛隊が行う上記のような武器使用及びそれを含む後方地域支援等を個別的自衛権で説明することはできないと思われる。

三　現行安保条約との関係

新ガイドライン関連法は、憲法の戦争放棄条項と抵触するだけではなく、現行の安保条約からも逸脱する内容をもっているように思われる。新ガイドライン関連法の成立によって、安保体制は、一九五一年安保条約、一九六〇年安保条約につぐ新たな安保体制の段階を迎えるに至ったといってよいであろう[10]。たしかに、一九九七年に策定された新ガイドラインは、「Ⅱ　基本的な前提及び考え方」において「日米安保条約及びその関連取極に基づく権利及び義務並びに日米同盟関係の基本的な枠組みは、変更されない」とうたっているし、また、衆議院での修正によって最終的に成立した周辺事態法（一条）では「日本国とアメリカ合衆国との間の相互協力及び安全保障条約の効果的な運用に寄与し」という文言が書かれている。しかし、このような文言は、新ガイドライン及び同関連法の実体を正確に言い表したものとはいえない、というよりはむしろそれらの実体を隠蔽する役割すら果たしているように思われる。

なぜならば、改めて指摘するまでもなく、現行安保条約五条は「日本国の施政の下にある領域における、いずれか一方に対する武力攻撃」が加えられた場合には、日米政府は「共通の危険に対処するように行動することを宣言する」と規定しているが、それ以外の事態に際して日米が共同の軍事行動を行うことはなんら規定していない。また、アメリカは「日本国の安全に寄与し、並びに極東における国際の平和及び安全の維持」に寄与するために日本における基地の使用を認められているが（六条）、しかし、この場合にも、アメリカが日本の基地を使用できるのはあくまでも日本及び「極東」という地理的範囲における「国際の平和及び安全」のためであって、日本及び「極東」以外の地域の「国際の平和及び安全」のために基地を使用することは認められていない。ところが、新ガイドライン及び同関連法は、日本及び「極東」に限定されない「日本の周辺地域」における「我が国の平和及び安全に重要な影響を与える事態」に際して日本が「後方地域支援」や「後方地域捜索救助活動」などの対米軍事協力を行うことを定めている。しかも、これらの活動に際して、自衛隊は上述したように「武器の使用」という名目の下に実質的に武力の行使を行うことも認められている。このような対米軍事協力を現行安保条約によって正当化することは到底できないと思われる。

この点に関して問題となるのは、「周辺事態」という概念が意味する地理的範囲と事態の性質であるが、政府は、国会での審議においても「周辺事態」は地理的概念ではなく、事態の性質に着目した概念であるという説明に終始し、地理的範囲を具体的に明示することを拒否した。すなわち、政府は、「周辺事態」にいう「我が国周辺の地域」はどのような地理的範囲をさすのかという質問に対して「中東、インド洋等」における事態は実際問題として想定していないとか、「アジア太平洋」を越えることは一般的にはないと述べるにとどまった。[11]「中東、インド洋」における事態を「周辺事態」と認定することは絶対に有り得ないのかといえば、そのように断言することはしなかったし、また「アジア太平洋」地域が具体的にどのような範囲を意味するかについても明言を避けた。[12]言い換えれば、「アジア太平洋」地域が安保条約でいう「極東」と同義であるとは結局明言しなかったのである。[13]

政府が、このように「我が国周辺の地域」の地理的範囲を明確にすることを避けた理由は、一つには中国と台湾との間に武力紛争が発生した場合にはアメリカの軍事介入に日本も軍事的に協力しうるためのフリーハンドを残しておきたいということであろうし、さらには、アジア太平洋地域全域、場合によっては中東地域における紛争事態に際しても自衛隊がなんらかの形での対米軍事協力をなし得る可能性を残しておきたいからと思われる。しかし、そのような「極東」を越える広範な地域における対米軍事協力はどう考えても現行安保条約から逸脱するものと言わざるを得ない。

また、政府は、「周辺事態」にいう「事態」がいかなる性質の事態を指すのかについても、要領を得た説明を行わなかった。この点については、前述したように、周辺事態法一条に「そのまま放置すれば我が国に対する直接の武力攻撃に至るおそれのある事態等」という文言が自由党の要求をも入れて挿入されたが、他方で、政府は、衆議院での審議において「周辺事態」について「我が国周辺の地域で武力紛争の発生が差し迫っている場合」などの六つの類型を示したが、[14]上記のような事態との関連は不明確なままである。上記のような事態と六つの類型とはどのような関係があるのかを参議院の審議で問われた修正案提出者は「両者は、切り口が若干違い、六つの例示は事態が起こってくる原因の方から見ているが、そのまま放置しておけば云々の方は影響という観点から見ている」という、答弁にはならない答弁を行ったにすぎなかった。[15]

いずれにしても、このような答弁から明らかなことは、「周辺事態」にいう「事態」は決して安保条約五条にいう「日本国の施政の下にある領域における、いずれか一方に対する武力攻撃」が加えられた場合ではないということである。そのような「事態」に際して日本がアメリカに「後方地域支援」などの軍事協力を行うことは、現行安保条約からは導き出されてこないと言わざるをえない。

以上に明らかなように、新ガイドライン及び周辺事態法が現行安保条約をも逸脱する内容をもったものであるとすれば、新ガイドラインの策定に際しては、本来ならば、少なくとも条約改定の手続が必要であったといえる。にもかかわらず、そのような手続が一切とられなかったことは、条約締結について国会の承認を必要と定めている憲法の規定（七三条三号等）を無視したものといわざるを得ないであろう。新ガイドライン及び周辺事態法は、この点でも憲法上の疑義をはらむものと思われる。

四　周辺事態の認定問題と国会の関与

周辺事態法に関して論議された問題として、さらに、「周辺事態」の認定及び「対応措置」がいかなる国家機関によって、いかなる手続で決定され、その際、国会がどのように関与しうるかという問題があった。これは、軍事に関する立憲的統制の問題として、ゆるがせにできない憲法問題と思われる。(16)

(1)　「周辺事態」の認定問題

この点に関して、まず第一に指摘されるべきは、周辺事態法には、そもそも「周辺事態」の認定をいかなる国家機関が行うかについての明示的な規定がないということである。周辺事態法四条によれば、内閣総理大臣は「周辺事態」に際して「基本計画」の案を提案して閣議の決定を求めなければならないとされているので、その当然の前提として内閣が「周辺事態」の認定も行うというのが、政府自民党当局の考えであるが、しかし、厳密にいえば、「周辺事態」の認定と「基本計画」の策定とは別個の国家行為であると思われる。「周辺事態」の認定は、それを踏まえて「基本計画」が策定され、その「基本計画」に従って具体的な「対応措置」が実施されるという一連の国家行為の中の最初に位置づけられるものとして、高度の法的・政策的判断を伴う重要な行為であり、そうであるとすれば、「周辺事態」の認定・承認については、「基本計画」の策定・承認とは別個に周辺事態法に明記してあって然るべきであったと思われる。

それが明記されなかった理由は必ずしも定かではないが、そのヒントは新ガイドラインの以下のような記述にあるように思われる。「周辺事態が予想される場合には、日米両国政府は、その事態について共通の認識に到達するための努力を含め、情報交換及び政策協議を強化する。同時に、日米両国政府は、……日米共同調整所の活用を含め、日米間の調整メカニズムの運用を早期に開始する。また日米両国政府は、適切に協力しつつ、合意によって選択された準備段階に従い、整合のとれた対応を確保するために必要な準備を行う。」

ここには、「周辺事態」の認定が、日米両国政府の周到な協議の下で行われることが示唆されているように見えるが、しかし、その実体はどうなのか。ある自衛隊制服組の幹部は、つぎのように述べている。「事態に対応するのは米軍。その米軍が『対処』が必要だと判断したら、それで決まり[17]」。また、別の防衛庁幹部は言っている。「拒否権は伝家の宝刀としてもっているが、本当に使ったら日米関係は大変になる[18]」。そうだとすれば、結局、アメリカが日本周辺地域における事態で日本の軍事協力を必要と判断した場合には、それを「周辺事態」と認定することをアメリカ側が日本に要請し、日本政府はいわば半自動的にその要請を受けて「周辺事態」の認定を行い、合わせて「基本計画」の策定を行うということになるのではないか[19]。そうであるとすれば、周辺事態法は、主権国家としてあまりにも主体性を欠落させた立法ということになるのではなかろうか。周辺事態法に「周辺事態」の認定機関と認定手続についての明確な規定がないことは、そのことと決して無関係ではないように思われる。

(2) 国会の関与

「周辺事態」の認定や「基本計画」の策定に際して国会がどのように関与しうるかについて、当初の政府案（一〇条）は「基本計画の決定又は変更」を国会に事後報告することで済ませていた。これではあまりにも国会無視もはなはだしいということで、最終的に成立した周辺事態法（五条）では、一定の限定付きながら国会の事前承認が必要と修正された。この点は一歩前進といえなくもないが、しかし、それでは、このような修正にはもはや問題がないのかといえば、決してそうはいえないと思われる。

なぜならば、「周辺事態」の認定は国会の承認事項ではなく、また「基本計画」についても、国会の事前承認が必要とされるのは、そのすべてではなく、「自衛隊の部隊等が実施する後方地域支援、後方地域捜索救助活動又は船舶検査活動」についてだけである。ということは、例えば「基本計画」の中で「国以外の者」に対して具体的にどのような「協力」要請を行うかは、国会の承認事項とはされていないのである。これでは、国民の基本的人権や地方自治の本旨に関わる重要事項が国会の承認なしに政府の一存で決定されてしまうことになる。

また、国会の承認は事前承認が原則であるが、「緊急の必要がある場合には」事後承認でよいとされている点も、少なからず問題というべきであろう。この点は、自衛隊法（七六条）が、内閣総理大臣が防衛出動命令を下令するに際して「特に緊急の必要がある場合には」国会の事後承認でよいとしていることと一応符合しているように見えるが[20]、しかし、防衛出動の場合と周辺事態の場合とでは、緊急性の度合が質的に異なると言わなければならない。防衛出動の場合には、日本自身が直接武力攻撃を受けた場合あるいはその恐れがある場合なので、それなりの緊急性は時としてありうるといえなくもないが、しかし、周辺事態の場合は、日本自身が直接武力攻撃を受けた場合ではない。そのような場合には、日本にとっての緊急性は基本的に存在していないといってよい。それにもかかわらず、「緊急の必要がある場合には」国会の事後承認でよいとすれば、この規定はほぼ確実に濫用されるであろう。政府はアメリカから協力要請があった場合には多くは「緊急の必要がある」として国会の事後承認で済ませるであろう。これでは、議会による民主的統制の意義は半減することになりかねないであろう。

五　「国以外の者による協力」の問題点

周辺事態法の最大の問題点の一つは、同法九条が規定している「国以外の者による協力」である。国会での審議でもこの点が少なからず問題とされたが、しかし、結局のところ、憲法上の疑念は払拭されないままに終わった。

この問題についての疑義は、まず国以外の者に対して要請されることになる「協力」の具体的な内容がすべて「法令及び基本計画」に委ねられており、周辺事態法の規定の上ではまったく不明であることである。「協力」の内容如何によっては国民の人権保障や地方自治の本旨に抵触する危険性が少なくないにもかかわらず、その具体的な内容が法律には明記されず、実質的にはすべて内閣が作成する「基本計画」に委ねられたことは、国会を国の唯一の立法機関とする憲法四一条や、地方自治に関わる事項は地方自治の本旨に基づいて法律で定めると規定した憲法九二条等に抵触するものといえよう。このような白紙委任立法は、戦前の国家総動員法と基本的に異なるところがないといってもよい。国家総動員法についても、当時違憲論が提起されたことを踏まえれば[21]、日本国憲法下においてこのように広範かつ重大な白紙委任立法は許容しえないと思われる。

たしかに、政府は、国会での審議に際して「協力」の内容について「自治体の管理する港湾施設の使用」など一一項目の具体例を示した[22]。しかし、これらの内容とても必ずしも明確でないだけでなく、これら項目も単なる例示でしかないとされている。結局、具体的にどのような「協力」が「国以外の者」に対して要請されるかは、「基本計画」が作成されてみないと判らないのである。しかも、「基本計画」のこの部分は、前述したように、国会の承認事項にもされていない。国民の基本的人権や自治体の自治権を制限する「協力」内容を、政府は国会に諮ることなしに決定し得るのである。

しかも、さらに疑問というべきは、「協力」の法的性格である。政府は、一方では、自治体に対する「協力」要請には強制力はないとしつつも、他方では、「正当な理由」がない場合には自治体も「協力」要請を拒否できないとしている。しかも、正当な理由があるかどうかは、客観的に判断され、正当な理由がないと判断された場合には、地方自治法に基づく「是正措置要求」も可能としている[23]。この点、たしかに、従来の地方自治法上の「是正措置要求」は一般に強制力を伴なわないものとされてきたので[24]、自治体は法的には「協力」要請を拒否することが可能であろう。しかし、「地方分権一括法」では、自治事務についても国による是正命令と代執行が必ずしも排除されていない[25]。港湾管理権などの自治事務についても、場合によっては代執行が可能となってくる。これでは、憲法が保障した地方自治の本旨は画餅に帰することになりかねない。

また、民間機関に対する「協力」要請については、たしかに自治体の場合とは異なり、国による強制は周辺事態法上もその他の法律上も基本的には存在していない。しかし、例えば航空、船舶、陸上輸送などの企業等に対しては国がさまざまな許認可権を背景として事実上の強制力を行使することは容易に想定され得よう。そして、企業等が「協力」に応じて従業員に業務従事命令を出した場合には、従業員もそれに従うことを実際上強いられることになりかねない。かくして、周辺事態法は、民間機関や自治体に対する「協力」要請を通して事実上の国家総動員体制を構築することもあながち不可能ではなくなる。憲法上の疑念を払拭しえないゆえんである。

六　自衛隊法一〇〇条の八の改定

新ガイドライン関連法について最後に問題とされるべきは、自衛隊法一〇〇条の八の改定（法律六一号）である。これは、現行の一〇〇条の八を改定して、在外邦人等の輸送を航空機のみならず、船舶による輸送も可能とするとともに、輸送に際して必要とあれば「武器の使用」も認めるようにしたものであるが、しかし、この改定についても、いくつかの憲法上の疑義が提起されると思われる[26]。まず、ここにおいて認められている「武器の使用」も基本的には周辺事態法における「武器の使用」と同様に、憲法が禁止する武力の行使につながらないのかという疑問である。この場合にも、自衛官は自衛隊という「人的・物的組織体」の一員として武器の使用を行うことは同条三項の「職務を行うに際し」という文言によっても明らかであろう。ただ、同条は「外国における災害、騒乱その他の緊急事態に際して」自衛隊が邦人等を輸送する際に武器使用を認めているので、「国際的な武力紛争の一環」としての武器使用とはいえないのではないかという議論もあり得るであろう。しかし、外国における国内的な騒乱などに際してであれ、その外国に自衛隊が出兵して現地の公的・私的な武装組織に対して武器使用を行うということになれば、そのこと自体が「国際的な武力紛争」につながるといってよいと思われる。この場合に使用し得る武器についても、「その事態に応じ合理的に必要と判断される限度で」と規定されているだけで、それ以外のなんらの限定もない。また、武器等防護のための武器使用も、排除されていない。このような点を考えれば、在外邦人等輸送の際の自衛官の武器使用も憲法が禁止した武力行使、そして海外派兵につながる危険性をもつものといわざるを得ないであろう。

自衛隊法一〇〇条の八の改定について、さらに疑問というべきは、従来と同様に改定規定においても、在外邦人等の輸送については、外務大臣の要請に基づいて防衛庁長官が決定することになっていて、規定上は閣議の決定も必要とはされていないし、いわんや国会の承認は必要とされていないということである。在外邦人等の輸送が海外派兵を意味するわけではないという建前の下でこのような規定になっているが、しかし、上述したように在外邦人等の輸送に際して行う武器使用が武力行使につながる危険性をもつとすれば、そのような輸送の是非については国権の最高機関としての国会の承認を必要とするような規定にすることは当然であったと思われる。ちなみに、新ガイドラインや改定自衛隊法一〇〇条の八においては、在外邦人等の輸送に際して、現地政府の同意も、自衛隊の出兵の要件とはされていない。この点、かつての日本が居留民保護を名目として歯止めのない侵略的戦争へと突入していったことを想起するのも決して無駄ではないであろう。(27)

七　小　結

以上、新ガイドライン関連法について憲法上どのような問題点があるかを検討してきた。このような検討によって明らかになったのは、日本国憲法が規定する平和主義が新ガイドライン関連法によってますます空洞化されてきているという現実である。その空洞化は、九条の二項のみならず、一項をも覆いつくし、今やぎりぎりの極限にまで達しようとしているといえなくもない。憲法の平和主義は、まさにその存亡の歴史的岐路に立たされているようにも思われる。

このような現実を前にして今後増えてくるかもしれない一つの考え方は、このような空洞化を放置するよりは、むしろ一層のこと、憲法の方を改正して現実政治に合わせる方が、立憲主義のためにもよいではないかという見解である。しかし、このような考え方に対しては、私は、芦部信喜教授のつぎのような批判が基本的に妥当するものと考える。『憲法を裏からもぐるよりは、表からその改正を唱える方がいい』と主張することは、……憲法九条の理念を、まさに無にするおそれすらあるように思われる。そうだとすれば、憲法学は、状況を見据えつつそれを突き放して、理念に新しい光を与えることの重要性を再認識する要もあろう[28]」。戦後、今日に至るまで政府保守層によって提起されてきた改憲論が、樋口陽一教授のいうように、「立憲主義の外側からの攻撃だという本質的な一点では、変わっていない[29]」とすれば、なおさら、私たちとしては、安易に憲法を現実政治に合わせる方がいいといった改憲論にくみすることはできないであろう。

国際社会の動向は、一方では、確かに「正義の戦争」論がなお幅を利かせているようにもみえるが、しかし、他方では不戦・非核・軍縮への動きも確実に存在している。一九九九年五月にハーグで開催された「平和市民会議」の最終文書で「すべての議会は、日本の（憲法）九条にならい、政府による戦争行為を禁止する決議を行うべきこと」が採択されたのは[30]、その典型例である。このような国際社会の動向をも踏まえるならば、憲法の平和主義の理念を日本の内外に積極的に活かしていく意義は、決して減じてはいない[31]。

最後に、憲法一二条は「この憲法が国民に保障する自由及び権利は、国民の不断の努力によって、これを保持しなければならない」と規定しているが、この道理は、もちろん、平和主義についても当てはまる。「政府の行為によって再び戦争の惨禍が起ることのないやうにすることを決意」（憲法前文）した憲法の下で、政府が再び戦争の惨禍をもたらすことのないように、国民としては、場合によっては抵抗権の行使をも含めて「不断の努力」を払っていくことが、今後の課題となってくるように思われる。

（1）　新ガイドライン関連法については、山内敏弘編『日米新ガイドラインと周辺事態法』（法律文化社、一九九九年）、森英樹＝渡辺治＝水島朝穂編『グローバル安保体制が動きだす』（日本評論社、一九九八年）、新ガイドラインを考える会編『周辺事態法Q＆A』（一九九九年、岩波ブックレット）、水島朝穂『この国は「国連の戦争」に参加するのか』（高文研、一九九九年）、纐纈厚『周辺事態法』（社会評論社、二〇〇〇年）参照。なお、衆議院での修正論議の問題点については、森英樹「指針関連法案の衆議院修正可決を検証する」法律時報一九九九年六月号（七一巻七号）一頁参照。

（2）　例えば、第一四五回国会衆議院日米防衛協力のための指針に関する特別委員会議録第二号（一九九九年三月一八日）三〇頁以下。

（3）　小沢一郎「国会改革は無血革命だ」正論一九九九年六月号八四頁。

（4）　ただし、そういう小沢氏の属する自由党も、結局は、政府自民党の「いいかげんな、嘘をついてごまか（す）」やり方に従って新ガイドライン関連法を成立させたという意味では、同じ批判を受けざるを得ないと思われる。

（5）　例えば、第一四五回参議院日米防衛協力のための指針に関する特別委員会会議録第七号（一九九九年五月一四日）一二頁。

（6）　以下の点について、詳しくは、浦田一郎「武力の行使・武器の使用と集団的自衛権」、前掲書・注（1）『日米新ガイドラインと周辺事態法』六五頁参照。

（7）　拙書『平和憲法の理論』（日本評論社、一九九二年）三七三頁参照。

（8）　『防衛ハンドブック平成九年度版』（朝雲新聞社）四五〇頁。

（9）　第一四五回国会参議院日米防衛協力のための指針に関する特別委員会会議録第二号（一九九九年四月二八日）二頁。ちなみに、自由党が、わざわざ「そのまま放置すれば、……」を「周辺事態」の定義の例示として付け加えることを主張したのは、本来個別的自衛権とは関係がない「周辺事態」を個別的自衛権の延長戦上で捉えることができる事態とする、つまりはなし崩し的に自衛権を拡大し、集団的自衛権の認知を図ろうとするところにそのねらいがあったと思われる。

（10）　この点については、古川純「日米安保体制の展開とガイドラインの新段階」、前掲書・注（1）『日米新ガイドラインと周辺事態法』三八頁参照。
(11) 第一四五回国会参議院日米防衛協力のための指針に関する特別委員会会議録第三号（一九九九年五月一〇日）三三頁。
(12) 第一四五回国会参議院日米防衛協力のための指針に関する特別委員会会議録第三号（一九九九年五月一〇日）一八頁。
(13) 安保条約六条にいう「極東」の意味について、政府は一九六〇年の安保国会で「大体において、フィリピン以北、並びに日本及びその周辺地域であって、韓国及び中華民国の支配下にある地域もこれに含まれる」と説明したが、周辺事態法にいう「我が国周辺の地域」を安保条約にいう「極東」の一部としての「その周辺地域」と解釈することも可能性としては有り得た（横田耕一「『周辺事態』の問題性」、前掲書・注（1）『日米新ガイドラインと周辺事態法』五一頁参照）。しかし、政府は、国会審議においてそのような解釈をとることをしなかった。
(14) 第一四五回国会衆議院日米防衛協力のための指針に関する特別委員会議録第九号（一九九九年四月二〇日）二四頁。ちなみに、周辺事態の六つの類型とは、以下のような場合を指すとされている。①我が国周辺の地域において武力紛争の発生が差し迫っている場合であって、我が国の平和と安全に重要な影響を与える場合、②我が国周辺の地域において武力紛争が発生している場合であって、我が国の平和と安全に重要な影響を与える場合、③我が国周辺の地域における武力紛争そのものは一応停止したが、いまだ秩序の維持、回復等が達成されておらず、引き続き我が国の平和と安全に重要な影響を与える場合、④ある国の行動が国連安保理によって平和に対する脅威あるいは平和の破壊または侵略行為と決定され、その国が国連安保理決議に基づく経済制裁の対象となっているような場合であって、それが我が国の平和と安全に重要な影響を与える場合、⑤ある国における政治体制の混乱等によってその国において大量の避難民が発生し、我が国への流入の可能性が高まっている場合であって、これが我が国の平和と安全に重要な影響を与える場合、⑥ある国において内乱、内戦等の事態が発生し、それが純然たる国内問題にとどまらず国際的に拡大しておる場合であって、我が国の平和と安全に重要な影響を与える場合。
(15) 第一四五回国会参議院日米防衛協力のための指針に関する特別委員会会議録第三号（一九九九年五月一〇日）七頁。
(16) 拙稿「軍事に対する立憲的統制」法律時報一九九八年九月号（七〇巻一〇号）六五頁参照。
(17) 毎日新聞一九九八年四月二九日。
(18) 朝日新聞一九九八年四月二五日。
(19) 横田耕一・前掲論文・注（13）六二頁。
(20) 二〇〇三年の武力攻撃事態法の制定に伴い、自衛隊法七六条も改定されたが、基本的には同旨と解される規定が武力攻撃事態法九条四項に置かれている。

(21) 長谷川正安『昭和憲法史』(岩波書店、一九六一年)一二〇頁。
(22) 毎日新聞一九九九年四月二四日。
(23) 第一四五回国会衆議院日米防衛協力のための指針に関する特別委員会議録第八号(その一)(一九九九年四月一五日)九頁。
(24) 長野士郎『逐条地方自治法〈第九次改訂新版〉』(学陽書房、一九七五年)九三九頁。
(25) 住民と自治一九九九年七月号「特集・地方自治法改正を問う」一一頁参照。
(26) この点について詳しくは、常岡せつ子「邦人輸送」、前掲書・注(1)『日米新ガイドラインと周辺事態法』一九二頁参照。
(27) なお、在外邦人の安全の確保はもちろん重要であるが、そのためには、自衛隊機等によるよりはむしろ民間航空機等による輸送の方がより安全であると考える。
(28) 芦部信喜「憲法学五〇年を顧みて」杉原泰雄＝樋口陽一編『日本国憲法五〇年と私』(一九九七年、岩波書店)一三八頁。
(29) 樋口陽一『近代憲法学にとっての論理と価値』(日本評論社、一九九四年)五頁参照。なお、拙稿「戦後改憲論にみる立憲主義の欠落」比較憲法史研究会編『憲法の歴史と比較』(日本評論社、一九九八年)六八頁参照。
(30) 安斉育郎「世界が見ている憲法九条」朝日新聞一九九九年六月一日。
(31) この点について詳しくは、深瀬忠一ほか編『恒久世界平和のために』(勁草書房、一九九八年)参照。また、拙稿「憲法との齟齬をどうするか」法学セミナー一九九九年八月号八頁も参照。

第六章　テロ対策特別措置法

一　はじめに

二〇〇一年九月一一日のアメリカにおける同時多発テロ事件をきっかけとして[1]、アメリカは、テロ事件の首謀者とみなすオサマ・ビンラディンをかくまっているとされるタリバン政権が実効支配していたアフガニスタンに対して「自衛権」を理由として武力攻撃を行った。多数の無辜の市民の生命を一方的に剥奪したテロ行為が許されないことはいうまでもないが、しかし、アフガニスタンに対するアメリカの武力攻撃を「自衛権」の行使として正当化することもまた、従来の国際法に照らせば認めることはできないように思われる[2]。たしかに、アメリカにおいては、これを正当化する議論が出されているが[3]、しかし、同時多発テロ行為を国連憲章五一条に言う「武力攻撃が発生した場合」と認定することは困難であるだけではなく、テロ事件から四週間も経過した後で武力攻撃することは自衛権発動の要件である緊急性も存在していないからである。

そして、このように違法なアメリカの武力攻撃を支援するために、日本政府は、二〇〇一年一〇月五日に「平成十三年九月十一日のアメリカ合衆国において発生したテロリストによる攻撃等に対応して行われる国際連合憲章の目的達成のための諸外国の活動に対して我が国が実施する措置及び関連する国際連合決議等に基づく人道的措置に関する特別措置法」（以下、「テロ対策特別措置法」と略称）の制定を国会に提案し、国会は、わずか三週間ばかりの審議をしただけで、同年一〇月二九日に同法案及び自衛隊法改正案を可決成立した。しかしながら、これらの法律は、その内容において、日本国憲法の平和主義に抵触するだけでなく、その制定過程においてまともな憲法論議がなされなかったという点でも、重大な憲法問題をはらむものと言わざるを得ない。政府がまじめな憲法論議を「神学論争」と揶揄したり、憲法論をする代わりに「常識論」でごまかしたりした第一五三回国会は、憲法論が軽視された点でまれにみる国会であった。そこで、以下には、これら法律の憲法上の問題点を指摘するとともに、日本国憲法の定める平和主義の理念に照らして今回のようなテロ事件に対してどのような方策が望ましいかについて若干の検討を行うことにしたい。(4)

二　テロ対策特別措置法の問題点

テロ対策特別措置法（法律一一三号）には、いくつもの憲法上の問題点があるが、それらのうち、特に重大と思われるものをあげれば、つぎのようになる。

(1)　憲法上の根拠

同法の最大の問題点は、同法の憲法上の根拠付けが不明確であり、同法を正当化する憲法上の根拠は結局のところ存在していないということである。前述のように、アメリカはアフガニスタンに対する武力攻撃を「自衛権」を根拠として正当化しており、ＮＡＴＯ諸国も、集団的自衛権を根拠としてアフガニスタンに対する武力攻撃を正当化している。このような文脈からすれば、日本の対米軍事支援も集団的自衛権を根拠として正当化することが説明としてはやりやすいが、しかし、従来の政府見解からすれば、集団的自衛権の行使は憲法上認められないので、集団的自衛権を根拠として持ち出すことはできないことになる。小泉首相自身は、できたならば集団的自衛権の行使も憲法上容認されるように憲法解釈を変更したいのであろうが、しかし、歴代の内閣がとってきた憲法解釈を簡単には変更できない以上、同法についても、集団的自衛権を持ち出すことはできないことになる。

つぎに、国連憲章第七章に基づく強制措置に対する国際協力という形で同法を正当化することができるのかといえば、それもできない。たしかに、国連安保理事会は、テロ事件の翌日に決議一三六八号(5)を採択し、テロ行為を非難するとともに、テロ行為によって引き起こされた国際の平和と安全に対する脅威に対処するためにあらゆる措置をとる用意がある旨をうたったし、テロ対策特別措置法も一条で同決議を援用している。しかし、同決議は、憲章第七章に基づく強制措置を加盟国がアフガニスタンに対して行うことを授権したものでは必ずしもない。同決議においてはテロリストは非難の対象となっているが、アフガニスタンはなんら名指しで非難されているわけではないのである。そのことは、アメリカ自身、その武力攻撃を憲章第七章によっては根拠づけていないことによっても示されている。そうであるとすれば、日本政府もまた、同法を国連憲章第七章に基づいて正当化することはできないことになる。

それでは、日米安保条約に基づいて同法を根拠づけることができるのかといえば、これもまたできない。なぜならば、日米安保条約は、「極東」における平和と安全に対するアメリカの行動を支援するために基地を提供することは規定していても、「極東」を超えるはるかインド洋その他の地域における対米軍事支援を容認してはいないからである。

かくして、政府は、憲法前文や九八条が規定している国際協調主義などを根拠とせざるを得ないが、しかし、同法をこれらの憲法規定によって正当化することは、これら規定の趣旨や文言に照らせば、到底できないといわなければならない。なぜならば、憲法前文や九八条が規定している国際協調主義は憲法九条が規定している非武装平和主義と不可分一体のものとして制定されたものであり、これら規定の解釈もそのようなものとしてなされることが適切だからである。憲法前文や九八条のどこにも、対米軍事支援を行うなどということは規定していない。小泉首相は国会答弁で「憲法前文と九条の間にはすき間がある(6)」と答弁したが、「すき間」があるのは、憲法前文と九条の間にではない。憲法前文及び九条と、テロ対策特別措置法との間にこそ、大きな「すき間」、というよりはむしろ断絶があるというべきなのである。

(2)「対応措置」と武力による威嚇・武力の行使

テロ対策特別措置法は、二条二項で「対応措置の実施は、武力による威嚇又は武力の行使に当たるものであってはならない」と規定して、同法が定める「対応措置」が憲法九条に違反しないかのごとき装いを施しているが、しかし、このような規定は所詮は「対応措置」の実体を覆い隠す無花果の葉でしかないように思われる。

第一に、「対応措置」の最たるものは、いうまでもなく米軍に対する「協力支援活動」（三条一項一号）であるが、そのような「協力支援活動」として同法別表は「人員及び物品の輸送」等を規定している。しかも、ここでいう「人員の輸送」には米軍兵士の輸送が含まれているし、また「物品の輸送」には「武器（弾薬を含む）の輸送等」（別表第一）も含まれている。

たしかに、「別表第一」の「備考三」には、「物品の輸送には、外国の領域における武器（弾薬を含む）の陸上輸送を含まないものとする」と断り書きがなされているが、しかし、この断り書きを裏返して言えば、公海における武器（弾薬を含む）輸送は「協力支援活動」の一環として行うことができることになる。このような活動は、まさに兵站活動の一環であり、武力行使に不可欠な行動あるいは武力行使と一体の行動として位置づけられるものである。しかも、自衛隊の武装した濫船がこのような兵站活動を行うということは、それ自体すでに相手側からすれば、「武力による威嚇」に該当するとみなされても致し方ないであろう。

第二に、このような「対応措置」は、「我が国領域」のみならず、「現に戦闘行為が行われておらず、かつ、そこで実施されている活動の期間を通じて戦闘行為が行われることがないと認められる」「公海及びその上空」や「外国の領域（当該対応措置が行われることについて当該外国の同意がある場合に限る）」でも行うことが可能とされている（二条三項）。これは、周辺事態法における「我が国周辺の地域」という限定（もちろん、それ自体曖昧なものであるが）をも取り払い、地理的にはなんらの制約もなしに自衛隊を海外出動させることを可能とするものである。かくして、政府自身が従来述べてきた「専守防衛」の原則をもかなぐり捨てることになるのである。

たしかに、上記二条三項は、「対応措置」の実施は非戦闘地域で行う旨規定しているが、しかし、戦闘地域と非戦闘地域との境界は通常の戦争においても不鮮明であるのみならず、とりわけ今回のテロ事件に端を発する戦闘行動においてはなおさらのこと不鮮明とならざるを得ない。自衛隊が戦闘行為に巻き込まれ、自ら戦闘行為を行う危険性を払拭することはできないのである。また、外国政府の同意も、そのような危険性を払拭することには役に立たない。同意を与えた外国政府とは敵対的な勢力からする攻撃の可能性を払拭することはできないからである。

第三に、以上とも密接に関連して問題というべきは、テロ対策特別措置法（一二条一項）が「武器の使用」を定めている点である。自衛隊の「対応措置」が本当に非戦闘地域で行われるというのであれば、武器の携帯や使用の規定は不必要なはずであるにもかかわらず、同法がわざわざ「武器の使用」の規定を置いたということ自体、上述の二条三項の規定が形ばかりのものであることを示しているといってよい。

政府は、このような武器使用は憲法九条及びテロ対策特別措置法二条二項が禁止する「武力の行使」には該当せず、自衛官個々人の自己保存のための自然権的な権利の行使であると説明しているが、しかし、そのような説明は、所詮は詭弁でしかないといえよう。なぜならば、テロ対策特別措置法一二条二項によれば「前項の規定による武器の使用は、現場に上官が在るときは、その命令によらなければならない」とされ、また同条三項によれば「当該現場に在る上官は、統制を欠いた武器の使用によりかえって生命若しくは身体に対する危険又は事態の混乱を招くこととなることを未然に防止し、当該武器の使用が第一項及び次項の規定に従いその目的の範囲内において適正に行われることを確保する見地から必要な命令をするものとする」と定められているからである。これらの規定は、同法の武器使用が他ならぬ部隊による組織的な武器使用を意味することを示したものというべきである。そして、そのような軍事組織による組織的な武器使用は、憲法九条が禁止した武力行使にほかならないというべきなのである。

それだけではない。同法一二条一項は、従来の周辺事態法にもみられなかったような広範な形で武器の使用を容認している。すなわち、「自己または自己と共に現場に所在する他の自衛隊員」のみならず、「その職務を行うに伴い自己の管理の下に入った者の生命又は身体の防護のためやむを得ない必要があると認める相当の理由がある場合」にも、「その事態に応じ合理的に必要と判断される限度で」武器を使用することができるとされている。ここにいう「自己の管理の下に入った者」として、政府は、「自衛隊の診療所または輸送中の傷病者や被災民、自衛隊の宿営地などにいる者、通訳、連絡員として自衛隊員と同行している者」などをあげているが、しかし、「自己の管理の下に入った者」という概念自体がきわめてあいまいである以上、政府が例示した者に限定されるという保証はなく、例えば外国軍隊の要員などが含まれる可能性は払拭しきれないのである。かりに政府が例示した者に限定されるとしても、これらの者のための武器使用を自己保存のための自然権的権利として正当化することはできないであろう。

以上にみたように、自衛隊は、この法律の下でアメリカなどの軍事行動を支援するために他国の領域において組織的な武力行使あるいは武力行使と一体化した行動を行うことになる。これを個別的自衛権によって正当化することは到底できないというべきであろう。政府が違憲としてきた集団的自衛権の行使に踏み込むものといわざるをえないのである。

(3)　国会承認とシビリアン・コントロール

テロ対策特別措置法五条は、自衛隊が行う「協力支援活動」等の「対応措置」については、これらの対応措置を開始した日から二〇日以内に国会に付議して国会の承認を求めなければならないと規定している。当初の政府案では、国会承認の規定はなく、基本計画の決定、変更があった場合には国会に報告すればよいとされていたが、国会対策上、国会の事後承認の規定が取り入れられたのである。しかし、このような事後承認規定の導入によって、シビリアン・コントロールが十分に確保されるのかといえば、決してそのようにいうことはできないと思われる。そのことは、例えば防衛出動を国会の事前承認としている自衛隊法七六条及び武力攻撃事態法九条と比較しても明らかであろう。緊急性ということでは防衛出動に比べても緊急性の度合いがはるかに低い「対応措置」について、事後承認にしなければならない理由は基本的に存在しないのである。しかも、とりわけ「協力支援活動」の場合は、自衛隊が実際に戦闘行動を行う危険性があるだけになおさらのこと、国権の最高機関たる国会の事前承認が必要であるというべきであろう。

この問題については、政府・自民党は、一時、民主党との協議の中で国会の事前承認を規定する方向での妥協を図ることを検討していたようであるが、公明党がこれに反発して、結局事後承認になったといわれている。このように重要な問題を党利党略で決めることは政党自らが国会の権威を失墜させるものといわなければならないであろう。

なお、テロ対策特別措置法が二〇〇一年一一月二日に公布・施行されたことに伴い、政府は、同年一一月一六日に基本計画を閣議決定し、これに基づき、防衛庁長官は自衛隊に対して派遣命令を出した。これを踏まえて、政府は国会に対して事後承認を求めたが、衆参両院は、いずれも実質審議一日のみで、審議らしい審議を行うことなく自衛隊の派遣を承認した。自衛隊の活動実施区域や活動内容などについて政府による明確な説明はなんらなされないままにである。自衛隊がはじめて戦時に戦闘地域（但し、インド洋海域）に対米軍事協力ということで出兵するという事態であるにもかかわらず、シビリアン・コントロールは機能不全であったのである。政府のみならず、国会（与野党を含めて）の責任はきわめて重大というべきであろう。

なお、テロ対策特別措置法は、二年間の時限立法として制定されたが（附則参照）、二年間が経過した二〇〇三年一〇月の時点で、同法は改正されて（法律一四七号）、さらに二年間継続して効力を持つことになった。その後も一年毎に延長されて、同法は二〇〇七年一一月一日まで効力をもっている。アフガニスタンでは、タリバン政権が崩壊し、新たな政権が樹立されたにもかかわらず、なお海上自衛隊が同法に基づいてインド洋沖に常駐する意味がどこにあるのか、少なからず疑問といえよう。

三　自衛隊法改定の問題点

第一五三回国会では、テロ対策特別措置法の制定と並んで自衛隊法の改定（法律一一五号）も行われた。この改定についても、憲法上看過しえない問題があると思われるので、簡単に触れておくことにしたい。

まず自衛隊法の改定で、治安出動下令前の情報収集（七九条の二）や自衛隊・米軍の施設などの警護活動（八一条の二）に関する規定が新設され、また自衛隊の施設警護のための武器使用の規定（九五条の二）も導入された。日本の国内においてテロ事件が発生する可能性がある場合に自衛隊が前面に出て、情報収集や警護活動を行い、必要に応じて武器の使用もできるようにする必要があるという理由によってである。しかし、国内の治安の維持は原則として警察の任務であるにもかかわらず、このような規定が導入されたことは、自衛隊が市民生活にも大幅に介入し、憲法の保障する市民的自由を侵害する危険性を増大させた点で看過しえない問題というべきであろう。

さらに、重大というべきは、防衛秘密に関する規定（九六条の二、別表第四）の導入である。二〇〇一年四月から施行された情報公開法は、政府の説明責任ということを前文でうたっているが、この防衛秘密規定の導入は、このような情報公開の流れに真っ向から逆行するものといえよう。改定された自箱隊法九六条の二及び別表第四によれば、防衛秘密とされるのは、①自衛隊の運用又はこれに関する見積り若しくは計画若しくは研究、②防衛に関し収集した電波情報、画像情報その他の重要な情報、③前号に掲げる情報の収集整理又はその能力、④防衛力の整備に関する見積り若しくは計画又は研究、⑤武器、弾薬、航空機その他の防衛の用に供する物の種類又は数量、⑥防衛の用に供する通信網の構成又は通信の方法、⑦防衛の用に供する暗号、⑧武器、弾薬、航空機その他の防衛の用に供する物又はこれらの物の研究開発段階のものの仕様、性能または使用方法、⑨武器、弾薬、航空機その他の防衛の用に供する物又はこれらの物の研究開発段階のものの制作、検査、修理又は試験の方法、⑩防衛の用に供する施設の設計、性能又は内部の用途であり、防衛秘密の指定は防衛庁長官が行うとされる。ということは、防衛庁長官が防衛秘密と指定すれば、ほとんどすべての防衛情報は秘密扱いとされ、自衛隊法一一二条によれば、「防衛秘密を取り扱うことを業務とする者」がそれを漏らした場合には、五年以下の懲役に処せられることになる。対象者は自衛官に限定されず、民間人も含まれる。しかも、漏洩を教唆、扇動した者も、三年以下の懲役に処せられる。従来の自衛隊法では守秘義務違反者に対しては一年以下の懲役又は三万円以下の罰金とされていたことに比較しても、大変な重罰化である。このよう規定は、かつて一九八〇年代において提案され、多くの国民の反対にあって廃案となった国家秘密法の再来ともいい得よう。(7)それが、テロ対策とは直接の関係がないにもかかわらず、テロ事件に乗じていわばどさくさ紛れに導入されたのである。市民の知る権利や表現の自由の保障の観点からしても、容認しがたい規定といえよう。

四　テロリズムと平和憲法の立場

以上に検討したように、二〇〇一年九月一一日のテロ事件を契機として制定されたテロ対策特別措置法等は、平和憲法の理念に照らして容認し得ないものと思われるが、このような議論に対しては、それでは、9・11事件のような国際的なテロ行為に対して、手を拱いていてよいのか、テロを根絶するためにはどのように対処すればよいのかという疑問が提起されるであろう。そこで、この問題について若干の私見を述べることにしたい。

まず、第一に確認しておくべきは、9・11事件のようなテロ行為は法的にも人道的にも許されないということである。テロに関しては、そもそもどのような行為をテロと定義づけるかという難問があるが、(8)かりにその点はしばらく措いたとしても、非武装・非暴力を基本とする日本国憲法の立場からすれば、9・11事件のように無辜の市民を多数殺害する行為を容認することができないことは明らかであろう。そのことを踏まえた上で、しかしながら、このテロ行為を「新しい戦争」と位置づけて自衛権の行使をもって対抗することはこれまた国際法上認められないということである。個人あるいは非国家的団体によって行われるテロ行為は国家によって行われる戦争とは本来的に異質なものであり、それがたとえ今回のように規模や被害が大きいものであっても、戦争と同一に断ずべきではないと思われる。

国連憲章が武力行使の原則的な禁止を規定し、例外的な武力行使の要件を憲章第七章の集団的安全保障措置と憲章五一条の自衛権の場合に限定したことは国家間の武力行使の乱用を防止する趣旨に基づくものである。そうであるとすれば、今回のテロ行為に対しても、個別国家による武力行使は慎むべきなのである。現にアメリカの武力攻撃によって多数の無辜のアフガニスタンの市民が殺害されている。これらの市民からすれば、アメリカの武力攻撃はその違法性においてテロ行為と異なるところはないのである。

二〇〇一年一二月一〇日、ノーベル平和賞一〇〇周年記念行事のためオスロに集まった過去の受賞者一七名が「ノーベル平和賞受賞者一〇〇周年声明」を発表し、「いかなる紛争においても、辛抱強い、非暴力の平和追求を支持します」と述べたが[9]、これこそが、まさに日本国憲法の理念とするところでもある。この理念を今回のようなテロ行為に際してもあくまでも追求すべきであり、いたずらにShow the Flagといった言葉にまどわされるべきではないと思われる。

第二に、それでは、テロ行為に対して具体的にどのような対処方法がありうるのかということであるが、テロ行為が大量殺人等をもたらしたことからすれば、基本的にはテロ行為の被疑者を刑事裁判にかけることが妥当であろう。アメリカはオサマ・ビンラディンを首謀者と断定しているが、その確たる証拠は必ずしも明示されていない。明確な証拠を国際社会に提示した上で、その首謀者をかくまっているとされたタリバン政権に対して根気強くその引き渡しを（国連や国際刑事警察機構などを通して）要求して、タリバン政権が引き渡さざるをえないような国際世論を作り上げていくべきであったと思われる。時間はかかったとしても、結局は、そうすることが、武力攻撃によって「暴力の連鎖」を生み出すよりも、テロに対する対処方法としてはより正当性を持ちうると思われる[10]。

ちなみに、この事件についてはアメリカの裁判所が管轄権をもつが、しかし、ブッシュ大統領が主張しているように軍事裁判にかけることは妥当ではない。テロ行為は戦争行為ではないからである。アメリカがテロ容疑者を軍事裁判にかけようとしているのは、明確な証拠を提示することなく、密室の軍事裁判でオサマ・ビンラディンをはじめとするテロ容疑者を処刑しようとしているからではないかと思われる。これには、さすがにアメリカの国内においても、反対論があるが[11]、そのようなことをすれば、アメリカの人権と民主主義も地に落ちることになりかねないであろう。なお、今回のテロ行為が人道に対する罪などの国際犯罪に該当するということであれば、国際刑事裁判所による裁判に委ねることも検討の対象となろう[12]。ただ、国際刑事裁判所の設置を定めたローマ条約に反対してきたのが、ほかならぬアメリカであった。アメリカの海外の兵士などが国際刑事裁判所に訴追されることを恐れてである。国際的なテロを撲滅する上で確実な方法は、力による支配ではなく、法による支配を国際社会で確立することであるが、そのためには国際刑事裁判所の効果的な活用が緊急に要請されている。日本も、まだローマ条約を批准していないが、そのような態度を早急に改めることが、国際的なテロをなくするためにも必要であろう[13]。

最後に、テロを根絶するためには、すでに指摘されているように、一方では、「文明の衝突」を容認するのではなく、それを解消すべく「文明間の対話」の促進を図ると共に[14]、他方では、国際社会に存在する貧困と抑圧を解消することがなによりも重要であろう。地球上の五分の一の人々が人間としての品位を維持するための最低限度の生活さえ維持できないような極貧状態に置かれ、生への希望をも持ち得ないでいる「構造的暴力」の現状を放置しておいて、テロの排除を対処療法的に行っても、テロを究極的に根絶することはできないであろう[15]。日本国憲法の前文は、「全世界の国民が、ひとしく恐怖と欠乏から免かれ、平和のうちに生存する権利を有する」ことをうたっている。この憲法の理念を国際社会で実現すべく努力することこそが、国際社会からテロを根絶するための究極かつ最良の方策である。日本が行うべき国際貢献も、その点にこそあることを銘記すべきであろう。

（1）　9・11テロ事件については、多数の文献があるが、さしあたりは、板垣雄三編『「対テロ戦争」とイスラム世界』（岩波書店、二〇〇二年）、藤原帰一編『テロ後』（岩波書店、二〇〇二年）、ノーム・チョムスキー『9・11』（山崎淳訳）（文藝春秋、二〇〇一年）、加藤周一ほか『暴力の連鎖を超えて』（岩波ブックレット、二〇〇二年）、法律時報七四巻六号（二〇〇二年）特集「9・11テロと奪われたヒューマニティ」など参照。

(2) アメリカのアフガニスタン攻撃が国際法的に問題がある点については、松井芳郎『テロ、戦争、自衛』(東信堂、二〇〇二年)、田中則夫「同時多発テロと国際法の立場」前衛二〇〇一年一二月号二一頁、藤田久一「国際法から観たテロ、アフガン武力紛争」軍縮問題資料二五五号(二〇〇二年)八頁、最上敏樹「衝撃の法的位相」『テロ後』前掲書・注(1)二〇六頁、本間浩「国際法からみたアメリカのアフガニスタン攻撃」山内敏弘編『有事法制を検証する』(法律文化社、二〇〇二年)三九頁参照。

(3) ベトナム戦争にも反対をしたリチャード・フォークが、アメリカのアフガニスタン攻撃を正当化したところに、アメリカの国際法学界のこの問題に対する対応が示されているといえよう。See, R. Falk, A Just Response, The Nation, p. 11, Oct. 8, 2001. ただし、アメリカでも国際法以外の分野で、前引・注(1)のチョムスキーや、H. Zinn, Terrorism and War (Seven Stories Press, 2002) などが、アメリカのアフガニスタン攻撃を非難する論陣を張ったことは、留意されるべきであろう。

(4) テロ対策特別措置法については、深瀬忠一「テロ対策特別措置法と日本国憲法の平和主義」ジュリスト一二一三号(二〇〇一年)八頁、一二一九号(二〇〇二年)一二二頁、一二二〇号(二〇〇二年)七六頁、水島朝穂「『テロ対策特別措置法』がもたらすもの」法律時報七四巻一号(二〇〇二年)一頁、高作正博「憲法からみたテロ対策特別措置法」『有事法制を検証する』前掲書・注(2)五五頁、井上典之「テロ対策特別措置法と日本国憲法」法学教室二五七号(二〇〇二年)四六頁、山内敏弘「歴史的岐路に立つ平和憲法—テロ対策特措法と有事法案に関連して」小林正弥編『戦争批判の公共哲学』(勁草書房、二〇〇三年)一八三頁など参照。なお、全国憲法研究会の有志による「テロ対策特別措置法・自衛隊法改正を憂慮する憲法研究者の声明」については、全国憲法研究会編『憲法問題』一三号(三省堂、二〇〇二年)二〇六頁参照。

(5) SCRes. 1368 (12. Sep. 2001), 40 ILM 1277.

(6) 毎日新聞二〇〇一年一〇月六日。

(7) この点については、本書第二部十二章参照。なお、右崎正博「有事法制と市民的自由」『有事法制を検証する』前掲書・注(2)二〇九頁参照。

(8) テロの定義がいかに難しいかは、これまでの国際条約でテロについての明確な定義がなされていないことによっても示される。なお、テロの定義の難しさについては、チャールズ・タウンゼンド『テロリズム』宮坂直史訳(岩波書店、二〇〇二年)三頁参照。

(9) 朝日新聞二〇〇一年一二月一一日夕刊。

(10) アメリカ等の武力攻撃によってタリバン政権は一応崩壊したが、オサマ・ビンラディンはなお逮捕されていないし、アフガニスタンは、政情不安定な状態が続いている。「反テロ戦争」という対応そのものに問題があったことを示していると思われる。

(11)　この点については、阪口正二郎「戦争とアメリカの「立憲主義のかたち」」法律時報・前掲・注（1）特集号五〇頁参照。仮にアフガニスタン攻撃によって拘束したタリバン兵などを軍事裁判にかけるということであれば、むしろ、かれらを捕虜としての待遇を行うことが先決問題であるが、そのような取り扱いもアメリカはしていない。いずれにしても、アメリカがアフガニスタン攻撃によって身柄を拘束した人達に対して行っている措置は、法的に説明できない行為であろう。

(12)　国際刑事裁判所については、ジュリスト一一四六号（一九九八年）特集「国際刑事裁判所の設立」、世界七〇四号（二〇〇二年特集「国際刑事裁判所が発足した！」、安藤泰子『国際刑事裁判所の理念』（成文堂、二〇〇二年）参照。なお、その後、日本では、二〇〇七年四月二七日に国会が国際刑事裁判所規程の締結を承認し、政府は、同年七月一七日に加入書を寄託し、日本の加入は、同年一〇月一日に発効した。

(13)　国際社会における法の支配の確立については、とりあえずは拙稿「国際社会における法の支配と民主主義の確立」法学館憲法研究所編『日本国憲法の多角的検証』（日本評論社、二〇〇六年）三三一頁以下参照。

(14)　公共哲学ネットワーク編『地球的平和の公共哲学――「反テロ」世界戦争に抗して』（東京大学出版会、二〇〇三年）参照。

(15)　9・11事件の背景にも、持てる者と持たざる者との二極分解があるとする意見がInternational Herald Tribuneなどで行った世論調査でも多数を占めたことについては、see, R. Mani, The Root Causes of Terrorism and Conflict Prevention, in : J. Boulden & T. G. Weiss, Terrorism and the UN (2004) p. 225.

〈補注〉　テロ対策特措法が二〇〇七年一一月一日をもって失効することに伴い、政府は、二〇〇七年一〇月に新法の制定を国会に提案した。ただ、二〇〇七年七月の参議院選挙において与野党が逆転したため、新法案は参議院で二〇〇八年一月一一日に否決され、同日衆議院で三分の二の多数で再議決されることによって成立した。この間、自衛隊のインド洋沖における給油活動は中断されていたが、新法の成立に伴い、政府は二〇〇八年一月二四日に海上自衛隊をインド洋沖に出航させた。

新法は、「テロ対策海上阻止活動に対する補給支援活動の実施に関する特別措置法」（法律一号）という名称をもち、旧法と比較していくつかの特色がある。まず、期間が一年である点は同じであるが（附則三条）、新法では、活動場所は、「公海（インド洋及び我が国の領域とインド洋との間の航行に際して通過する海域）及びその上空」そして「外国（インド洋又はその沿岸に所在する国及び我が国の領域とこれらの国との間の航行に際して寄港する地が所在する国）の領域（当該補給支援活動が行われることについて当該外国の同意がある場合に限る）」とされている（二条三項）。活動項目は「補給支援活動」に一応限定され、その内容は「諸外国の軍隊等の艦船に対して実施する自衛隊に属する物品及び役務の提供（艦船若しくは艦船に搭載する回転翼航空機の燃料油の給油又は給水を内容とするものに限る）に係る活動」とされる（三条二号）。しかし、旧法では、活動開始から二〇日以内に国会に付議して国会の承認を求めなければならないとされていたが、新法では国会の承認は不要とされ、単なる報告でよいことになっている（七条）。このような新法に関しては、旧法に関して指摘した憲法上の疑義が基本的に当てはまるとともに、旧法以上に国会の民主的統制が欠如した内容となっている点で問題をはらむと思われる。

第七章　武力攻撃事態法

一　「有事」三法の基本的な性格

二〇〇三年六月六日、「武力攻撃事態等における我が国の平和と独立並びに国及び国民の安全の確保に関する法律」(以下、武力攻撃事態法と略記)(法律七九号)、改正自衛隊法、改正安全保障会議設置法のいわゆる「有事」三法が参議院を通過し、成立した。政府与党と民主党との修正合意を経て、衆参両院とも、国会議員の圧倒的多数の賛成の下にである。この「有事」三法の成立は日本国憲法の平和主義にとってのみならず、日本国憲法全体の歴史の上でも大きな節目を画するものとなるであろう。第二次大戦後、まがりなりにも日本は自らは戦争を行うことなく、自衛隊が他国の民衆を殺戮することもなく、その意味では平和国家として過ごしてきた。「有事」三法の制定は、そのような時代にピリオッドを打ち、日本が戦争を行う(ことができる)国家となることを意味している。そのことは、憲法の平和主義を著しく侵害するのみならず、基本的人権の尊重や国民主権原理にも重大な影響を及ぼさずにはおかないであろう。日本国憲法は、まさに危機的な状況を迎えている。

一体どうしてこのような事態になったのか。その背景要因を探ることは、それ自体重要な課題であるが、ここではそれを行うことはできない。ただ、一言指摘しておくべきは、今回の「有事」三法は、「備えあれば憂いなし」という小泉首相の言葉にもかかわらず、専ら「日本有事」に備えるためにのみ制定された法律では決してないということである。そのことは、「有事」三法の制定が、一九九〇年代に入ってからの自衛隊の海外派兵を容認した一連の立法の延長線上で行われたことによっても知ることができるが、より直接的には二〇〇〇年のアーミテージ報告(2)などに示されるように、アメリカ側の強い要請を踏まえたものであることによっても明らかである。同報告は、周辺事態法では自衛隊が米軍の後方支援活動はできても武力行使を行うことができないことを踏まえて、集団的自衛権の行使と有事法制の制定を日本側に強く要請していたのである。

もちろん、そのことは、日本の政府支配層が嫌々ながらアメリカの要請に従ったということを意味するわけではない。アメリカの要請に従うことが日本の「国益」にも合致するという判断が政府支配層にはあったのである。グローバル化の中で日本企業の経済活動が世界各地に拡大したことに伴い生じた諸々の海外権益を確保するためにも自衛隊が海外派兵できる「有事」体制を整備することを政府支配層は企図したのである。(3)

たしかに、「有事」三法の制定に際しては、政府当局やマスコミなどが喧伝する「北朝鮮脅威」論が「追い風」として機能したことは間違いない。しかし、北朝鮮が直接日本を攻撃するような事態が現実には想定しがたいことは、「有事」三法の推進者も認めているところである。(4) 今回の「有事」三法の制定について、韓国のノムヒョン大統領が、日本の国会での演説であえて「不安と疑念」を表明したことは、(5)「有事」三法のもつ上記のような基本的な性格を裏付けるものといってよい。

二　「武力攻撃事態等」をめぐる問題点

「有事」三法が二〇〇二年に国会に上程された際に国会の内外で最も多く疑義が出された点の一つが、武力攻撃事態法案（以下、「旧法案」と呼ぶ）にいう「武力攻撃事態」という概念がきわめて漠然不明確であるという点であった。この点が、民主党との修正合意をも踏まえて成立した武力攻撃事態法で明確になったのかといえば、決してそうとはいえないと思われる。

たしかに、成立した武力攻撃事態法（二条）では、「武力攻撃事態」と「武力攻撃予測事態」を分けて、前者を「武力攻撃が発生した事態又は武力攻撃が発生する明白な危険が切迫していると認められるに至った事態」と、また後者を「武力攻撃には至っていないが、事態が緊迫し、武力攻撃が予測されるに至った事態」と定義づけている。しかし、「明白な危険が切迫していると認められるに至った事態」と「予測されるに至った事態」とでは、その違いは依然として漠然不明確なままであると言わざるを得ない。しかも、武力攻撃事態法では、多くの規定を「武力攻撃事態等」として、「武力攻撃事態」と「武力攻撃予測事態」とを一括して取り扱い（五条、六条、七条、九条一項、二一条等）、政府は「武力攻撃予測事態」から「対処基本方針」を定めて「武力攻撃事態等対策本部」を設置して、「有事」体制をしき、地方公共団体や「指定公共機関」等に対する指示や統制を行うことが可能となっている。これでは、両者を分けた意味はほとんどないといってよい。

それだけではない。旧法案段階で政府自身が認めていた、「武力攻撃事態」と周辺事態法でいう「周辺事態」との「併存」の可能性は、新法においても基本的にはなんら変わっていない。「武力攻撃事態」と「周辺事態」との「併存」に変わっただけである。ということは、結局のところ、「周辺事態」を「武力攻撃予測事態」と認定して、周辺事態法ではできない武力行使を武力攻撃事態法で行えるようにするという点では、旧法案と基本的に異なるところはない。結局は、日本自身が外部からの武力攻撃を受けた場合だけではなく、むしろ海外での米軍の軍事行動（その主たるものは朝鮮半島や台湾海峡での武力紛争であろう）に日本も参加し、武力行使をも行うことができるようにするという「有事」三法の本質は、なんら変わっていないのである。

また、旧法案に対して民主党が反対していた点の一つに、旧法案では国会の関与が不十分であるということがあった。たしかに、そのような民主党の意見を踏まえて、武力攻撃事態法では、九条一四項で内閣総理大臣だけではなく、「国会が対処措置を終了すべきことを議決したとき」も、対処措置の廃止をしなければならないとした。しかし、このような修正で「国権の最高機関」としての国会による民主的統制が十分に確保されるに至ったのかといえば、答えは否である。

そもそも、旧法案の段階でも基本的に問題であったのは、自衛隊法七六条をそのまま踏襲して、防衛出動の決定については国会の事前承認を原則にとどめ、「特に緊急の必要がある場合」には国会の事後承認でもよいとしていたことである。このような国会の関与が不十分なものであることは、ドイツの基本法（一一五ａ条）が「防衛上の緊急事態」の認定をあくまでも連邦議会（若しくは連邦議会と連邦参議院の議員で構成される合同委員会）に留保したことと対比すれば、明らかであろう。(6) この点を放置しておいて、対処措置の終了について国会の関与を取り入れたからといって、国会による民主的統制が十分に確保されるに至ったとは到底いえないのである。

しかも、武力攻撃事態法において問題というべきは、「武力攻撃事態等」の認定を実際上だれがどのように行うのかということである。とりわけ「武力攻撃予測事態」が「周辺事態」と「併存」するとすれば、「武力攻撃予測事態」の認定は「周辺事態」の認定と密接に関わってくるが、その点について、政府がどこまで主体的な判断を行うことができるのかという問題である。武力攻撃事態法の制定と同時に行われた安全保障会議設置法の改正では、手続的には内閣総理大臣が「武力攻撃事態等への対処に関する基本的な方針」を安全保障会議に諮問してその了承を経た上で閣議にかけるということになるが、内閣総理大臣はどのような情報をもとにして安全保障会議に諮問するのかという問題である。この点で留意されるのが、今回の改正で安全保障会議に新たに「事態対処専門委員会」が設置され（八条）、「内閣官房及び関係行政機関の職員」が同委員会の委員として参加して「事態対処」について「必要な事項に関する調査及び分析」を行い、安全保障会議に「進言」するとされたことである。ここからは、外務省や防衛庁の幹部職員がこの専門委員会に参加し、アメリカの情報をもとに、あるいはアメリカからの要請に基づいて「周辺事態」あるいは「武力攻撃予測事態」の認定の必要性を打ち出し、それをもとに内閣総理大臣が「武力攻撃事態等への対処」を諮問するという構図が容易に想定されうるのである。(7) この点での国会の関与の不十分さは否定すべくもないのである。

三　「有事」における基本的人権の制限

旧法案の三条四項では、「武力攻撃事態への対処においては、日本国憲法の保障する国民の自由と権利が尊重されなければならず、これに制限を加えられる場合は、その制限は武力攻撃事態に対処するため必要最小限度のものであり、かつ公正かつ適正な手続の下に行われなければならない」と規定していた。民主党との修正合意によって制定された武力攻撃事態法では、三条四項の規定につぎのような文言が付け加えられた。「この場合において、日本国憲法第十四条、第十八条、第十九条、第二十一条その他の基本的人権に関する規定は、最大限に尊重されなければならない。」

たしかに、憲法一四条、一八条、一九条、二一条などの保障規定は明記されたが、しかし、それら規定は「最大限に尊重されなければならない」とあるだけで、「制限されてはならない」とは書かれていない。しかも、これら人権以外の人権、例えば改正自衛隊法が規定している家屋などへの立ち入り検査に際して問題となる憲法二九条の財産権の保障等は書かれていない。のみならず、最大の問題というべきは、民主党の「基本法案」の六条四号にあった「国民が求められる協力は、国民の理解の下に、その自発的意思に委ねられるものでなければならず、強制にわたることがあってはならないこと」という条項が最終的に成立した武力攻撃事態法では完全に抜け落ちていて、立入り検査拒否者や保管命令違反者に対する罰則規定（改正自衛隊法一二四条ないし一二六条）がそのまま残っていることである。これでは、旧法案との実質的な差異はほとんどないといわざるを得ない。

一体どうしてこのような人権制限が認められるのか。この点、政府は、要旨つぎのように説明している。「（憲法一三条等の規定からすれば）基本的人権も、公共の福祉のために必要な場合には、合理的な限度において制約が加えられることがあり得る。また、その場合における公共の福祉の内容、制約の可能な範囲等については、立法の目的等に応じて具体的に判断すべきものである。したがって、武力攻撃事態への対処のために国民の自由と権利に制限が加えられるとしても、国及び国民の安全を保つという高度の公共の福祉のため、合理的な範囲と判断される限りにおいては、その制限は憲法一三条等に反するものではない」（傍点・引用者）(8)。

しかし、このような説明は、日本国憲法の解釈論としては到底容認することができないものというべきであろう。

明治憲法とは異なって、日本国憲法の規定する基本的人権はまさに「不可侵の人権」（憲法一一、九七条）として保障されている。たしかに、憲法一三条は「公共の福祉」により基本的人権を制約できるように読めるが、しかし、ここでいう「公共の福祉」はまさに人権の内在的制約原理あるいは人権相互間の調整原理としての意味をもつにすぎないのであって、不可侵の人権を人権とは別個の国益とか公益によって制限できることを意味するものでは決してない。

しかも、いうまでもなく、憲法九条は一切の戦争を放棄し、軍事力の保持と行使を禁止している。このような憲法の下で、自衛隊の存在と活動を前提とし、「有事」（＝戦時）における行動を容易ならしめるための基本的人権の制限は、どう見ても「公共の福祉」の名に値しないといわなければならない。政府は「国及び国民の安全を保つという高度の公共の福祉」という言い方をしているが、しかし、「国及び国民の安全を保つ」ことの実態は、違憲な自衛隊による違憲な武力行使およびそれを容易ならしめるための活動以外のなにものでもない。それをよりによって「高度の公共の福祉」として正当化することは到底できないというべきであろう。(9)

四　「国民保護法制」をめぐる問題

「国民保護法制」の問題も、旧法案の段階から重要な争点の一つであった。民主党は、「国民保護法制」の施行に先だって武力攻撃事態法を施行させることには反対であるとしていたが、しかし、このような民主党の見解も、自民党との修正合意では十分に貫かれることのないままに終わった。たしかに、成立した武力攻撃事態法では「付則」を設けて、「第一四条から第一六条までの規定は、別に法律で定める日から施行する」として、これら規定を（国民保護法制」の制定時まで一年間）「凍結」することにした。しかし、これはあくまでも部分的な「凍結」でしかなく、「有事」三法の発動そのものを基本的に「凍結」するものではないのである。(10)ちなみに、政府は、二〇〇二年秋の時点で「国民の保護のための法制について」と題する「国民保護法制」の「骨子」を明らかにしたが、しかし、これはあくまでも「骨子」でしかなく、その具体的な内容は不明であった。

「国民保護法制」をめぐる基本的な問題は、そもそもそれが本当に「国民保護」を目的とする法制なのか、それともその実態は有事における国民統制・国民動員を目的とする法制なのかという問題である。この点が不明確なままで「有事」三法を成立させたこと自体が問題なのである。「国民保護法制」についてこのような疑問が生ずるのは、一つには、いうまでもなく第二次大戦前の国家総動員法の苦い体験があるからである。しかも、大戦末期に戦場となった沖縄では帝国軍隊は天皇制国家のことを第一義と考えて行動し、住民はその犠牲とされたのである。そのことが単に明治憲法時代の話といってすますわけにいかないのは、自衛隊法三条が自衛隊の任務を「わが国の平和と独立を守り、国の安全を保つ」ことにあると規定し、「国民の生命と安全を守ること」にあるとは規定していないからである。

しかも、この規定に関連して、例えば栗栖弘臣・元統幕議長はつぎのように述べている。「国民の生命、身体、財産を守るのは警察の使命であって、武装集団たる自衛隊の任務ではない[11]」。自衛隊の陸幕幹部も、「有事」三法が衆議院を通過した時点で、「我々の任務は国家を守ることだ。自衛隊は国民を守るためにある、と考えるのは間違っている」と述べている[12]。

たしかに、武力攻撃事態法は、その正式名称を「武力攻撃事態等における我が国の平和と独立並びに国及び国民の安全の確保に関する法律」といい、「国民の安全の確保」も、同法の目的の一つとされている。しかし、肝心の自衛隊法三条にそれが書かれていない以上は、「国民の安全」の確保は、自衛隊にとっては二義的な意味しか持ち得ない。成立した武力攻撃事態法の名称でも、「国民の安全」が「我が国の平和と独立並びに国の安全」の後に書かれていることからすれば、いざとなった場合には、後者が優先され、前者が犠牲にされるであろうことは見やすい道理であろう。

ちなみに、国民保護法制の具体的な内容については、その「骨子」が示されただけの現時点では不明といわざるを得ないが、「骨子」を一瞥するだけでも、そこには「国民の役割」の項目の下に「国民の協力」と「国民の権利及び義務に関する措置」が掲げられており、また、以下のように罰則の検討項目が設けられている。「保管命令に違反して救援のための緊急物資を他に転売するなどの経済違反行為、原子炉等の取扱いに高度の注意義務を要するものに対する被害防止のための措置命令違反、警戒区域等の立入制限に対する違反などについては、規制の効果を担保する観点から罰則を置くことを検討[13]」。「国民保護」という名の下にこのような罰則が想定されていることは、「国民保護法制」が「国民統制・国民動員の法制」に他ならないことを示しているといってよい。また、罰則が科されることはないにしても、「国民の協力」の一環としてさまざまな役務の提供（例えば避難訓練等）が規定されている。これらへの参加協力を拒む国民が「非国民」と非難される事態も想定せざるを得ないであろう。

なお、「国民保護法制」との関連でも留意されるべきは、地方公共団体の役割である[14]。武力攻撃事態法一四条ないし一六条が規定している国の地方公共団体に対する、代執行権をも含む広範な統制は、「有事」三法が地方自治体をも巻き込んだ形での「総動員体制」を作り上げようとするものであることを示している。このような体制は、現在しばしば政府サイドからも喧伝されている分権化の動向に逆行し、憲法が保障する地方自治の本旨をないがしろにするものであることは明らかであろう。たしかに、一九九九年に改正された地方自治法（二四五条の三）では自治事務についても国の代執行を容認している。しかし、ある意味では「有事」法制を先取りしたともいえるこのような規定を根拠にして、武力攻撃事態法の上記諸規定を正当化することはできないであろう。少なくとも、違憲な「有事」法制の下で政府の指示等に従うか否かについては、自治体の主体的な判断が尊重されるのが憲法の趣旨というべきであろう。

五　「有事」法制に代えて「平和の家」の構築を

「有事」三法が成立したことの「余勢」をかってか、政府与党は、国会の会期を延長して、イラク派兵法案を国会に上程し、まともな審議もしないままに、二〇〇三年七月二六日未明、参議院で可決、成立させた。これまた、アメリカの（boots on the ground という）強い要請に基づいてである。二〇〇三年秋には、この法律に従ってイラクに自衛隊を派兵することは確実であろう。その場合には、自衛隊は、イラク国民を殺傷し、自衛隊員も殺傷されるという事態が生まれる可能性も出てくるであろう。しかも、その後には、自衛隊の海外派兵の恒久法（一般法）の制定を政府は検討しているという。恒久法（一般法）の内容は現時点では必ずしも明確ではないが、国連決議がない場合にも自衛隊の海外派兵を一般的に可能とする立法になる可能性が強いようである。そうなれば、憲法九条は、文字通り瀕死の状態に陥ることであろう。事柄は、憲法九条のみならず、日本国憲法の採用する立憲主義そのものの危機をも意味するといえよう。

もっとも、このような議論に対しては、西欧の立憲主義国家においても戦時などの緊急事態においては基本的人権が制限されたり、憲法の一部条項が停止されるのは一般的であり、そのことをもって立憲主義の危機というのは当たらないとする反論がなされ得るであろう。しかし、このような、いわば国家緊急権論は、軍事力の保持と行使を容認した憲法体制においては成り立ちうるとしても、一切の戦争を放棄し、軍事力の保持と行使をも否認した日本国憲法体制の下では容認することはできないと思われる。少なくとも戦時を意味する「有事」をつくり出して自衛隊という違憲な軍事力によって対処することは憲法上できないといわなければならない[15]。

たしかに、一般論としていえば、戦争は自国から仕掛けないでも、外部から仕掛けられるということがありうる。しかし、日本国憲法に照らせば、日本から戦争を仕掛けることが禁止されるだけではなく、外部から戦争を仕掛けられることもないように国家として最大限の努力を払うことが要請されているといえよう。そのような努力を払うことで、戦争という「有事」＝国家緊急事態の発生を未然に阻止し、かくして国家緊急権の発動をも不要とすることが憲法の要請といえるのである。

しかも、そのような要請を実現する客観的条件は、日本をとりまくアジア地域に存在している。「北朝鮮脅威」論が根拠のないものであることは上述したが、日本としては、より積極的に東北アジア地域に非核地帯を設け、軍縮を促進すべく近隣諸国に働きかけるべきであろう[16]。そうすることで、東北アジア地域に「平和の家」を築き上げ、「有事」の発生を未然に防止する体制を作り上げることが、「有事」三法の発動に備えるよりもはるかに意義のある喫緊の課題と思われる。

（1）　これら三法を本稿でも一般の用法に従って「有事」三法と呼ぶことにするが、そのことの問題性については、樋口陽一「緊急権論議の前提」法律時報増刊『憲法と有事法制』（二〇〇二年）五頁参照。なお、有事法制に関しては、その他に纐纈厚『有事法制とは何か』（インパクト出版会、二〇〇二年）、渡辺治ほか『有事法制のシナリオ』（旬報社、二〇〇二年）、梅田正己『有事法制か、平和憲法か』（高文研、二〇〇二年）、自由法曹団編『有事法制のすべて』（新日本出版会、二〇〇二年）、小池政行『戦争と有事法制』（講談社、二〇〇四年）など参照。

（2）　同報告については、『憲法と有事法制』前掲書・注（1）四五八頁以下参照。なお、拙編『有事法制を検証する』（法律文化社、二〇〇二年）一六〇頁以下も参照。

（3）　渡辺治「有事関連法案と日米当局者の意図」『憲法と有事法制』前掲書・注（1）七四頁以下、森英樹「「有事」三法の成立と憲法」法律時報二〇〇三年七月号一頁以下参照。

（4）　朝日新聞二〇〇三年六月三〇日朝刊「対論・国民保護法制　具体像は」における久間章生・自民党政調会長代理の発言。

（5）　朝日新聞二〇〇三年六月五日朝刊および毎日新聞二〇〇三年六月九日夕刊。

（6）　ドイツの緊急事態法制については、とりあえずは拙稿「西ドイツの国家緊急権」ジュリスト七〇一号（一九七九年）三三頁（本書第三部十六章所収）。最近の文献としては、石村修「ドイツにおける国家緊急権と有事法制」『憲法と有事法制』前掲書・注（1）一七九頁、水島朝穂編『世界の「有事」法制を診る』（法律文化社、二〇〇三年）五五頁以下参照。

（7）　「周辺事態」の認定をめぐる問題については、横田耕一「「周辺事態」の問題性」拙編『日米新ガイドラインと周辺事態法』（法律文化社、一九九九年）五一頁以下、また「武力攻撃事態」の認定をめぐる問題点については、松尾高志「有事法制が狙う戦争指導体制の確立」週刊金曜日二〇〇二年五月三一日一六頁以下参照。

（8）　『憲法と有事法制』前掲書・注（1）五二二頁参照。

（9）　岡本篤尚「〈軍事的公共性〉と基本的人権の制約」前掲書・注（2）一二七頁参照。なお、政府のこのような説明からすれば、立ち入り検査拒否者や保管命令違反者に対してのみならず、業務従事命令拒否者に対する罰則規定を設けることも、違憲とはならない可能性がある。事実、政府は、今回の改正自衛隊法で業務従事命令拒否者に罰則規定を設けなかったのは、積極的な協力の意思がない者に罰則で強制しても効果が期待できないなどの理由をあげており、違憲を理由とはしていない。将来罰則規定が設けられる危険性は決して少なくないと思われる。

(10) 二〇〇四年の国民保護法の制定により、この「凍結」も、二〇〇四年九月一七日をもって終った。

(11) 栗栖弘臣『日本国防軍を創設せよ』(小学館、二〇〇〇年) 七八頁。

(12) 朝日新聞二〇〇三年五月一六日朝刊。

(13) 『憲法と有事法制』前掲書・注 (1) 五八二頁参照。

(14) 白藤博行「「地方公共団体の責務」と「指定公共団体の責務」」『憲法と有事法制』前掲書・注 (1) 一三〇頁参照。なお、上原公子・国立市長の質問書に対する政府防衛当局の回答参照 (http://www.m-net.ne.jp/kunicity/)。

(15) 杉原泰雄「有事法制と立憲主義について」および栗城寿夫「立憲主義と国家緊急権」、いずれも『憲法と有事法制』前掲書・注 (1) 七頁以下および一六二頁以下所収参照。また、拙著『人権・主権・平和』(日本評論社、二〇〇三年) 三六〇頁参照。

(16) 東北アジア非核地帯の創設については、拙稿「東北アジア非核地帯条約の締結に向けて」前掲書・注 (7) 二四三頁参照。なお東北アジアにおける地域的安全保障構想については、法律時報二〇〇三年六月号の特集「北東アジアにおける立憲主義と平和主義」参照。

第八章　イラク特措法

一　はじめに

二〇〇三年七月二六日、「イラクにおける人道復興支援活動及び安全確保支援活動の実施に関する特別措置法」（法律一三七号）（以下、「イラク特措法」と略称）が参議院本会議で可決成立した。これによって、自衛隊が戦後はじめて戦場となっている外国領土に出兵し、武力行使を行うことが可能となった。政府の従来の憲法解釈からしても、武力行使を目的とした海外派兵は違憲とされてきたにもかかわらず、そのような憲法解釈を事実上変更することとなったのである。もちろん、イラク特措法は規定上は武力行使を禁止しているが、しかし、それはあくまでも規定の上だけである。日本国憲法の平和主義に対する重大な侵害をもたらすこのような法律が、一体どうして制定されることになったのか。

イラク特措法の制定の直接的な背景となったのは、もちろん、米英両国によるイラク攻撃とその後の軍事占領統治であり、しかも、そのような状況を踏まえてアメリカ側から日本政府に対してなされた自衛隊の派兵要請である。アメリカ政府当局は、今回も、かつてのテロ対策特措法の場合と同様にあからさまに自衛隊の派兵を要請してきた。しかも、今回は地上軍の派兵（boots on the ground）を要請してきたのである(1)。

アメリカ側がそのようなあからさまな派兵要請をしてきたについては、それなりの理由があった。後述するように、米英軍隊によるイラク攻撃は国際法的にみても違法なものであり、国連安保理事会からも支持を得ることができないものであった。従って、その後のイラクの軍事占領統治も、それ自体正当化することはできないものであった。それだけに、アメリカとしてはなんとかできるだけ多くの国による支持を得ることで、イラク攻撃とその後の軍事占領統治の正当化を図りたいと考えた。しかも、フランスやドイツ、さらにロシアなどがアメリカのイラク攻撃を批判し、軍隊を派遣していない状況の中ではなおさらのこと、日本の自衛隊の派兵は重要な意味を持つと考えられた。このようにして、日本による自衛隊のイラク派兵は、アメリカなどの違法なイラク攻撃と軍事占領統治を正当化する役割を担わされたのである。

また、日本政府が、このようなアメリカの要請に応じて自衛隊のイラク派兵を決定した背景には、単にアメリカの要請に一方的に従うというだけではなく、日本自身の「国益」もあった。現時点ではアメリカ側の要請に従うことが、日本自身の「国益」にもかなうという判断が日本政府にあったのである。石破防衛庁長官は、そのことを直裁に、「日本が恵まれた生活を送ることができるのは、中東の石油のおかげです。国益のため、国際社会の一員として、危ないからと言ってリスクを冒さずに利益を得ることは許されません」と述べたのである(2)。

この意味では、イラクへの自衛隊の派兵は、とりわけ一九九〇年代以降における自衛隊の海外派兵の動向の一つの「到達点」としての意味をもっている。改めて指摘するまでもなく、一九九〇年代に入ってから、日本は、さまざまな名目の下に自衛隊を海外に派兵できる法律を制定してきた。一九九二年のＰＫＯ協力法の制定とその下での自衛隊の海外派兵はその最初であったが、その後も、一九九七年の日米新ガイドラインの策定を踏まえた周辺事態法の制定（一九九九）、テロ対策特別措置法（二〇〇一）の制定とそれに基づくインド洋への自衛隊の派兵、さらには有事関連三法（二〇〇三）の制定と、いずれも自衛隊の海外派兵を可能ならしめる立法が相次いで制定されたのであった(3)。これら立法とそれに基づく自衛隊の海外派兵は、国際貢献とか国際協力といった名目の下になされてきたが、しかし、その背景には、「グローバル化」に伴う日本自身の海外権益の確保という日本の「国益」が否定しがたくあった(4)。高坂節三・経済同友会憲法問題調査会委員長も「グローバル化とは、日本の資本や人材が世界中に広がっていくこと。これを守るためには何らかの方策が必要だ」として自衛隊の海外派兵を正当化しているのである(5)。

イラク特措法の制定も、このような動向の延長線上にあるといってよいが、しかし、このような法律とそれに基づく自衛隊のイラク派兵が憲法に照らして正当化され得るのかといえば、結論を先取りして言えば、答えは否である。以下には、まず、アメリカなどのイラク攻撃の国際法上の問題点を検討し、その上でイラク特措法の憲法上の問題点を批判的に検討することにする。(6)

二 アメリカ等によるイラク攻撃の違法性・不当性

(1) 安保理決議の不存在

イラク特措法は、一条において、この法律が「イラク特別事態（国連安保理決議六七八号、六八七号及び一四四一号並びにこれらに関連する安保理決議に基づき国連加盟国によりイラクに対して行われた武力行使並びにこれに引き続く事態をいう。）」を受けて、日本がイラクの復興支援に主体的かつ積極的に寄与するために、安保理決議一四八三号を踏まえて、人道復興支援活動及び安全確保支援活動を行い、もって国際社会の平和及び安全に資することを目的とする旨を規定している。しかし、この規定において問題というべきは、アメリカなどによって行われたイラクに対する武力行使があたかも安保理決議六七八号、六八七号、一四四一号に基づいて合法的に行われたかのごとき書き方をしていることである。このことは、これら決議がなんらアメリカ等のイラク攻撃を正当化するものではないことに照らせば、明らかにミスリーディングな書き方といわなければならない。

まず、安保理決議六七八号(7)、六八七号(8)についていえば、これらは、湾岸戦争時のものであって、今回のイラク攻撃とは直接的な関連性はなんらない決議である。このような決議を古証文のような形で持ち出すこと自体、アメリカなどのイラク攻撃が国連決議に根拠を持たないことを傍証しているといいもいえよう(9)。また、決議一四四一号(10)も、アメリカ等に対してイラク攻撃を授権したものとはいえず、むしろイラクに対する査察の継続強化を規定した決議というべきものである。そのことは、同決議が二〇〇二年に安保理で採択された後で二〇〇三年になってから、アメリカやイギリスは、イラク攻撃を容認する新たな安保理決議を採択しようと懸命の努力を行い、日本もそれに積極的に協力したことによっても示される。そのような努力にもかかわらず、安保理事会の多数の同意を得ることができないままに、アメリカなどは武力行使に踏み切ったのである。このような経緯は国際社会において周知の事実であり、なお我々の記憶に新しいところである。そのような事実を法律によってねじ曲げることはできないのである。

また、イラク特措法一条は、上引したように、「安保理決議一四八三号を踏まえ、人道復興支援活動及び安全確保支援活動を行う」と規定しているが、しかし、同決議[11]も、アメリカなどによるイラク攻撃を正当化したものではならないのである。同決議は、米英軍による軍事占領状態を事実として認めた上で、イラクにおける戦時国際法・国際人道法の遵守とイラクの復興支援を国連加盟国等に呼びかけたもの（前文、一、二、五項など参照）であって、イラク攻撃を正当化する記述はなんら含まれていないのである。

もっとも、同決議は、他面において、アメリカなどのイラク攻撃を違法と断定しているかといえば、そのような記述も見あたらない。本来ならば、安保理事会としては、アメリカなどのイラク攻撃の違法性を明確に打ち出すべきであったと思われるが、安保理事会は、そのような決議を採択することはできなかった[12]。また、安保理事会は、本来ならば、アメリカの戦争犯罪や数万人に及ぶと言われるイラク民間人殺戮の賠償責任を決議すべきであったが、そのような決議をせずに、その代わりに、同決議三項はフセイン政権の犯罪行為を法の裁きに服させるようにすることを述べた。これらは、現在の安保理事会の限界というべきであろう。

しかし、安保理決議一四八三号にはそのような限界があったにもかかわらず、いずれにしても同決議はアメリカなどのイラク攻撃を合法化したものではなかったし、さらには、同決議は国連加盟国に対して軍隊の派遣を要請・授権したものではなかったのであり、その点はきちんと確認されるべきであろう[13]。イラク特措法一条が「安保理決議一四八三号を踏まえ、人道復興支援活動及び安全確保支援活動を行う」と規定して、あたかも安保理決議の要請・授権に基づいて自衛隊を派兵するかのごとく読めるように書いていることは、誤解を招きやすい規定というべきであろう。

(2)　先制攻撃の違法性

アメリカは、二〇〇二年九月の「国家安全保障戦略[14]」で、予測不可能な敵に対しては「抑止」では間に合わない場合もあるので、いわゆる先制攻撃（preemption）をも辞さないとする立場を明らかにした。イラクへの武力攻撃も、そのような観点から行われたものであった。しかし、このような先制攻撃は、明らかに国連憲章五一条が規定している自衛権行使の範囲を逸脱したものといわなければならない。

国連憲章五一条は、承知のように、過去の戦争がしばしば自衛の名の下になされたことに対する反省を踏まえて、自衛権の行使に厳しい条件を付して、自衛権が乱用されないようにした。そして、自衛権の行使が認められるのは、武力攻撃が発生した場合に限定したのである[15]。ところが、アメリカは、このような国連憲章の大原則をあからさまに破ったのである。アナン国連事務総長も、二〇〇三年九月二三日の総会報告でアメリカのこのような行動を批判して、要旨以下のように述べた。

「国連憲章は、攻撃を受けた国は固有の自衛権をもつと規定している。しかし、大量破壊兵器による攻撃がいつでも警告なしにあるいは秘密組織によって生じうるため、このような理解はもはや通用しないと言う国が現れた。こうした国は先制的武力行使の権利と義務を有し、他国の領域で、しかも開発中の兵器システムに対しても行使できると主張する。この論理は、国連憲章の原則に対する根本的な挑戦（fundamental challenge）である。これが先例となり、単独行動主義的で不法な武力行使の拡散を招くことを懸念する[16]」。

事実に即してみても、イラクは、アメリカを直接攻撃するような準備は特にしていなかった。アルカイダなどのテロ活動とも、イラクは一線を画していたのである。アメリカ等のイラク攻撃は、このように、先制攻撃の条件すらも欠けていたのである。国連憲章の国連憲章五一条に照らしても到底適法とみなすことができない所以である[17]。

⑶　大量破壊兵器の不存在

アメリカは、イラク攻撃の正当性を、イラクが安保理事会の決議等を無視して大量破壊兵器を不当に開発・保有し、その点で安保理事会の決議などを無視していることなどを主張している[18]。国連憲章によって合法と見なすことが出来ないとしても、正当性あるいは「大義」は存在するというのである。しかし、このような点にアメリカ等のイラク攻撃の「大義」を見いだすこともできないというべきであろう。

第一に、大量破壊兵器の保持・開発という点では、アメリカが世界でも抜きんでていることは改めて指摘するまでもないところであろう。この点を抜きして中小国の大量破壊兵器の保持開発のみを問題とすることには根本的な矛盾が存しているといわなければならない。アメリカの大量破壊兵器を不問に付して、イラクなどの大量破壊兵器のみを問題視することには、正当性や「大義」はもともと存在しないといわなければならない。

第二に、かりにその点はしばらく措くとしても、イラクの大量破壊兵器は現在に至るもなお発見されていないのである。アメリカが二〇〇三年五月に事実上の勝利宣言を行って以降、大量破壊兵器の必死の捜索を行ってきたにもかかわらずである。アメリカは、二〇〇三年一二月にフセイン元大統領を拘束したことで、フセイン元大統領の口から大量破壊兵器の保持開発の証言を得たいとして取り調べを行ったが、フセイン元大統領は「イラクには大量破壊兵器は存在していない。アメリカが戦争を始めるためのでっち上げだ。」と述べていたという[19]。フセイン元大統領の発言は別としても、いずれにしても、今日に至るもなお、大量破壊兵器が見つかっていないことは、大量破壊兵器を理由とする戦争の「大義」が結局は存在していなかったことを示しているといってよいであろう[20]。

なお、ブッシュ大統領は、イラク攻撃の正当化理由の一つに、フセイン独裁体制を打倒して、イラク民衆を解放するということをもあげている。この点は、副次的に付け加えられた色彩が強いが、しかし、この点も、国際法秩序の根本に関わる問題である。国連憲章は、国連加盟国の主権的平等と内政不干渉を規定しており、これらの原則からすれば、一国が独裁体制を敷いていたとしても、そのこと自体を理由として他国が軍事介入してよいことにはならないはずである。たしかに、コソボ紛争を契機として、いわゆる「人道的介入」論が国際法上も一定の支持を獲得しつつあるが、しかし、少なくとも国連憲章に照らせば、このような議論を承認することはできないと思われる。(21) かりに百歩譲って、そのような議論が容認されうるとしても、アメリカが展開しているのは、いわば「民主的介入」論であって、必ずしも「人道的介入」論と同じではない。そもそも、独裁体制とそうでない体制とをいかなる機関がどのような手続で、またいかなる基準に基づいて決めることができるのであろうか。その点をなんら問うことなしに、「民主的介入」論が大手を振ってまかり通り、大国の恣意的な判断による武力行使が容認された場合には、武力不行使原則を定めた国連憲章秩序は崩壊することになりかねないであろう。アメリカなどのイラク攻撃を正当化することは、この点からしてもできないのである。(22)

三　イラクの現状

イラク特措法は、二条三項で、自衛隊の対応措置は「現に戦闘行為（国際的武力行使の一環として行われる人を殺傷し又は物を破壊する行為をいう。）が行われておらず、かつ、そこで実施される活動の期間を通じて戦闘行為が行われることがないと認められる地域」で実施されるものと規定している。しかし、問題と言うべきは、現在のイラクには、そもそもこのような地域が存在するかどうかということである。結論を先取りしていえば、そのような地域は基本的に存在していないといってよいと思われる。

まず第一に、現在のイラクは、法的には、なお戦争状態にあるといってよい。米英国とイラクとの間には、停戦協定も和平協定も締結されず、米英国の軍事占領下にある。国際法上は、一般に、「戦後占領の場合には、休戦又は戦闘終了により事実上戦争が終結しているにもかかわらず、講和条約の締結又はこれに準ずる措置によって平和状態が回復するまでの期間、法上の戦争状態が継続する」とされている。(23) イラクの現状は、まさに「法上の戦争状態が継続」している事態といえるのである。

このことは、安保理決議一四八三号も、認めるところである。同決議は、米英国を「占領国」と認め（前文）、ハーグ陸戦規則等の戦時国際法やジュネーヴ条約等の国際人道法の遵守をすべての関係者に要請しているからである（第五項）。たしかに、イラクには、イラク人による「統治評議会」が設置されたが（二〇〇三年七月一三日）、同評議会のメンバーは、米英暫定占領当局によって任命され、また同評議会の決定については、占領当局の拒否権が留保され、イラクにおける最高権力は依然として米英占領当局にあることは否定しがたいのである[24]。このように法的に戦争状態にあるイラクでは、イラク特措法の上記二条三項が当てはまる地域は基本的に存在していないというべきでなのである。

第二に、現在のイラクでは、実際上も、戦闘状態がなお継続していると言わざるを得ないであろう。アメリカの司令官は、二〇〇三年六月の時点で「軍事的にはイラク全土が戦闘状態で、しばらくその状態が続く」と述べたし[25]、同年七月の時点ではブッシュ大統領自身が、「我が国はまだ戦争状態だ[26]」と述べ、また米司令官は、イラク国内で続く米軍への攻撃について「古典的なゲリラ型の軍事作戦だ。低強度の紛争だが、これは戦争だ」と述べ[27]、同年一一月の時点でも、米軍司令官は「戦闘地域と非戦闘地域を区別することは困難である」と述べた[28]。

現在イラクで起きているアメリカ軍その他に対する襲撃事件は、このような戦闘状態の中で起きているのであり、単なるテロ事件とみなすことは妥当とはいえないであろう。頻発する襲撃事件の遂行者がどのような集団によるものかは必ずしも明らかではないが、多かれ少なかれ組織的な複数の集団による計画的な襲撃行為であり、一種のゲリラ行為とみなしうることは間違いないと思われる。二〇〇三年一一月三〇日には、日本人外交官二名が殺害されるという事件が起きたが、これもそのような戦闘状態の中で起きた事件の一つとみなすべきであろう。日本政府は、これをテロ事件とみなして、「テロに屈する訳にはいかない」としているが、しかし、この事件を単なるテロ事件とみなすことは、殺害された外交官が統治評議会の仕事を行っていたことからしても、またそのような外交官に対する計画的・組織的な襲撃事件であったと推定されることからしても、できないであろう[29]。

四　自衛隊の活動任務と活動範囲

イラク特措法によれば、自衛隊は、イラクで「人道復興支援活動」と「安全確保支援活動」を行うこととされている。当初の政府原案では、大量破壊兵器の撤去も規定されていたが、大量破壊兵器があるかどうかも不明なのに、その撤去を任務とすることはおかしいではないかという批判が自民党の総務会で出されて削除されて、この二つの活動になったという経緯がある。

(1)　人道復興支援活動

そこで、まず「人道復興支援活動」についてであるが、イラク特措法三条一項一号によれば、「人道復興支援活動」とは「イラクの国民に対して医療その他の人道上の支援を行い若しくはイラクの復興を支援することを国連加盟国に対して要請する安保理決議一四八三号またはこれに関連する政令で定める国連総会若しくは安保理決議に基づき、人道的精神に基づいてイラク特別事態によって被害を受け、若しくは受けるおそれがあるイラクの住民その他の者を救援し若しくはイラク特別事態によって生じた被害を復旧するため、またはイラクの復興を支援するために我が国が実施する措置」をいうとされている。

この点に関して、まず問題というべきは、かりにそのような「人道復興支援活動」が必要であるとして、何故に自衛隊がそのような活動を行わなければならないのかということである。その理由を石破防衛庁長官は「自衛隊は、自己完結的な組織である」という点に求めているが[30]、しかし、これはなんらきちんとした理由にはなっていないというべきであろう。たとえば、「医療」ということでいえば、自衛隊よりも、専門の医師が行くことがはるかに役に立つことは明白であろう。「食糧、衣料、医薬品その他の生活関連物資の配布」なども、自衛隊でなければならないという理由は必ずしもない。

この点に関して参照されるべきは、国連の事務局が二〇〇三年三月に出している「複合的緊急事態における国連の人道的活動を支援するための軍事及び民防の要員資材の活用に関するガイドライン」(31)である。同ガイドラインは、複合的緊急事態、つまりは現在のイラクにおけるような緊急事態における人道的支援は、①人道性（humanity）、中立性（neutrality）、公平性（impartiality）の原則に則って行われるべきであること、②戦闘に積極的に参加している戦闘部隊の軍事及び民防の要員資材は、人道的活動の支援のためには原則として用いられてはならないこと、③直接的な人道支援を行う軍事要員は武装してはならない（unarmed）こと、を定めているのである。自衛隊が「人道復興支援活動」を行うことは、これらの基準に照らしても相応しくないというべきなのである。

たとえば、自衛隊はすぐ後で述べるように「安全確保支援活動」という名目の下に米英軍の支援活動を行うことになっている。この点からすれば、自衛隊は「公平性」も「中立性」も持ち合わせていないことは明白であろう。また、上記ガイドラインでは、戦闘行為に参加する軍事要員と人道支援を行う軍事要員とは区別されなければならないとしているが、自衛隊は「安全確保支援活動」と「人道復興支援活動」の双方を行うとされており、この点でも、ガイドラインの基準に合致しないというべきであろう。そして、三番目の「非武装」の基準に関して言えば、重武装して出兵する自衛隊がこの基準に合致しないことは改めて指摘するまでもないであろう。

たしかに、窮状にあるイラク国民に対して人道復興支援を一切すべきでないという主張をすることは、正しくはないであろう。しかし、この点で問われるべきは、そもそもイラクの現在の窮状をもたらしたのは誰であるのかということである。アメリカの違法な軍事攻撃がイラクの現在の窮状をもたらしたことを不問に付して、イラクの人道復興支援の必要性を国際協力として説くことは問題の本質を見誤った議論というべきであろう。しかも、アメリカ等の軍事占領下にあり、現に戦闘状態にあるイラクにおいて、アメリカ等の側に荷担する形での「人道復興支援活動」は上記の国連事務局のガイドラインに照らしても正当とは認められ得ないものである。上記基準に合致する環境と条件が国際的に作られることが、そのためにもアメリカ等の違法な軍事占領状態を早期に終結させることが、「人道復興支援活動」のためにはまずは必要といえよう。

⑵　安全確保支援活動

イラク特措法三条一項二号によれば、「安全確保支援活動」とは「イラクの国内における安全及び安定を回復するために貢献することを国連加盟国に対して要請する安保理決議一四八三号またはこれに関連する政令で認める国連総会若しくは安保理決議に基づき、国連加盟国が行うイラクの国内における安全及び安定を回復する活動を支援するために我が国が実施する措置」をいうとされている。「安全確保支援活動」というと、一見したところ、イラクの人々の安全を確保するための活動と聞こえるが、この定義をよく読めば、そうではなく、「国連加盟国が行うイラク国内における安全及び安定の回復活動の支援」、つまりは、アメリカ等の軍事占領統治の支援活動を行うということである。二〇〇三年一二月九日に確定された「基本計画」でも、「人道復興支援活動」と並んで、「安全確保支援活動」を行うとしているので[32]、政府は、アメリカ等の軍事占領統治の安全を確保するための支援活動を実際に行うことを決定しているのである。

しかしながら、このような活動は、政府の従来の解釈に照らしても、憲法九条二項が禁止した交戦権の行使に踏み込むことになるといえよう。なぜならば、政府は、従来から、交戦権について「交戦国が国際法上有する種々の権利の総称」であり、その中には「軍事占領、占領行政も含まれる」としてきたからである[33]。そして、アメリカの軍事占領統治に安全確保支援という形で協力することは、軍事占領統治の一翼を担うことになるからである。

この点に関して、政府は、「安全確保支援活動」を自衛隊が行う場合にも、日本自身が戦闘行為に参加していないので、交戦権の行使には該当しないと説明しているが[34]、このような説明は間違っていると言わざるを得ない。なぜならば、自衛隊は、米英占領当局の下で活動を行うのであって、そこから離れて、活動をするわけではないからである。安保理決議一四八三号の前文も、米英両国を「占領国」と認めた上で、「占領国でない他の諸国が当局（＝統合占領司令部）の下で現在活動し、又は将来活動しうること（work under the Authority）に留意」するとしている。このような規定からしても、自衛隊が米英占領当局の下で活動をすることになることは明らかであり、そうとすれば、自衛隊が「統合占領司令部の下で」軍事占領統治の一翼を担うことは否定しがたいと言わなければならないであろう。(35)

なお、イラク特措法によれば、自衛隊が「安全確保支援活動」として行う対応措置の中には、「武器弾薬の提供」や「戦闘作戦行動のために発進準備中の航空機に対する給油及び整備」は含まれないとされている（八条六項）。しかし、そのことは、裏返していえば、「武器弾薬の輸送」や「艦船・戦車等に対する給油及び整備」は行いうるということを意味している。「武器弾薬の陸上輸送」は、テロ対策特別措置法では認められてこなかったことからすれば、イラク特措法は、テロ対策特措法よりもさらに一歩米軍との軍事協力関係を深めることになったのである。この点に関連して、福田官房長官は、「いちいち荷物をチェックして武器が入っているかどうか調べることはできない」とするが、(36)しかし、そのような疑いのある荷物はそもそも輸送を拒否すればよいのであって、福田官房長官の答弁はなんら答えにはなっていないのである。(37)

ちなみに、イラクのゲリラ武装集団の幹部は、「日本の自衛隊がイラクに来て米軍に協力すれば、占領軍とみなし、攻撃対象となる」と答えているという。(38)アメリカを敵として戦っているイラクのゲリラ集団からすれば、自衛隊も、米軍と同様に敵とみなされることは避けられないであろう。

⑶　自衛隊の活動範囲

イラク特措法二条三項によれば、前引したように、自衛隊が活動するのは「現に戦闘行為（国際的な武力紛争の一環として行われる人を殺傷しまたは物を破壊する行為をいう。）が行われておらず、かつ、そこで実施される活動の期間を通じて戦闘行為が行われることがないと認められる地域」においてであるとされる。しかし、上述したように、イラクの現状は、法的にも、実態的にもなお戦争状態であるとすれば、そのようなイラクで、戦闘行為が行われている地域と行われていない地域との区別をすること自体が無意味と言わざるを得ないであろう(39)。

この点に関連して、石破長官は、「戦闘行為とは国又は国に準ずる者による組織的、計画的な武力の行使と整理しているので、例えば強盗などは戦闘とはいわない(40)」と述べている。現にイラクで頻発している襲撃事件も、強盗や夜盗の類による襲撃事件で、戦闘行為ではないというわけである。しかし、このような解釈は、「戦闘行為」の意味を明らかに曲解したものと言わざるを得ないであろう。たしかに、純粋に私的な強盗や夜盗による襲撃事件であれば、それに武器をもって抗することは戦闘行為とは言わないであろう。しかし、現にイラクで頻発している襲撃事件は、決してそのような強盗や夜盗の類の者による襲撃事件ではないのである。多かれ少なかれ組織的な集団による米英占領当局あるいはそれに協力する者に対するゲリラ的な襲撃であり、その意味では「国際的な武力紛争の一環として行われる人の殺傷または物の破壊」と言わざるを得ないのである。そのことは、上述したように、イラクの現状において生起したことについては、戦時国際法や国際人道法が適用されることを安保理決議一四八三号が述べていることによっても明らかであろう(41)。

政府は、二〇〇三年一二月九日に確定した「基本計画」では、陸上自衛隊はイラク南部の地域で、航空自衛隊はバグダット等の飛行場が比較的安定しているので、その地域で活動するとしている。しかし、バグダットだからといって安全であるわけではないことは、バグダット周辺でアメリカ軍が襲撃を受けて、いわゆる掃討作戦を行っていることによっても明らかであるし、また南部地域でも、自衛隊がイラクに出兵すれば、その地域が戦闘地域になる可能性が高いと思われる。すでに、自衛隊が出兵すれば襲撃するとの警告も出されているからである。その意味では、イラク特措法二条三項が規定するような条件を満たす地域は現在のイラクには存在しないというべきであり、にもかかわらず、自衛隊がイラクに出兵することは憲法九条に抵触するのみならず、イラク特措法にも抵触するというべきと思われる。

五　自衛隊の武器使用

(1)　武器使用基準

イラク特措法は、二条二項で「対応措置の実施は、武力による威嚇又は武力の行使に当たるものであってはならない」と規定する一方で、一七条で武器の使用について、以下のような規定を置いている。「① 対応措置の実施を命ぜられた自衛隊の部隊等の自衛官は、自己又は自己と共に現場に所在する他の自衛隊員、イラク復興支援職員若しくはその職務を行うに伴い自己の管理の下に入った者の生命または身体を防衛するためやむを得ない必要があると認める相当の理由がある場合には、その事態に応じ合理的に必要と判断される限度で、第四条二項二号ニの規定により基本計画に定める装備である武器を使用することができる。② 前項の武器の使用は、当該現場に上官が在るときは、その命令によらなければならない。ただし、生命又は身体に対する侵害又は危難が切迫し、その命令を受けるいとまがないときは、この限りでない。(三項以下略)」。

政府は、ここでいう武器使用は、隊員個々人の自然権的な正当防衛権として正当化されるのであって、憲法九条及びこれを踏まえたイラク特措法二条二項で禁止した武力行使ではないと説明しているが[42]、このような説明は到底納得のいくものではないと思われる。

まず第一に、自衛隊員の武器使用は、上記一七条二項が規定するように、基本的に上官の命令によってなされるものであり、決して個人的に行われるものではない。上官の命令により組織的な部隊行動の一環として行われる武器使用を自然権的な正当防衛権と説明することは到底できないのである。また、上記一七条一項では「その職務を行うに伴い自己の管理の下に入った者」の生命または身体を防衛するためにも武器使用ができるとしている点も、同条が規定する武器使用が単に自然権的なものではなく、職務に関連した組織的なものであることを示している。しかも、このような武器使用が、上述したように、単に強盗や夜盗の類の者に対してなされるだけではなく、組織的なゲリラ行動に対してなされるということにあれば、それは武力行使以外のなにものでもなくなるのである。

第二に、政府は一七条の規定の運用基準として、さらに、①第三者に誘拐された自衛官を救出するために、②業務を妨害する行為を排除するために、③他国軍との共同行動中に戦闘が起きた場合に、他国軍を守るためにも、武器使用を認める方針としたが(43)、これらの場合に武器使用を認めることは、自然権的な正当防衛権の範囲を遙かに逸脱するのみならず、上記一七条の基準をも逸脱すると言わざるを得ないであろう。とりわけ、②自衛隊の業務等を妨害する行為を排除するための武器使用は、自衛隊法九五条が規定している武器等防護のための武器使用の要件を前提とするとされるが、しかし、同条の武器使用は決して自然権的正当防衛権として認められているものではないのである。安田寛もつぎのようにいっている。「(自衛隊法九五条は)自衛隊の自己防衛権の存在を前提としない限り正当化し得ない」「それ(=自己防衛権)は、刑法上の正当防衛・緊急避難権とは観念を異にする(44)」。また、③の場合は、単なる武力行使というよりはむしろ集団的自衛権の行使に踏み込む武力行使というべきであろう。イラク特措法の二条二項と一七条との矛盾はここに極まったといえよう。

(2) 装備・武器

イラク特措法四条二項二号ニによれば、イラクに出兵する自衛隊の装備や武器については「基本計画」で定めるとしている。そして、二〇〇三年一二月九日に閣議決定された「基本計画」によれば、「装輪装甲車、軽装甲軌道車」、「部隊の規模に応じ安全確保に必要な数の拳銃、小銃、機関銃、無反動砲及び個人携帯対戦車弾及び活動の実施に必要なその他の装備」を有するとされている。自衛隊がこれらの装備・武器を備えていくということは、自衛隊がまさに組織的なゲリラ攻撃に対処することができるように重装備をしていくということを意味している。これら装備・武器からしても、一七条の武器使用は自衛隊員個々人の自然権的正当防衛権の域を完全にこえるものであることが示されているといえよう。

なお、装備・武器に関する「基本計画」の規定について問題というべきは、ここに書かれている装備・武器は自衛隊がイラクにもっていく装備・武器のすべてではないということである。「活動の実施に必要なその他の装備」ももっていくことができるようになっており、上記列挙した装備・武器以外のものも含まれる可能性があることに留意する必要があるということである。また、上記装備・武器についても数量はなんら明記されていない点も、問題というべきであろう。

六　国会の事前統制の欠如

イラク特措法六条によれば、「内閣総理大臣は、基本計画に定められた自衛隊の部隊等が実施する対応措置については、当該対応措置を開始した日から二〇日以内に国会に付議して、当該対応措置の実施につき国会の承認を求めなければならない（以下、略）」とされている。つまり、国会には、事後承認となっているのであるが、この点は、国会による民主的統制を自衛隊の行動について確保するという観点からしても、重大な疑義を差し挟まざるを得ないであろう。

政府当局者は、イラク特措法の制定に際してすでに国会の審議がなされ、承認された以上は、さらなる国会の事前承認は必要ないとしているが[45]、しかし、イラク特措法の制定はあくまでも自衛隊の派遣がこの法律によって可能となったというだけであって、「基本計画」や「実施要項」を踏まえた具体的な派遣行為までも規定したものではなんらない。具体的な派遣行為については、改めて国会の事前統制が必要というのが、シビリアン・コントロールの観点からは要請されるのである。政府のような議論が成立するとすれば、防衛出動命令についても、国会の事前承認は必要ではないということになりかねず、シビリアン・コントロールを形骸化することになりかねないのである。

もっとも、この点に関しては、自衛隊の出動について国会の事前承認は必ずしも憲法上要請されていないのではないかという見解も出されている[46]。しかし、このような見解は、日本国憲法に照らせば到底支持するわけにはいかないであろう。たしかに、憲法には自衛隊の行動について国会の事前承認を必要とするといった規定は存在していない。しかし、そのことは、そもそも憲法は自衛隊の存在を容認していないことからすれば、当然であろう。そのことを踏まえた上でこの問題を考えるとすれば、私は、国会を「国権の最高機関」と規定している憲法四一条が国会の事前承認の根拠規定となると捉えたい。

憲法四一条のこの規定については、たしかに、多数説はいわゆる政治的美称説の立場をとっているが、しかし、憲法がわざわざ「国権の最高機関」と規定しているのを単なる政治的な美称にすぎないとするのは憲法解釈としては妥当ではないであろう。私としては、総合調整機関説が妥当な見解であると考えるので、このような解釈からすれば、憲法に明記されていない事項については基本的に国会の権限とすることが帰結されてくることになる。[47] とりわけイラク特措法のように自衛隊が海外に出兵して戦闘行為を行うか否かが問題となるような場合は国政の根本に関わる事態というべきであり、このような事態については国民代表機関である国会がまさに「国権の最高機関」として決定すべきなのである。

たしかに、防衛出動に際しては、緊急の必要があって事前承認では間に合わないという場合もありえないことはないかもしれない。しかし、イラク特措法の場合には、そのような緊急の必要性はなんら存在していないのであり、この点からしても、イラク特措法六条の規定は疑問というべきであろう。[48]

七　小　結

小泉首相は、二〇〇三年一二月九日に自衛隊のイラク派兵を内容とする「基本計画」を閣議決定した後で記者会見をして、イラク派兵の合憲性の根拠として憲法前文の以下の文章を読み上げた。[49]「われらは、全世界の国民が、ひとしく恐怖と欠乏から免かれ、平和のうちに生存する権利を有することを確認する。われらは、いづれの国家も、自国のことのみに専念して他国を無視してはならないのであって、政治道徳の法則は、普遍的なものであり、この法則に従ふことは、自国の主権を維持し、他国と対等関係に立たうとする各国の責務であると信ずる。日本国民は、国家の名誉にかけ、全力をあげてこの崇高な理想と目的を達成することを誓ふ」。語るに落ちたとは、このようなことをいうのであろう。小泉首相が合憲性の根拠としてこのような文章を引用するより他致し方なかったということは、結局、イラク派兵の憲法上の根拠を見出すことができないということをむしろ証明しているともいえよう。

憲法前文のこの文章の前半部分は、読めばすぐ判るように諸国民の平和的生存権を述べたものであって[50]、この文章から、自衛隊のイラク派兵を根拠づけることは到底不可能である。また、後半部分は、国際協調主義と国家主権の相互尊重の原則を唱ったものであり[51]、この原則からすれば、むしろアメリカの違法なイラク攻撃こそが「自国のことのみに専念して他国を無視し（た）」行為として批判されるべきであって、違法なアメリカを支援するための自衛隊派兵を根拠づけることは到底できないのである。

しかも、これら憲法前文の文章は、憲法九条と一体になったものとして理解し、解釈されるべきものである。小泉首相は、憲法九条は引用しないで、憲法前文の上記文章だけを引用しているが、これではあまりにも恣意的な、つまみ食い的な引用と批判されても致し方ないであろう。憲法九条は、改めて指摘するまでもなく、一項で「武力による威嚇又は武力の行使は、国際紛争を解決する手段としては、永久にこれを放棄する」と規定しているし、二項で「国の交戦権は、これを認めない」と規定している。このような九条と一体になった形で憲法前文の上記文章を解釈した場合には、自衛隊の海外派兵を違憲とする解釈こそ導き出されこそすれ、小泉首相のような解釈が出てくる余地は全くないといってよいのである。

なお、小泉首相は、憲法上の根拠と並んで、政策的な観点からするイラク派兵の必要性の根拠として「日米同盟」という点も強調している[52]。たしかに、事実の問題としていえば、本稿の冒頭で述べたように、自衛隊のイラク派兵はアメリカの強い要請に基づいて行われたものであるが、しかし、だからといって、そのことがそのまま正当化事由として承認できるかと言えば、答えは否であろう。政府などは近時好んで「日米同盟」という言葉を強調するが、しかし、そもそも日米安保条約体制を「日米同盟」という言葉で語ること自体に問題があるのみならず、[53]かりにそのような表現を用いることができるとしても、日米安保条約は決して無条件な「同盟」関係を規定したものではない。むしろ、同条約五条からすれば、日米の共同軍事行動を「日本の施政の下」にある領域に限定したものと解すべきなのである。[54]はるかイラクの地まで自衛隊が出兵して米軍の支援を行うことなどは、安保条約のどこからも出てこないのである。かりにこの点をしばらく措くとしても、上述したように、アメリカのイラク攻撃は国際法に違反したものである。国際法違反のアメリカの行動にも唯々諾々と従うことが「日米同盟」のためには必要だということでは、本当の意味での「日米友好関係」の維持発展のためにもならないというべきであろう。日米関係を根本的に見直すことが必要になっていると思われる。

同様に、日本の「国益」をイラク派兵の正当化事由としてあげるのも、間違っているというべきであろう。かつての日本は、まさに「国益」の名の下にアジア諸国への侵略戦争を行った。その反省の上に日本国憲法が制定されて、「政府の行為によって再び戦争の惨禍が起ることのないやうにすることを決意」したはずである。このような憲法制定の趣旨を無視して、再び「国益」を理由として自衛隊の海外派兵を容認することは、かつての日本がたどった道を再び歩むことになりかねないであろう。いまこそ、憲法の原点に立ち戻ることが必要と思われる。

（1）　毎日新聞二〇〇三年六月一一日夕刊、朝日新聞二〇〇三年六月二五日。
（2）　毎日新聞二〇〇三年七月一九日。
（3）　これら一連の立法については、さしあたり、拙編『日米新ガイドラインと周辺事態法』（法律文化社、一九九九年）、拙編『有事法制を検証する』（法律文化社、二〇〇二年）、全国憲法研究会編『法律時報臨時増刊・憲法と有事法制』（日本評論社、二〇〇二年）などを参照。
（4）　この点については、渡辺治・後藤道夫編『講座戦争と現代一巻・「新しい戦争」の時代と日本』（大月書店、二〇〇三年）三三七頁以下参照。

（5）朝日新聞二〇〇三年五月二七日。なお、斉藤貴男「経済界の論理のため自衛隊は血を流す」現代二〇〇四年一月号一三三頁以下参照。

（6）イラク特措法については、渡辺治「今なぜイラク特措法か」世界二〇〇三年八月号四九頁、小沢隆一「イラク特措法の問題点」法律時報七五巻一〇号（二〇〇三年九月）七九頁以下、阿部浩己「派兵は「不正義」への加担である」世界七二一号（二〇〇三年一二月）四二頁以下、拙稿「衆議院選挙結果と自衛隊のイラク派兵」法律時報二〇〇四年一月号二頁以下参照。

（7）SCRes. 678 (Nov. 29, 1990), 29ILM1565 (1990).

（8）SCRes. 687 (Apr. 3, 1991), 30ILM846 (1991).

（9）J. Yoo, International law and the war in Iraq, AJIL, Vol. 97, 563 (2003) は、これら決議もアメリカのイラク攻撃の根拠となりうると主張しているが、そのことを否定する文献として、see, T. M. Franck, What happens now? The United Nations after Iraq, AJIL, Vol. 97, 607 (2003); M. Bothe, Der Irak-Krieg und das völkerrechtliche Gewaltvervot, Archiv des Völkerrechts, Bd. 41 (2003), S. 262ff.

（10）SCRes. 1441 (Nov. 8, 2002), 42ILM250 (2003).

（11）SCRes. 1483 (May 22, 2003), 42ILM1016 (2003). なお、同決議の外務省訳については、官報三六一七号（二〇〇三年五月三〇日）五頁以下に掲載されている。

（12）この点については、see, T. Bruha, Irak-Krieg und Vereinte Nationen, Archiv des Völkerrechts, Bd. 41 (2003), S. 309.

（13）但し、その後、二〇〇三年一〇月一七日に採択された安保理決議一五一一号 (SCRes. 1511, http://www.un.org/Docs/sc/ unsc-resolution03.html) は、たしかに、多国籍軍 (multinational forces) の設置を認めているが、しかし、同決議は、他方でイラク国民への主権の早期移譲を定めており、玉虫色の決議となっている。

（14）The National Security Strategy of the United States of America (Sept. 17, 2002), http://www.whitehouse.gov/nsc/nss. html. なお、同報告の抄訳（大久保史郎・倉田玲）は、『法律時報臨時増刊・憲法と有事法制』（前掲書・注（3））四五九頁以下に掲載されている。

（15）国連憲章五一条の趣旨については、横田喜三郎『自衛権（三版）』（有斐閣、一九七八年）五九頁以下、田岡良一『国際法上の自衛権（補訂版）』（勁草書房、一九八一年）二〇〇頁以下、田畑茂二郎『国際法Ⅰ（新版）』（有斐閣、一九七三年）三六六頁以下、藤田久一『国際法講義Ⅱ人権・平和』（東大出版会、一九九四年）四〇三頁、拙著『平和憲法の理論』（日本評論社、一九九二年）六頁以下参照。

（16）A/58/PV. 7 (Sep. 23, 2003), http://www.un.org/ga/58/pv.html. なお、朝日新聞二〇〇三年九月二四日参照。

（17）　アメリカのイラク攻撃が国際法に照らして違法とみなさざるを得ない点については、最上敏樹「国連平和体制が終焉する前に」世界二〇〇三年三月号五九頁、藤田久一「国際法と憲法の調和――イラクへの自衛隊派遣問題から九条を考える」ジュリスト一二六〇号（二〇〇四年）一五九頁、松井芳郎「イラクを超えて、はるかに」法律時報七六巻二号（二〇〇四年）一頁参照。但し、アメリカの国際法学界ではこの点について賛否両論があることについては、see, Agora : Future Implication of the Iraq Conflict, AJIL, Vol. 97, 553 (2003). 上引した Yoo 論文や Franck 論文も、この特集に収録されたものである。

（18）　ブッシュ大統領が、二〇〇三年三月一七日にイラクに対して行った最後通告演説については、see, http://www.whitehouse.gov/news/releases/2003/03/20030317-7.html.

（19）　朝日新聞二〇〇三年一二月一五日。

（20）　小泉首相は、承知のように、国会で大量破壊兵器が見つかっておらず、戦争の大義がないのではないかという野党側の批判に対して、「フセイン大統領が見付かっていないからイラクにフセイン大統領は存在しなかったということが言えますか、言えないでしょう」と答えている（第一五六回国会国家基本政策委員会合同審査会会議録第四号（二〇〇三年六月一一日）四頁）。しかし、これは比喩としては明らかに間違ったもので、詭弁としか言いようのないものであろう。フセイン元大統領は存在していたことは明白な事実であるのに対して、大量破壊兵器は一度もその存在が明らかにされていないからである。なお、アメリカのカーネギー国際平和財団（Carnegie Endowment for Interanational Peace）は、二〇〇四年一月八日に調査報告書を発表し、その中で、イラクの核兵器計画は多年にわたって中断されており、イラクの大量化学兵器の製造能力は湾岸戦争などのアメリカの攻撃などによって破壊されており、イラクの大量破壊兵器による差し迫った脅威は存在していなかった旨を明らかにした。(http://www.ceip.org/files/Publications/IraqSummary.asp?from=pubdate)。また、二〇〇四年一月二八日、イラクの大量破壊兵器の調査に当たっていた米調査団長を辞任したデヴィッド・ケイ氏が上院で証言したが、そこでも、同氏は「イラクには大量破壊兵器の備蓄を示す証拠は一切ない」と証言した（朝日新聞二〇〇四年一月二九日）。

（21）　「人道的介入」論についての私見は、拙著『人権・主権・平和』（日本評論社、二〇〇三年）二九〇頁以下参照。

（22）　R. Falk, What future for the UN Charter system of war prevention, AJIL, Vol. 97, 590 (2003) は、「人道的介入」は例外的な場合においてのみ認められる得るが、イラク攻撃については緊急性も必要性も存在せず、「人道的介入」を認める余地がないし、フセイン政権の打倒によってイラク国民を解放したということがいえたとしても、そのことはイラク介入を正当化するものではないとしている。なお、「民主的介入」論の問題点については、西崎文子「民主主義の名の下の干渉」毎日新聞二〇〇三年三月三日夕刊。

（23）安藤仁介「占領」国際法学会編『国際関係法辞典』（三省堂、一九九五年）五〇三頁。ちなみに、石破防衛庁長官も、国会での答弁で、「降伏文書の調印がなされたわけではありません。したがって、戦争状態は継続しているというのは、法的に見ればそういうことだと思います」と認めている（第一五六回国会衆議院イラク特別委員会第二号（二〇〇三年六月二五日）二七頁）。

（24）「統治評議会（The Governing Council）」については、http://www.al-bab.com/arab/cpintries/iraq/council2003.html.

（25）朝日新聞二〇〇三年六月一三日。

（26）朝日新聞二〇〇三年七月五日夕刊。

（27）朝日新聞二〇〇三年七月一七日夕刊。

（28）毎日新聞二〇〇三年一一月一二日。ちなみに、小泉首相も、「どこが非戦闘地域で、どこが戦闘地域かと今この私に聞かれたって、わかるわけないじゃないですか」（第一五六回国会国家基本政策委員会合同委員会会議録第五号（二〇〇三年七月二三日）四頁）と述べざるをえなかったことにも、イラクの現状が示されているといえよう。

（29）阿部浩己「「テロ」と呼ぶ前にイラク人虐殺を思え」週間金曜日二〇〇三年一二月五日（四八七号）八頁参照。なお、テロという言葉のもつ不確定性については、see, R. Higgins / M. Flory (ed.), Terrorism and International Law (1997), p. 27. また、チャールズ・タウンゼント（宮坂直史訳）『テロリズム』（岩波書店、二〇〇三年）三頁、村田尚紀「ポスト9.11の平和主義のコンテクストにおける不確定概念」ジュリスト一二六〇号（前掲書・注（17））一三六頁参照。

（30）第一五六回国会衆議院会議録第四二号（二〇〇三年六月二四日）五頁。

（31）United Nations, Guidelines on the Use of Military and Civil Defence Assets to Support United Nations Humanitarian Activities in Complex Emergencies (March 20, 2003), http:/www.reliefweb.int/w/lib.nsf/WebPubDocs/A3FFBA122EA85BDEC 1256CF00035DE71?OpenDocument.

（32）「基本計画」については、朝日新聞二〇〇三年一二月一〇日。

（33）政府解釈によれば、「（九条二項にいう）」交戦権とは、交戦国が国際法上有する種々の権利の総称であって、相手国兵力の殺傷及び破壊、相手国の領土の占領、そこにおける占領行政、中立国船舶の臨検、敵性船舶の拿捕等を行うことを含む」とされている（一九八一年四月一四日提出政府答弁書（稲葉誠一議員に対する））。この点については、浅野一郎・杉原泰雄監修『憲法答弁集』（信山社、二〇〇三年）七八頁以下参照。

（34）第一五六回国会国家基本政策委員会合同審査会第三号（二〇〇三年四月二三日）六頁。

(35)　なお、安保理決議一五一一号も、この点では、同様であり、多国籍軍は米英占領当局の下で活動するものとされている。この点については、藤田久一・前掲書・注（17）論文一五九頁参照。
(36)　第一五六回国会衆議院イラク特別委員会議録第二号（二〇〇三年六月二五日）三頁。
(37)　なお、「基本計画」では、武器弾薬の輸送は任務の中には明記されていない。しかし、政府は武装した兵士（つまりは、米英兵）を輸送することはありうるとしているので（二〇〇三年一二月一〇日朝日新聞夕刊）、結果的には同じことになる。
(38)　毎日新聞二〇〇三年七月一〇日。
(39)　ちなみに、一九四九年のジュネーヴ条約四条二項は、「軍事占領が武装抵抗を受けていない場合においても」、「国際的な武力紛争」は存在するとしている。この点については、see, W. H. Heinegg, Irak-Krieg und ius in bello, Archiv des Völkerrechts, Bd. 41 (2003), S. 274.
(40)　石破長官は、この趣旨の発言をしばしば行っている（例えば、第一五六回国会衆議院イラク特別委員会議録第二号（二〇〇三年六月二五日）一九頁）。この点に関して、小池清彦「国を亡ぼし、国民を不幸にするイラク派兵」世界七二二号（二〇〇三年一二月）四七頁以下参照。なお、小泉首相は、二〇〇四年一一月一〇日の党首対論で、「自衛隊が活動している地域が非戦闘地域だ」と答弁した。イラク特措法のあいまいさを示してあまりある発言といえよう。
(41)　この点は、自衛隊員がイラク人を殺戮した場合あるいはイラク人に殺傷された場合に、日本あるいはイラクの刑法が適用されるのか、それとも戦時国際法が適用されるのかという問題とも関わってくる。政府の解釈によれば、刑法が適用されるということになるのであろうが、一般民間人を殺傷した場合あるいは一般民間人に殺傷された場合はともかく、武装集団の人間を殺傷した場合あるいは武装集団の人間に殺傷された場合にも、刑法が適用されるということでよいのかどうか、安保理決議一四八三号に照らしても疑問が存するところであろう。
(42)　第一五六回国会衆議院イラク特別委員会議録第三号（二〇〇三年六月二六日）一六頁。
(43)　読売新聞二〇〇三年七月一五日夕刊。
(44)　安田寛『防衛法概論』（オリエント書房、一九七九年）二一九頁以下参照。
(45)　第一五六回国会衆議院イラク特別委員会会議録第三号（二〇〇三年六月二六日）二七頁。なお、前田哲男・飯島滋明編『国会論議から防衛論を読み解く』（三省堂、二〇〇三年）三二八頁参照。
(46)　「座談会・憲法九条の過去・現在・未来」ジュリスト一二六〇号（前掲注（17））における安念潤司氏の発言（三一頁以下）。

(47)　杉原泰雄『憲法Ⅱ』（有斐閣、一九八九年）二一二頁は、「『国権の最高機関』性は、国会と他の諸機関との関係を規定するにあたって、国会の優越性を確保することを命ずる規範としての意味をもつ」とする。

(48)　なお、イラク特措法は四年間の時限立法として制定された（付則二条）。米英占領当局の軍事占領統治が四年間も継続することを想定してのことであろうか。武装自衛隊の長期の駐留がイラクの民衆にどのような影響を与えるのかを無視した立法というべきであろう。

(49)　朝日新聞二〇〇三年一二月一〇日夕刊。

(50)　平和的生存権については、さしあたり、深瀬忠一『戦争放棄と平和的生存権』（岩波書店、一九八七年）二二五頁以下、拙著『平和憲法の理論』（前掲書・注（15））二四五頁以下参照。

(51)　憲法前文のこの箇所についても、憲法の平和主義との関連で理解されるべきことについては、樋口陽一ほか『注解法律学全集1　憲法Ⅰ』（青林書院、一九九四年）（樋口陽一執筆）三八頁参照。

(52)　朝日新聞二〇〇三年一二月一〇日夕刊。

(53)　国連憲章が、軍事同盟方式に代わって集団的安全保障体制を採用し、少なくとも建前としてはそのような集団的安全保障体制の一環として日米安保条約が締結されたことを踏まえるならば、日米安保条約を「同盟」という言葉で表現するのは不適切というべきであろう。ちなみに、一九八一年の日米共同声明で「日米両国間の同盟関係」という表現が用いられた際に「同盟」の趣旨が問題とされた点については、杉原泰雄他編『日本国憲法史年表』（勁草書房、一九九八年）六五三頁参照。なお、軍事同盟から集団安全保障への安全保障方式の変遷については、植木俊哉「九条と安全保障体制――国際法学の観点から――」ジュリスト一二六〇号（前掲書・注（17））八二頁参照。

(54)　この点に関しては、一九九七年の日米新ガイドラインがすでに日米安保条約を逸脱したものであったが（拙編『日米新ガイドラインと周辺事態法』（前掲書・注（3））参照）、ただ、同ガイドラインでは、日本が対米軍事協力を行うのは「周辺事態」においてであるとされ、そこでいう「周辺地域」とは、せいぜいインド洋までとされ、地球の裏側までは含まないとされていた。自衛隊のイラク派兵を「日米同盟」によって正当化することは、日米安保条約はもちろんのこと、日米新ガイドラインの枠をも踏み越えた議論であることに留意する必要があるといえよう。

〈補注〉　イラクに派遣されていた陸上自衛隊は、二〇〇六年七月に二年半にわたるイラク南部における駐留を終えて撤退した。その間、自衛隊の宿営地は何回か砲弾による攻撃を受けたが、自衛隊員に死者は出ず、また陸上自衛隊がイラクの民衆を殺戮することもなく終わった。そのこと自体はよかったといえるが、しかし、だからといって、陸上自衛隊のイラク派遣が成果があったとか、多くの国際貢献をしたとか評価しうるものではないであろう。本文でも述べたように、米英のイラク攻撃は国際法的にも違法なものであり、その違法行為に自衛隊も加担したという事実は消えることはないからである。しかも、イラクの現状は、内乱状態に近いと言われており、多数の犠牲者を出している。その責任は、米英政府のみならず、米英政府に加担した日本にもあると思われる。このようなことを踏まえれば、日本の各地で自衛隊イラク派遣違憲訴訟が提起されてきたのも、十分に理由のあるところであろう。なお、陸上自衛隊は撤退したが、航空自衛隊は、二〇〇七年現在もなおイラクで違憲な「安全確保支援活動」などを行っている。自衛隊は、決して「人道的支援活動」だけを行ってきたわけではないのである。イラク特措法は二〇〇七年八月一日でその効力を失うものとされていた（附則二条）が、政府は、さらに二年間その効力を存続させる法案を国会に提案して、同法案は、二〇〇七年六月に可決成立した（法律一〇一号）。

第九章　有事七法

一　はじめに

二〇〇四年六月一四日、有事関連七法案と関連三条約案が参議院本会議で承認されて成立した。参議院ではほとんど審議らしい審議もなされないままにである。これら膨大な法案と条約案が国権の最高機関であるはずの国会でまともな審議がなされないままに成立したことは、その後の多国籍軍への自衛隊参加がそもそも国会の審議にかけられることもなく決定されたこととも相俟って、自公政権の国会軽視を如実に物語るものといってよい。私は、従来から平和主義の危機は民主主義や基本的人権の危機をもたらすと考えてきたが[1]、そのことが有事関連七法の制定によっても示されたといってよいであろう。有事法制の問題は、単に憲法の平和主義に関わるだけではない。民主主義と基本的人権にも深く関わっていることが、改めて強調されなければならないであろう。

ところで、二〇〇四年に制定された有事関連七法とは、「武力攻撃事態等における国民の保護のための措置に関する法律」（法律一一二号）（以下、「国民保護法」と略称）、「武力攻撃事態等における特定公共施設等の利用に関する法律」（法律一一四号）（以下、「特定公共施設等利用法」と略称）、「武力攻撃事態等におけるアメリカ合衆国の軍隊の行動に伴い我が国が実施する措置に関する法律」（法律一一三条）（以下、「米軍支援法」と略称）、「武力攻撃事態における外国軍用品等の海上輸送の規制に関する法律」（法律一一六号）（以下、「外国軍用品等海上輸送規制法」と略称）、「武力攻撃事態における捕虜等の取扱いに関する法律」（法律一一七号）（以下、「捕虜取扱法」と略称）、「国際人道法の重大な違反行為の処罰に関する法律」（法律一一五号）（以下、「国際人道法違反処罰法」と略称）、そして自衛隊法一部改正法であり、国会承認された三条約とは、ジュネーブ条約追加第一議定書、同第二議定書（以下、追加議定書と略称）、そしてＡＣＳＡ（日米物品役務相互提供協定）改定である。これらの法律と条約は、あえて分類すれば、一応三つのカテゴリーに分けることができよう。すなわち、第一は、武力攻撃事態等に対処するための国内法の整備としての性格をもつ法律であり、第二は、米軍支援のための法制整備としての性格を直接的にもつ法律及び条約であり、第三は追加議定書の批准と批准に伴う国内法の整備である。第一のカテゴリーに入るのが、「国民保護法」、特定公共施設等利用法、外国軍用品等海上輸送規制法であり、第二のカテゴリーに入るのが米軍支援法、自衛隊法改正法、及びＡＣＳＡ改定であり、そして第三のカテゴリーに入るのが二つの追加議定書と捕虜取扱法及び国際人道法違反処罰法である。もっとも、後述するように、第一のカテゴリーに属する法律も、明示的には米軍支援を規定していないが、実質的には米軍支援法としての側面をも有するので、第一のカテゴリーと第二のカテゴリーの分類は相対的な意味しかもたないことが留意されるべきであろう。また、捕虜取扱法は自衛隊の円滑な行動に資する意味合いをも合わせもつので、第一のカテゴリーに含めることも可能であろう。

いずれにしても、これらは、二〇〇三年に制定された武力攻撃事態法が武力攻撃事態等に対処する際のいわば基本法的な性格をもっているとすれば、その各論的な性格あるいは具体化法としての性格をもつものとして、武力攻撃事態法によってすでにその制定あるいは国会承認が企図されていたものである。有事七法の制定がこのような性格をもつことを確認した上で、以下、有事七法の狙いと問題点について概観することにしたい(2)。

二　有事七法の狙い

有事七法が二〇〇三年の有事三法の延長線上で制定されたものである以上、有事七法の狙いは、有事三法の狙いと基本的に同じといってよいであろう。有事三法の制定の狙いについては、私もすでに書いているが(3)、ここでもそれを敷衍して述べれば、以下のようになる。

まず第一に、有事三法は、決して日本が外部からの武力攻撃が加えられた場合に対処するためだけの法律ではなく、むしろアメリカが日本以外の地域で行う武力紛争に日本も武力行使を伴った形で軍事協力をするところに重要なねらいがあるということである。小泉首相は、有事三法制定のねらいを「備えあれば憂いなし」というワンフレーズで言い表したが、しかし、日本に対して武力攻撃が加えられる現実の可能性があるのかという質問に対しては、そのような可能性はないというのが、政府当局者の答えであった。(4)

にもかかわらず、有事三法の制定を急いだ背景には、アーミテージ報告に示されるようにアメリカ側からの強い要請があった。(5)そして、そのことは、具体的に有事三法の一つである武力攻撃事態法に示されている。武力攻撃事態法にいう「武力攻撃予測事態」は、周辺事態法にいう「周辺事態」と「並存」するということは政府当局者も認めるところであるが、その意味するところは、「周辺事態」、つまりは日本以外の地域での紛争事態に際して、アメリカの軍事行動に日本が武力行使を伴わない後方支援を行うだけではなく、武力行使を伴う軍事協力を行うという点にあるということができよう。周辺事態法では、「周辺事態」においては武力行使ができない建前になっているが、それを武力攻撃事態法で「予測事態」と認定すれば、堂々と武力行使のための準備態勢を組むことができるからである。たしかに、武力攻撃事態法上も、「予測事態」の段階から自衛隊が武力行使を行うことは認めていないが、しかし、「予測事態」の段階から武力攻撃事態法を発動して、自衛隊が臨戦態勢を組むことは可能とされている。そのような日本側の臨戦態勢が相手国からすれば、敵対的な行動とみなされて武力紛争に突入する可能性は決して少なくないのである。

有事七法も、このような武力攻撃事態法を前提として制定されている以上は、その重要な狙いは、海外における武力紛争に自衛隊が武力行使を伴う形で参戦することを可能ならしめるところにあるということができよう。ちなみに、このことは、有事七法と関連条約の中に、上述したように直接的に米軍支援を盛り込んだ米軍支援法やＡＣＳＡ改定が含まれていることによっても、明らかとなる。これら米軍支援法制について一言だけ指摘すれば、ＡＣＳＡは、それが取り結ばれた当初は、あくまでも平時のためのものであって、有事には適用されないと説明されていた。しかし、一九九九年の周辺事態法の制定に伴って、ＡＣＳＡは周辺事態等にも適用されるように改定され（四条）、さらに、今回の改定によって武力攻撃事態や武力攻撃予測事態にも適用されるようになった（五条）。かくして、自衛隊は、これらの事態に際しても、米軍への軍事協力を後方支援・物品役務の提供を含めてほぼ全面的に行うこととなったのである。

なお、この点にも関連して言及しておくべきは、外国軍用品等海上輸送規制法である。同法は、紛争相手国ではない第三国の船舶に対しても、紛争相手国の「軍用品等」を輸送している相当の疑いがある場合には「停戦検査」を行い（一六条）、「停戦検査」を拒んだ船舶に対しては警告発射や船体射撃などの武器使用を行うことも認めている（三七条二項）。このような船舶の臨検拿捕や武器使用は憲法九条が禁止する交戦権そのものである。このような交戦権の行使を、直接の紛争相手国ではない国の船舶に対しても行使することを認めていることは、有事七法が専守防衛のためだけではないことを示すものといえよう。

第二に、有事七法は、上記のような武力紛争に際して国民を動員・管理し、そうすることで自衛隊の行動を容易ならしめるところに、その重要な狙いがあるということができる。その意味では、有事七法は、有事三法と同様に、国民動員法制、あるいは第二次大戦前の法律の言葉を用いれば、国家総動員法制としての性格をもっているということである。

たしかに、有事七法の一つである「国民保護法」は、法律の名前の上では「国民保護」を唱い、同法の目的も「武力攻撃事態等における国民の保護のための措置を的確かつ迅速に実施することを目的とする」（一条）と規定している。しかし、「国民保護法」のもとになっている武力攻撃事態法の名称自身が「我が国の平和と独立並びに国の安全の確保」を最初に唱い、「国民の安全の確保」はその後で書かれていることからしても明らかなように、「国民の保護」は副次的なものとされている。そのことは、肝心の自衛隊法自身、その任務を「わが国の平和と独立を守り、国の安全を保つ」（三条）ことにおき、国民の保護についてはなんら規定していないことからも明らかである。

その意味では、有事三法が二〇〇三年に衆議院を通過した際に自衛隊の陸幕幹部が「我々の任務は国家を守ることだ。自衛隊は国民を守るためにある、と考えるのは間違っている」[6]と述べたことも、このような自衛隊法の規定からすれば、当然の発言であったともいえよう[7]。具体的に「国民保護法」との関連で言えば、同法には、自衛隊が国民の安全の確保の責務を負うとする規定は存在していない。政府と都道府県知事との意見交換会で自衛隊は国民保護のための活動をしなければならないことを明記すべきであるという要望が出されていたにもかかわらず[8]である。

それだけではない。特定公共施設等利用法によれば、国は武力攻撃事態等に際して道路、港湾施設、飛行場施設、海域、空域及び電波に関して「特定の者の優先的な利用」(六条二項)を確保することができるようになっている。表現は抽象的であり、したがって、「特定の者」に国民が含まれる可能性もないわけではないが、しかし、実質的にこれが意味することは、これら施設を自衛隊や米軍が軍事目的のために優先使用できるということに他ならない。これら施設の中には、港湾施設や道路・飛行場施設(の一部)など自治体が管理権を有している施設もあるが、特定公共施設等利用法は、それら自治体の管理権を無視して、住民保護を二の次にして、自衛隊や米軍の優先使用を認めているのである。これによって、例えば港湾施設についていわゆる神戸方式を武力攻撃事態等においてとり続けることは困難となるのである。有事七法の狙いが、上記のようなものであることは、これらの法律規定によっても明らかであろう。

三 「国民保護法」の問題点

ここでは、「国民保護法」の問題点を私なりにごく簡単に述べておきたい。まず第一は、同法が「武力攻撃災害」という言葉を用いている点についてである。同法によれば、「武力攻撃災害」とは「武力攻撃により直接又は間接に生ずる人の死亡又は負傷、火事、爆発、放射性物質の放出その他の人的又は物的災害」(二条四項)をいうとされるが、このような言葉の使い方は、「武力攻撃事態」をあたかも自然災害と同種のものと思わせて、災害対策基本法とほぼ同様の協力や強制措置を国民に受忍させるようにするねらいをもつものといえよう。(9) しかし、「武力攻撃事態」は、人為的なものであり、それを避けることは可能であるのみならず、むしろ憲法はそのような事態が発生しないようにすることを政府に要請している。そのことを無視して、あたかも自然災害と同様に「武力攻撃事態」が発生する可能性を想定して、そのような事態における国民の協力等を定めること自体、憲法に照らすならば疑問があるといえよう。

第二に問題というべきは、「国民保護法」が、「武力攻撃事態等」に名を借りて政府による一元的な支配統制機構を構築して、憲法が保障している地方自治を形骸化する内容となっている点である。災害対策基本法では自然災害に対処するのは基本的に市町村・都道府県であり、国は補完的な役割を持つにすぎないのに対して、「国民保護法」では、「武力攻撃災害」に際しては国がトップダウンで地方公共団体に指示し、是正命令を発し、直接執行をすることも可能とされている（五六条、六〇条、八八条等）(10)。

また、同法によれば、政府は、「武力攻撃事態等」に備えて、国民の保護に関する「基本指針」を策定し（三二条）、これに基づき、都道府県知事が「国民の保護に関する計画」を策定し（三四条）、さらにこれらに基づき、市町村長が「国民の保護に関する計画」を策定し（三五条）、また指定公共機関等も「国民の保護に関する業務計画」を策定（三六条）するとされている。都道府県や市町村は本来住民の生命や安全の保護のための第一義的な責務と権限を有するはずであるにもかかわらず、「国民保護法」にあっては、国の定める「基本指針」に全面的に従うことを要請されている。ちなみに、災害対策基本法上の自治体の事務は自治事務であるのに対して、「国民保護法」上の事務は第一号法定受託事務とされている（一八六条）。

しかも、同法によれば、都道府県には当該都道府県の国民の保護のための措置に関する施策を総合的に推進するために「都道府県国民保護協議会」（三七条）の設置が義務づけられ、また市町村には当該市町村の国民の保護のための措置に関する施策を総合的に推進するために「市町村国民保護協議会」（三九条）の設置が義務づけられている。そして、都道府県国民保護協議会の委員には三自衛隊の自衛官を、また市町村国民保護協議会には自衛隊に属する者を含み得ることが規定されている（三八、四〇条）。自衛隊の意向がこれら協議会に反映するような委員構成となっているのである。ちなみに、少なからざる都道府県では同法施行以前の時点からいわば先取り的に自衛官（ＯＢ）を職員に受け入れて、国民保護計画に対応する会議を設置しているとのことである。(11)

第三は、市民の権利制限についてである。「国民保護法」は、「国民保護」のための措置として具体的に「住民の避難に関する措置」（二章）、「避難住民等の救援に関する措置」（三章）、「武力攻撃災害への対処に関する措置」（四章）、「国民生活の安定に関する措置等」（五章）、「復旧、備蓄その他の措置」（六章）などを定めているが、これらの措置は、少なからず住民の権利自由の制限を伴うものとなっている。住民には、政府並びに政府の要請を受けた自治体の側からするこれらの措置を拒否する自由が少なからず制限されているのである。

「国民保護法」が具体的に規定している罰則としては、物資の保管命令違反者に対する罰則（一八九条一号）、都道府県公安委員会による交通規制に従わなかった者に対する罰則（一九〇条）、土地家屋物資の強制使用のための立入り検査拒否者に対する罰則（一九二条一号）、生活関連等施設の安全確保のために市町村長等が行う退去強制命令に従わなかった者に対する罰則（一九三条）などがあり、これら罰則規定によって財産権や居住移転の自由、さらには人身の自由等が制限されるが、それだけではない。これら罰則規定と並んで重大なのは、報道機関に対する規制が定められている点である。すなわち、同法によれば、政府は、「基本指針」を定めるため必要があると認めるときは「指定公共機関」等に対して「資料又は情報の提供、意見の陳述その他必要な協力を求めることができる」（三二条五項）とされており、また「指定公共機関」は前述したように政府が定めた「基本指針」に基づき「国民の保護に関する業務計画」を策定しなければならず（三六条）、さらに、「放送事業者である指定公共機関」は対策本部長から警報の通知を受けた場合には「速やかに、その内容を放送しなければならない」（五〇条）。ここで言う「指定公共機関」には、ＮＨＫのみならず、民間放送事業者も含まれ得るようになっている（七条）。しかし、そもそも、これら報道機関が「指定公共機関」に指定されること自体が表現の自由・報道の自由との関係で問題があるだけではない。放送事業者に対する上記のような諸規定が「武力攻撃事態等」に際して表現の自由・報道の自由に対してきわめて大きな規制力を発揮するであろうことは、イラクでの自衛隊の活動についての報道規制を考えるだけでも、[12] 容易に想像し得るところであろう。

なお、市民の権利制限との関連で指摘しておくべきは、地方公共団体の長等は「国民の保護のための措置を的確かつ迅速に実施するため必要な組織を整備」（四一条）しなければならず、さらに「国民の保護のための措置についての訓練を行う」よう努めなければならず、また住民に対して「当該訓練への参加について協力を要請することができる」（四二条）ようになっている点である。このような訓練への参加を拒否することに対する罰則規定はないが、しかし、これら規定が企図することは、平時からの地域（町内）組織の構築と住民の有事訓練への参加の事実上の強制であろう。「国民保護法」を国民管理法あるいは国民動員法と呼ばざるを得ない所以である。

「国民保護法」に関して最後に指摘しておくべきは、「緊急対処事態」についてである。武力攻撃事態法によれば、「武力攻撃の手段に準ずる手段を用いて多数の人を殺傷する行為が発生した事態又は当該行為が発生する明白な危険が切迫していると認められるに至った事態（後日対処基本方針において武力攻撃事態であることの認定が行われることとなる事態を含む）で、国家として緊急に対処することが必要なもの」を「緊急対処事態」としているが（二五条）、「国民保護法」は、同事態に対処するための措置を規定しており（八章）、そこでは、武力攻撃事態等に際して適用される同法諸措置の多くを準用するように規定している（一八三条）。しかし、このような概念の導入は、いわゆるテロ対策として の意味合いをもつだけではなく、上記定義のカッコ書きの文言が示すように明らかに武力攻撃事態等の前倒し的性格をも持つものといえよう。テロ対策ということで言えば、武力攻撃事態と同一の法律で同様の対処措置で対処すること自体に疑問があるし、また武力攻撃事態の前倒しに関して言えば、武力攻撃事態概念の曖昧性をさらに増幅させる意味合いをもつものといえよう。二〇〇三年以来の有事法制が日本が外部からの武力攻撃を受けた場合のためだけでは決してないことをより明確に示すものといえよう。

四　国際人道法の恣意的な国内法化

有事七法の中には、国際人道法の国内法化の意味合いをもつ法律として、捕虜取扱法と国際人道法違反処罰法が含まれている。国際人道法である追加議定書（第一及び第二）の批准と合わせて制定されたものであるが、しかし、これらの二つの法律に関しては、日本国憲法に照らしてのみならず、追加議定書に照らしても少なからざる問題が含まれているように思われる。この問題についても、以下にはごく簡単に私見を述べておきたい。

まず、捕虜取扱法に関していえば、同法が第二次大戦後の法律の中ではじめて「敵国軍隊」（三条）という言葉を使用した点で重大な問題が存しているといえよう。改めて指摘するまでもなく憲法九条は一切の戦争を放棄し、交戦権も否認しているのであり、このような憲法規定からすれば交戦権の行使を前提とする「敵国」という概念を用いることはそれ自体違憲として許されないといわなければならない。たしかに、追加議定書は捕虜の取扱いに関する規定をおいており、従って、この条約を批准する以上はその国内法として捕虜取扱法のような規定を設けることはやむを得ないという意見もあり得るであろう。他方では、また、それとは反対の立場から、憲法九条の趣旨を生かすためには追加議定書の批准そのものを認めるべきではなかったという意見もありうるであろう。

しかし、私自身はこれらのいずれの見解も適切なものとは考えていない。追加議定書には国際人道法としての人道的な側面と武力紛争法としての側面が二つともに併存しているが、日本国憲法の理念を踏まえるならば、前者の国際人道的な側面を重視した観点から条約を批准し、そのような観点を重視した形での国内法上の立法措置のみを講ずることは決して不可能ではないからである。例えて言えば、国連憲章は一方では武力不行使原則を規定し、他方では集団的安全保障や集団的自衛権を規定しているが、日本が前者を重視し、後者を否認した形で国連に加盟していることがなんら不可能ではないのと同様にである。ところが、政府は、追加議定書の批准をする以上は、捕虜取扱法の制定は必要であり、また「敵国軍隊」についての規定も必要であるとして憲法九条の規定を無視することになった。ちなみに、捕虜の取扱いを直接定めた条約としては一九四九年の捕虜の待遇に関するジュネーブ条約（第三条約）があり、これには日本も一九五三年に加入しているが、しかし、国内法は今日に至るまで不要であった。戦争をしてこなかったからである。追加議定書の批准についても同じことが言いうるのである。

つぎに、国際人道法違反処罰法に関して言えば、これは追加議定書を悪い形でつまみ食いした法律と言わざるを得ないであろう。追加議定書には、前述したように国際人道法として人道的な諸規定を多数置いているが、これらの規定の趣旨を生かした形での国内法にはなっていないのである。例えば、第一追加議定書は、文民に対する攻撃を禁止している（五一条）。これは追加議定書のもっとも基本的な原則であるが、この原則を侵害した者に対しては、国際法上も、国内法上も処罰することが、この原則の実効性を確保するためには必要であろう。国際法上は、一九九八年に調印され、二〇〇二年に発効した国際刑事裁判所条約に加入することが必要であるが、政府は、アメリカの意向を慮ってか、現在に至るもなおこの条約に加入する意思を表明していない。すでに世界でも九二カ国が批准しているにもかかわらずである[13]。また、国内法上は、文民に対する攻撃を行った者を国外犯を含めて処罰する規定を設けることが必要であろう。ところが、国際人道法違反処罰法は、「重要な文化財を破壊する罪」（三条）や「文民の出国等を妨げる罪」（六条）などについては国外犯を含めて処罰することを定めているが（七条）、文民に対する攻撃を行った者を処罰する規定は存在していないのである。

また、第一追加議定書は、「過度の傷害又は無用の苦痛を与える兵器」の使用を禁止している（三五条）。国際司法裁判所の勧告的意見が核兵器の使用を原則的に違法と判断した根拠になった規定であるが、このような勧告的意見の趣旨を踏まえるならば、国際人道法違反処罰法では核兵器その他の大量破壊兵器・生物化学兵器の使用を行った者を国外犯を含めて処罰する規定を設けることが望ましいといえよう。ところが、実際に制定された法律ではそのような処罰規定はなんら存在していないのである。

さらに、第一追加議定書にはいわゆる無防備地域についての規定（五九条）があり、「紛争当事国の適当な当局」が無防備地域の宣言を行い、その地域から戦闘員の撤退・武器の撤収などを行えば、このような無防備地域を相手国が攻撃することは禁止されている。この無防備地域に関する規定は、日本国憲法の平和主義を国際法的に担保する意味合いをもつものであり[14]、従って、憲法の平和主義の観点からは、このような無防備地域の宣言を行ったにもかかわらず、そのような地域に対する攻撃を行った者に対しては国外犯を含めて処罰する規定を設けることこそが望まれるのである。ところが、国際人道法違反処罰法はその種の規定をなんら有していない。

これらのことに照らすならば、結局のところ、政府は追加議定書の武力紛争法としての側面を重視して、とりわけ捕虜取扱法を制定して武力紛争に備える点に追加議定書の批准と国内法制定の主要な狙いがあったとみなさざるを得ない。追加議定書の人道法的な側面を軽視し、憲法の趣旨をも無視した対応と言わざるを得ないであろう。

五　小　結

有事関連七法の成立によって、政府が一九七〇年代以降企図してきた有事法制の整備は一応完了したと捉えることもできなくはないであろう。ただ、このような捉え方が全面的に当たっているのかと言えば、私は必ずしもそうは考えない。有事法制は、いつ何時どのような形で生ずるかも判らない有事に備えるという事柄の性格上、これで十分といえる線を引くことは困難であり、際限のない法制化を求める性向を内在させている。おそらくは、今後も、さまざまな形での有事法制の制定改廃が政府によって企図されていき、平和主義をはじめとする憲法の基本原則に対する浸食が押し進められていくことになるであろう。すでに自衛隊の海外派兵のための恒久法の制定などが検討の対象にあがっていることが、そのことを示唆している。

しかし、このような際限のない有事法制の「整備」によって本当に日本や日本を取り巻く国際社会の平和や安全が確保されるのかといえば、決してそうではないであろう。世界最強の軍事力を誇るアメリカがテロの脅威にさらされ、また日本でも自衛隊のイラク派兵によってかえってテロの脅威が増したことによっても、そのことは示されている。

イギリス国際戦略研究所の近年の報告書も、「対テロ戦争」によってテロの危険がむしろ増していることを指摘している。(15)

このように「暴力の連鎖」によって紛争を根絶することが出来ない以上、「暴力の連鎖」を断ち切る非軍事の平和政策のイニシアティブをとることが必要であろう。追加議定書が保障している無防備地域宣言の運動を推進することもその有益な政策の一つであろう。(16) 日本国憲法は、それを日本政府や自治体の責務としているはずである。市民の立場としても、有事法制に協力を強いられるのか、それとも有事法制には非協力の立場をとって無防備地域運動を積極的に推進するのかが問われることになるであろう。いずれにしても、国際人道法としての追加議定書に加入した現在、改めて日本国憲法の原点に立ち戻った施策を講ずることが要請されていると思われる。

（1）　拙稿「最近の憲法状況と護憲の課題」法と民主主義三八八号（二〇〇四年）三五頁。
（2）　有事七法全体についての問題指摘としては、三輪隆・小沢隆一・清水雅彦・松尾高志「『戦争のできる国』!?へ——有事関連法案の問題点」法学セミナー五九五号（二〇〇四年）六四頁参照。
（3）　とりあえずは、拙稿「『有事』三法と憲法の危機」法律時報七五巻一〇号（二〇〇三年）六〇頁（本書第一部第七章所収）参照。
（4）　法律時報増刊『憲法と有事法制』（二〇〇二年）五〇五頁参照。
（5）　この点については、拙編『有事法制を検証する』（法律文化社、二〇〇二年）一二〇頁参照。
（6）　朝日新聞二〇〇三年五月一六日。
（7）　栗栖弘臣・元統幕議長『日本国防軍を創設せよ』（小学館、二〇〇〇年）七八頁が「今でも自衛隊は国民の生命、財産を守るものだと誤解している人が多い。しかし、国民の生命、身体、財産を守るのは警察の使命（警察法）であって、武装集団たる自衛隊の任務ではない。」と述べているのも、同様の趣旨を述べたものである。
（8）　国民保護法制運用研究会編『有事から住民を守る』（東京法令出版、二〇〇四年）六一頁。
（9）　水島朝穂「『国民保護法制』をどう考えるか」法律時報七六巻五号（二〇〇四年）一頁、本多滝夫「『有事法制』と『国民保護法案』」法律時報七六巻七号（二〇〇四年）五七頁、岡本篤尚「国民『保護』という幻想」世界二〇〇四年三月号五八頁参照。また、

「国民保護法」の制定に携わった当事者が解説した文献としては、磯崎陽輔『国民保護法の読み方』（時事通信社、二〇〇四年）参照。なお、「国民保護法」あるいは民間防衛についての比較憲法的検討については、法律時報七四巻一二号（二〇〇二年）四頁以下の特集「『国民保護法制』検討の視座」参照。

(10)　災害対策基本法と「国民保護法」との対比については、大橋洋一「国民保護法制における自治体の法的地位」法政研究七〇巻四号（二〇〇四年）五七頁参照。

(11)　朝日新聞二〇〇四年六月七日。

(12)　この点については、田島泰彦『この国に言論の自由はあるのか』（二〇〇四年、岩波ブックレット）四頁以下参照。

(13)　東澤靖「有事法制　国際刑事裁判所加入が先決だ」朝日新聞二〇〇四年四月二七日参照。その後、二〇〇七年四月二七日に国会は国際刑事裁判所条約に加入することを承認し、政府は、同年七月一七日に加入書を寄託した。そのこと自体は、よかったといえるが、ただ、これによって本文で述べたような国際人道法の恣意的な国内法化が解消されたわけではないと思われる。

(14)　拙著『人権・主権・平和』（日本評論社、二〇〇三年）一〇八頁。

(15)　朝日新聞二〇〇四年五月二六日。また、アメリカの機密報告書「国家情報評価」（ＮＩＥ）も、イラク戦争でテロが悪化したとする分析を行っているという（朝日新聞二〇〇六年九月二七日）。

(16)　この点では、全国各地で展開されている無防備地域宣言のための条例制定請求運動が、注目されよう。この問題についての先駆的な文献として、林茂夫『戦争不参加宣言』（日本評論社、一九八九年）参照。最近の文献としては、池上洋通ほか編『無防備地域宣言で憲法九条のまちをつくる』（自治体研究社、二〇〇六年）、澤野義一『入門無防備地域運動』（現代人文社、二〇〇六年）、池田眞規ほか編『無防備地域運動の源流』（日本評論社、二〇〇六年）参照。

第十章　防衛省設置法と自衛隊海外出動の本来任務化

一　はじめに

二〇〇六年九月に安倍内閣が小泉内閣に代わって登場した。そのスローガンは「美しい国づくり」ということであったが、彼が出した『美しい国へ』（文春新書、二〇〇六年）を読んでみても、不思議なことに「美しい国」とはどういう国なのかについての明確な定義づけなり、内容の説明はほとんどない。定義も説明もないままに、彼の議論が展開されていた。また、安倍首相は、政権を担当した段階から「戦後レジームからの脱却」ということを言っていた。「戦後レジーム」とは、ある意味では戦後の自民党の支配体制自体が「戦後レジーム」の一つだとも考えられるが、彼が「戦後レジームからの脱却」というときには、戦後体制を戦前のそれから区別する決定的な契機になった日本国憲法の体制からの脱却ということを念頭に置いて言っていた(1)。

安倍首相は、その証拠に、自分の在任中に憲法の改正を実現したいと言っていた。安部内閣はそうしたスローガンを掲げて、二〇〇六年十二月十五日に、防衛二法の改定（法律一一八号、施行は二〇〇七年一月八日）と教育基本法の改定（法律一二〇号）を実現したし、また二〇〇七年五月一四日には、憲法改正手続法（いわゆる国民投票法）（法律五一号）を成立させた。

防衛二法の改定と教育基本法の改定は、ある意味で車の両輪である。明治憲法体制の下においても、教育勅語は「一旦緩急アレハ義勇公ニ奉シ」と言っており、国のために戦って死ぬことを厭わない人間を作ることを教育の目標にしていた。今回の「国を愛する態度を養い育てる」という教育基本法の改定と、防衛庁の「省」への昇格と自衛隊の海外出動の本来任務化を内容とした防衛二法の改定が同じ日になされたということは象徴的なことではないかと思われる。まさに、戦後の日本国憲法体制に対する重大な挑戦がなされているのである(2)。

安倍首相自身は、二〇〇七年九月に臨時国会での所信表明演説を行った直後に突然辞意を表明し（一二日）、代わって福田内閣が成立した（二六日）。福田内閣は安倍内閣に比較すれば、タカ派色少ないと一部に言われているが(3)、しかし、一旦成立した防衛二法の改定を反故にすることはもちろんないであろう。防衛二法改定がもつ問題性はなんら変わっていないのである。そこで、以下には、防衛二法の改定のねらいと問題点について若干の検討を加えることにしたい。

二　防衛省設置法のねらい

そもそも、今回の防衛二法の改定のねらいはどこにあるのか。結論的に言えば、自衛隊の海外出動を本来任務としてこれまで以上に重視し、集団的自衛権の行使を可能ならしめるための体制づくりをねらいとしていると思われる。防衛二法の改定とは防衛庁設置法の改定と自衛隊法の改定の二つであるが、今回の防衛二法改定によって防衛庁設置法は防衛省設置法へ変わった。それに伴い、防衛省の長は、防衛庁長官から防衛大臣に変わった（防衛省設置法二条一項）。内閣の首長としての内閣総理大臣の権限（たとえば、自衛隊に対する最高指揮監督権）は従来通り内閣総理大臣の権限とされたが(4)、内閣府の長としての内閣総理大臣の権限（たとえば、防衛省令を定める権限など）は主任の大臣としての防衛大臣の権限とされた。

しかし、なぜ今、この時点で防衛庁を防衛省にしなければいけないのか。防衛二法の改定に向けて防衛庁が作成した宣伝パンフレット「防衛庁を省に(5)」には、「なぜ防衛庁を省にするのですか」についての説明が要旨つぎのように書いてある。

「国内的には阪神・淡路大震災という大規模災害があり、また北朝鮮の弾道ミサイル発射や不審船事案が発生している。国際的には湾岸戦争、米国同時多発テロ、イラクの復興などの問題に直面してきた。国民の生命・財産を守り、諸外国と協力して世界の平和のために活動することが重要な課題になっている。これらの課題に的確に対応するためには、防衛庁を防衛省にすることが必要である」。このような抽象的な説明では何の説明にもなっていないというべきであろう。少し具体的には、「庁のままだと何が困るのですか」ということについてつぎのように答えている。『国の防衛』は内閣府の業務の一つになっており、防衛庁長官は防衛庁という組織のトップですが、『国の防衛』の主任の大臣ではありません。このため、内閣府の主任大臣である内閣総理大臣を通じなければ、重要な仕事ができない仕組みになっています。①国の防衛に関する重要案件について閣議を求めること、②法律の制定や高級幹部の人事について閣議を求めること、③予算案の要求や執行を財務大臣に求めること。（こういう三つの仕事を）省にすることにより、安全保障や危機管理の問題に『国の防衛』の主任の大臣として、取り組むことができます」。

　これは、それになりに具体的な説明の仕方となっているが、しかし、これら三つの仕事に関して、これまで防衛庁長官が内閣府を通してやってきたことで、スムーズにいかなかった事例というのはどれほどあるのであろうか、あるいは内閣府、内閣総理大臣の側で防衛庁長官から言われてきたものを、これはやめろと言って、閣議にかけられなかったり、あるいは財務省にいかなかった、そういう案件というものが一体どれほどあるのかと言えば、それはほとんどないと言っていいであろう[6]。結局この三つの仕事に関して庁のままだと困るということは何もないのである[7]。

　そうとすればなおさらのこと、「なぜ今なのですか」という疑問が生ずることになる。この疑問に対してパンフレットは、「省にすることは平成九年以降政治の場で議論されてきました。平成一四年には与党で有事法制成立後の最優先課題と位置づけられました。平成一六年にはその有事法制も成立し組織も省とするに相応しい体制に変革しています。こうした経緯を踏まえ、省にすることの議論が行われているのです。」と答えている。今急に省にする議論が出てきたわけではないというわけである。

たしかに、防衛庁を省にする議論はなにも今急に出てきたわけではない。振り返ってみれば、すでに一九五四年に防衛二法が作られて保安隊を改変して自衛隊と防衛庁を設置した時点で、防衛省にしようとする案がたとえば当時の改進党などから出されていた(8)。それができなかったのは、やはり憲法九条の制約や本格的な再軍備に対する国民の危惧の念があったからだといってよい(9)。その後も、政府自民党や防衛当局は、折りに触れて防衛庁の省昇格を試みてきた。たとえば、一九六四年六月に池田内閣は防衛庁を総理府から分離し、防衛省にする法案（「防衛庁設置法及び自衛隊法の一部を改正する法律案」）を閣議決定した(10)。しかし、このような法案が国会に上程されなかったのは、防衛庁を他省と同じような中央官庁としてオーソライズすることに対する疑義の念があったからであった。一九九七年一二月の行政改革会議の最終報告でも、一方では内閣機能の強化を強調し、内閣府の設置などを提言しつつも、防衛庁については「現行の防衛庁を継続する」とされた。「別途、新たな国際情勢の下におけるわが国の防衛基本問題については、政治の場で議論すべき課題である」という理由に基づいてである(11)。かくして、一九九九年に実現した中央省庁の改革においても、防衛庁は総理府の外局から内閣府の外局になるにとどまったのである。

事態が動き出したのは、二〇〇一年になって小泉内閣が登場してからである。小泉内閣の下で政府与党は、アメリカ側の要請も受けて一連の有事法制の制定を行うとともに、その一環として防衛庁の省への移行を実現することに乗り出したのである。二〇〇二年には、自民党は、公明党、保守党とともに、「有事法制成立後において、防衛庁の『省』昇格を最優先課題として取り組む」こととした(12)。その後、民主党などの野党や世論の動向をも見極めながら、政府与党は、二〇〇六年六月に「防衛庁設置法等の一部を改正する法律案」（防衛二法など改定案）を国会提出し、同年一二月一五日に民主党の賛成をも得て、可決成立させたのである。

しかし、このようにして成立した防衛省は、上引のパンフレットの説明でも示唆されているように、単に組織面の改革にとどまるだけではなく、自衛隊がこれからどのような任務なり活動を行うかということと密接に関わっている。それだけではない。安部首相は、二〇〇七年一月八日に、防衛省発足の記念式典に臨んで、次のように挨拶したのである。「今回の法改正により、防衛庁を省に昇格させ、国防と安全保障の企画立案を担う施策官庁として位置づけ、さらには、国防と国際社会の平和に取り組む我が国の姿勢を明確にすることができました。これは、とりもなおさず、戦後レジームから脱却し、新たな国造りを行うための基礎、大きな第一歩となるものであります。[13]」防衛省の設置は、政府にとっては、まさに「戦後レジームからの脱却の第一歩」としての位置づけが与えられているのであって、単なる行政組織上の改変にとどまるものではないのである。

ところが、前述した防衛庁の国民向けの宣伝パンフではそのことが十分には説明されていない。また、防衛省になってから発行された二〇〇七年度版の『防衛白書』では、防衛省への移行の意義として、①防衛政策に関する企画立案の強化、②緊急事態対処の体制を充実・強化すること、③国際社会の平和と安定に主体的・積極的に取り組むための体制を整備することの三点を指摘し、その説明も少しく具体的にはしているが、しかし、そのことが「戦後レジームからの脱却の第一歩」であることを意味していることは一読しただけでは理解できないように書かれている。むしろ、防衛省になったらといって「憲法と自衛隊の関係はもちろんのこと、①専守防衛、②他国に脅威を与えるような軍事大国とならないこと、③非核三原則、④文民統制の確保、⑤節度ある防衛力の整備といったわが国の防衛の基本は、変更していない。」ということを強調している。[14]安倍首相の説明とは少なからずトーンが異なっているのである。

三　専守防衛の放棄へ

『防衛白書』や防衛庁の宣伝パンフレットは、上述したように、防衛省の設置によって「専守防衛とか海外派兵の禁止を放棄するものではない」と書いているが、これは言葉の上だけの説明でしかないといえよう。今回、防衛省の設置とともに、自衛隊法の三条を変えて自衛隊の海外出動を本来任務化することによって、結局は専守防衛を放棄し、自衛隊の海外派兵を容認し、集団的自衛権の行使をも可能とすることが企図されているのである。

従来の自衛隊法三条の第一項は、「自衛隊は我が国の平和と独立を守り、国の安全を保つため、直接侵略及び間接侵略に対しわが国を防衛することを主たる任務とし」と規定していた。今回の改定で、この自衛隊の主要任務を規定した一項のあとに、新たに二項を付けて「自衛隊は、前項に規定するもののほか、同項の主たる任務の遂行に支障を生じない限度において、かつ、武力による威嚇又は武力の行使に当たらない範囲において、次に掲げる活動であって、別に法律で定めるところにより自衛隊が実施することとされているものを行うことを任務とする。」ということを書き加えて、その活動として次の二つの活動を規定している。「①我が国周辺の地域における我が国の平和及び安全に重要な影響を与える事態に対応して行う我が国の平和及び安全の確保に資する活動　②国際連合を中心とした国際平和のための取組への寄与その他の国際協力の推進を通じて我が国を含む国際社会の平和及び安全の維持に資する活動」。この任務規定の改定に伴い、従来、自衛隊法の第八章雑則に置かれていた自衛隊の諸活動が次のように本則に移行した。周辺事態法に基づく後方地域支援活動は自衛隊法八四条の四の第一項、第二項一号、二号に、また国際緊急援助活動等が自衛隊法八四条の四の第二項三号に、国際平和協力業務が八四条の四の第二項四号に移行した（なお、テロ対策特措法に基づく活動とイラク特措法に基づく活動は附則のままで、本来任務として位置づけられた）。

これらの活動の中で、①の活動は一九九七年の日米新ガイドラインを踏まえて一九九九年に制定された周辺事態法の一条に書いてあることと基本的には同じである。つまり周辺事態法のような対米協力活動を自衛隊の主要な任務とするということを意味している。もう一つの②の活動は、よりグローバルなレベルで国連を中心とした国際平和のための取組みに対して自衛隊も協力をするという形をとっている。しかし、②の任務は、必ずしも国連の安保理事会が認めた活動に参加することだけを意味しているわけではない。国連のオーソライズがない場合でも、たとえばアメリカのイラク戦争などへの自衛隊の積極的な参加も、②の活動として認知されることになるのである。

つまり、これらの活動が自衛隊の本来任務になったということは、常識的に考えてみても、専守防衛ということと一体どういう整合性を持つのかといえば、もはや専守防衛の枠組みを外れるというように考えざるを得ないと思われる。しかも、これまでは、これらの活動については、個別的な立法措置が必要であったが、本来任務となったことによって、三条二項が「別に法律で定めるところにより」と規定するように、いわゆる一般法ないしは恒久法を制定すれば、自衛隊の海外出動を一般的に認めることが可能となったのである。[15]

防衛省は「海外派兵の禁止は維持されています」と言っているが、そして、確かに改定された自衛隊法三条の第二項は「武力による威嚇又は武力の行使に当たらない範囲において」ということをわざわざ付している。周辺事態法以降に制定されたいわゆる有事関連法制ではすべてこういう言葉が枕言葉的な形で使われてきた。このような言葉が使われているのはやはり現在の憲法九条の下ではそういう建前をとらざるを得ないからである。だから海外派兵は禁止された状態であるという建前を法律の上では一応とっている。

しかし、実態もそうなのかといえば、必ずしもそうではない。上述した有事法制においても、武力行使とほとんど等しいような武器の使用が認められていることは、これまでも本書で述べてきた通りである。また、たとえば自衛隊がテロ対策特措法に基づいてインド洋において行っている米軍への給油活動などの「後方支援活動」や、イラク特措法に基づいて自衛隊が行っている米軍の輸送などの「安全確保支援活動」などは、たしかに、武力行使そのものではないとしても、しかし、武力行使と密接不可分な活動であり、武力行使とまさに一体化した活動であるといってさしつかえない活動である。

それだけではない。自衛隊法の改定に相呼応するかのように、たとえば自衛隊はＰＫＯ活動に関しても武器の先制使用を検討しているということが報道されている。[16]一九九二年にＰＫＯ協力法を制定するときに、政府当局は自衛官の武器使用はあくまでも自衛官個々人の自然権的な正当防衛権の行使であって、部隊としての武器使用ではないという説明の仕方をしてＰＫＯ法を通した。しかし、カンボジアのＵＮＴＡＣ等に派遣された自衛官は「そんなことでは武器使用はできない。やはり上官が命令をしないといけないのではないか」ということになって、結局ＰＫＯ協力法そのものが、現場に上官がいる時は上官の指示によるという形に変えられた。これは既に自然権的な正当防衛権としての武器使用の範囲を逸脱する、部隊行動としての武力行使になるのではないかという批判がその時点ですでに出されていた。それに対して、「これはあくまでも外部からの武力攻撃があったときにそれに正当防衛権的な形でもって対応するに過ぎないから、部隊としての武力行使ではない」という説明の仕方を政府防衛当局はしてきた。

ところが防衛省昇格と自衛隊法三条の改定とともに、ＰＫＯ協力法そのものはまだ改定されていないが、すでにこういう形でＰＫＯにおける自衛隊の武器の先制使用の検討が始まってきているのである。武器の先制使用が行われるということになれば、これはもはや正当防衛権の範囲を明らかに逸脱する、組織としての武力行使以外の何物でもないであろう。しかもこれは、その後に続くであろう一連の動きの第一歩であると思われる。想い起こせば、九〇年代の自衛隊の海外出動そのものが一番最初にＰＫＯで始まって、ついで周辺事態法、テロ対策特措法、そしてイラク特措法にまで至った。自衛隊のイラク派遣の場合においても、まだしも幸いなことに憲法九条があって、イラク特措法自体が武力行使をしてはいけないということを書いている。だから、ある意味では自衛官は現在まで死なないで済んでいる。

ところが、それをまずはＰＫＯ協力法から部隊による武器の先制使用を認めようというわけである。ＰＫＯ法から段々と自衛隊の海外派遣が進んでいった、その流れを自衛隊の先制的な武器使用についても始めようというわけである。そうすることによって最終的には、前述したいるいわゆる恒久法においても先制的な武器使用を認めることになるのではないか。そうなれば、防衛二法改定によって、「専守防衛や海外派兵禁止は放棄していません」という言葉はもはや成り立たなくなってくるであろう。

四　集団的自衛権行使への道

そして、このような自衛隊法の改定と連動させた形で、安倍首相は、二〇〇七年四月に集団的自衛権の行使について研究するために、首相の私的諮問機関として「安全保障の法的基盤の再構築に関する懇談会（座長・柳井俊二前駐米大使)」を設置した。そこでは、集団的自衛権の行使の研究をすることとされたが、しかし、メンバーはほとんどが集団的自衛権の肯定論者から成り立っているので、答えは、はじめから出ているようなものであった。

安倍首相が具体的に検討を指示した事例は、①公海上で米軍艦船への攻撃に対して自衛隊が対処すること、②米国に向けて発射された弾道ミサイルを自衛隊のMDシステムで迎撃すること、③多国籍軍による人道復興支援やPKOなどで共に行動する他国軍への攻撃に自衛隊が対処すること、④前線への武器輸送を認めるなど後方支援の範囲を広げること、とされたが[17]、しかし、これらは、いずれも、従来、集団的自衛権の行使に該当するか、あるいは武力行使と一体化する活動として禁止されてきたものである。それを、首相の私的な諮問機関の意見を聞いたという形をとって合憲とすることは、首相の一存で従来違憲とされてきたものを合憲とする暴挙を犯すことになりかねないというべきであろう。憲法の立場からすれば、到底認めるわけにはいかないであろう。

たとえば、①公海上の米軍艦船への攻撃に対して自衛隊が武力行使を行うことは、日本国憲法上集団的自衛権の行使として認められないことはもちろんのこと、現行の日米安保条約においても認められていない活動である。日米安保条約五条は、承知のように「日本国の施政の下にある領域における、いずれか一方に対する武力攻撃」が発生した場合にのみ「共通の危険に対処するように行動する」ことを定めているのであって、それ以外の領域である「公海上」において日米が共同の軍事行動を行うことは何ら規定していないのである。しかも、「公海上」ということであれば、「極東」や「周辺地域」といった限定も取り払われ、文字通り地球の裏側までも含まれることになる。また、②米国に向けて発射された弾道ミサイルを自衛隊のMDシステムで迎撃することについても、憲法上集団的自衛権の行使に該当して認められないことはもちろんのこと、軍事専門家からは、軍事技術的にも不可能であるといった指摘がつとになされているところである[18]。さらに、③多国籍軍による人道復興支援活動などで行動を共にする他国軍への攻撃に自衛隊が対処することを認めた場合には、現にイラクでの米軍の違法な軍事行動に自衛隊が武力行使をもって参加協力することまでも認めることになるであろう。これもまた、日本国憲法はもちろんのこと、現行の日米安保条約の枠組をもはみ出す行動というべきであろう。

集団的自衛権の行使に関しては、歴代の政府見解（内閣法制局見解）は、国連憲章五一条は集団的自衛権の保持を国連加盟国に認めているので、日本も集団的自衛権の保持は認められるけれども、集団的自衛権の行使は憲法九条の制約の下でできないとしてきた。このような憲法解釈は、憲法九条は自衛権に基づく自衛力の必要最小限度の保持と必要最小限度の自衛権の行使を否認するものではないとして自衛隊を合憲としてきた政府の九条解釈と密接不可分に結びついていた。集団的自衛権の行使は、必要最小限度の自衛権の行使という枠からどうしてもはみ出さざるを得ないからである[19]。

このような歴代政府の憲法解釈を安倍首相は変更しようとしていたのである。集団的自衛権の行使を認めようとする議論の背景には、二〇〇〇年のアーミテージ報告などに端的に示されるように、アメリカ側からの強い要請があるが、法的な根拠付けとしては、次の三つほどの議論がなされてきたように思われる。第一は、集団的自衛権の保持は認められるが、行使は認められないという議論はナンセンスである、保持が認められる以上は、行使も認められるのが当然であるといった議論であり、第二は、これは、国会の憲法調査会の中でも出されていた議論であるが、集団的自衛権は国連憲章でも「個別的又は集団的自衛の固有の権利」と書いているように、国家の自然権の一種だという主張である[20]。国家の自然権の一種ならば、日本も独立国家として当然に集団的自衛権を行使できて当り前ではないかという議論である。そして、第三は、やはり国連憲章五一条などを根拠として、集団的自衛権も自衛権の一種だから、個別的自衛権の行使が認められる以上は、集団的自衛権の行使も認められるべきであるといった主張である。

しかし、このような議論は基本的に間違っているというべきであろう。第一の議論に関しては、国際法上一定の権利の保持が国家に認められているとしても、その権利を行使するかどうかの判断は各国家に委ねられているのであって、国家がその権利の行使を行わないということを憲法で決めれば、その権利の行使はできないことになるのは当然である[21]。そして、日本国憲法九条は、まさにそのような集団的自衛権の行使を禁止したものと解しうるのである。また、第二の議論に関しては、そもそも、国家に自然権を認めるとする議論そのものが、法理論として成り立たないというべきであろう。一人一人の個人には自然権が認められ得るとしても、国家はアプリオリに自然権を保持するわけではなく、国家になんらかの権利なり権限が認められるのは、憲法がそれを明示的に認めた場合に限るというのが、立憲主義国家における基本原則である。(22) そのことは、国連憲章が集団的自衛権を「固有の権利」と書くと否とに関わらず妥当するのである。さらに、第三の議論に関しては、国連憲章五一条はたしかに集団的自衛権も個別的自衛権とともに自衛権の一種として捉えているように理解できなくはないが、しかし、この点に関しては、国際法学者の間でも見解が分かれているところである。(23) すなわち、集団的自衛権の本来の性格について、それを個別的自衛権の一種として共同防衛として説明する見解、他国の権利の防衛として捉える見解、さらには他国に関わる重要な法益の防衛として説明する見解が説かれてきたのである。これらの見解の中で、私自身は、他国の防衛の権利と捉える見解が妥当と考えている。個別的自衛権はすでに国連憲章制定以前にも、不戦条約の段階で認められていたものであるが、集団的自衛権は国連憲章の段階においてはじめて、それもアメリカ大陸諸国からの要請という優れて政治的な背景の下に取り入れられたものである。(24) その権利の性格としても、自衛権は本来自国を実力によって防衛する権利であるのに対して、集団的自衛権は、直接的には他国（自国と密接な関係にある他国とはいえ）を実力によって防衛する権利を意味している。その意味では、それは言葉の本来の意味では自衛権というよりは、むしろ他国防衛権あるいは他衛権というべき権利であると思われる。以上のように捉えうるとすれば、個別的自衛権の延長線上に集団的自衛権も認められるべきだといった議論が成り立たないことは明らかであると思われる。

このように、集団的自衛権の行使を肯定する議論は、日本国憲法の下では到底容認することができないものと言わざるを得ないであろう。しかも、このような集団的自衛権の行使を容認することの主要な意図は、すでに明らかなようにアメリカの軍事行動に対して自衛隊が軍事的に協力する（しかも、従属的に）ということにある。(25) それが、真に国際社会の平和の確保に資するものではないことは、イラク戦争をとってみても明らかであろう。

五　国民を「主たる任務」としては守らない自衛隊

自衛隊法三条の改定についてさらに留意されるべきは、今回の改定に際して、どうして自衛隊は「国民の安全を保つ」ということを主たる任務として書かなかったのかという問題である。なぜ「国の安全を保つ」ということを書くのみで、「国民の生命と安全を守る」ということを書かなかったのであろうか。二〇〇三年に制定されたいわゆる武力攻撃事態法は正式には「武力攻撃事態等における我が国の平和と独立並びに国及び国民の安全の確保に関する法律」という名称で、そのもとで二〇〇四年にはいわゆる国民保護法、正式には「武力攻撃事態等における国民の保護のための措置に関する法律」が作られて、現在それに基づく「国民保護計画」の策定が、都道府県段階の策定を踏まえて市町村段階にまで下りてきている。

しかし、実はこれら法律の基本となる自衛隊法の中には「国民の保護」ということは自衛隊の基本的な任務としてなんら位置づけられていない。武力攻撃事態法ができた時に、タイトルに「国民の安全の確保に関する」と書いてあることについて、制服組は「自衛隊の任務というのは国家を守ることであって、国民を守るためにあると考えるのは間違いだ」とはっきりと言っている。超法規発言で議長を更迭されて有名になった栗栖元統幕議長も、はっきりと「国民の安全を守るのは警察の任務だ。自衛隊の任務はそんなところにあるんじゃない。軍は国家を守るんだ。国家と国民とは違うんだ」といった趣旨のことを言っている(26)。

戦前の帝国軍隊ならばともかくとして、戦後の自衛隊は「国民に愛される自衛隊」を標榜してきた。確かに災害派遣等いろいろなことをやってきた。けれども、実は基本的な自衛隊の主要な任務は一体何であるか。この三条においていろいろな海外活動が本来任務として認められることになったが、それにも関わらず国民の生命と安全を守ることが自衛隊の主要な任務でありますということは、結局は書かれないままに終わってしまった。国民保護法の制定過程で、パブリック・オピニオンとしていろんな意見を集めた。その中で、自治体から要請があったならば自衛隊は国民保護のための役割を第一義的にしなければいけないのではないかという要請がなされた。しかし、自衛隊は自治体側の要請を断った。国の安全を保つことが自衛隊の主要な任務であって、副次的に必要とあらば国民の保護のために自衛隊は活動するというわけである。国民保護法制でも、そういう構成になっていて、結局、今回の自衛隊法三条の改定に際しても、この点はなんら改められないままに終わったのである。

もっとも、この点に関して、前引の『防衛白書』は、若干異なった説明をしているようにもみえる。同書は、自衛隊法三条の一項にある「直接侵略及び間接侵略に対し我が国を防衛すること」を「本来任務」の中の「主たる任務」とし、「必要に応じ、公共の秩序の維持に当たる」を自衛隊の「本来任務」の中の「従たる任務」として位置づけ、この活動を「我が国の治安又は国民の生命財産の安全を自衛隊の活動により直接確保する活動」と定義づけているのである。そして、この活動の中に治安出動のみならず、災害派遣や国民保護等派遣を含めると共に、今回の改定で新たに機雷等の除去（雑則から八四条の二に移行）や在外邦人等の輸送（雑則から八四条の三に移行）をも含めているのである。[27]このような説明に関しては、治安出動と災害派遣を同列に「公共の秩序の維持」として扱っているといった根本問題があるが、その点は仮に措いたとしても、災害派遣や国民保護等派遣は本来任務の中でもあくまでも「従たる任務」とされていることである。この点は、結局、今回の防衛二法の改定においても、変更されることはなかった。ここにも、今回の防衛二法の改定の本質を見て取ることができよう。

六　小　結

防衛省の設置と自衛隊の海外出動の本来任務化が意味するものが以上のようなものである以上、それは、日本国憲法の下では到底認められるものではないというべきであろう。もっとも、このような憲法論に対しては、たとえば、国際社会が「対テロ」戦争に国際的に協力しようとしているときに、日本だけがそれからはずれてよいのかとか、現実に北朝鮮の核開発の危機が生じている際に、日本はそれに対する対応策を講じないで憲法九条を掲げるだけでよいのかといった批判が提起されるであろう。「対テロ戦争」に関しては、本書第一部六章で私見を簡単に述べたので、そこに譲るとして、北朝鮮の核開発に関しては、確かに国民の間でも危機感が少なくなく、軍事的な対応策を日本もとるべきだという意見も少なくないようである。

北朝鮮の核を搭載した弾道ミサイルに対して、日本はそれを迎撃するシステムをアメリカと一体になった形で構築すべきだといった議論がその最たるものであるが、このような迎撃システムの有効性については前述したようにそもそも疑問があるだけではなく、核のエスカレーションを東アジア地域にもたらす危険性を増幅させるだけであろう。そうであるとすれば、むしろ、私自身は、やはり核の全廃という方向に議論を今こそもっていくということが必要なのではないかと考える。北朝鮮の核に対してアメリカの核抑止力論に依拠することで事が済むのかというとそれでは済まない。アメリカを含めた世界の核を全廃するという運動の中で北朝鮮の核をも全廃するということを言わなければ、アメリカの核の傘に依拠しながら北朝鮮の核の全廃ということを主張したとしても、それは説得力を欠いたものとならざるをえない。現在のNPT体制そのものの持っている根本的な矛盾がそこに投影してくることになってこざるを得ないのである。

もちろん、今直ちに世界の核の全廃を実現することはできないであろうが、しかし、東北アジアにおいて非核地帯を作っていく、その中で日本もアメリカの核の傘から離脱する、そういう方向で今の東北アジアにおける事態に対処していくことが必要であろう。そういう形で、日本国憲法の平和主義というものを生かしていくことが必要であると思われる。(28)

（1）　安倍政権の性格については、さしあたり、世界二〇〇六年一一月号四〇頁以下の特集「安倍『改憲政権』の研究」、渡辺治『安倍政権論』（旬報社、二〇〇七年）など参照。

（2）　防衛省への移行に関する文献としては、前田哲男「自衛隊法改正が導く自衛隊の変質」世界二〇〇七年一月号二一〇頁、水島朝穂

「自衛隊はどう変質しつつあるか」世界二〇〇七年四月号一三二頁、同「防衛省誕生の意味」法律時報七九巻二号（二〇〇七年）二頁、愛敬浩二「防衛庁の『省昇格』はなぜ問題なのか」軍縮問題資料三三一号（二〇〇七年）二九頁以下、青井未帆「防衛省昇格問題と憲法九条」憲法理論研究会編『憲法の変動と改憲問題』（敬文堂、二〇〇七年）一七頁以下、松尾高志『同盟変革』（日本評論社、二〇〇八年）参照。また、防衛省サイドから防衛省への移行の意味を説明した文献としては、黒江哲朗「防衛庁設置法等の一部を改正する法律」（省移行関連法）ジュリスト一三三九号（二〇〇七年）三七頁、秋山昌廣「防衛庁の省移行で何が変わるのか」軍縮問題資料三三一号（二〇〇七年）頁以下参照。

（3）ちなみに、福田首相は、テロ対策特措法の制定時において内閣官房長官であったし、また二〇〇二年五月三一日には核兵器について「私個人の理屈からいえば持てる」と発言して物議を醸した。また、自民党の「新憲法草案」の起草に際しては、安全保障及び非常事態に関する小委員会委員長として憲法九条の改憲草案のとりまとめを行った。

（4）なお、自衛隊法七条が規定している内閣総理大臣の自衛隊に対する指揮監督権の性格については、従来から、憲法七二条が規定する行政各部に対する指揮監督権を確認したにすぎないとする確認説（通説）と統帥権的な性格をもつとする創設説の対立があった（この点については、新美隆『国家の責任と人権』（結書房、二〇〇六年）四五頁以下参照）。今回の自衛隊法の改定によって、この指揮監督権の性格が変わったのかどうかが問題となるが（青井前掲（注2）論文二五頁以下参照）、従来と同様に確認説的に理解するのが自然であろう。

（5）防衛庁編「防衛庁を省に」（二〇〇六年）。

（6）半田滋「『防衛省』昇格が生み出すものは？」ジャーナリスト五八六号（二〇〇七年）参照。

（7）省（ministry）は政策の企画立案を行う行政機関であり、庁（agency）は、その下にあって、特定の業務を執行する機関であるとする説明の仕方がなされることが少なくないが（防衛省編『防衛白書』（二〇〇七年度版）一四七頁）、しかし、行政法学的には、庁も、「府や省と同様、包括的な行政機関」とされていることにはかわりがない。塩野宏『行政法Ⅲ（第三版）』（有斐閣、二〇〇一年）六七頁参照。

（8）宮崎弘毅「防衛二法制定のいきさつ」国防一九七七年三月号一〇五頁参照。

（9）ちなみに、防衛二法の制定が審議された国会で、改進党の床次徳二議員が「政府は、近き将来においてこの防衛庁を防衛省に昇格せしめる意向があるかどうか」と質問しているのに対して、緒方竹虎国務大臣は「防衛庁を省に昇格させることは、国家組織機構全体と関連する問題であって、今後の自衛隊の増強とともに慎重に検討して参りたい」と答えている。第十九回国会衆議院会議録第

二十号（一九五四年三月一三日）二頁以下参照。
(10)　黒江哲朗・前掲（注２）三七頁。
(11)　行政改革会議「最終報告」自治研究七四巻二号一三五頁。
(12)　黒江哲朗・前掲（注２）三七頁。なお、西修ほか『我が国防衛法制の半世紀』（内外出版、二〇〇四年）一六八頁以下参照（富井幸雄執筆）。
(13)　『防衛白書』前掲（注７）「防衛省移行記念式典における内閣総理大臣訓示」参照。
(14)　『防衛白書』前掲（注７）一四九頁。なお、文民統制に関しては、たしかに、外形上は維持されているようになっているが、しかし、防衛二法の改定と呼応するかのように、防衛参事官に制服組を登用するという議論が出てきていることは見過ごすことができない点であろう（朝日新聞二〇〇七年一月一〇日）。防衛参事官に非制服の「官房長及び局長」を配して、防衛庁長官（そして防衛大臣）を補佐するという従来の体制（旧防衛庁設置法一六条、防衛省設置法一二条）が変更されれば、文民統制が弱体化することはほぼ間違いないであろう。
(15)　ちなみに、福田首相は、二〇〇八年一月一八日の施政方針演説で自衛隊の海外出動に関する一般法の制定の方針を打ち出した。
(16)　読売新聞二〇〇七年一月一四日。
(17)　朝日新聞二〇〇七年五月一九日。
(18)　田岡俊次「海外での武力行使をめざす『ネオコン』懇談会」軍縮問題資料二〇〇七年八月号二〇頁。
(19)　歴代の政府見解については、さしあたり、浅野一郎・杉原泰雄監修『国会答弁集』（信山社、二〇〇三年）一一九頁以下参照。なお、阪田雅裕「集団的自衛権はなぜ許されないか」世界二〇〇七年九月号四一頁参照。もっとも、集団的自衛権の行使が憲法上できないことの根拠が、政府見解では九条の一項にあるのか、二項にあるのかは必ずしもはっきりしない。一連の有事立法の中に入っている「武力による威嚇又は武力の行使に当たるものであってはならない」という文言は、九条の一項からとったといえるが、ただ、自民党の「新憲法草案」は九条の一項は残して二項を変えようとしており、そうすることで、集団的自衛権の行使は可能であるという解釈をとっている。政府の議論も、二項で戦力の不保持の規定があり、この規定をかいくぐるために自衛権論を編み出し、それとの関連の中で集団的自衛権行使の禁止が出てきた。そのことを踏まえれば、結局は集団的自衛権行使の禁止の憲法上の根拠は最終的には九条の二項にあるように思われる。
(20)　衆議院憲法調査会編『衆議院憲法調査会報告書』（二〇〇五年）三〇八頁。

(21)　拙著『平和憲法の理論』(日本評論社、一九九二年)一九二頁参照。なお、国際法学者の同種の見解を紹介したものとして、豊下樽彦『集団的自衛権とは何か』(岩波新書、二〇〇七年)一〇頁参照。
(22)　拙稿「平和危うくする改憲」毎日新聞二〇〇五年四月三〇日参照。
(23)　国際法学界における議論については、祖川武夫論文集『国際法と戦争違法化』(信山社、二〇〇四年)一三六頁以下、藤田久一『国連法』(東京大学出版会、一九九八年)二九五頁以下参照。
(24)　国連憲章五一条の成立過程については、森肇志「集団的自衛権の誕生」国際法外交雑誌一〇二巻一号(二〇〇三年)八〇頁以下、豊下樽彦・前掲(注21)一八頁以下参照。
(25)　自衛隊がますます対米従属的関係を深めてきていることについては、前田哲男『自衛隊　変容のゆくへ』(岩波新書、二〇〇七年)一二一頁以下参照。
(26)　この点については、本書第一部第九章参照。
(27)『防衛白書』前掲(注7)一五七頁。
(28)　この点については、拙稿「日本における改憲動向とアジアの平和」龍谷法学三九巻二号(二〇〇六年)一頁参照。

第二部　軍事秘密法制と情報公開

第十一章　軍事秘密と情報公開

軍事に関する政府情報は可能な限り秘密にしておき、国民にはできるだけ知らせないようにすることは、たしかに、従来から諸外国および戦前の日本で見受けられた一般的傾向であるが、(1)この傾向は、憲法九条によって一切の戦争を放棄し、一切の戦力の不保持を宣言したはずの戦後の日本においても明確に看取されうるところのものである。しかも、現在の日本における軍事に関する政府情報の取扱い方を一言で要約すれば、秘密保持のためにはことのほか厳重な規制を加え、そのような規制に違反して秘密を漏洩した者に対しては罰則をもってのぞむことにしている反面、軍事に関する情報の公開についてはきわめて消極的であって、情報公開のための手続や基準などはほとんどといってよいほど整備されていないのである。

このような現況をとりわけ憲法九条が存在する日本においてはたしてどのように評価したらよいのであろうか。また、主権者である国民の知る権利の立場からは一体どのように捉えたらよいのであろうか。以下、このような問題意識にもとづいて、日本の軍事に関する秘密保持と情報公開の法制および実態についてごく簡単に概観し、そのような概観を踏まえた上で軍事秘密に対する日本国憲法の基本的立場について若干の私見を述べてみることにしたい。

一　軍事秘密保護の法制

戦前の日本においては、承知のように、軍機保護法とか、国防保安法などのように軍事・国防秘密の保護を目的とする法律や関連条項が多数存在し、軍事秘密保護の法制がいわば網の目のように張りめぐらされていたが、敗戦とそれに引き続く日本国憲法の制定によって、それら法律や関連条項は一旦はそのほとんどが廃止されることになった。

それら軍事秘密保護法規がポツダム宣言や日本国憲法の精神に基本的に反すると考えられたからである。
ところが、一九五〇年にはじまる再軍備と翌一九五一年の日米安保条約の締結によって戦後における新しい軍事体制の構築が行なわれることになると、それに伴いそのような軍事体制に秘密の壁を作るための一連の立法措置が相次いで講じられることになった。その後三〇年に及ぶ軍事秘密保護法制の展開については、もちろんそれなりに詳細な歴史的分析は必要であろうが、ここではそれを行なう余裕はないので一切省略し、現行の法制のごく概略を検討するにとどめることにする。

さて、現行の軍事秘密保護法制の仕組みは、大きく、①日米安保条約に基づいて日本に駐留する合衆国軍隊に関してその秘密を保護するための法制と、②日米相互防衛援助協定等に基づき合衆国政府から日本に供与された装備品等及び情報に関してその秘密を保護するためのいわゆる「防衛秘密」の法制と、③それ以外のいわば防衛庁・自衛隊プロパーの秘密である「庁秘」を保護するための法制とに分けられる。

(1)　まず、日米安保条約に基づいて日本に駐留する合衆国軍隊に関してその秘密を保護するための法制としては、日米安保条約に基づく米軍地位協定の実施に伴う刑事特別法（一九六〇年以前は、旧安保条約に基づく行政協定の実施に伴う刑事特別法〈一九五二・五・七、法律一三八号〉）の第六条ないし第八条がある。このような立法が講ぜられた理由は、地位協定二三条（一九六〇年以前については、行政協定二三条）で、「日本国政府は、その領域において、合衆国の……記録及び公務上の情報の充分な安全及び保護を確保するため、並びに適用されるべき日本国の法令に基いて犯人を罰するため、必要な立法を求め……ることに同意する」と規定されているので、これに基づいて合衆国軍隊の秘密についてその保護の万全を期する必要性が生じてきたからであるとされている。

ところで、刑事特別法第六条ないし第八条によれば、①合衆国軍隊の機密（合衆国軍隊についての「別表」に掲げる事項及びこれらの事項に係る文書・図画若しくは物件で、公になっていないものをいう）を、合衆国軍隊の安全を害すべき用途に供する目的をもって、又は不当な方法で探知し又は収集した者は、一〇年以下の懲役に処する、②合衆国軍隊の機密で、通常不当な方法によらなければ探知し、又は収集することができないようなものを他人に漏らした者も、同様とする、③以上の行為の未遂、陰謀、教唆、又はせん動も罰せられる。

ここにおいて、「別表」に掲げられている事項とは、つぎのようなものである。一、防衛に関する事項　(イ)防衛の方針若しくは計画の内容又はその実施の状況、(ロ)部隊の隷属系統、部隊数、部隊の兵員数又は部隊の装備、(ハ)部隊の任務、配備又は行動、(ニ)部隊の使用する軍事施設の位置、構成、設備、性能又は強度、(ホ)部隊の使用する艦船、航空機、兵器、弾薬その他の軍需品の種類又は数量、二、編制又は装備に関する事項　(イ)編制若しくは装備に関する計画の内容又はその実施の状況、(ロ)編制又は装備の現況、(ハ)艦船、航空機、兵器、弾薬その他の軍需品の構造又は性能、三、運輸又は通信に関する事項　(イ)軍事輸送の計画の内容又はその実施の状況、(ロ)軍用通信の内容、(ハ)軍用暗号。

合衆国軍隊の秘密保持のための以上のような規定については、立法の制定にたずさわった当事者からは、①保護の対象たるべき合衆国軍隊の機密の意義、種類及び範囲が法律上明記され、且つできるだけ妥当を得るよう規定されている、②犯罪構成要件の定め方について、厳に失しないよう合理的な配慮が用いられるとともに必要最少限度に止められている、③法定刑については重きに失しないよう妥当を期する取り計いがなされている、といった評価がなされている(2)が、しかし、このような評価は、あまりにも甘きに失するものといえよう。

たしかに、立法制定者が参考にしたと思われる戦前の軍機保護法に比較すれば、上記刑事特別法の規定はそれなりに近代化されたものといいうるが、しかし、第一に、それにもかかわらず、所詮、秘密とされる事項がきわめて広範かつ網羅的であり、しかも漠然としたものであることは否定できず、第二に、罰則についても、軍機保護法のように死刑こそないものの、たとえば自衛隊法に比較すればあまりにも重すぎ、両者は明らかに均衡を失しているといわざるを得ないのである。自国軍隊の秘密を侵す罪よりも、他国軍隊の秘密を侵す罪の方がはるかに重いことについて、憲法上合理的な説明をつけることはおそらく不可能といえよう。しかも、第三に、刑事特別法の上記規定に違反する罪を犯したか否かを捜査し、裁判するにあたっては、「日本の当局は個々の事件について合衆国軍隊に、当該事項が機密に属するかどうかを照会する。合衆国側は、これに対し、当該事項が機密に属するや否やを回答するものとする」とされていることである。(3) これでは、合衆国軍隊の秘密を犯したか否かについての形式上の裁判権はもちろん日本側にあるとしても、有罪か否かを決定する鍵にもなりうる、機密に属するか否かの実質的な判断権は合衆国軍隊がにぎるということにもなりかねないのである。

⑵　つぎに、いわゆる「防衛秘密」に関しては、その根拠法律となっているのは、日米相互防衛援助協定等に伴う秘密保護法（一九五四・六・九、法律一六六号）である。同法第一条三項によれば、「防衛秘密」とは、つぎに掲げる事項及びこれらの事項に係る文書、図画又は物件で、公になっていないものをいう。すなわち、「一　日米相互防衛援助協定等に基き、アメリカ合衆国政府から供与された装備品等（＝船舶、航空機、武器、弾薬その他の装備品及び資材）について左に掲げる事項　(イ)構造又は性能、(ロ)製作、保管又は修理に関する技術、(ハ)使用の方法、(ニ)品目及び数量、二　日米相互防衛援助協定等に基き、アメリカ合衆国政府から供与された情報で、装備品等に関する前号イからハまでに掲げる事項に関するもの」である。

このような「防衛秘密」については、つぎのような罰則が設けられている（三条）。すなわち、①わが国の安全を害すべき用途に供する目的をもって、又は不当な方法で、防衛秘密を探知し、又は収集した者、②わが国の安全を害する目的をもって、防衛秘密を他人に漏らした者、③防衛秘密を取り扱うことを業務とする者で、その業務により知得し、又は領有した防衛秘密を他人に漏らした者は、一〇年以下の懲役に処せられる。上記②及び③に該当する者を除き、防衛秘密を他人に漏らした者は、五年以下の懲役に処する。

このような秘密保護法については、その実施細則を定めるものとして日米相互防衛援助協定等に伴う秘密保護法施行令（一九五四・六・一八、政令一四九号）があり、これによって、秘密の保護の必要性に応じて、「防衛秘密」を「機密」、「極秘」又は「秘」のいずれかに区分する旨が定められている。(4) ちなみに、これらの秘密区分を指定するのは、「防衛秘密を取り扱う国の行政機関の長」、つまり防衛庁長官である。秘密区分の指定手続は、具体的には「防衛秘密の保護に関する訓令」（一九五八・七・七、防衛庁訓令五一号）一〇条で定められており、それによれば、合衆国から防衛秘密に属する事項若しくは文書等が供与されたときは、「官房長等は、アメリカ合衆国政府の秘密区分を明示した書類を添え、書面により、防衛局長を経て、長官へ進達しなければならない」とされており、その場合、「防衛局長は、前項の防衛秘密につき、その内容を検討したうえで、秘密区分の指定に関する案を添えて長官の決裁を受けなければならない」ものとされている。

以上のような「防衛秘密」に関しては、現実にわが国の兵器の多くがアメリカ製のもの、あるいはアメリカから供与される技術情報にもとづいて国産されているものであることを考え合せると、軍事情報の国民への公開にとって大きな障害となっているといわなければならない。また、この「防衛秘密」の場合にも、罰則が最高で懲役一〇年となっている点は、「庁秘」の場合と比較していちじるしい不均衡を示すものとなっている[5]。

⑶　つぎに「庁秘」に関しては、日米相互防衛援助協定等に伴う秘密保護法のような根拠法律が明確な形では存在していない点が一つの特色となっている。ただ、防衛庁・自衛隊に保護を必要とされる秘密が存在することは、たとえば自衛隊法五九条が隊員等に「職務上知ることのできた秘密」の漏洩を禁止し、違反者に対しては同法一一八条一項一号、同条二項で一年以下の懲役又は三万円以下の罰金に処する旨を定めていることから明らかである。

問題は、ここでいう「秘密」がいかなるものを指しているかであるが、この点について一応の基準を定めているのが「秘密保全に関する訓令」（一九五八・一二・一五、防衛庁訓令一〇二号）である。すなわち、同訓令によれば、秘密は、その保全の必要性に応じて「機密」、「極秘」又は「秘」のいずれかに区分される。ここで「機密」とは「秘密の保全が最高度に必要であつて、その漏えいが国の安全又は利益に重大な損害を与えるおそれのあるもの」をいい、「極秘」とは「機密につぐ程度の秘密の保全が必要であつて、その漏えいが国の安全又は利益に損害を与えるおそれのあるもの」をいい、さらに「秘」とは、「極秘につぐ程度の秘密の保全が必要であつて、関係職員以外の者に知らせてはならないもの」をいう（五条）。また、これらの秘密区分の指定は、機密については官房長、局長、各幕僚長等、極秘については官房長、局長、各幕僚長等又はその指定した者、さらに秘については同訓令二条三項にいう管理者又はその職務上の上級者がそのつかさどる事務に関してそれぞれ行うものとされている（一〇条二項）。

ただ、このような訓令の規定によっても、具体的にいかなる事項が「機密」、「極秘」または「秘」とされるかはなんら明確にはなっていない。この点に関してさらに細則を定めるものとして、陸上自衛隊、航空自衛隊等それぞれに「秘密保全に関する達」（一九六八・一二・一九、陸自達第四一―二号、一九六八・一一・二八、空自達第三三号など）があるが、これらの「達」自体が、実は、「部内資料」ということで国民には公開されていないのである。[6] ただ、小西裁判では、裁判所の文書提出命令によって、航空自衛隊の「秘密保全に関する達」は提出されたので、[7] 以下、これによって、航空自衛隊で「機密」などの具体的指定基準がどのようなものであるかを記しておくことにしよう。

まず航空自衛隊における「機密」指定の基準となるものは、以下のとおりである。①航空自衛隊の基本的な方針及び計画のうち、訓令第五条一号に該当するもの、②航空自衛隊の出動（災害派遣を除く）及び出動準備並びにこれらに関連する基本的な計画及び情報で、最高度の秘匿を要するもの、③前号に関連する主要部隊の配備計画及び命令、④航空自衛隊の出動実力の全容を詳細には握するに足る情報、⑤将来使用されるものを含み、訓令第五条第一号に該当する装備品等及びこれに関する資料又は情報、⑥個々の場合、極秘以下の秘密区分に指定すべきであっても総合編集の結果、前各号の一以上に該当するもの、⑦その他訓令第五条第一号に照らし、機密に指定することが適当と認められるもの。

つぎに「極秘」の指定基準は、つぎの一二項目である。①航空自衛隊の出動及び出動準備に関連する基本的な計画及び情報で、秘匿を要するもの、②出動部隊の行動の詳細及び命令、③出動地域における出動部隊の編成装備、移動及び士気並びにこれらに関連する情報で秘匿を要するもの、④出動のための編成及び装備のうち航空自衛隊全般に関するもの、⑤出動部隊の輸送、通信連絡及び補給等の計画、命令、報告のうち訓令第五条第二号に該当するもの、⑥業務計画で訓令第五条第二号に該当するもの、⑦長期及び中期の各種見積のうち訓令第五条第二号に該当するもの、⑧将来使用されるものを含み、訓令第五条第二号に該当する装備品等及びこれらに関する資料又は情報、⑨技術開発に関する計画で、訓令第五条第二号に該当するもの、⑩秘匿略号及び隠語表で訓令第五条第二号に該当するもの、⑪個々の場合、秘の秘密区分に指定すべきもの又は秘密区分の指定を要しないものであっても総合編集の結果、前各号の一以上に該当するもの、⑫その他訓令第五条第二号に照らし極秘に指定することが適当であると認められるもの。

さらに、「秘」の指定基準とされるのは、つぎの一九の項目である。①平常時における航空自衛隊の部隊行動、配備計画及び主要補給品、施設等の配置計画並びにこれらに伴う命令、報告等で秘匿を要するもの、②平常時における部隊の移動計画、補給品、装備品の配分若しくは輸送の計画又はこれらに関する命令、報告等で秘匿を要するもの、③航空自衛隊の出動実力の一部を把握するに足る情報、④年度の各種見積で秘匿を要するもの、⑤通例の情報報告書、⑥部隊行動の結果得た教訓で秘匿を要するもの、⑦教範又は技術上の取扱書等で秘匿を要するもの、⑧訓練の計画及びその成果で秘匿を要するもの、⑨将来使用されるものを含め、訓令第五条第三号に該当する装備品等並びにこれらに関する資料又は情報、⑩技術開発に関する計画のうち、極秘に該当しないが秘匿を要するもの、⑪予算に関する書類で秘匿を要するもの、⑫業務計画のうち、極秘に該当しないが秘匿を要するもの、⑬各種物件の調達計画で秘匿を要するもの、⑭編成及び装備のうち、極秘に該当しないが秘匿を要するもの、⑮衛生関係の統計資料で、秘匿を要するもの、⑯秘匿略号及び隠語表で極秘に該当しないもの、⑰調査及び秘密保全に関連する文書及び図画で秘匿を要するもの、⑱個々の場合、秘密区分の指定を要しないものであっても、総合編集の結果前各号の一以上に該当するもの、⑲その他訓令第五条第三号に照らし秘に指定することが適当であると認められるもの。

以上いささか長々と航空自衛隊における「秘密保全に関する達」が定める秘密区分指定基準を引用してきたが、この引用によっても明らかなことは、航空自衛隊の基本的活動なり文書なりはすべてこれによれば「秘」以上の取扱いを受けているということである。あるいは換言すれば、航空自衛隊の活動なり、文書なりに関して「秘」以上の取扱いをして国民の目に触れさせないようにしたいと欲すれば、この三八項目に及ぶ指定基準のいずれかにはなんらかの形で該当させることができるのであって、この三八項目のいずれにも該当しえないものを見つけることの方がむしろ困難であろうということである。しかもこのことはひとり航空自衛隊だけに限らず、おそらくは陸上自衛隊や海上自衛隊の場合も同様であろうということである。

ちなみに、若干古いデータではあるが、一九七七年末現在で「防衛秘密」に関しては「極秘」が約八〇件、「秘」が約三、二〇〇件、そして「庁秘」に関しては「機密」が約一、二〇〇件、「極秘」が約四、五〇〇件、「秘」が約八万二、〇〇〇件になり、点数でいえば、「防衛秘密」が約九万四、〇〇〇点、「庁秘」がなんと約七四万二、〇〇〇点にものぼると発表されている(8)。ぼう大な数の秘密といわなければならない。この中には、一次防から四次防に至る自衛隊の防衛力整備計画の全文はもちろんのこと、自衛隊の各年度の業務計画、さらには自衛隊の作戦行動に関する多数の文書が含まれているし(9)、また、逆に廃棄処分ということで国会にもついに提出されないままに終わった三矢研究とか、治安行動の草案などは含まれていないのである。さらには、また、秘密文書等を登録してある秘密登録簿（秘密保全に関する訓令一七条参照）のようなものも、もちろん公開されていない。文書等の内容そのものを秘密にするのみならず、そもそもいかなる文書等が秘密とされているかということ自体を国民から隠ぺいしておこうというのが防衛庁当局の考え方であるともいえるのである。ともあれ、軍事情報に関するこのように厳しい秘密保持の体制は、少なくとも軍事については国民を「知らしむべからず、依らしむべし」の状態におとし入れているともいいうるのである。

二　軍事情報公開の現状

もっとも、防衛庁も、防衛庁・自衛隊に関する情報を一切国民に知らせないようにしているのかといえば、必ずしもそうではなく、国民に知らせることが必要であり、有利であると防衛庁自身が判断した情報については『防衛白書』その他を通じてむしろ積極的に国民に対して情報提供を行なってきた点が留意されるべきであろう。最近の防衛庁当局による「ソ連脅威論」の宣伝にも示されるように、防衛庁による情報提供は、ある意味では国民に対する一種の情報操作、さらには世論操作の性格を帯びうるのであり、それだけになおさらのこと、防衛庁による情報公開が恣意的なものではなく、その手続や基準において公正かつ客観的なものであるか否かを監視することが必要となってくるのである。しかし、その点からすれば、防衛庁による情報公開の現状はまことに不十分で一面的なものといわざるをえない。

ところで、防衛庁による情報公開について多少なりとも手続らしいものが定められたのは、一九八〇年の段階である。承知のように、同年五月二七日に政府は「情報提供に関する改善措置等について」と題する閣議了解を決定し、「公文書等の開示についての事務処理上の手続規定を整備」し、「公文書等の閲覧の申出に応ずるため、広報担当部門等に統一的な窓口を設置」し、さらには「情報提供の一層の充実に努めるとともに、国民生活に役立ち公開に適すると認められる主要な刊行物、統計、資料、通達等について目録を作成整備する」ことなどを決めた。この閣議了解を踏まえて、防衛庁でも、「防衛庁における情報公開等の措置について」と題する事務次官通達（五月二七日）が出され、この通達に基づいて、国民に防衛庁の情報を提供するための「閲覧窓口」が一九八〇年一〇月一五日から開設されることになった。

そこで、私も、この「閲覧窓口」を通じての防衛庁による情報公開がどの程度のものであるかに興味があったので、二度ほど防衛庁に行ってみたが[10]、結果はきわめて不満足なものであった。まず第一に、防衛庁における情報公開措置の準則を定めたと思われる「防衛庁における情報公開等の措置について」（事務次官通達）そのものを公開しようとしないのには驚いた。「部内資料」という理由によってであるが、このことにも明らかなように、防衛庁は、「部内資料」については国民に公開しなくてもよく、しかもなにを「部内資料」とするかは、防衛庁の判断に任せられていると考えているふしがみられたのである。たとえば、われわれが閲覧を要求した文書の中には、治安出動の際における治安の維持に関する協定（一九五四・九・三〇）とか、警備地誌（東京都およびその周辺）のように直接・間接国民に関わりをもつ文書が含まれていたが、これらもすべて「部内資料」ということで閲覧を拒否してきた。もっとも、二度目に行ったときは、通達に代る資料として「情報公開等に関する資料」を見せてくれたが、それにしても通達そのものを見せようとしない実質的な理由付けが何であるかは結局不明のままに終わったのである。

ところで、「閲覧窓口」に行って知った第二点目は、第一点目とも直接関連するが、防衛庁・自衛隊のいかなる情報を公開し、いかなる情報を公開しないのかについての基準がなんら明らかではないということである。担当官の話では、そのような基準を定めた明文の規定は特になく、しいて挙げれば、「情報公開等に関する資料」にある「閲覧目録の用紙はB—4判とし、約一二〇頁に、法令・告示・刊行物など約二三〇件を登載しており、引き続き整備中である」という部分が公開基準といいうるとのことであった。まことにおそまつきわまりないといわざるを得ない。法令・告示・刊行物などは、なにもことあらためて「閲覧窓口」で見なければ他では見られないというものではない。現に「閲覧窓口」の書棚に並べられている文書・刊行物などは、防衛実務小六法、防衛年鑑、防衛ハンドブックなどそのほとんどが他のところでも入手しうるものあるいは既に国会や新聞などで発表されたものであり、率直にいって目新しい資料といえるものはほとんどなかった。

もっとも、「閲覧窓口」の「閲覧目録」に登載していない文書等についても閲覧の申出を行なうことは一応できる仕組みになっていた。そして、そのような申出があったときは、「窓口担当者は、関係課長の諾否を求め」、「関係課長は、閲覧させることが否の場合は、理由を付して窓口担当者に回答する」ことになっている。しかし、関係課長が当該文書等を閲覧させるか否かについての判断基準がなんら客観的な形では存在していないので、結局のところは、関係課長の判断は主観的・恣意的なものにならざるをえないのである。

もちろん、前述した「秘密保全に関する訓令」および「秘密保全に関する達」に基づいて秘密指定がなされているか否かは、関係課長が閲覧申出に拒否回答をする場合のいわば消極的な判断基準になっていると思われる。しかし、他方においてそれでは秘密指定がなんらなされていない文書等の場合はすべて閲覧に供さなければならないかというと、決してそうはなっていないのである。前述したように「部内資料」という理由に基づいて拒否することも現になされているし、その他にもどのような理由が閲覧拒否の事由として挙げられるかは、なんら明確ではないのである。これでは、防衛庁のこれまでの広報活動とあまり大差ないといわざるを得ない[11]。

第三点として指摘できることは、情報公開の手続の不備である。情報公開が単に形式だけを整えるのではなく、本当に国民の知る権利に答える形でなされるのであれば、情報公開の手続についてももっと然るべきくふうがなされて当然であろう。たとえば、「閲覧窓口」が開かれているのは、月曜日から金曜日まで（祝日および年末年始を除く）、午前一〇時半～一一時半、午後二時～四時までである。一日の閲覧時間は正味三時間だけである。一九八〇年一〇月の内閣審議室による「各省庁における（文書）閲覧窓口の開設について[12]」では、閲覧時間は、「月～金曜日　おおむね九時半～一七時（ただし、昼休みを除く）、土曜日（おおむね九時半～一二時）」となっているにもかかわらず、防衛庁の場合は極端に短かいのである。その理由を問いただしたところ、担当官は人員が不足している、情報公開のための特別の予算措置が講じられていない、防衛庁の特殊な任務＝国防上の問題もあるので「閲覧窓口」の建物がどこでもよいというわけにいかず困っているといった理由を挙げてきたが、しかし防衛庁の側で本当にやる気があれば、閲覧時間を内閣審議室のそれに近づけることは決して不可能ではないはずである。

閲覧時間がこのように短かいと、閲覧に供されている文書等をノートにとることは大変であり、いきおいコピーしたり、写真にとったりすることが時間の節約のために必要となるが、「閲覧窓口」におけるコピーとか、写真撮影は認められていない。庁費によるコピーはもちろんできないが、自己負担でコピーをすることも、その場合の収入の費目がないので受け付けられないというのであった。

情報公開の手続に関してさらに指摘されるべきは、閲覧請求した文書等を閲覧できるか否かに対する回答には「情報公開等に関する資料」でもなんら期限が付されていないということである。現にわれわれが閲覧請求した文書の場合にも、広報課の担当官による電話回答があったのは、約三週間後であった。回答があっただけでも幸せであったとでも考えるべきなのであろうか。

手続の整備がなされていないことは、とりわけ、文書等の閲覧請求に対して窓口担当者が閲覧拒否の回答をしてきた場合に、それに対する救済手段がなんら存在していないことにも端的に示されている。その場合にも、行政不服審査法による不服申立てが一般的には可能であろうが[13]、不服申立てが却下された場合の訴訟手続はむろんのこと存在していないのである。もちろん、この点は、本格的な情報公開法の制定を待つより他なく、ひとり防衛庁のみで出来ることではないのかも知れないが、いずれにせよ、一九八〇年一〇月からスタートした情報公開の手続にこのような欠陥があることは明らかと思われるのである。

三　軍事秘密と日本国憲法の立場

以上ごく簡単に概観したところからも、日本においては、軍事情報に関しては秘密の法制がきわめて厳格に築かれているのに対して、軍事情報を国民に積極的に公開しようとする姿勢はほとんどなく、そのための手続も基準もきわめて不十分なものであることが明らかとなったと思われる。このような現状は、はたして平和主義、国民主権主義、および基本的人権尊重を基本原理とする日本国憲法の立場からはどのように評価されるべきであろうか。以下、この点について結論的に私見を述べておくことにしよう。

まず、一般的にいって軍事・外交に関する情報については、政府情報の公開を積極的に推し進めているアメリカなどにおいても例外として非公開にしていることは否定しえない事実であるが[14]、さればといってそのような一般論が憲法九条で非武装平和主義を採用している日本でも通用するのかといえば、答は否といわざるをえないであろう。なぜならば、一方で軍隊なり、戦力なりの保持を憲法で禁止しているのに、他方でそれらについての情報を秘密にし国民から隠しておくことを合憲とすることは、明らかに論理矛盾だからである。むしろ、非武装平和主義の憲法体制のもとにあっては、そのような情報は違憲な情報として積極的に摘発され、国民の前に開示されることが必要であるとさえいいうるのである。

もちろん、このような議論に対しては、さまざまな反論がありうるであろう。たとえば自民党などに見られる「スパイ防止法」制定の動きは、むしろ現在の軍事秘密保全体制でも手ぬるいとしてそのような立法の制定をはかろうとしているわけである[15]。また、「スパイ防止法」の制定には賛成できないにしても、軍事的に日本の安全を確保するためには一定の軍事秘密は必要であり、したがって前述したような軍事情報非公開の現状もやむを得ないといった考え方もありうるであろう。さらには、このような立場とはちがって、憲法九条の非武装平和主義を高く評価すると思われる立場からも、情報公開法制定のためには、例外的にある程度の軍事情報を非公開にすることはきびしいしぼりをかけた上で容認せざるをえないのではないかといった考え方も示されているようである[16]。

これらのうち、第一の考え方については私もすでに別稿で批判したことがあるのでここでは省略するとして[17]、第三番目の考え方については、その判断は非常に微妙なものがあると思われる。日本における開かれた政府の確立のためには情報公開法制定の必要性はいくら強調しても強調しすぎることはないのであって、そのためにはある程度の妥協・譲歩は致し方ないともいえるが、反面、憲法九条に示される非武装平和主義も日本国憲法にとって欠くべからざるものである以上、それを形骸化するような立法は是非とも避けなければならないのである。その意味では、情報公開法制定にあたっても、軍事情報の非公開を明示的にうたうことはやはり避けるべきと思われる。

また、軍事的に日本の安全を確保するためには一定の軍事秘密は必要であるといった考え方に対しては、たとえば戦前の日本において軍事秘密の厚い壁がはりめぐらされ、国民が「見ざる、言わざる、聞かざる」の状態におかれた体制の下で、はたして真に日本の安全を確保することができたのかといった疑問を提示することが可能であろう。このような疑問は、いうまでもなく、国民主権と基本的人権尊重をうたった日本国憲法下においては、より一層正当なものとなろう。

主権者たる国民が的確な判断を国政について下すためには、その前提として的確な情報が入手しうる状態になければならない。この当然すぎる真理は、もちろん一国の安全と独立に関わる軍事情報についてもそのままあてはまるといいうる。むしろ過去の歴史の教示するところによれば、軍事情報こそ、軍人など軍事専門家のみに委ねることは危険であって、国民が常に知りうる体制になければならないということになるのである。なるほど、国民が常に軍事情報を入手しうる体制のもとでは、時としてそれを濫用して外国にその情報を提供する者も出てくる可能性はあるであろう。しかし、それは、ある意味では、本当の平和と民主主義のために場合によっては払わざるをえないコストであるとも思われる。私は、たとえそのようなコストを払ってでも、国民がみずからの命運に直接関わる軍事の問題について的確な判断を下しうるような体制が確立されていることの方が、日本の民主主義のためにも、また国民の生存や安全のためにもより大切であると考える。それがまた結局のところ軍事秘密に対して日本国憲法のとる立場というものでもあろう。(18)

（1）　諸外国の傾向については、ジュリスト五〇七号（一九七二年）の特集「知る権利と報道の自由」における諸論文、とりわけ、芦部信喜、尾吹善人、堀部政男、中村睦男、野中俊彦の諸氏の論文を参照のこと。また、戦前の日本については、日高巳雄『改訂軍機保護法』（羽田書店、一九四二年）、大竹武七郎『国防保安法』（羽田書店、一九四一年）および伊達秋雄「軍機保護法の運用を顧みて」ジュリスト五九号（一九五四年）六頁以下参照。

（2）　津田実・神谷尚男『行政協定に伴う刑事特別法解説』（立花書房、一九五二年）四九頁以下。

（3）　最高裁事務総局『日米行政協定に伴う民事及び刑事特別法関係資料』（一九五二年）二三二頁。

（4）　ＭＳＡ協定の附属書Ｂは、日本政府が執る秘密保持の措置については、「アメリカ合衆国において定められている秘密保護の等級と同等のものを確保するもの」と定めている。施行令の三段階の区分は、「米国の、Top Secret, Secret, Confidential にそれぞれ相当するものであって、ＭＳＡ協定附属書Ｂの趣旨に従ったものである」（郡祐一『日米相互防衛援助協定等に伴う秘密保護法精義』（柏林書房、一九五四年）八〇頁）。

（5）　なお、佐伯千仭・平場安治・宮内裕「防衛秘密保護法」別冊法律時報『教育二立法・秘密保護法』（一九五四年）九二頁以下、桜木澄和「秘密保護法」法律時報臨時増刊『安保条約――その批判的検討』（一九六九年）二四二頁以下参照。また、この法律の制定

過程については、法務省刑事局『日米相互防衛援助協定等に伴う秘密保護法審議要録』（検察資料六九）（一九五五年）参照。

(6) 後述する防衛庁の「閲覧窓口」で私がこれら「達」の閲覧請求をしたところ、閲覧窓口の担当者を通じて陸上自衛隊幕僚監部総務課及び航空自衛隊幕僚監部総務課から返ってきた回答は、これら「達」は「秘」文書ではないが、「部内資料」であって、公開できないというものであった。

(7) 小西裁判差戻し審第一四回公判（一九八〇年九月七日）ではこの「達」について証拠調べがなされている。この「達」については、小西裁判弁護団の小泉征一郎、河合弘之、馬場泰の諸氏に御教示いただいた。深謝したい。なお、藤井治夫『日本の国家機密』（現代評論社、一九七二年）五六頁以下も参照。

(8) 第八五国会衆院内閣委員会議録三号八頁（一九七八年一〇月一八日）。

(9) この種の文書は、裁判の過程でも法廷に提出されていない。小西裁判における文書提出問題については、藤井治夫『自衛隊を裁け』（三一書房、一九七四年）九五頁以下および古川純「憲法訴訟としての自衛隊裁判(1)～(4)」東京経大学会誌八九号（一九七五年）一一二頁以下～同九三号（一九七五年）二九頁以下、拙稿「自衛隊裁判と軍事秘密について」ジュリスト六四六号（一九七七年）一〇八頁以下（本書第二部第十三章所収）参照。

(10) 一度は、私も所属する軍事問題研究会の他の会員と一緒に一九八〇年に行ったが、その時の模様については、古川純「防衛庁――『情報公開』の実態」軍事民論二二号（一九八一年）九八頁以下に適切に述べられている。

(11) 一九七八年九月、私は四名の憲法研究者とともに防衛庁に、一九六六年の防衛庁法制調査官室試案「法制上、今後整備すべき事項について」を公開するよう申し入れたが（申入れ書は、法律時報五〇巻一二号（一九七八年）二二八頁掲載）、やはり「部内資料」という理由で拒否された。しかし、政府の情報・資料は、本来国民の税金によって得られたものである以上は、それ自体国民に知らされるべきものであって、「部内資料」は、それだけでは閲覧拒否の理由とはなりえないと思われる。

(12) 日弁連編『わが国における「情報公開」の実態』（一九八〇年）掲載の資料八頁参照。なお、本文にあるような防衛庁の「閲覧窓口」の実情については、同書九六頁をも参照のこと。また、情報公開に関する政府の動きについては、浅井八郎「国の情報公開のあり方」自由と正義三二巻二号（一九八一年二月）一七頁以下。

(13) 古川・前掲論文・注（10）一〇二頁参照。

(14) アメリカにおける情報公開制度については、奥平康弘『知る権利』（岩波書店、一九七九年）、清水英夫編『情報公開と知る権利』（三省堂、一九八〇年）などを参照。

(15)　この点については、とりあえず拙稿「〝スパイ防止〟法の恐ろしさ」軍事民論二三号（一九八一年）一〇六頁以下参照。
(16)　清水編・前掲書・注（14）の巻末資料にある自由人権協会「情報公開法要綱」も、このような考え方を採っているように思われる。
(17)　拙稿「国家秘密法案を批判する」軍事民論四三号（一九八六年）（本書第二部第十二章所収）参照。
(18)　ただ、実際問題として自衛隊が当分の間はなくならない以上、軍事秘密も事実上は大量に存続していくであろう。そのような軍事秘密の数をできるだけ少なくしていくためには、自由人権協会の「情報公開法要綱」にある基準（「法律にもとづき個別に非公開とする旨の指定がなされている情報であって、公開することにより我国の安全を著しく阻害する現実の危険があり、かつ他の諸利益との比較においてもなお公開することが相当でないと認められる情報」のみを非公開とする）は、一定の有効性を発揮しうることはもちろんである。いずれにしても、軍事秘密と称されているものが、それを公開することによって本当に国民の生存と平和が直接、明白、現実に、しかも回復しがたいほど重大な程度に侵害されるものであるか否かは、具体的に吟味検討される必要が今後ともあると思われる。

〈補注〉　本稿は、一九八一年に発表されたものであるが、その後、一九九九年の情報公開法の制定に伴って、ここでいう軍事情報の公開に関しても一定の進展がみられたことは事実である。ただ、そこにも、重大な問題が存していることについては、本書第二部第十五章を参照されたい。

なお、二〇〇一年の自衛隊法の一部改正（法律一一五号）によって、同法九六条の二に「防衛秘密」の保護に関する規定が導入され、従来「庁秘」とされていた秘密が「防衛秘密」とされることになった。これに伴って、日米相互防衛援助協定等に伴う秘密保護法にいう「防衛秘密」は「特別防衛秘密」と呼称されることになった。本稿での「秘密」の呼称は従前のものであることを付記しておきたい。

第十二章　国家秘密法案の問題点

自民党が一九八五年六月六日に国会に議員提案した国家秘密法案（正式には、「国家秘密に係るスパイ行為等の防止に関する法律案」）は、日本国憲法の三大基本原理、すなわち、国民主権、基本的人権の尊重、そして平和主義のいずれにも著しく違反する、戦後の数ある悪法の中でも最たるものの一つといわなければならない。日本国憲法体制の根本的否定を意味する、あるいは中曽根流にいえば、「戦後政治の総決算」を意味するこのような悪法は、なんとしてでも、阻止しなければならない。そうでなければ、それは将来の日本に測り知れない禍根を残すことになるであろう。

国家秘密法案は、また、いうまでもなく、平和と軍事の問題について民衆の立場から研究することを目的とする軍事問題研究会[(1)]などの存立をも脅かすものといわなければならない。本法案によれば、軍事・外交に関する情報は、政府がその公開を許容するもののみが認められ、政府が国民に秘密にしておきたい防衛・外交情報については、あえてこれを探知・収集または漏示した者は、たとえ「外国に通報する目的」をもっていなくても、重罰に処せられるのである。このような刑事制裁の威嚇の下では、真に自由で創造的な軍事問題の研究が行なわれ得ないことは、火を見るよりも明らかであろう。本法案が成立した場合には、本研究会からも少なからざる犠牲者が出て、真に民衆の立場に立った軍事研究は、事実上不可能になることを覚悟しなければならないであろう。このような法案は、是非とも廃案に持ち込まなければならない[(2)]。

一　国家秘密法案の背景

本法案については、それが政府提案ではなく、議員提案という形をとっていることもあって、政府自身は必ずしも本気で成立させるつもりはなく、自民党の中の一部タカ派議員を満足させるためだけに提案されたのではないかという受け取り方が、当初はマスコミなどでもなされていた。この法案の内容があまりにもひどすぎるものであることから、いくら自民党でもこのような法案を通そうとはしないのではないか、野党としても絶対反対の姿勢を貫くであろうといった楽観的な観測が少なからずなされてきたことも、事実である。

しかし、このような観測が必ずしも当たっている訳ではなく、事態は、もう少し深刻で、根が深いものであることは、本法案登場の背景やねらいを吟味してみると、さらには本法案の継続審議に賛成した新自由クラブ、そして民社党内部の動きなどをみてみると、明らかになってくる。

第一に、改めて指摘するまでもなく、政府支配層の国家秘密法制定への思い入れは、戦後における再軍備の過程と共に古い。日米安保条約に伴う刑事特別法（一九五二年）、MSA秘密保護法（一九五四年）、そして自衛隊法（一九五四年）五九条などの秘密保護立法が制定された段階以来、これら法律とは別にさらに「軍機保護法的な法案」の制定が政府部内あるいは自民党レベルで検討されてきたのである。一九五八年の自民党の治安対策特別委が「諜報活動取締り等に関する法律案大綱」をまとめ、一九六一年の「改正刑法準備草案」は、いわゆるスパイ罪の規定を置き、さらに一九六三年のいわゆる三矢研究が「国防秘密の保護、軍事秘密の保護」の必要性を強調したことは、よく知られているところである。一九六六年に防衛庁法制調査官室が作成した「法制上、今後整備すべき事項について」と題する文書の中でも、「わが国の防衛上の秘密を保護するため、国家防衛秘密の範囲を定め、所要の罰則を定める」と述べられていた。

一九七二年のいわゆる沖縄密約事件に際しても、政府当局者は秘密保護法の必要性を説いたし、一九七八年以後の有事立法論議に際しては、福田首相（当時）が、「国がひっくりかえるかどうかという有事の時に国を売ることは許されない」(3)と述べて、秘密保護法の制定を説いたことは、周知の通りである。

自民党の国家秘密法案提案の直接的な背景にあるのは、一九七九年の「スパイ防止法制定促進国民会議」の結成と、この組織を中心とした全国レベルでの徹底的なキャンペーン、そして全国各地の自治体における「スパイ防止法制定促進決議」の動向であるが、しかし、これら七九年以後の動きが、それ自体突然に出てきたのではなく、上述したような一九五〇年代以後の長く執ような思い入れを踏まえているものであることは、見過すべきではないと思われる。本法案は、決して自民党の一部タカ派議員あるいはそれと結びついた勝共連合などによってのみその制定が画策されているわけではないのである。(4)

しかも、第二に確認されるべきは、これまたすでに周知のように、本法案と「日米防衛協力のための指針」（一九七八年）との関連である。このいわゆるガイドラインは、日米安保体制に第三の時期を画するものであり、これを契機として日米安保は、「日米軍事同盟」へと転換したといってよいが、このような意味をもつガイドラインにおいて、つぎのように秘密保護体制の確立が必要とされているのである。「自衛隊及び米軍は、情報の要求、収集、処理及び配布の各段階につき情報活動を緊密に調整する。自衛隊及び米軍は、保全に関しそれぞれ責任を負う」（傍点・引用者）。本法案の「別表」において「国家秘密」とされるものの中に特に「防衛上必要な外国に関する情報」が含まれているのも、日米軍事協力体制がたとえば共同演習などに示されるように緊密化する中で当然に日本側に入ってくる米国側の軍事情報等を秘密にすることが必要とされてきているからといってよいのである。

また、ガイドラインに関連して指摘されるべきは、一九八三年に日米間で締結された対米武器技術供与に関する交換公文である。従来の武器禁輸三原則を踏みにじることになったこの交換公文は、他面においては、ガイドライン以後の日米軍事同盟体制の具体的な展開の現われの一つでもあるが、この交換公文の五項には、「米国政府は、日本国において定められている秘密保護の等級と同等のものを確保する秘密保持の措置をとることに同意する」と書かれているのである。この規定は、一見したところ、米国に供与する武器技術について秘密を守ることを米国側に要請しているようにも見えるが、その前提とされているのは、日本側もまたその種の武器技術については厳重な秘密保持の措置をとるということである。本法案の「別表」の二項で自衛隊の任務遂行に必要ないわゆる「装備品等」についてその「構造、性能若しくは製作、保管若しくは修理に関する技術、使用の方法又は品目及び数量」さらには「研究開発若しくは実験の計画、その実施の状況又はその成果」までが国家秘密とされているのは、このような日米軍事技術協力体制の進展と密接な関連をもっているのである。(5)

国家秘密法案が、このように日米安保条約がらみで出てきていることからすれば、それは決して単に自民党の一部タカ派議員とか勝共連合による画策として片づける訳にはいかない。本法案は、自民党のハト派の宮沢喜一氏が会長をしている党総務会も通ったものであるし、新自由クラブが継続審議に賛成したのも、この法案のもっている日米安保がらみという性格と決して無関係ではないのである。

二　「スパイ行為等」の意味

ところで、本法案の内容に即してまず第一に指摘されるべきは、本法案は俗に「スパイ防止法」案と呼ばれているが、決していわゆるスパイ行為だけを罰することをねらいとするものではないということである。本法案は、第一条で「外国のために国家秘密を探知し、又は収集し、これを外国に通報する等のスパイ行為等を防止することにより、我が国の安全に資すること」をその目的に掲げているが、ここにさりげなく「等」と書かれていることが実は大変なくせものなのである。この「等」の中には、たとえば「不当な方法で、国家秘密を探知し、又は収集した者」は一〇年以下の懲役に処する（七条一号）といった規定、さらには「国家秘密を他人に漏らした者は、五年以下の懲役に処する」（八条）といった規定が含まれているのである。これらの規定は、いわゆるスパイ行為とは全く関係がない行為について、国民の知る権利、マスコミの取材の自由さらには平和・軍事問題研究者の研究の自由を根底的に侵害する規定といいうるのである。

しかも、このこととも関連して、本法案の特色の一つは、スパイ行為とそうではない行為との区別が法案の規定上なんら明確にされていないということである。本法案は、その法案名の中で「スパイ行為」という言葉を用いているにもかかわらず、具体的に何がスパイ行為かについての概念規定がどこにもなされていないのである。たとえば、一見したところでは四条や五条に規定されている「外国に通報する目的をもって、又は不当な不法で国家秘密を探知し、又は収集した者で、その探知し、又は収集した国家秘密を外国に通報した」行為がスパイ行為とみなされているようにも読めないこともないが、しかし立法提案者の意図は必ずしもそうでないことは、ここにいう「外国に通報する」という言葉についての自民党の解説書を見れば明らかである。しばしば引用されているように、自民党の解説書『スパイ防止法――その背景と目的――』（一九八二年）は、この言葉の意味について「外国に防衛秘密を知らせ、又は外国がこれを知り得る状態に置くことをいいます。その方法のいかんを問いませんが、直接外国に告知、伝達、交付する等の方法による場合はもちろんのこと、このような方法によらずとも、外国が知り得る状態になることを認識し、そのようになることを認容した行為も含まれるものと解されます(6)」と述べているのである。

確かにこの解説は、一九八五年に新たに出された解説書では若干変更され「報道機関の報道は、広く一般に事実を知らせる行為でありますから、『外国に通報する』行為にはあたりません」と述べられるに至っている。しかし、それに続けて、「通常の取材活動で本法に抵触することは、まず考えられません。また、正当な取材活動により入手した情報の中に国家秘密が含まれていることはまずあり得ないと考えられますので、これを報道したとしても、なんら問題になることはありません。(7)」（傍点・引用者）と書かれていることを読むと、結局のところは自民党が「通常」ではなく、あるいは「正当」ではないと考える取材活動により得た情報を報道した場合には「外国に通報する」行為に該当することにされかねないことが明らかとなるのである。

本法案については、その真のねらいが、あくまでもスパイ行為を罰する点にあるのか、それとも取材や報道の自由さらには国民の知る権利を制限する点にあるのか、その真意が必ずしも明確ではないということが指摘されている。しかし、私見によれば、両者は、決して二者択一的なものではなく、スパイ行為を罰すると共に、あるいはそのためにも合せて国民の知る権利をもはく奪しようとするところに、その真のねらいがあるといってよいと思われるのである。「相手国の政府には知らせないが、自国民には知らせるという方法は世に存在しない。相手国に秘密にするということは自国民にも秘密にするということなのである。そうしなければ、秘密は保持できない。[8]」からである。本法案の本質がこのようなものであることを見失うべきではないかと思われる。

三　あいまいな概念規定

本法案の内容上の問題点として第二に指摘されるべきは、前述の「外国に通報する」といった言葉をはじめとして、本法案には、あいまいで、どうにでも解釈されかねない言葉が随所に使われていて、これでは構成要件の明確性を要求する罪刑法定主義の大原則に違反せざるをえないということである。本法案で用いられているあいまいで、無限定な言葉の最たるものが、本法案の核心をなすところの「国家秘密」の概念であることは、改めて指摘するまでもないであろう。

ちなみに、本法案二条は、「国家秘密」を定義して、(ア)防衛及び外交に関する「別表」に掲げる事項ならびにこれらの事項に係る文書、図画又は物件で、(イ)我が国の防衛上秘匿することを要し、(ウ)かつ、公になっていないものをいう、としている。しかし、これでは、「国家秘密」の内容を一見したところ明確化したようでいて、実はなんらそうなっていないことは、たとえば、西ドイツ刑法九三条の国家秘密の概念規定の仕方と対比しても明らかである。同条二項は、「自由で民主主義的基本秩序に反する事実、又は……国家間で協定された軍備の縮少に反する事実は、国家秘密としない」と規定し、違憲違法な国家秘密を排除することを明記しているのである。[9]この規定にならえば、たとえば憲法九条に違反する事実は国家秘密とはしないといった一項が本法案にも入ってしかるべきであるが、もちろんそのような規定は本法案にはどこにも見られない。

また、西ドイツ刑法九三条一項では、国家秘密とは、「ドイツ連邦共和国の対外的安全に重大な不利益を及ぼす危険を防止するために……外国勢力に対して秘密にされなければならない事実、物件又は知識」をいうとされている。

しかるに本法案では、単に「我が国の防衛上秘匿することを要し」となっているだけである。この点では、本法案の第一次案が、まだしも「その漏せつが我が国の安全を著しく害するおそれのあるもの」をいうと規定していたことと対比しても、一層無限定なものになっているといわざるをえない。

さらに、肝心なのは、別表に掲げられている事項である。これは、およそ防衛とか、自衛隊とか、さらには外交に関する事項は、政府当局者が秘密にしておきたいと思うものはなんでも秘密にすることができるということを明らかにしたものといわざるをえないであろう。一見したところ具体的に「国家秘密」の内容が列挙されているようでいて、しかしよく読めば、防衛とか、自衛隊とか外交に関する事項で、この別表のいずれかの項目にあてはまらないものを捜し出すことの方がむしろきわめて困難といえるほどなのである。

しかし、たとえば、一国の防衛計画の基本や外交上の基本方針について、それを国民に対しても秘密にしておかなければならない根拠は一体どこにあるのか。国民主権を基本原理とする日本国憲法の下で、主権者である国民に秘密にした形で外交の基本方針や防衛計画の基本が定められるなどということは大変な背理といわざるをえない。防衛や外交の問題についてこそ、国民の生存や安全、そして平和に関わる重大問題として国民が常に知りうる状態にいて監視していなければならないことは、第二次大戦までの日本の歴史がはっきりと教えている。本法案が成立するようなことがあれば、国民はふたたび、軍事・外交問題については「大本営発表」のみを知らされることになるのを覚悟しなければならないであろう。

四　驚くべき重罰主義

本法案の問題点として第三に指摘されうるのは、本法案の重罰主義である。この点も、すでに多くの批判が提示されているので、詳論は略するが、しかし、たとえば本法案の四条が「外国に通報する目的をもって、又は不当な方法で国家秘密を探知し、又は収集した者で、その探知し、又は収集した国家秘密を外国に通報して、我が国の安全を著しく害する危険を生じさせたもの」を「死刑又は無期懲役に処する」と定めていることは、「外国に通報」するという意味が前述したようなあいまいなものであるだけに一層のこと、驚くべき規定といわざるをえない。このような重罰主義は、諸外国においても例が少ない（たとえば、西ドイツでは死刑はないし、アメリカでも、「死刑、無期又は有期拘禁刑」）だけではなく、戦前の日本にも類例が少ないといわざるをえない。周知のように、戦前の旧刑法八五条は、「敵国」のための「間諜」行為を「死刑、無期若くは五年以上の懲役」に処するとしていたし、軍機保護法は最高刑が「死刑又は無期若くは四年以上の懲役」（三条）であったし、国防保安法も、「死刑又は無期若くは三年以上の懲役」（四条）であった。戦前においても、わずかに陸軍刑法（二七条）及び海軍刑法（二二条）が、軍人が敵国のために間諜をなしたる行為について「死刑に処す」と規定していたにとどまったのである。本法案は、このような戦前の事例にあてはめてみても、陸海軍刑法に準ずる重罰主義をとっているということになるわけである。

もっとも、このような重罰規定それ自体は、本法案の審議段階で、新自由クラブなどとの取引き材料の一つになりうる点ともいえよう。重罰主義が若干緩和されたからといって、本法案を支持しうることにならないことは、もちろんであるが、ただいずれにしても、このような重罰主義が、本法案の提案者達の基本的な考え方を端的に示すものとなっていることは、確かといえよう。

五　虚構の「スパイ天国」論

本法案の提案者達は、本法案の必要性を、日本は「スパイ天国」であるにもかかわらず、スパイを取締る法律がないとか、諸外国にもスパイ防止法はあるから日本でも必要だ、といった理由をあげて説いている。(10) 最後にこの点についてごく簡単に反論しておこう。

まず日本は本当に「スパイ天国」であるのか。戦後たしかにいくつかのスパイ事件は日本を舞台にしてあった。しかし、それらは特に「スパイ天国」といわなければならないほどのものではなんらなかったのである。ラストボルフ事件にせよ、宮永事件にせよ、これらの事件によって日本国民の生存とか安全が著しく侵害され、あるいは重大な侵害の危険にさらされたということが一体あったのかといえば、答は、明らかに否である。また、国公法等の既存の秘密保護法規ではどうしても不十分で、新しい立法がどうしても必要であるということが国民に痛感されたことが具体的現実的にどれほどあったのかといえば、この点についても、答は否である。新しい立法を提案する側は、その立法がどうしても必要である旨を客観的な事実、具体的な証拠をもって国民に提示することが要請されているはずである。その立法が死刑といった極刑を規定し、国民の基本的人権に対する重大な侵害を伴う場合には、なおさらである。しかるに本法案の提案者達は、ただ声高に「スパイ天国」だからというのみで、その具体的な証拠はなんら挙げえないでいるのである。(11)

ただ漠然と、具体的な証拠もなく「スパイはいやだから」といった理由で本法案の成立を許すようなことがあるとすれば、いずれはスパイの容疑が自分にもふりかかってくることを、あるいはそれを避けたいならば、「見ざる、言わざる、聞かざる」の態度をとらなければならなくなることを覚悟する必要があるであろう。それは、第二次大戦中国民が多かれ少なかれ体験したことであるが、単に過去の話といって忘れ去る訳にはいかないであろう。

最後に、諸外国にもスパイ防止法はあるではないかといった主張に対してごく簡単に批判をしておこう。たとえば、アメリカを例にとれば、日本とアメリカで決定的にちがう点が二つある。第一は、アメリカの場合は、政府情報については公開があくまでも原則であって、非公開は例外であるということである。政府情報は公開するという原則が確立していないところで、本法案のような法律が制定された場合、その機能は、アメリカなどとは全く別のものになるであろう。最高裁やマスコミのもっているチェック機能にも大きなちがいがある。アメリカにあって最高裁は、立法府や行政府に対して文字通り第三の権力であるし、マスコミはしばしば第四の権力とさえいわれている。行政府や立法府の行きすぎを果たしてわが国の最高裁やマスコミはアメリカほどにチェックしうるのであろうか。マスコミについていえば、その大半は、本法案が成立した場合、スパイ容疑をかけられることを恐れて取材や報道を自己規制してしまうであろうし、最高裁も、これまでの一般的傾向を踏まえれば、この点についてのチェック機能を期待することはむつかしいと思われる。

アメリカなど諸外国とわが国が違う第二点は、いうまでもなく、わが国の場合には憲法九条が存在するということである。戦前の旧刑法の間諜罪の規定や軍機保護法、国防保安法などが、戦後になって一切廃止されたのは、それら法律が第九条に違反すると考えられたからである。このことは、基本的には、今日でも変っていないはずである。軍隊を憲法上否認している法体制のもとで、軍隊の存在なり情報なりを死刑といった極刑をもって保護しようとする法律をつくるということほどはなはだしい矛盾は存在しないといってよいであろう。国民の平和的生存権をはく奪する本法案は、ある意味では憲法改正に等しいほどの重大な法体制の転換を意味している。事柄は単に自衛隊や防衛、外交に関わるだけではないのである。それは、国民生活全体に重大な影響を及ぼすものとなるであろう。

(1)　軍事問題研究会は、民衆のための軍事研究を目的として設立された民間の研究会で、雑誌「軍事民論」を刊行していた。本章も、この軍事民論の四三号（一九八六年）に掲載されたものである。
(2)　国家秘密法案については、上田誠吉『戦争と国家秘密法』（イクオリティ、一九八六年）、渡辺久丸『核兵器廃絶と国家機密法』（文理閣、一九八六年）、横浜弁護士会編『資料国家秘密法』（花伝社、一九八七年）、斉藤豊治『国家秘密法制の研究』（日本評論社、一九八七年）、藤井治夫『国家秘密法体制』（日本評論社、一九八九年）等参照。
(3)　この点については、拙稿「有事法制と日本国憲法の立場」法学セミナー二八五号（一九七八年）五二頁参照。
(4)　古川純「国家秘密保護法案の歴史的位置づけ」新聞研究一九八五年一一月号四五頁参照。
(5)　詳細は、林茂夫「高度技術社会における国家機密とスパイ等防止法案」法律時報五七巻一二号（一九八五年）三二頁および中馬清福「日米安保の変貌とスパイ防止法」世界一九八五年一一月号一五一頁参照。
(6)　自民党政務調査会編『スパイ防止法──その背景と目的』（自民党広報委員会出版局、一九八二年）四四頁以下。
(7)　社会党社会文化センター編『国家秘密法』（一九八五年）五一頁による。
(8)　大野正男「スパイより有害な国民の耳塞ぎ」朝日ジャーナル一九八五年一二月一三日号一四頁。

（9）　ドイツの刑法九三条については、本書第三部第十八章参照。
（10）　たとえば、スパイ防止法制定促進国民会議『誰にもわかる「スパイ防止法」』（世界日報社、一九八七年）六三頁以下。
（11）　奥平康弘「『国家秘密法』必要論を駁す」世界一九八六年一月号一五六頁参照。

〈補注〉　本章で取り上げた国家秘密法案は国民の広範な反対にあって廃案となったが、その後、二〇〇一年には、テロ対策特措法の制定に付随した自衛隊法の一部改定という形をとって、本法案の一部をなすといってよい「防衛秘密」漏示罪の導入が実現した。国家秘密法案の問題が決して単に過去の出来事といってすますわけにはいかない所以である。なお、二〇〇一年の自衛隊法の一部改定については、本書第一部第六章を参照されたい。

第十三章　自衛隊裁判と「防衛情報」

――小西反戦自衛官裁判控訴審判決に関連して――

一　事件の概要

一九七七年一月三一日、東京高裁（小松正富裁判長）は、いわゆる小西反戦自衛官裁判について、第一審の判決を破棄して事件を新潟地裁に差し戻す旨の判決（判時八四三号一七頁）を下した。

小西反戦自衛官裁判とは、周知のように、一九六九年一〇月、現職の小西誠三等空曹（当時）が新潟県佐渡にある航空自衛隊佐渡分とん基地で「デモ鎮圧訓練、治安訓練を拒否せよ」などの呼びかけを行い、当時佐渡分とん基地で行われていた「特別警備訓練」を拒否するように他の隊員達に働きかけ、その行為が自衛隊法六四条で禁止された「怠業（又は政府の活動能率を低下させる怠業的行為）のせん動」に該当するとして、同条及び同一一九条一項三号、同二項違反で起訴された事件であるが、この事件について、原審の新潟地裁（藤野豊裁判長）は、一九七五年二月二二日、「特別警備訓練」の根拠になっている航空幕僚長の通達（一九六九年六月二四日付けの「特別警備実施基準について」、以下、「通達」と略称）が公判廷に提出されず、「通達」の記載の一部が不明のままでは被告人に有罪を宣告することはできないとして、無罪の判決を言い渡した（判時七六九号一九頁）。この原審判決は、憲法九条に関する判断を直接的にはなんら含まないものであったことから、恵庭判決と同様に「肩すかし判決」であるとの批判を一方においては浴び(1)、事実そのような側面がなかったわけではないが、しかし、他面、この判決は「通達」が「防衛秘密」を理由として法廷に提出されない限り被告人を有罪とすることはできないという、「防衛秘密」と刑事被告人の人権とのかかわりに関する新しい判断を下したものとして、その意義を憲法学者や刑事法学者から積極的に評価されていた(2)。

しかるに、控訴審判決は、検察官の控訴の申立てを受けて、原審判決には理由不備の違法はないが、「通達」に代えて「通達」の内容等を立証すべく検察官から申出のあった証人申請を却下し、立証未了のままで結審したことは、証拠調請求の採否に関する裁判所の合理的裁量の範囲を著しく逸脱した違法があるとして、この点に関する検察官の控訴趣意をほぼ全面的に認めてしまったのである。(3) しかし、原審判決が示した注目に値する判断をわずか四回の公判を開いただけでいとも簡単に否認し去ってしまったこの高裁判決に対しては、ひとり刑事訴訟法上の問題点のみならず、憲法学の観点からもいくつかの疑問が提起されなければならないと思われる。そこで、以下には、まず控訴審判決に至る経緯などをごく簡単に紹介しそれを踏まえて判決の問題点について若干の批判的な検討を加えることにする。

二　本件訴訟の争点

(1)　本件訴訟において、原審公判以来の最大の争点の一つは、公訴事実にも明記されている「特別警備訓練」が一体いかなる訓練であったのかということであった。被告人・弁護団が、それは実は治安出動訓練であり、それは国民の集会の権利などを侵害し、正当なデモを鎮圧することを目的とするものであったから、それを拒否するように呼びかけた被告人の行為は正当な行為であると主張したのに対して、検察官は、「特別警備訓練」とは多数の者の集団による基地への不法侵入を阻止排除するための訓練であり、治安出動訓練とか、デモ鎮圧訓練ではないと主張して譲らず、双方の見解はするどく対立していた。

この点に関して、原審裁判所は、一九六九年当時佐渡分とん基地の基地司令であった浜峻証人を取り調べたり、航空自衛隊の第一、第二航空教育隊で新入隊員のための教科書として一九六七年から一九七二年まで用いられていた「教程、航空自衛隊新隊員課程」(以下、「教程」と略称)を被告人の要請により押収し、これを取り調べたりしたが、「特別警備(訓練)」と治安出動(訓練)とが「同じものであるかも知れないし、そうでないとしても、かなり類似し、紛らわしいものではないか、一部重なる点があるのではないか、という疑問」を払拭できず、この「疑問を払い去るためには、特別警備実施基準に関する航空幕僚長通達が、公判廷に顕出されることが、必要不可欠である」と考えた。ところが、裁判所の提出命令にもかかわらず、防衛庁長官は「通達」の提出を承諾しなかったので、原審裁判所は、「通達」の起案者などを取り調べてもその記載の一部が不明のままに残る以上は、そのような状態で被告人を有罪とすることは、本件が言論の自由にかかわる事案であるだけにちゅうちょせざるをえないと判示したのである。

これに対して、控訴審裁判所は、「通達」や「教程」の内容及び性格等について原審裁判所とは異なる独自の解釈あるいは理解の仕方を示して、原審判決のような「疑問」があること自体は否定できないが、「その疑いの内容と程度は、あえて……『通達』を公判廷に顕出して、その記載内容を明らかにしないかぎり、もはやこれを容易に払拭しがたいというほど重大なものではな」く、「右の疑問を解消するためには、原審が右の『通達』の起案者らを取調べることによって、……信憑性のある供述が得られるかぎり、容易にこれを解明し得たものと思われる」とし、にもかかわらず、原審裁判所が検察官申請の「通達」の起案者らの証人調べを却下したことは証拠調べの採否に関する裁判所の合理的裁量の範囲を著しく逸脱した違法があると判示したのである。

しかし、このような控訴審判決に対しては、まず、以下のような疑問点が指摘されなければならないと思われる。

(2) まず第一に、「通達」や「教程」の内容及び性格について示した控訴審判決の独自の解釈あるいは理解の仕方は、きわめて妥当性を欠くものと言わざるを得ない。「教程」の三九二頁から三九九頁には、基地の警備を平時における基地警備と非常時における基地警備とに区分し、前者を「普通警備」、後者を「特別警備」と呼称し、「非常時とは、①火災、災害、②威力進入、③暴動」の事態が発生した場合を指すとする記載が見られ、排除行動に際しての「武器使用上の着意事項」として「①隊法九〇条の規定、②隊法九五条の規定、③警職法七条の準用……」などが挙げられていた。原審判決は、この点、正当にも、「この教程では、特別警備とは、治安出動命令の下での警備として説明されている」と捉えたが、控訴審判決は、つぎのように解釈している。「『教程』がいう非常時という概念は、威力進入、暴動という事態が発生しながら、いまだ治安出動が命じられない場合を指すものと解しうる余地がないわけではない。」「武器使用上の着意事項」の記述に関しても、「武器使用上留意すべき事柄として……およそ、武器使用に関係のあるすべての条文を比較対照させて、武器使用の許容される要件に差異のあることを認識せしめ、これによって、基地警備に関し、武器使用が許容される場合の要件を正確に理解させようとの意図によるものと解すべき余地もある。」「かりに、右の『教程』の特別警備に関する説明が治安出動時における基地防衛をも含むという見解のもとに記載されたものであるとしても、果たして、そのような見解が、右『通達』を発した航空幕僚長ないしは航空幕僚監部の承認を受け、あるいは、その公式見解に基づくものであるか否かの点がいまだ明らかではない。」

しかし、「教程」にいう「特別警備」が治安出動命令下の警備である、少なくともそれを含むものであることは、治安出動時における武器使用を定めた自衛隊法九〇条がわざわざ挙げられていることからもおのずと明らかであるのみならず、原審の第二六回公判で浜証人がすでにつぎのように認めているところでもある。「私、航空幕僚監部を通じましてその教程につきまして調べてもらったわけでございます。おっしゃるように、……治安出動を含めた解釈で書かれておると、結論的にはそういうことであります。(4)」。控訴審裁判所が、原審公判調書のこの箇所を読まないはずはなかったと思われるが、何故にあえてこの証言を無視して、前引のような強引な解釈を行ったのか、疑問と言うほかはない。

また、控訴審判決が、「教程」そのものが航空幕僚長などの承認を受けたものであるか否か不明であるとしている点も、到底納得することができない解釈というべきであろう。この点については、原審判決のつぎのような捉え方がむしろ自然な解釈と思われる。「自衛隊は、……他のどのような組織よりも、指揮命令関係が明確で、全部隊が一糸乱れない統制のもとで行動するのでなければ、その任務を達成することはできない。そのような自衛隊の中で、特別警備という、かなり重要な用語につき、まちまちな理解がなされてきたとは、普通考えられない……。ことに、右の新隊員用の教程は、航空幕僚監部が監修をしなかったにせよ、幕僚監部は、その存在と内容、ことにその中で特別警備という用語が用いられていることを知っていたはずである。そうであるならば、昭和四四年六月に、航空幕僚長が特別警備実施基準について通達を発する際に、それまで新隊員教育用の教程で用いられて来た特別警備という用語を、廃止ないし改正する配慮があってしかるべきであったと思われる。」

控訴審判決は、原審判決のこのような指摘は一応もっともであるとしながら、しかし、「本来そのようにあるべきだからといって、現実が必ずしもすべてそうであるとはかぎらない」として、原審公判廷で、浜証人が「教程」の記載内容については「航空幕僚長の承認を得たものではない」と供述しているのを引用している。しかし、「教程」が航空自衛隊末端組織の一部隊で用いられたというのならばまだしも、「教程」が教科書として用いられた第一航空教育隊および第二航空教育隊は、自衛隊法施行令二八条によれば、「長官直轄部隊」であり、しかも、そこでは、航空自衛隊の教育訓練に関する訓令一六条、一七条及び別表第一によれば[5]、航空自衛隊に入隊した新隊員の「必修課程」である「新隊員課程」が教えられている。このような「長官直轄部隊」における「新隊員課程」の教材として「教程」が用いられていることを考えれば、「教程」の記載事項について航空幕僚長などの承認を受けていないかも知れないという解釈は、航空幕僚長の承認印のごときものが形式的に押されていないという意味においてであるならば格別、実質的な意味では到底採ることができない解釈と言わざるを得ないのである。

「通達」でいう「特別警備」に関して、浜証人は、原審公判廷で「特別警備」の手段の中には放水や催涙ガスの使用など、治安出動時に用いられるものも含まれていること、および治安出動時でも暴動などの態様が重大でない場合には「特別警備」と同じ程度の対処方法で足りることなどを供述していた。原審裁判所は、この供述から「特別警備訓練」と治安出動訓練との間にはその行動の態様や手段において一定の共通点があることは否定できないとの心証を得たが、控訴審判決は、この点について次のような解釈を下している。「『通達』が特別警備の手段として、たとえ放水、催涙ガス程度の用法上の武器を使用しうる場合を定めてあったからといって、ただちに、それが特別警備の手段として許容される範囲を超えたもので、治安出動時の武器使用であると推断することはできない。」「同じく武器使用が許される場合であるといっても、本来、特別警備の手段としての武器使用と、治安出動時のそれとでは、武器使用の法的根拠を異にするのであるから、当然、それに伴って、武器使用の目的、対象、方法、場所的範囲、及び武器使用の許容される前提条件が異なるはずである。」

しかし、たとえば、自衛隊の治安出動に関する訓令二条三項が「航空自衛隊は、出動に際しては、主として空において行動するとともに航空自衛隊の使用する庁舎その他の施設のある地域の警備にあたることを任務とする」と規定し[6]、治安出動時における航空自衛隊の重要任務の一つが基地警備であることは周知の通りである。また、「教程」が「特別警備」に際しての武器使用上の着意事項として自衛隊法九〇条（治安出動時の武器使用）を挙げていることは前述した通りである。浜証言とこれらの点を照らし合わせて、通常の基地警備とは異なる、他ならぬ「特別警備」が治安出動時における基地警備を意味するのではないかという疑問を原審裁判所が懐いたとしても、なんら不思議ではなく、むしろ「特別警備」と治安出動とは本来その法的根拠を異にするはずであるということを前提とする控訴審判決の理解の仕方こそ、予断と偏見に基づくものとの批判を受けうるといえるのである。

(3)　控訴審判決は「通達」や「教程」の内容および性格について以上のような解釈あるいは理解の仕方を踏まえて、原審判決が懐いたような「疑問」は、「通達」の起案者や「教程」の作成者等を取り調べ、「信憑性のある供述が得られるかぎり、容易にこれを解明し得た」はずで、それをしなかった原審判決の措置は違法であると判示しているが、はたして本当にそうであろうか。疑問を禁じ得ないところである。

第一に、「教程」の作成者を取り調べて、「教程」が航空幕僚長等により承認されたものであるか否か等を解明することが一体できるのであろうか。航空幕僚長が「教程」の記載事項を承認していたか否かは、航空幕僚長を直接取り調べることによってしか証明され得れず、検察官の証人申請したところの「教程」の作成者をいくら取り調べても究極的には判らないと思われる。

第二に、「通達」の起案者を取り調べても、「通達」でいう「特別警備」の実態は十分には解明され得ないことは容易に予想され得る。けだし、「通達」そのものが秘密として公判廷に顕出されないのに、「通達」の内容がすべて正確に「通達」の起案者によって供述されるということはおよそ考えられないからである。(7) 現にこのことは、原審公判廷で裁判所の質問に答えて、検察官自身認めているところである。(8) 原審判決がこの検察官の釈明を踏まえて、「同証人(＝「通達」の起案者)が供述を拒否するであろう一部分の中に、特別警備と治安出動との関係に関する重要な事項が含まれているかもしれない」と判断したのは、きわめて当然であったのである。

ところが、控訴審判決は、そのような可能性があることを認めながら、「通達」の起案者らから「信憑性のある供述が得られるかぎり」、「特別警備訓練」の実態は「当然解明されるはずである」とする。一体、控訴審判決はなにを根拠としてそのように断定するのであろうか。自衛隊当局が「通達」の提出を拒否してきたのは、ほかならぬ裁判所が――そして、被告人・弁護団が――もっとも知りたいと思っていた箇所を秘密にしておきたいからこそであったと解することもできるのである。けだし、もしそうではなく、他の事項を秘密にしておきたいというのであれば、それこそ、その秘密にしておきたい事項を墨で塗りつぶした形で、「特別警備」と治安出動の関係を明らかにした箇所は判るようにして「通達」を法廷に提出することもできたはずだからである。(9) そのような方法を採らなかったということは、結局、「特別警備」と治安出動の関係の箇所をこそ秘密にしておきたいと自衛隊当局は考えたのであり、そうと解せられる以上は、「通達」の起案者もまたその箇所については、供述を拒否するであろうことは容易に予想され得たところである。(10)

このように、検察官申請の証人調べを行っても、結局、公訴事実にいう「特別警備」の実態が不明のままに終わることが明らかに予想される以上、そのような無益な証人調べをいたずらに行うことなく、「通達」の提出拒否が不動のものとなった段階で直ちに証拠調べを打ち切って被告人を無罪とした原審判決の措置は被告人に「迅速な裁判を受ける権利」(憲法三七条一項)を保障するためにも、きわめて妥当というべく、これを否認した控訴審判決はまちがっていると言わざるを得ない。

なお、控訴審判決は、検察官申請の証人を取り調べてみて、かりに「特別警備訓練」が治安訓練であることを前提としてはじめて是認しうる部分を含んでいることが明らかになったとしても、「そのことのために、ただちに、本件訓練が国民の集会等の権利を侵害し、正当なデモを鎮圧することを目的とするものということはできないから、被告人の本件行為の正当性について、さらに審理を要すべき」であったと、原審判決を批判している。しかし、「本件訓練が国民の集会等の権利を侵害し、正当なデモを鎮圧することを目的とするものということはできない」かどうかの審理は、それこそ、「通達」が公判廷に顕出され、「通達」が指示している訓練がいかなるものであるかが明らかにされてはじめて十分に行い得る。「通達」が公判廷に顕出されない限りは、治安訓練がいかなる性格・実態をもつものであるかも、結局のところ、明らかにはされ得ないのであり、そうである以上は、この点でも、原審判決の説示するところの方が正しく、控訴審判決の判示は誤っていると言わざるを得ないのである。

三　「秘密特権」と被告人の防御権

控訴審判決が、検察官申請の証人らを取り調べれば、原審裁判所が懐いた「疑問」は容易に解明されるはずであり、それをしなかった原審裁判所の訴訟手続きは違法であるとした判示が納得のいく根拠を有するものでないことは、以上検討したところからもほぼ明らかになったと思われるが、控訴審判決についてより根本的に疑問に思われるのは、「特別警備訓練」の実態を解明する上でいわば最良証拠ともいうべき「通達」の提出の承諾を防衛庁長官が刑訴法一〇三条を根拠にして拒否してきたこと自体の当否について控訴審判決はなんら明確な見解を示していないということである。原審公判廷において、被告人・弁護団側と検察側との間にはげしい応酬が交わされ、原審裁判所もまた一定の見解を示したこの問題について控訴審裁判所がなんら触れることのないままに前示のような判決を下したことの前提には、おそらく監督官庁が「国の重大な利益を害する」といって文書等の提出承諾を拒否してきた場合には、裁判所としては、その当否を判断する権限はなく、他の証拠によって被告人が有罪か無罪かを判断するよりほかないという考え方が潜んでいると思われるが、しかし、刑訴法一〇三条についてのこのような捉え方には、憲法及び刑訴法の観点から見て、以下に見られるような重大な疑義が存すると思われる。

(1)　刑訴法一〇三条の趣旨に関しては、一般に「実体的真実の発見という訴訟法的要素を、公務の秘密の保護という超訴訟法的要求によって制限するもの」[11]という説明がなされてきたことは周知の通りであるが、ここにおいて、まず第一に問題とされるべきは「実体的真実の発見という訴訟法的要求」をあえて制限し、それを犠牲にすることにもなる「公務の秘密」の意義を一体いかように解すべきかということである。公務員が「職務上の秘密」に関する旨を申し立てて、監督官庁が「国の重大な利益を害する」旨を主張すれば、それだけで押収を免れることができるのか、それとも、もっと実質的にも保護に値する秘密であることが、また実質的にも「国の重大な利益を害する」ものであることが必要であるかどうかである。

この問題を考えるにあたって直接に参照されるべきは、いうまでもなく、国公法一〇〇条、同一〇九条一二号に規定されている「秘密」の意義をめぐる学説判例の動向であろう。すなわち、この点について、近時の学説判例のすう勢としては、いわゆる実質秘説が通説となりつつある[12]ということである。実質秘説の根拠としては、国民主権主義をとる民主的憲法体制の下では国政は原則としてすべて国民に開かれていてしかるべきであり、国民への公開が禁止される公務上の秘密は例外的にのみ存在しうるものであること[13]、そしてその漏洩が刑事罰による制裁を伴うためには、単に行政官庁が形式的に秘密指定を行っただけでは不十分で、刑事罰によって保護するだけの憲法的価値が実質的にも存するものでなければならないことなどがあげられているが、けだし、当然といえよう。また、これに関連して公務の内容が違憲違法なものである場合には、そのような違憲違法な公務は「秘密」として保護する必要性をそもそも具備していないという指摘がなされていること[14]も重要といえよう。

国公法にいう「秘密」の意義をめぐるこのような近時の学説判例の捉え方は、基本的にほぼそのまま刑訴法一〇三条にいう「秘密」や「国の重大な利益を害する場合」の意義についても当てはまると思われる[15]。けだし、本条にいう「秘密」や「国の重大な利益を害する場合」は、国公法にいう「秘密」のようにそれ自体が犯罪構成要件となっているわけではないが、それによって「実体的真実の発見」という刑事裁判の基本的要請を制限し、または犠牲にするものであり、刑事被告人の防御権の行使にも重大な制約を課することにもなることから、それに見合うだけの憲法的価値を実質的にも備えた「秘密」および「国の重大な利益を害する場合」でなければならないと考えられるからである。このことは、違憲違法な「秘密」について考えれば、より一層はっきりするであろう。憲法の観点から見れば、明らかに違憲な公務を内容とする「秘密」が単に形式的に「秘密」指定がなされているという理由で、あるいは監督官庁が「国の重大な利益を害する」と主張したという理由で、法廷への提出を拒否することが認められ得る合理的な根拠はなんら存在しないのである。

ところで、以上の点を本件訴訟に当てはめた場合、どういうことになるのであろうか。結論を先取りしていえば、防衛庁長官は「通達」の提出承認を拒否することはそもそもできなかったことになるといえよう。その理由は、第一に軍事上の「秘密」は憲法九条の下にあっては本来的に違憲な「秘密」であり、刑事訴訟法上も保護に値する価値をなんら有していないからである。もっとも、「通達」がこのような違憲な軍事秘密にあたるとすることに対しては、検察側はもちろんそのような考えをもっておらず、いわゆる防衛秘密は合憲という立場をとっているが、しかし、「通達」が合憲な公務を内容とすることの立証責任は、憲法九条の存在の下ではむしろ検察側が負っているというべく、その意味でも防衛庁長官は「通達」の提出を拒否し得なかったとみなしうるのである。(16)

第二に、第一の点はしばらく措くとしても、「通達」がかりに航空幕僚長による提出拒否理由にあるように「防衛出動又は治安出動が命ぜられていない場合において、……基地等への不法な侵（潜）入及びこれに伴う不法行為……に対する基地警備……の実施にあたり、予想される各種の不法行為の態様に応じて、それぞれとるべき具体的な警備の方針や対応措置を示し(17)」たものであるとするならば、このような「通達」の公判廷への顕出によってそれ以後の基地警備の方針や対応措置に一定の変更を加えることを余儀なくされることはあるとしても、それによって防衛庁長官による「通達」の提出承諾拒否理由にあるような、「今後の自衛隊の基地等の警備実施に当たって重大なる支障が生じ、航空自衛隊の任務達成に多大の傷害を与え、ひいては国の重大な利益を害する[18]」事態になるとは、到底考えられないのである。

このことは、「通達」が秘密保全に関する訓令[19]五条の下で「機密」(＝「秘密の保全が最高度に必要であって、その漏えいが国の安全又は利益に重大な損害を与えるおそれのあるものをいう」) や「極秘」(＝「機密につぐ程度の秘密の保全が必要であって、その漏えいが国の安全又は利益に損害を与えるおそれのあるものをいう」) の指定ではなく、単なる「秘」(＝「極秘につぐ程度の秘密の保全が必要であって、関係職員以外の者に知らせてはならないものをいう」) の指定がなされているにすぎない[20]ことからも、容易に推定され得るといえよう。原審裁判所が、弁護側の主張を踏まえて、まさにこの点を問題とし、検察官に対して秘密保全に関する訓令の下で「機密」や「極秘」ではなく、単なる「秘」の指定を受けているにすぎない「通達」の公判廷への提出がなにゆえに刑訴法上「国の重大な利益を害する」ことになるか、その理論的根拠を明らかにせよと命じたのは、けだし当然であったのである。

ところが、このような原審裁判所の釈明命令に対して、検察官は、「通達」の提出が「国の重大な利益を害する」ことになるか否かの最終的判断権は裁判所にはなく、当該監督官庁にあり、当該監督官庁の判断した内容について検察官の立場から論議することは何ら実益がないとして、釈明そのものを拒否したのである[21]。

しかし、刑訴法一〇三条にいう「秘密」および「国の重大な利益を害する場合」の意義を前述したように実質秘説の観点で捉えることが正しいとする以上、問題の「通達」が実質秘に該当するかどうか、さらには実質的にも「国の重大な利益を害する場合」に該当するかどうかの最終的認定権は裁判所にあると解すべきことは当然の帰結といわなければならない。なぜならば、行政機関みずからが認定権を有するとした場合には、行政機関の認定の恣意に対する歯止めはないことになり[22]、結局は形式秘説をとることと同じになってしまうからである。

この点、従来の刑訴法学説の傾向としては、かりに裁判所に認定権を認め、その結果監督官庁の提出承諾拒否を違法と判断しても、提出拒否に対する法律的救済手段がないという理由等で、結局、最終的認定権は当該監督官庁にあるとする考え方が強かったことは否めないが[23]、しかし、このような考え方には納得しがたいと言わざるを得ない。けだし、裁判所が、問題の文書等が実質秘に該当せず、また実質的にも国の重大な利益を害する場合には該当しないと判断したにもかかわらず、監督官庁が当該文書等の提出承諾を拒んだ場合には、それに対する訴訟法上の制裁あるいは救済措置をなんらかの形で講ずることは決して不可能とは思われないからである。例えば、そのような場合、裁判所が強制的に押収の手段に訴えることができるかどうかについては異論があるとしても[24]、原審裁判所が行ったように、検察官申請の証拠調べを一切打ち切るとか、さらには、被告人・弁護団が原審公判廷で主張したように、公訴棄却の判決を下すといったことも考えられ得よう[25]。また、かりに、この点は措くとしても、認定権の所在の問題と、法的救済手段の問題とは一応切り離して考えることもできるであろう[26]。

このようなわけで、原審裁判所が第三一回公判で「国の重大な利益を害する」かどうかの「最終的判断権は裁判所にある」と明言し、そのような考えを踏まえて、前述のような釈明命令を検察側に出し、さらに釈明命令に従わない検察側に対する制裁として検察側申請の証人申請を一切却下したことは妥当な訴訟指揮であったといってよいが、しかし、これに対して、控訴審判決は、このような問題についてはなんら明確な見解を示すこともしないままに、前示のような判断を下し、結果として釈明命令を拒否した検察官の態度を是認してしまったのである。控訴審判決の刑訴法一〇三条に関する理解の仕方については、根本的な疑義が存する所以である[27]。

(2)　控訴審判決がおそらくはその前提としている刑訴法一〇三条の理解の仕方に関して、第二に問題とされるべきは、証拠物の公判廷への提出がかりに実質的にも「国の重大な利益を害する」ことになると裁判所が判断して、その証拠物が公判廷に顕出されないことになった場合においても、そのことの訴訟法上の効果をどう考えるかはまた自ずから別個に検討されるべき事項ではないかということである。すなわち、刑訴法一〇三条は、なるほど、実質的にも保護に値する「公務の秘密」によって「実体的真実の発見という訴訟法的要求」が制限または犠牲にされることを認めているとしても、しかし、そのことの結果として刑事被告人がどのような影響を受け、またその点を訴訟法上どのように取り扱うべきかについてはなんら明記しておらず、それは、刑事手続に関する憲法及び刑事訴訟法の原則に照らして改めて吟味されるべき問題ではないかということである。

本件訴訟に即して言えば、かりに百歩譲って「通達」の公判廷への提出が実質的にも「国の重大な利益を害する」ことになるとされ、「通達」の提出承諾拒否が適法になされたと仮定しても、「通達」の不提出により被告人が被る不利益をはたして被告人みずからが負わなければならないのかといえば、必ずしもそのようには解されないということである。けだし、被告人は、「通達」を公判廷に顕出せしめ、それによってみずからの無罪を立証しようと図り、裁判所もそのことを認めたにもかかわらず、「通達」の提出拒否にあって、自己の無罪を立証すべき最良の証拠を奪われてしまったのであるが、これは、憲法三七条が刑事被告人に保障した防御権の行使に対する侵害または制限となると言えるからである。憲法三七条の被告人の防御権の保障に関しては、たしかに、被告人の要求する証人または証拠物のすべてについて被告人が審問する機会を与えられることまでも保障するものではないにしても[28]、被告人の無罪を立証する上で合理的に判断して必要不可欠と考えられる証人または証拠物についてはその審問や証拠調べを認めないことは、いかなる理由によるにせよ、被告人の防御権に対する侵害と解すべきと思われる[29]。

ちなみに、ニクソン米大統領保管録音テープ等提出命令事件でも、一九七四年七月二四日の連邦最高裁判決は、つぎのように述べている。「刑事裁判ですべての証拠を提出させる権利は憲法の条項の範囲内に含まれる。憲法修正第六条は、刑事裁判の全被告人に、『反対証人と対決する』権利と、『自分に有利な証人を出廷させる強制手続をとる』権利をはっきりと与えている。そのうえ、憲法修正第五条は、なんびとも、法の適正な手続きを経ずに自由を奪われない、と保障している。この保障を擁護し、適切かつ是認されるべき全証拠を提出させるべきだ、ということをあくまでもやり遂げるのは裁判所の当然の責務である[30]」。

しかも、本件訴訟の場合は、裁判所自身が「通達」の提出を要求しているのである。このように、裁判所の提出命令にもかかわらず、被告人の防御権を侵害した状態の下で被告人に有罪を宣告するとすれば、それは、刑事裁判における適正手続（デュープロセス）を保障した憲法三一条にも違反することになると解せられるのである。

もっとも、この点に関しては、日本ではいわゆる徴税トラの巻事件第一審判決が類似の見解を示唆した[31]ほかは、これまでのところ、これといった裁判例は見あたらない。しかし、アメリカでは、いくつかの下級審判例の積み重ねを経て、連邦最高裁が一九五三年にいわゆるレイノルズ事件判決でつぎのような見解を打ち出し、これがその後の判例にも踏襲されていることはすでに知られているところである。「刑事裁判の原理は、以下のごときものである。すなわち、被告人を起訴した政府は、同時に正義が行われることを見届ける義務を負っているのであるから、政府に対して、一方で訴追の遂行を認めながら、他方で政府の特権（＝秘密特権）を援用して被告人からその防御にとって重要であるかもしれないものを奪い取ってしまうのを許すことは、不条理である。[32]」

アメリカ連邦最高裁のこのような考え方は、決して奇異なものではなく、むしろ、修正五条、六条などを範として規定されたといえる憲法三一条、三七条などをもつ日本においても取り入れることがきわめて自然なものと思われる。にもかかわらず、このような考えは日本の裁判所においてはいまだ積極的に採り入れられるに至っていないのは、「知らしむべからず、依らしむべし」の封建時代の遺風が今日まであとを引いているからなのであろうか。その理由はともあれ、いずれにせよ、憲法三一条なり、三七条なりの趣旨を踏まえた場合、国が一方では秘密特権を行使して被告人の防御にとってヴァイタルな意味をもつ証拠を公判廷に提出することを拒否しておきながら、他方では被告人に有罪を科するように主張することは、手続的正義の要請に著しく違反し、認めがたいのと思われる。[33]

本件訴訟の原審判決は、「通達」の提出承諾拒否をこのように憲法三一条や三七条の問題として明確に打ち出したわけではなく、この点、不十分さは免れがたいものであったが、しかし、国家秘密特権の行使を刑事被告人の防御権あるいは適正手続との関係に関する上記考え方をわが国の裁判例において確立する上で前記トラの巻事件一審判決についで意義ある一歩を踏み出したものとして積極的に評価しうるものであった。しかるに、控訴審判決は、このような意義をもつ原審判決をいとも無造作に破棄してしまったのである。控訴審裁判所の裁判官の念頭には、秘密特権の行使が刑事被告人の防御権を侵害または制限し、そのままの状態では被告人に有罪を宣告することは適正手続の保障に悖るという考えはついぞ思い浮かばなかったのであろうか。疑問というほかはない。

本件訴訟の差戻し審においては、控訴審判決の拘束力が及ぶことから、裁判所としては、「通達」の内容を知るためには、まず「通達」の起案者等を取り調べることが必要になってこようが、しかし、そのような取り調べによっては、肝心の箇所は証言拒否にあって不明のままに終わるであろうことは、すでに前述した通りである。そうとすれば、結局のところは、再度「通達」そのものを取り調べるべく提出命令をかけざるを得なくなるであろうが、その場合、はたして防衛庁長官はまた「通達」の提出を承諾拒否してくることになるかどうか。この点、必ずしも予断を許さないが[34]、かりに承諾拒否をしてきた場合、それに対して差戻し審裁判所がどのような措置を講ずることになるのか。事柄は、単に本件訴訟に限らず、「防衛秘密」の厚い壁が立ちふさがっている自衛隊（刑事）裁判一般に[35]、さらには国家秘密特権の行使がかかわる刑事裁判全般にも広く影響を及ぼすことになる重要な問題といわなければならないと思われる。

（1）　星野安三郎「消極無罪の問題性と防衛機密」法学セミナー二三七号（一九七五年）八八頁、小野坂弘「小西裁判判決を読んで」新潟日報一九七五年二月二三日。但し、星野は「刑事訴訟法の次元では、立派な判決と評価しうる」ことを認めている。

（2）　奥平康弘の「ともかく国家機密を振りかざし、国益だけで人を有罪にできないという判断が出たことは、大きな意味をもつ」という評価、および田宮裕の「国が国家機密を主張すれば、被告の防御権が侵害されるとの判断が法治国としてのデュープロセス（法的手続きの保障）の基本的要求だが、これは日本では初めての判断で支持できる。この点で、判決は明示的に憲法判断をしていないが、黙示的には憲法三一条判断が前提となっているとみるべきで、検察側の訴追にワクをはめた効果は三一条判断をした場合と全く同じだという評価（いずれも新潟日報一九七五年二月二三日）、さらには、長谷川正安「法律時評」法律時報四七巻四号（一九七五年）七頁の「小西事件判決は、被告人を無罪にすることによって軍事機密といえども。それは裁判上は存在し得ないことを明らかにした」という評価など参照。この判決についての、資料的にもっとも詳細な研究としては、古川純「憲法訴訟としての自衛隊裁判

―国家の秘密特権行使をめぐって（1）〜（4）」東経大学会誌八九号（一九七五年）一一二頁、九〇号九八頁、九二号一四六頁、九三号（一九七五年）二八〇頁。その他、角南俊輔「小西反軍裁判の現状と課題」現代の眼一九七五年五月号六八頁、町野朔「裁判所の知る権利か被告人の防御権か」人権新聞一九〇号、拙稿「自衛隊裁判と軍事機密（1）」獨協法学七号（一九七五年）六九頁。なお、原審判決を被告人は有罪とすべきであるとする立場から批判する文献としては、大石義雄「憲法および自衛隊法と小西裁判事件」産大法学九巻四号（一九七六年）一頁、永田一郎「反戦自衛官裁判の問題点」国防一九七五年五月号二九頁がある。

（3）もっとも、控訴審判決は、検察官の「控訴趣意書」（一九七五年七月二日）にいう「審理不尽」という言葉それ自体は用いていない。

（4）小西反軍裁判支援委員会編『小西反軍裁判公判記録第五集』（一九七四年）二二四頁。

（5）防衛庁長官官房法制調査官室監修『防衛実務小六法（一九七五年度版）』（内外出版）一九六頁。

（6）吉原公一郎・久保綾三編『日米安保条約体制史三巻』（三省堂、一九七〇年）五七三頁。

（7）検察官の控訴趣旨に対する被告人・弁護団の「答弁書」（一九七六年四月一二日）四九頁は、正当にも、「同じ公務上の秘密を根拠として、文書としては提出できないが、証言としては提出できるとすることは背理であり、かりにそれが可能だとしてもその場合における証言は文書における秘密の内容を秘匿したものでしかありえない筈である」と指摘している。

（8）小西反軍裁判支援委員会編『小西反軍裁判公判記録第六集』（一九七五年）三四一頁。

（9）この点、原審判決が、本件と徴税トラの巻事件との差異の一つを、後者においてはともかくも原本である証拠物が法廷に提出された点においていることは示唆的である。もっとも、本件の場合、かりに「通達」が一部黒く墨で塗られたままで提出されたと仮定した場合、墨塗りの部分に「特別警備訓練」と治安訓練の関係にかかわる事項が記載されていないかどうかは、また別個に検討されるべき問題である。

（10）なお、この点に関して控訴審第一回公判での井上正治弁護人の以下のような陳述も重要であろう。すなわち、検察官が原審公判で「通達」の起案者等の証人申請をした証拠調の請求書には、いわゆる立証趣旨についての記載はなんらない。例えば、「通達」の起案者の立証事項としては「『通達』を起案した経緯、および右「通達」の内容」とあるのみで、「特別警備訓練」が治安出動訓練と異なるかどうかを明らかにするとする立証趣旨はなんら明示されていない（控訴審第一回公判調書参照）。「通達」の起案者を取り調べてみても、肝心の点が供述される保障がないことは、この点からも明らかであろう。

（11）団藤重光『新刑事訴訟法綱要（七訂版）』（創文社、一九六七年）四一二頁。

(12) 判例としては、大阪地判一九六〇・四・六判時二二三号六頁、大阪地判一九六七・五・一一下刑集九巻五号六六八頁、東京地判一九六八・一〇・一八判時五四三号八八頁、東京高判一九六九・三・一八判時五六一号八三頁、東京地判一九七一・一・二三判時六二〇号一四頁、東京地判一九七四・一・三一判時七三二号一二頁、東京高判一九七六・七・二〇判時八二〇号二六頁、最判一九七七・一二・一九判時八七三号二二頁などが実質秘説をとっているといえよう。学説としては、さしあたり、奥平康弘「外務省公電漏洩事件判決と国民の知る権利」法学セミナー二二一号（一九七四年）三頁、石村善治「公務員と守秘義務」ジュリスト五六九号（一九七四年）三五頁、小林孝輔「知る権利と国家機密」判時七三二号（一九七四年）三頁、江橋崇「沖縄密約事件と国家の秘密」法律時報四六巻三号（一九七四年）七〇頁、上田勝美「国民の知る権利と国家秘密」判例評論一八三号（一九七四年）一二六頁、庭山英雄「刑事訴訟における『秘密』の認定」判例評論一八三号（一九七四年）一三二頁、清水睦「外務省公電漏洩事件控訴審判決について」判時八二〇号（一九七六年）三頁、佐藤幸治「国家秘密と知る権利」ジュリスト増刊・現代のマスコミ（一九七六年）七二頁など参照。

(13) この点に関連して、しばしば、「政府内の秘密は、基本的には反民主主義的であって、官僚主義的誤りを永続させることになる。公けの争点を公開で議論し討論することは、われわれの国の健康にとって肝要である」というニューヨーク・タイムズ対合衆国事件に関する連邦最高裁判決におけるダグラス判事の有名な言葉が引き合いに出される（法律時報四三巻一一号（一九七一年）五七頁）。

(14) 前記注（12）の東京地判一九七四・一・三一および東京高判一九七六・七・二〇の判例参照。

(15) 田宮裕編『刑事訴訟法Ⅰ』（有斐閣、一九七五年）三四〇頁も、刑訴法一〇三条に関連して、「秘密については、……単なる形式によって判断すべきではなく、実質によるべきである」としている。

(16) 憲法九条に抵触する自衛隊法については、「違憲性の推定」が働くことについては、第一審の弁護団最終弁論第四章第節(1)参照（古川・前掲論文・注（2）東京経大学会誌九〇号九二頁）。

(17) 前掲書・注（8）一三二頁。

(18) 同一七九頁。

(19) 前掲書・注（5）七一五頁。

(20) 「通達」が「秘」指定であることは、一九七三年一一月八日付けの航空幕僚長からの提出拒否理由（前掲書・注（8）一三二頁掲載）で明らかにされている。

(21) 前掲書・注（8）二一三頁。

(22) ちなみに、アメリカでもつぎのような指摘がなされている。「利己的な行政府に対し、みずからの活動に関する情報の開示を拒む権限を無制限に与えることは、行政府が議会による調査も、司法審査も、世論によるチェックもほとんど受けることなく秘密というカーテンの陰で活動することを奨励する結果をもたらすであろう」、「情報公開の要求が行政府の正当な利益を阻害するかどうかについて争いがある場合には、このような憲法問題は、憲法の解釈を主要な任務とする部門である裁判所によって判断されるべきである」、「国家の安全と市民的諸自由」（ハーバード・ロー・レビュー誌よりの全訳）法律時報四五巻一一号（一九七三年）六一頁。

(23) 団藤重光『条解刑事訴訟法上』（弘文堂、一九五〇年）二〇七頁、小野清一郎ほか『改訂刑事訴訟法（改訂版）』（ポケット注釈全書）（有斐閣、一九六六年）二〇八頁、平場安治ほか『注解刑事訴訟法上巻（改訂版）』（青林書院新社、一九七五年）三三一頁、松岡正章「公務上の秘密と押収」『捜査法大系Ⅲ』（日本評論社、一九七二年）一三五頁。ただし、松岡論文は、監督官庁に認定権を認めた上で「押収拒絶権の行使により、その内容が明らかにされない以上、『秘密』についての認定は不可能となり、結局、犯罪の証明がないという結論に達せざるをえなくなるであろう」（一三六頁）と述べている。

(24) この点、第三二回公判廷で弁護団は強制的に捜索・押収の手続きをとり得るはずであるとの見解を出したが、裁判所の採るところとはならなかった（前掲書・注（8）二一五頁）。この点は、（西）ドイツにおいても争いがあり、押収を認めたブレーメン州裁判所の判例（NJW1955, S. 1850）およびハノーバー州裁判所（NJW1959, S. 351）があるが、学説の多くは、押収を認めていないようである。Vgl., G. Stratenwerth, Zur Beschlagnahme von Behördenakten im Strafverfahren, JZ 1959, S. 693ff.; U. H. Schneider, Die Pflicht der Behörden zur Aktenvorlage im Strafprozess (1970), S. 134ff.

(25) 前掲書・注（8）二八三頁。なお、判時七六九号一九頁における原審判決に対するコメント（「手続面では、主文は無罪ではなく、公訴棄却ではないかという意見も出そうに思える」）参照。

(26) なお、検察官は、このような認定権はドイツにあっても当該監督官庁にあると主張しているが（前掲書・注（8）二九六頁）、連邦憲法裁判所法二八条二項や行政裁判所法九九条二項は、連邦憲法裁判所や行政裁判所に認定権があることを示す規定とみなすことができる。Vgl., Maunz/Sigloch/Schmidt-Bleibtreu/Klein, Bundesverfassungsgerichtsgesetz (1972) § 28, S. 4; Schunck/De Clerck, Verwaltungsgerichtsordnung, 2Aufl., (1967) S. 446ff. また、イギリスにおいても認定権は裁判所にありとされていることについては、伊藤正己「公益を理由とする証拠の排除」『裁判法の諸問題（中）』（有斐閣、一九六九年）二九三頁、江橋崇「行政秘密の裁判上の取り扱いに関して（二）」法学志林七三巻三・四号一一二頁以下。さらに、アメリカにおいては、後述のレイノルズ事件最高裁判決が裁判所に認定権ありとしたことについては、「国家の安全と市民的諸自由」（前掲論文・注（22）六一頁以下参照。

もっとも、裁判所に実質的認定権があるとしても、実質秘か否かの認定を具体的にどのような方法で行うのかという重大な問題がある。この点についての検討は別の機会に譲り、さしあたり、庭山・前掲論文・注（12）一三三頁、佐藤・前掲論文・注（12）七三頁参照。

（27）なお、高田卓爾編『判例コンメンタール刑事訴訟法Ｉ』（三省堂、一九七六年）三三〇頁（松本時夫執筆）は、原審判決について、「判文上からは裁判所に審査権があるという前提には立っていないとみられる」と述べている。たしかに、「判文上からは」、このような理解もできなくはなく、この点、公判廷で示した考えを判決文の中でも明確に示すべきであったと考えるが、しかし、それにもかかわらず、判決文の背後には認定権は裁判所にありという考え方が含まれていること自体は、見落とすべきではないと思われる。

（28）最判一九四八・六・二三刑集二巻七号七三四頁。

（29）ちなみに、平野龍一『刑事訴訟法』（有斐閣、一九五八年）二四六頁以下は、「その精神からみて、被告人の証拠調の請求を却下するのは、これを必要としない十分な理由がある場合でなければならない。単なる裁量の問題ではないのである」と述べている。

（30）United States v. Nixon, 418 US 683 (1974). この判決の全文については、朝日ジャーナル一九七四年九月一日号に訳出されている。なお、塚本重頼「アメリカ合衆国最高裁による録音テープ提出命令」ジュリスト五七七号（一九七四年）一一四頁参照。

（31）周知のように、徴税トラの巻事件第一審判決（大阪地判一九六〇・四・六判時二二三号六頁）は、「所得標準率表」および「所得種目別効率表」の内容がその大部分について真黒に墨で塗りつぶされていて、それが実質秘に相当するか否かを判断することができない以上、無罪とすると判示した。この判決は、本件原審判決と同様、直接的には憲法三一条や三七条を引き合いには出していないが、その根底には憲法三一条や三七条についての本文で述べたような考え方とつながるものをもっているといってよいと思われる。

（32）United States v. Reynolds, 345 US 1 (1953). この判決は、芦部信喜『現代人権論』（有斐閣、一九七四年）三五四頁でもごく簡単に紹介されているが、この判決に至るまでのアメリカの判例の検討については、江橋・前掲論文・注（26）（三）法学志林七四巻二・三号三六頁以下参照。

（33）芦部信喜も、一九七四年の全国憲法研究会の「シンポジウム・憲法と公務員の人権」で以下のように述べている。「刑事事件で国家秘密が問題になった場合、実質秘の立場をとりますと、実質的に秘密かどうかということを明らかにしなければならないわけですが、それを明らかにする証拠の提出がなく、秘密かどうかを立証できないとすれば、刑事裁判の本質からいって無罪にならざるを得ない。そういう意味で、証拠の提出を拒否しながら有罪宣告を求めることは正義の観念に反するといえます。これはレイノルズ判決でも傍論として指摘されていることですが、たんにアメリカ法の考え方ではなく、大陸法でも妥当する、つまり刑事裁判の本質といってよい一種の普遍的な性格を持っている原則ではないかと考えるわけであります」（ジュリスト五六九号（一九七四年）六九頁）。

（34）　一九七五年三月四日付け朝日新聞によれば、防衛庁の斉藤一郎官房長は、記者会見で「証拠書類として提出を拒否していた特別警備訓練計画をまるまる提出することはありえないが、場合によっては、一部を伏せるような形で提出することも考える必要があると思う」と述べている。

（35）　恵庭事件等における「防衛秘密」問題については、古川・前掲論文・注（2）（二）東経大学会誌九三号二七八頁以下参照。

〈補注〉　控訴審判決を踏まえて、事件を審理し直した新潟地裁は、一九八一年三月二七日、被告人に無罪の判決を下した（判時一〇〇二号六三頁）。被告人の行為は、自衛隊法六四条などで禁止されている「怠業（又は政府の活動能率を低下させる怠業的行為）のせん動」には該当しないという理由によってである。この無罪判決に対して、検察側は控訴を断念したので、被告人の無罪が確定した。かくして、本稿で取り上げた問題は、この訴訟では未決着のままに終わったが、問題そのものは現在でもなお検討されるべき重要性をもつといえよう。なお、差戻し審判決についての私の論評としては、「差し戻し審無罪判決の憲法的意義」小西誠編『小西反軍裁判』（三一書房、一九八二年）一一三頁がある。

第十四章　那覇市「防衛情報」公開取消訴訟

那覇地裁（稲葉耶季裁判長）は、一九九五年三月二八日、いわゆる那覇市「防衛情報」公開取消訴訟において国側の訴えを却下する画期的な判決を下した。(1)この訴訟は、那覇市長が住民の請求に基づいて那覇市情報公開条例（以下、本件条例と略称）に従って行った「防衛情報」の公開決定に対して国側が抗告訴訟を提起してその取消しを求めたという特異な事件であるが、「防衛情報」の公開問題について初めて本格的に取り組んだといってよいこの裁判で、日本国憲法の精神を的確に踏まえた判決が出されたことは、今後「防衛情報」についても国民の知る権利を確保していく上で大きな意義をもつものといえよう。(2)この判決は、現在進行中の国のレベルでの情報公開法の制定の動きに対しても少なからざる影響を与えるものと思われる。

もっとも、この判決は、那覇市長の公開決定を全面的に容認したという結論の点で高い評価を与えることができるが、ただ、そのような評価に至る過程の見解については、理論的にもいくつかの問題点がないわけではない。そこで、以下には、この判決の積極的な意義と若干の問題点そして今後の課題について検討を加えることにする。(3)

一　本件訴訟の不適法性

判決は、那覇市長が行ったＡＳＷＯＣ（対潜水艦戦作戦センター）の建築計画通知書の添付文書の公開決定処分に対して国が抗告訴訟を提起してその取り消しを求めることは不適法であり、認められないとして訴えを却下した。その理由の要旨はつぎの通りである。「抗告訴訟は、個人の権利利益の救済を目的とする主観訴訟であるから、原則として、行政主体が原告となって抗告訴訟を提起することは認められない。しかしながら、行政主体と言えども私人と同視される地位にある場合、あるいは国民と同等の立場に立つものと認められる場合には、例外的に抗告訴訟を提起する余地がある」。しかし、「本件において原告が侵害された法的利益として主張する利益は、国の秘密保護の利益と国の適正かつ円滑な行政活動を行う利益である」。「国の適正かつ円滑な行政活動を行う利益を侵害されたことを理由とする訴えは、まさに行政主体が、他の行政主体に属する行政庁の公権力の行使によって、その行政権限の行使を妨げられるという場合そのものであり、いかなる意味でも、個人の自由や権利の侵害と同様に見る余地はな（い）」。また、「本件において原告が主張する秘密とは、国の防衛上の秘密である。防衛上の秘密は、私権であるプライバシーの権利とは全く異なり、国家の安全保障に関わる公共の利益そのものである」。このように、「救済を求める利益は私的利益ではなく公的利益と言わざるを得ないから、法律上の争訟には当たらず、抗告訴訟の枠を超えるものである」。

この問題については、私自身は専門的な論評をする資格はないが、あえて私なりの感想を述べれば、那覇地裁のこのような判断は、抗告訴訟の基本的なねらいが公権力の行使に対して他ならぬ国民の権利救済を図る点にあることからすれば、きわめて妥当な判断であると思われる。たしかに、行政庁も、場合によっては私人と同様の立場に立つこともありえようが、しかし、本件で国が主張している利益は判決も述べているように、「防衛情報」の秘匿の必要性という公的利益そのものであって決して私的利益ではなく、行政主体間の行政権限の行使をめぐる争いである。しかも、国は一方では私人と同様の立場で抗告訴訟の原告適格を有すると主張しながら、他方では本件文書の保管事務は機関委任事務そのもの（あるいはそれと同等の法的性格をもつ事務）であるから、自治体の一方的な判断で公開決定を行うことはできないという矛盾した主張を行っている。このような訴えについてまで抗告訴訟を認めることは行政事件訴訟の上述したような趣旨をないがしろにすることになると思われる。近時の学説は抗告訴訟の原告適格を広く国民に認める傾向にあり、そのような傾向は基本的に妥当と思われるが、しかし、本件のように国が抗告訴訟の原告となる場合にも同様に広く解しなければならないかといえば、むしろそのような場合は逆であると思われる。抗告訴訟の原告適格を国に認める場合はむしろ狭く例外的な場合にのみ限るとすることが抗告訴訟の本来の趣旨にかなうように思

われる。(4)

なお、この点に関連して、判決は、機関委任事務に関して取得した文書については職務執行命令訴訟が可能であるが、それ以外の事務の処理に関して取得した文書については司法的救済が不可能となるので、国等による情報開示差し止めの仕組みを制度化することが考えられると説いた。判決がこのような具体的な提言を行ったことはそれなりに注目されてよいが、ただ、そのような制度化が国民の知る権利と地方自治の本旨を損なわないでいかにして可能かは今後慎重な検討を要すると思われる。

二　本案判断を行ったことの妥当性

ところで、那覇地裁は、このように国による抗告訴訟を不適法として却下したので、それ以上に本案の判断に踏み込まないという方法もありえた。にもかかわらず、裁判所は、以下のような理由を挙げて本案の判断にも立ち入った。「本件各訴えは却下を免れないのであるが、平成元年一二月五日の第一回口頭弁論期日から平成七年一月二三日の第二八回口頭弁論期日に至るまで五年間にわたって主に本案につき攻撃防御が尽くされてきた審理の経過や本案について判断を示しておかなければ控訴審において本件訴訟の法律上の争訟性について異なる判断がなされた場合には必要的差戻しとなり訴訟経済に著しく反することに鑑み、いわゆる狭義の原告適格の有無についてはさて置き、更に進んで、本案についても、当裁判所の判断を示しておくこととする」。

判決が、このような理由をあげて本案にも立ち入った点については、少なからず批判もありうると思われる。しかし、私は、裁判所のこのような対応は本件の場合には妥当なものであったと考える。たしかに、裁判所が、訴えを不適法として却下する判断を示した場合には本案の判断にはもはや立ち入る必要はないということは一般論としては言いうるであろう。しかし、訴訟当事者から本案について重大な争点が提起されている場合に裁判所がその争点についても判断を示すかどうかは、基本的には裁判所の裁量に属しているということができよう。例えば、そのことは朝日訴訟の最高裁判決（一九六七年五月二四日民集二一巻五号一〇四三頁）において、最高裁自身が示している通りである。すなわち、同判決において最高裁は、朝日茂氏の死亡を理由として訴訟打ち切りの判決を下したが、さらに、「なお、念のために、本件生活扶助基準の適否に関する当裁判所の意見を付加する」として、憲法二五条についての憲法判断をも行ったのである。憲法判断に立ち入る理由をなんら明示することなく、単に「念のため」としてである。また、長沼訴訟控訴審判決（札幌高判一九七六・八・五行集二七・八・一一七五）は、承知のように、保安林指定解除処分の取り消しを求める原告住民らの訴えの利益は代替施設が完備したことによってなくなったとして訴えを不適法として札幌地裁の判決を取り消したが、それとともに以下のような理由で本案に関する憲法解釈を展開するとともに、自衛隊（法）について「一見明白」論と結びついた「統治行為」論を展開したのである。「本案に関する争点の一つである自衛隊等の憲法適合性判断の点につき、原審以来本件訴訟において裁判所に判断を求める実質的な対象として詳細な弁論をなし、控訴人もまたこれを重要争点として係争してきたものであり、原審もこの点について判断をしているところ、当裁判所はこれと異なる結論を有するので、以下、この点に関する見解を附加することとする」。

これらの先例に照らせば、今回の裁判所の対応はなんら批判するには当たらず、むしろ、「防衛情報」公開取消訴訟としての本件裁判の重要性を踏まえた適切な判断であったと思われる。もっとも、判決が本案に立ち入った理由として本案について判断をしなければ、控訴審で本件訴訟の適法性について異なった判断が示された場合には必要的差戻しになり、訴訟経済に著しく反することになると述べている点については、あるいは異論もありえよう。一審裁判所はそれ自体独立して職権を行使すべきであって、控訴審裁判所の判決を予想した上で判決を書くことは必ずしも必要なことでも望ましいことでもないからである。また、民訴法は一審裁判所が本案についてなんら判断を下さないで訴えを不適法として却下する場合がありうることを当然に想定していると捉えることもできよう。このようなことを考えると、むしろ、本件の場合には、訴訟当事者の双方から「防衛情報」の公開の可否についての本案判断を求められていた（もちろん、互いに反対の立場からではあるが）という点をもっと強調して、そうであるとすればその点についても判断をすることは広い意味での裁判を受ける権利（憲法三二条）の保障にも役立つことを指摘することもできたのではないかと思われる。

三　公開決定の適法性についての判断

本件訴訟において、国側は、本件条例の次の三つの規定を根拠としてＡＳＷＯＣの建設計画通知書添付文書（二一枚）の公開決定の取り消しを求めた。すなわち、六条一項一号が「法令により、明らかに守秘義務が課されている情報」について、また同条一項四号ウが「市の機関と国等の機関との間における協議、依頼、委任等に基づいて作成し、又は取得した情報であって、公開することによって国等との協力関係を著しく損なう恐れのあるもの」について、さらに同条一項四号オが「その他公開することにより、行政の公正かつ円滑な執行に著しい支障を生ずることが明らかな情報」について、それぞれ「非公開とすることができる」と定めていることを根拠としてである。これに対して、那覇地裁は、それぞれについて詳細に検討して国の請求を退けた。

まず、六条一項一号を根拠とする国側の主張については、判決は、この規定にいうところの「法令」には地方公務員法三四条一項（秘密を守る義務）と自衛隊法五九条一項（秘密を守る義務）が含まれるとし、そしてこれらの法令に定める秘密とは「非公知の事項であって、実質的にもそれを秘密として保護するに値すると認められるものであることを要する」とした上で、しかしながら、問題の二一枚の文書は、いずれもそのように秘密として保護する必要性はないと判示した。すなわち、国側は、本件文書が公開されれば、①ＡＳＷＯＣが設置されている本件建物の地下階部分の抗たん性（＝軍事基地や軍事施設等が敵から攻撃を受けても簡単にはその機能を停止しないような性質）の程度が明らかになること、②警備上の支障が生ずること、そして③設置されるコンピュータの能力推定が可能となることを理由としてあげて、本件文書の秘匿の必要性を主張したが、判決は、これら主張はいずれも根拠を欠くものであることを二一点の文書について逐一具体的に検討してきわめて説得的に判示したのである。

判決によれば、そもそもこれら文書については、秘密指定も取扱い注意もなされておらず、秘密保全の適切な措置も講じられていなかった。また、関連公開文書によってすでに本件建物地下部分の外壁、天井、地下床スラブのそれぞれの厚さ並びに土地かぶりの厚さ及び地下部分の深さの様相を相当程度まで推定することができ、その結果によれば、当該建物の地下部分の様相は「およそ抗たん性の程度を問題とするまでもないほど脆弱なものであることは明らかであり、右の各情報が公開されたとしても、公開されていない場合に比較して敵側の攻撃をかなりの程度容易かつ効果的なものにするとまではいえないのではないかとの強い疑念が生ずる」。ところが、国側は、「抗たん性に係わる情報の重要性を一般論として説明するのみで、本件図書に記載されている情報の内容に即しての重要性を何ら説明していない」。また、警備上の支障に係る情報についても、すでに公開された文書により、国側がもっとも秘匿を要するとする電子機器、通信機器や発電所が設置されている場所がどこかはきわめて容易に判明しうる。さらに、コンピュータの能力推定の問題については、本件図書からは、ＡＳＷＯＣ施設がコンピュータの消費電力の最大値を意味ある程度で推定することはできない。「従って、原告主張のとおり、ＡＳＷＯＣが防衛上重要な施設であることを前提としても、本件図書に記載されている情報には、要保護性が認められていないというべきである」。

つぎに、本件条例六条一項四号ウを根拠とする国側の主張については、判決は本件図書はそれにも該当しない旨をつぎのように述べる。「右条項にいう『協力関係を著しく損なうおそれのあるもの』には、機関委任事務の処理に関して作成し又は取得した情報であって、主務大臣から具体的かつ明確に公開してはならない旨の指示があったものも該当する」が、本件図書に関しては「明確な指示がない」し、「具体的な指示も示されていない」。また、原告は、本件処分がなされると、「建築基準行政に多大な支障が生じるから、国との協力関係を著しく損なうと主張する」が、「しかしながら、原告は、右のような危惧を抽象的に主張するのみで、具体的事実に基づく主張や根拠を何ら提出していない」。むしろ、被告や他の自治体による自衛隊施設に係る計画通知書の公開決定等がなされた後でも、(5)「特段建築計画の適合審査事務に支障を来すという事態は生じていない」。さらに、原告は本件図書が公開された場合には、防衛行政の分野において国との協力関係を著しく損なうおそれがあると主張するが、「本件図書が公開されても防衛行政上著しい支障が生じるとは認められないから、原告の主張は前提を欠く」。

最後に、本件条例六条一項四号オを根拠とする国側の主張に対しては、判決は以下のように述べて、これを退けた。右規定にいう「『行政』とは、市政に限られるものと解するのが相当であり、国等の行政をも含む行政一般をさすものと解すべきではない」。「本件条例は、具体的な必要性があると認められる場合には、国などの行政活動を保護する趣旨の規定も盛り込んでおり、その結果国等の行政活動との調整は相当な範囲で可能であること、仮に、原告が主張するような条例上の欠陥があるとしても、そもそも地方自治体の情報公開決定において実施機関が国等の行政活動一般の支障の有無を常に判断しなければならないということ自体に疑問があるうえ、そのことはむしろ地方自治体における情報公開制度と国等の行政活動との調整の手続、要件を定めた情報公開に関する法律が未だ整備されていないことに起因するものと考えられることに照らすと、四号オの規定する『行政』とは市政に限られるという解釈を採ったからといって、本件条例が憲法九四条、地方自治法一四条一項の趣旨に反するということはできない」。

以上のように、判決は、国側の主張のすべてについて詳細な検討を行い、それらが採用することができない所以を明らかにした。判決がとりわけ本件図書二一点について、那覇市側の弁護団の詳細な立証(6)を踏まえて逐一具体的に検討し、本件図書には秘匿の必要性は認められない旨を説得的に判示した箇所は、本件判決の白眉であり、事実審としての裁判所の面目躍如たるものがあるといえよう。防衛上重要と言った抽象的な理由で公開を拒むことはできないことはもちろんのこと、抗たん性の程度が明らかになるとか、警備上支障が生ずるといった主張も、それらがなんら具体的な根拠に裏付けられたわけではなく抽象的なものである場合には秘密保護の必要性がないとしたこの判決は、公開に伴う具体的な危険性が客観的に明白でない限りは、公開すべきであるとする情報公開判例の最近の有力な傾向(7)に従うものといってよいであろう。それとともに、そのような考えを「防衛情報」にも適用し、「防衛情報」が決して聖域ではないことを明らかにした点で、平和憲法の精神をも的確に踏まえたものとなっている。

さらに、このような判決は、「防衛情報」の透明化を図ることで戦争を防止し、平和を実現しようとする最近の国際的な動向にも沿ったものといえよう。ちなみに、一九九四年の北朝鮮の核開発疑惑に際して、世界の多くの人々が（日本政府当局者をも含めて）北朝鮮はＩＡＥＡ（国際原子力機関）による核査察を受け入れるべきであると考え、またそのように北朝鮮に対して要求したことは、なお記憶に新しいところであろう。核開発の有無という意味ではもっとも重大な軍事情報に関して一国の秘密に属する以上は非公開も当然であるという発想をとらずに、逆にその公開をまさに国際の平和と安全の確保のために主張したのである。このことは、単に北朝鮮がＮＰＴ（核不拡散条約）に加盟していることに伴う条約上の義務の履行として片づけるわけにはいかない問題を含んでいるというべきであろう。軍事情報を秘匿することが国家の当然の権利であるという発想、さらには軍事情報を秘匿することによって国家の安全が確保されるといった発想が今日の国際社会ではもはやかつてのようには通用しないことを示しているのである。判決は、それを意図したと否とにかかわらず、客観的にはこのような国際的な動向にもかなったものとなっているのである。

四　若干の問題点と今後の課題

以上のような意義をもつ判決に関しても、もちろん、問題点がまったくないわけではない。以下には、私なりに感じた問題点と今後の課題について若干指摘しておくことにする。

まず第一は、判決には市民の知る権利についてのはっきりとした憲法論が見受けられないということである。判決が上述したような議論を展開していることを考えると、判決の基礎には市民の知る権利に対する積極的な評価があることは推察に難くないが、しかし、そのことが判決には明確な形ではほとんど語られていないのである。この点は、やはり気になるところである。ちなみに、那覇市の情報公開条例は、第一条で「この条例は、市の保有する公文書の公開を求める権利を明らかにすることにより、日本国憲法の保障する基本的人権としての知る権利を保障するとともに……」と定め、この条例の目的が憲法が保障する知る権利の具体的な実現にあることを明記している。そのことは、那覇市が作成した『那覇市情報公開条例解釈・運用基準』においても、つぎのように書かれている。「この条例は、憲法に内在する基本的人権としての『知る権利』を具体的な権利として保障するとともに、市政への市民参加を推進し、市政に対する市民の理解と信頼に基づく公正かつ民主的な市政の発展に寄与することを目的としている」(8)。判決が下した具体的な結論が単に条例の解釈運用の結果として導き出されたものではなく、条例の基礎に据えられている憲法の知る権利を踏まえて導き出されたものであることを明らかにしていたならば、判決の論旨はさらにより強固な憲法上の根拠をもつことができたと思われる。

第二に、判決が日本国憲法の下でそもそも「防衛秘密」が認められるか否かについてなんの判断も行っていないことも、私には不満が残る点である。本件図書に秘匿の必要性がないということが具体的に立証された以上は、そのような憲法判断に立ち入る必要性はないということであろうが、しかし、本件訴訟の核心的な論点の一つが「防衛秘密」の違憲性の問題であることを踏まえれば、せめて問題の所在だけでも指摘することは可能であったはずである。ちなみに、判決には、「ＡＳＷＯＣが防衛上重要な施設であることを前提としても、本件図書に記載された情報には、要保護性は認められないというべきである」とか、「本件図書が公開されても防衛行政上著しい支障が生じるとは認められないから、原告の主張は前提を欠く」といった記述が見られる。これらは、もちろん、「防衛上重要な施設」とか「防衛行政」の合憲性を前提とした上での記述と捉えることはできないであろう。しかし、このような書き方をするのであれば、むしろ、「防衛秘密や防衛行政の存在そのものについて憲法上の疑義がないわけではない以上は、防衛情報の要保護性や防衛行政上の支障を軽々と容認することは到底できない」といった書き方もできたはずである。私自身は、日本国憲法の下では戦力の保持そのものが違憲である以上は、戦力の保持に係る「防衛情報」を秘密にすること自体が認めることができないと考えている。したがって、裁判所としては、本来ならば、国側の主張するような「防衛秘密」は端的に違憲であって、その理由からしても秘匿の必要性がないと判示すべきであったと考えるが、そこまでいわなくても、せめて上記のような書き方は判決の論理展開の中で可能であったと思われるが、どうであろうか。

第三に、判決が、本件条例六条一項一号にいう「法令」の中には建築基準法九三条の二（確認の申請書に関する図書の閲覧）が含まれないとしたことは正当であるが、しかし、地方公務員法三四条一項や自衛隊法五九条一項が含まれるとした点については疑問が存していると思われる。ちなみに、上記規定にいう「法令」の意味については、『那覇市情報公開条例解釈・運用基準』は、つぎのように述べている。「地方公務員法第三四条の規定及び個別法の規定については、守秘義務の範囲が必ずしも明確でないこと、又その趣旨が服務規律の要素が強いことから、この法令秘情報の判断にあたっては守秘義務規定があることのみを根拠として非公開とはしないものとする」[9]。「法令」の意味については、裁判所としてもこのような立法趣旨を踏まえた解釈を行うべきであったと思われるが、判決はそのような解釈ができない理由として以下の点をあげている。地方公務員法三四条一項や自衛隊法五九条一項はともに刑罰法規であるから、具体的な情報が秘密にあたるかどうかは規定上客観的に定まっているものと解すべきであるということ、そして条例は法律に違反することは許されない（地方自治法一四条一項）のであるから、法令上客観的に守秘義務が課されている情報を公開することは、地方自治法一四条一項の規定に反して許されないといったことである。

しかし、これらの点は、必ずしも説得力ある理由とはなっていないように思われる。なぜならば、地方公務員法などのこれらの規定はあくまでも一般的な守秘義務規定であって、これらの規定のみによっては守秘義務の範囲なり内容は決して具体的に明確にはなっていないからである。かりにこのような一般的な守秘義務規定のみを根拠として自治体における情報公開ができなくなると、国の主観的な判断で「秘密」であると主張された場合には、それだけで自治体は当該文書を公開することができなくなってしまう危険性が生ずるのである。本件の場合には、那覇市長の公開決定が国の意向にあえて抗してなされたが、そのような決定をすべての自治体に期待することはできないであろう。そうなった場合には、自治体が情報公開条例を制定して情報公開制度を設ける意義は半減してしまうことになりかねない。憲法の知る権利を具体的に保障するために情報公開条例が制定されたことを踏まえるならば、上記「法令」の意味についても、知る権利を最大限保障するように限定的に解釈すべきであると思われる。

最後に、この点とも関連して、判決が地方公務員法などにいう秘密は実質秘であればよく、形式秘である必要はないとした点にも疑問が残る。判決は、沖縄密約事件最高裁判決がそのような立場をとっていることを根拠にしているが、しかし、同判決をそのように読み取ることは必ずしもできないことはすでに別稿で述べた通りである。(10)かりに百歩譲って最高裁の判例をそのように読むことが可能だとしても、しかし、そのような捉え方は、憲法が規定する罪刑法定主義や適法手続主義にそぐわないと思われる。なぜならば、形式的な秘密指定もなされていない情報については、その情報を漏らすことが犯罪になるかどうかは、事前にはなんら明らかではないのであり、むしろ国民の知る権利の保障という観点からすれば、そのような情報については公開することが公務員に要請されているというべきである。それにもかかわらず、公務員が当該情報を公開したということで事後的に刑罰を科せられ、あるいは懲戒処分に付されるということは、事後処罰の禁止原則あるいは行政手続についてのデュープロセスの原則に違反するといわざるをえないのである。

以上、判決について私なりに疑問に感じた点を若干指摘した。しかし、これらの問題点は、本判決の前述したような画期的な意義を損なうものではないであろう。本件訴訟は引き続き控訴審で審理されることになるので、そこでさらに論議を深めてより憲法に則した形で解決されるべき課題であろう。あるいは、また今後ともありうべきその他の「防衛情報」公開裁判の中で解決していくべき課題であると思われる。いずれにしても、本判決は、政府が「防衛情報」の秘匿の必要性に安易に依拠して情報公開を妨げることに対して警鐘を鳴らした点で、決しておざりにできない重要な意味をもつものである。判決のこのような趣旨は、国のレベルの情報公開法の運用の中でも是非とも尊重されるべきと思われる。

（1）判時一五四七号（一九九六年）二三頁。
（2）那覇市長による本件公開決定に対しては国側から執行停止の申し立てもなされ、それについての那覇地裁の決定（一九八九年一〇一一日、判時一三三七号一四頁）がある。この決定や本件訴訟の概要については、拙稿「『防衛情報』と国民の知る権利」、金城睦・藤井幹雄「自衛隊施設と情報公開」（いずれも、法律時報六二巻一号（一九九〇年）六七頁以下所収）、奥平康弘「政府保有情報の開示制度と憲法」、拙稿「情報公開法（条例）と『防衛情報』」、恒川隆生「機関委任事務情報の公開をめぐる抗告訴訟と国の地位」、岩村智文「防衛情報公開訴訟の課題」（いずれも法律時報六四巻一二号（一九九二年）八頁以下所収）、棟居快行「最新判例批評」判例評論三七六号（一九九〇年）一八頁など参照。
（3）本判決についての論評としては、三宅弘「みせてはいけない情報はあるか？　防衛・外交情報」法学セミナー四八七号（一九九五年）五五頁、法律時報六七巻九号（一九九五年）の特集「『防衛』情報公開取消訴訟判決」七三頁以下参照。
（4）なお、逗子市池子川工事差止訴訟に関する東京地裁判決（一九九一年二月一五日判時一三八〇号一二二頁）、東京高裁判決（一九九二年二月二六日判時一四一一号一〇〇頁）、及び最高裁判決（一九九三年九月九日。訟務月報四〇巻九号一九六頁）参照。ただし、国の河川工事に対して河川管理者たる市長が民事上の差止訴訟を提起したこの事件と本件とでは、必ずしも同一には論じ得ない側面があるようにも思われる。
（5）ちなみに、判決は、本件処分後に計画通知に係る図書について地方自治体の情報公開条例に基づく公開決定例が少なくとも五件あることを指摘している。その中には、相模原市長が一九九一年四月に米軍相模原補給廠内の倉庫に係る計画通知書などについて行った公開決定も含まれている。
（6）この点については、被告最終準備書面（一九九五年一月二三日）二二四頁以下参照。
（7）情報公開訴訟の最近の動向については、さしあたり、右崎正博「情報公開条例訴訟の動向」自由と正義四六巻五号（一九九五年五月号）一七頁参照。
（8）那覇市総務部総務課『那覇市情報公開条例解釈・運用基準』（一九九〇年）三一頁。
（9）前掲書・注（8）四四頁。
（10）拙稿「情報公開法（条例）と『防衛情報』」（前掲論文・注（2））一八頁。

〈補注〉　本件訴訟に関しては、その後、福岡高裁那覇支部判決（一九九六・九・二四判タ九二一・一一九）と最高裁判決（二〇〇一・七・一三訟務月報四八・八・二〇一四）が出されている。高裁判決は、地裁判決を基本的には踏襲して国側の公開取消の訴えを不適法なものとして控訴棄却したものであり、最高裁判決も、高裁判決と理由付けは若干異なるが、国側の上告を棄却した。国側の強引としか言いようのない取消訴訟の提起に対して、正当な判断を下したものといえよう。

第十五章　情報公開法と「国の安全」情報

一　はじめに

一九九九年五月、長年の懸案であった「行政機関の保有する情報の公開に関する法律」（法律四二号）（以下、「情報公開法」と略称）が制定された（施行は、二〇〇一年四月一日）。国のレベルでの情報公開法がこの時期になって制定されたことは、自治体のレベルでの情報公開条例の制定が一九八二年の山形県金山町での制定をはじめとして一九八〇年代において全国の大多数の自治体で行われ、九〇年代においてはすでに運用段階に入っていたことと対比すれば、遅きに失したとの感が少なからずあることは否めないところであろう。

もっとも、国のレベルでの情報公開法の制定がこのように遅れたことについては、それなりの理由があった。例えば、「知る権利」を情報公開法に書き入れるかどうか、また、いわゆるインカメラの制度を導入するかどうかといった問題が憲法との関連もあって簡単には決着がつかなかったといったことも、理由の一端であった。それとともに、自治体のレベルでは特に大きな議論にはならなかったが、国のレベルでは重要な検討事項となった問題として、外交や「防衛」に関する情報の取り扱いをどうするかという問題があった。とりわけ「防衛情報」については、憲法九条との関連でその処理をどうするかは、簡単には決着のつかない問題として存在していた。

情報公開法の制定はこの問題についての一定の決着を政府と国会が図ったことによって実現したが、しかし、その決着の付け方が妥当なものであったかどうかについては、少なからず論議の存するところであろう。そこで、以下には、この問題についての議論の経緯をごく簡単にフォローするとともに、併せて情報公開法に取り入れられた「国の安全」情報の規定について若干の私見を述べることにしたい。

二「情報公開問題研究会」の「中間報告」

政府は、臨時行政調査会の最終答申（一九八三年）が「情報公開制度は、積極的かつ前向きに検討すべき課題である」と指摘したことを受けて、また、国民の情報公開法制定への強い要求を受けて、一九八四年に総務庁に「情報公開問題研究会」（座長・成田頼明）を設置し、情報公開の制度化についての調査研究を行うことにした。そして、同研究会は、その後六年間の調査研究を行った上で、一九九〇年に「中間報告」を発表した(1)。

この「中間報告」は、たしかに、「開かれた政府を実現し、行政に対する国民の信頼性を高めることがきわめて重要であるという認識に立って、わが国の実情に適合した情報公開制度を目指すことが必要である」と指摘したが、ただ、同時に、「制度化に際して解決を図らなければならない検討課題が広範にわたって存在し、中には早急に結論を出すことが困難なものも少なくない」として、「この中間的整理は、……各課題についての対処の方向やわが国における情報公開制度の在り方を具体的に結論付けるものではない」と述べて、具体的な提言は将来に委ねたのである。

そして、「中間報告」が「慎重な検討を必要とする」としたものの一つが、「外交、国防など国の存立に直接関係する情報」であるが、この問題について、「中間報告」は、以下のように述べた。「防衛上の秘密及び外交上の秘密等のいわゆる『国家秘密』については、情報公開法を制定しているすべての国において不開示事項の一つとして掲げられている。『国家秘密』の保護は、①『国家秘密』を不開示とすることによって保護する必要のある利益とは何か、②『国家秘密』を余り広くすることにより民主制の本質が損なわれないか、③これによって国民のいわゆる『知る権利』等が不当に狭められることがないかなどを考慮して、その妥当なバランスの上に慎重に決めるべきものであり、国民の合意を形成するとともに、厳格な比較衡量が強く要請される。また、『国家秘密』の概念を明確に定義することは非常に難しく、不開示事項として規定するにしても、抽象的な表現になることが考えられる。これについては、関係省庁等における秘密の指定は変更の手続を整備することによって妥当性を担保することが考えられる。例えば、アメリカにおいては、国防、外交に関する秘密について、『大統領命令に従い、実際に秘密指定が正当に行われているもの』というような規定となっている[2]」。

このような見解について、指摘されなければならないのは、ここには、日本国憲法の平和主義についての配慮がなんら明示的には述べられていないということである。アメリカなどの諸外国との大きな違いは日本には憲法九条が存在するということであるが、このような憲法原理の相違を捨象して「国家秘密」の問題を諸外国に準じて扱うとすれば、それは根本的に疑問といわざるを得ないと思われる。

もちろん、一口に「国家秘密」といっても、「防衛上の秘密」と「外交上の秘密」とでは、一定の違いがあることは確かであり、私も、「外交上の秘密」については厳しい条件を付した上でならば、不開示事項にすることは必ずしも憲法違反ではないと考える。しかし、「防衛上の秘密」に関しては、それが一般的に用いられる場合には軍隊の存在や活動、あるいは戦争の準備や遂行などに関する情報を包含することが通例であり、そのような意味を包含したものとして用いられる限りは、それら情報を保護に値する国家秘密として容認することは憲法九条の下では困難と言わざるを得ないと思われる。「中間報告」の上記見解は、「国家秘密」と「知る権利」とで「厳格な比較衡量」を行うことの必要性を説いているが、「外交上の秘密」については、そのような提言は基本的に妥当なものと言いうるとしても、「防衛上の秘密」については、そのような比較衡量の前提そのものを問題としなければならないことに留意する必要があると思われる。いずれにしても、憲法九条の観点を欠落させたままでの情報公開法の制定は、憲法上基本的に疑問が存するといわなければならない。

三　日弁連の「情報公開法大綱」など

政府の情報公開法への取り組みと相前後して、政党レベルや弁護士会・市民団体などでの取り組みも一九八〇年代から九〇年代にかけて活発になされた。例えば、政党レベルでは、一九八一年に日本社会党、共産党、公明党など中道四党などが相次いで情報公開法案あるいは公文書公開法案を発表したし、自由人権協会も、一九八八年に情報公開法モデル案を発表した。(3) このような動向と並んで注目されたのは、日弁連の動向である。日弁連（司法制度調査会など）は、従来から情報公開法の制定に意欲的な活動を行ってきたが、一九八三年には「情報公開制度に関する中間報告書」を発表し、(4) また一九八八年には「情報公開法大綱」（第二次試案）を、さらに一九九〇年には「情報公開法大綱（第三次案）」を発表した。(5)

これらの法案や「大綱」の中で、いわゆる「防衛秘密」などに関する非公開規定をごく簡単に見ると以下の通りである。まず、日本社会党案では、「我が国の安全または外交に関する事項であって、閲覧または謄写させることにより国家の重大な利益に悪影響を及ぼすおそれがあると明白に認められるもの」（六条一項一号）が非公開とされていた。つぎに共産党案では、「我が国と他国との外交交渉の過程における公文書の内容をなす事項であって、これを事前に閲覧もしくは謄写させることにより当該交渉に支障を来すおそれがあると認められるもの又は当該事項について我が国と他国との間で非公開とする旨の取決めがあるもの」（六条一項一号）が非公開とされていた。この案では、「防衛情報」は違憲という前提の下に非公開とはしない規定になっていた。また、中道四党の場合は、「我が国の防衛又は外交に関する事項であって、閲覧又は謄写させることにより国家の安全又は利益を著しく害すると認めるに足りる相当の理由があるもの」（六条一項一号）が非公開とされていた。

これらの案に対して、日弁連の場合には、第二次試案（一九八八年）は、非公開事項の一つとして、「わが国の防衛又は外交に関する情報であって、法律に基づき明示的に非公開とする旨の指定がなされ、かつ公開することによりわが国の安全又は外交関係を著しく害することが明らかなもの（但し、非公開とする旨の指定がなされた時から二〇年間を経過した情報を除く）」と定めていた。この案は、非公開情報をそれなりに限定したものであったが、ただ、これに対しても、日弁連の内外からさまざまな異論が出され、かくして第三次案の作成となった。

この第三次案は、「防衛又は外交情報のうち（情報公開の）適用除外とするもの」として、つぎのような書き方をしている。「わが国の防衛又は外交に関する情報であって、公開することによりわが国の重大な利益を著しく害することが明らかなもの。但し、次の情報を除く。(ア)人の人命、身体の安全又は健康の保持若しくは財産又は環境の保全に関し、公開することが公益上必要な情報、(イ)防衛又は外交上の違法又は不当な事務・事業に関し、公開することが公益上必要な情報、(ウ)消費生活上その他国民の生活に重大な影響が及ぶために公開することが公益上特に必要な情報[6]」。この案を第二次案と比較すれば、但し書きの部分が大きく変わっていることは一目瞭然であろう。第三次案が(ア)以下の但し書きを付して適用除外の情報をできるだけ限定しようとした意図はそれなりに読み取ることができるが、しかし、それではこれで十分かと言えば、やはりなお問題が残ることは、この案に対しても、「対案A」および「対案B」が付記されていることによっても明らかであろう。

ちなみに、「対案A」は、以下のようなものである。「(ア)防衛に関する情報のうち、その情報を公開することが、国民の生命、身体、財産に対する直接的で回復不能の損害を即時に発生させると現に認められるもの。(イ)わが国と他国との間で現に外交交渉の過程にある案件に関する情報であって、公開することにより当該交渉の相手国との関係において外交交渉上著しい支障を生じることが明らかなもの。（以下、略）」。また、「対案B」はつぎのようなものである。「わが国の防衛又は外交に関する情報であって、法律によって具体的に非公開とする旨の指定がなされ、かつ公開することによりわが国の防衛業務又は外交交渉の適正な遂行を著しく困難にすることが（回復不能な損害を生じることが）明らかなもの。但し、次に掲げるものを除く。(ア)日本国憲法、わが国が締結した条約又は法律に違反する事項に関する情報、(イ)人の生命若しくは身体の安全又は健康の保持に関する情報、(ウ)前2号の他、国民に重大な影響を及ぼすと認められる事項に関する情報。（以下、略）[7]」。

これらの「対案」は、いずれも、第三次案にさらに限定を付して、適用除外事項の範囲を狭くしようとしている点で積極的に評価することができると思われる。例えば、「対案B」の但し書き(ア)は、抽象的ながら、「日本国憲法に違反する事項に関する情報」は不開示にはならないとすることによって、憲法九条違反の軍隊や戦争遂行に関する情報は公開できるようにする可能性の道を開いておこうとする意図が込められていると捉えることもできるのである。これと類似した案としては、自由人権協会の「情報公開モデル案」（一九八八年）があり、同案も、「わが国の安全又は外交に関する情報であって、法律により個別的かつ具体的に非公開とする旨の指定がなされ、かつ、公開することによりわが国の安全又は外交関係を著しく害することが明らかなもの。但し、次に掲げるものを除く。(ア)日本国憲法の定める民主主義、平和主義及び基本的人権の尊重に抵触する事項に関する情報（以下、略）[8]」と定めることによって、同様に、憲法の平和主義に抵触する「防衛」情報は非公開とすることができない旨を明らかにしようとしたものということができよう。

ただ、「対案Ｂ」にしても、「モデル案」にしても、非公開とすることができない情報を消極的に但し書きでこのように憲法に関連づけて規定することについては十分な意味があるとしても、非公開とすることができる情報そのものについての積極的な限定は必ずしも十分とはいえず、そこでは、「わが国の防衛」あるいは「国の安全」という、それ自体抽象的な言葉が国民自身とは直接的な関連を離れてもっぱら「国益」擁護のために運用される可能性は皆無とはいえないと思われる。そして、おそらくはそのような点を考慮して出されたのが「対案Ａ」であるといってよいであろう。同案では、前引のように「防衛に関する情報のうち、その情報を公開することが、国民の生命、身体、財産に対する直接的で回復不能の損害を即時に発生させると現に認められるもの」というように、国民自身に対する直接的な損害に関連づけられた限りでの「防衛」情報のみを非公開とすることができるとしているのである。この点で、「対案Ａ」は、第三次案や「対案Ｂ」とはその発想を少なからず異にしているといってよいと思われる。

そして、あえて感想を述べれば、この「対案Ａ」のような考え方を「防衛」情報について採ることが日本国憲法の基本原則により近いものになると思われる。「防衛」とか、「国の安全」といった観念を国民自身の生存や安全と切り離してそれ自体が独自の存在理由をもつかのように考えるのではなく、あくまでも、国民の生存や安全と直接的に関連する限りで、それらに係わる情報のみを非公開にしようという視点がそれなりに明確に打ち出されているからである。

ただ、この「対案A」にあっても、そもそも「防衛」という言葉を用いるべきか否かは、それ自体、問題となりうるといえよう。たしかに、「防衛」という言葉を広義に用いた場合には非軍事的な「防衛」ということもそれなりに成り立ちうるといえようが、しかし、そのような意味で「防衛」という言葉を用いるのであれば、法案の上でもそのことを具体的に示しておくことが必要になってくると思われる。そうでなければ、「防衛」という言葉は、一般的には軍事力を伴うものとして理解されることは避けがたいであろう。そして、そのように理解されることによって、それは、憲法九条に違反する自衛隊などの情報を非公開にする可能性に道を開くことにもなりかねないのである。

そのような意味では、「対案A」の「防衛に関する情報」という言葉を用いる代わりに、「平和に関する情報」あるいは「国民の安全に関する情報」といった言葉を用いた上で、「対案A」の基本的な考え方をとる方がまだしも適切であるように思われる。これらの言葉もたしかに抽象的であるが、「防衛」という言葉に比較すれば、非軍事という意味を込めることがより容易になると思われるからである。あるいは、そのことをより明確にするためには、自由人権協会の「モデル案」のように、但し書きで、「日本国憲法の定める平和主義に抵触する事項に関する情報」については非公開とすることができない旨の規定を付け加えることが有用であろう。いずれにしても、「防衛に関する情報」についてとか、「国の安全に関する情報」が国民自身の生存などと切り離された形で非公開事項として取り扱われることは避けるということが情報公開法の制定に際して留意されるべき点であろう。この点で従来の発想の根本的な転換が日本国憲法の下では必要になっていると思われる。

四　情報公開法における「国の安全」情報

政府は、一九九四年、情報公開法の制定を主要な任務の一つとする行政改革委員会を設置し、同委員会の行政情報公開部会は、一九九六年一一月、「情報公開要綱案」（以下、「要綱案」と略称）を発表した。政府は、これに一定の修正を加えて、一九九八年三月に「情報公開法案」を閣議決定し、国会に上程した。法案は、一九九八年の通常国会では可決されずに、継続審議となったが、一九九九年五月には、この政府案が基本的には国会で承認されて成立する運びとなった。

このような経過のなかで、まず「要綱案」では、「国の安全」情報についてつぎのような形で不開示とすることを規定していた。「開示することにより、国の安全が害されるおそれ、他国若しくは国際機関との信頼関係が損なわれるおそれ又は他国若しくは国際機関との交渉上不利益を被るおそれがあると認めるに足りる相当の理由がある情報」。そして、このような情報を不開示とする趣旨について、「要綱案」の趣旨を述べた「情報公開法要綱案の考え方」は、つぎのように述べた。

「ア　保護される利益　わが国の安全、他国との信頼関係及びわが国の国際交渉上の利益を確保すること……は、国民全体の基本的利益を擁護するため政府に課された重要な責務であり、情報公開法制においても、これらの利益は十分に保護する必要がある。そこで、本要綱案では、開示することにより国の安全を害するおそれ、他国との信頼関係が損なわれるおそれ、他国との交渉上不利益を被るおそれ……があると認めるに足りる相当の理由があると認められる情報を不開示とすることにした。『国の安全』とは、国家の構成要素である国土、国民及び統治体制が平和な状態に保たれていること、すなわち、国家社会の基本的な秩序が平穏に維持されていることをいう。

イ　認めるに足りる相当の理由　第三……に規定する情報（＝「国の安全」等に関する情報）については、その性質上、開示・不開示の判断に高度の政策的判断を伴うこと、対外関係上……の専門的、技術的判断を要することなどの特殊性が認められる。諸外国においても、これらの特殊性に対応して大統領命令による秘密指定制度や大臣認定制度を設け、法の対象外とし、又は裁判所は、初審的には審査せず、行政機関の長が開示の拒否の判断をする合理的な理由を有するかどうかを審査するにとどめるなど、法の適用又は司法審査の関係で、他の情報と異なる特別の考慮が払われている場合が少なくないところである。このような事情を前提とすると、司法審査の場においては、裁判所は、第三……に規定する情報に該当するかどうかについての行政機関の第一次的判断権を尊重し、その判断が合理性をもつ判断として許容される限度のものであるかどうかを審査・判断することとするのが適当である」[9]。

ところで、このような「要綱案」の考え方については、市民団体や省庁からさまざまな意見が出されたが、特に防衛庁や外務省からはつぎのような修正意見が出されたことが注目された。「国の安全情報に係る不開示情報及び行政文書の存否に関する情報については、不服審査会及び司法救済の場において、行政機関の第一次的判断が尊重されうるような条文の建て方が必要。……具体的には、『おそれがあると行政機関の長が認める相当の理由のある情報』とすべき」（防衛庁）。「『……おそれがあると認められる相当の理由がある情報』」との規定については、行政機関の長が認定主体であることを明記すべき」（外務省）[10]。

政府の情報公開法案が、「要綱案」の文言に修正を加えて、以下のような条文になったのは、このような防衛庁などの意見が取り入れられたからであった。「公にすることにより、国の安全が害されるおそれ、他国若しくは国際機関との信頼関係が損なわれるおそれ又は他国若しくは国際機関との交渉上不利益を被るおそれがあると行政機関の長が認めることにつき相当の理由がある情報」。そして、この点については、国会での審議に際しても格別の修正を受けることなく、この政府案がそのまま成立した情報公開法の条文（五条三号）となった。

以上のような経過で成立した情報公開法五条三号については、しかしながら、憲法の観点からは、重大な疑義が存しているといわなければならないであろう。まず問題となるのは、ここでいうところの「国の安全が害されるおそれ」のある情報とは具体的にいかなる情報を意味しているのかという点である。「情報公開法要綱案の考え方」（前引）によれば、「国の安全」とは「国家の構成要素である国土、国民及び統治体制が平和な状態に保たれていること、すなわち、国家社会の基本的な秩序が平穏に維持されていることをいう」[11]とされるが、しかし、そこで中心的に想定されているのが軍事（防衛）情報であるとすれば、そのような情報をこのように一般的に不開示とすることは憲法上容認できないというべきであろう。改めて指摘するまでもなく、日本国憲法は九条において一切の戦争を放棄し、また一切の軍事力の保持を禁止しているので、戦争の準備や軍事力の保持に関する情報は保護の対象とすることはできない違憲な情報というべきである。そのような情報はむしろ積極的に開示してその違憲性を明らかにすることが必要とさえいうことができよう。したがって、かりに「国の安全」情報を不開示にするとしても、上述したように、きちんとした憲法上の歯止めを付した上で不開示とすることが必要と思われる。ところが、成立した情報公開法にはそのような限定はなんら付されていない。[12]のみならず、「国の安全が害されるおそれ」というように、きわめて広範かつ漠然とした要件の下で不開示を容認し得る規定になっているのである。憲法の観点からすれば、認めることができない所以である。

かりに憲法九条の観点をしばらく措いたとしても、そもそも軍事（防衛）情報を非開示にすることが本当の意味で「国の安全」や「国民の安全」にとって必要かつ有用かといえば、決してそのように言うことはできないと思われる。第二次大戦時において軍事（防衛）情報は国民に対して徹底的に秘密とされたが、その結果は軍部の独断専行を許し、「国の安全」も「国民の安全」も粉々に破壊されたことは改めて指摘するまでもないところであろう。たしかに、諸外国では今日でも軍事（防衛）情報は秘密とされ、情報公開法がある国でも多かれ少なかれ非公開とされているが、しかし、他方では、国際社会の動向は、軍事（防衛）情報の公開が国家間の信頼醸成措置（ＣＢＭ）の一環として積極的な意味をもつことを示しつつあることも見落とすべきではないと思われる。例えば、一九八〇年代に欧州で行われた東西間の信頼醸成措置の中には相互間の基地査察などの軍事情報の公開が組み込まれており、そのような信頼醸成措置が冷戦終結をもたらす一つの背景要因をなしたことは確かといえるのである。[13]また、一九九四年に北朝鮮の核開発疑惑が問題となったとき、国際世論は概ね北朝鮮に対して核関連施設の公開を迫ったことは周知のところである。そのような国際世論の背景にあるのは、国家間で相互に軍事情報を公開することによって侵略の意図も能力もないことを示すことが相互間の信頼を醸成することになり、結果的には国際社会の平和を、従って「国の安全」をも確保することに役立つという認識である。そもそも、核拡散防止条約自身が、国際原子力機関（ＩＡＥＡ）による核査察を非核保有国についてではあるが規定しているということ自体[14]、核情報の非開示ではなく公開こそが国際平和に役立つという認識を前提としているといってよいのである。

それだけではない。今日の国際社会では、「国の安全」という捉え方自体に対しても再検討の必要性が指摘されてきている。「国家の安全保障」に代えて、「人間の安全保障」の視点の重要性の指摘がそれである。国連の専門機関である「国連開発計画」が一九九四年に刊行した『人間開発報告書』に典型的に示されているこの考え方によれば、「国家の安全保障」を第一義に考える従来の発想を転換して、人間中心の「安全保障」、つまりは「人々の恐怖や欠乏からの自由」の保障を第一義とすることが重要とされているのである[15]。

このような国際的動向をも踏まえるならば、「国の安全」という観念をアプリオリに前提とした形で「国の安全を害するおそれがある情報」を不開示とする発想そのものを根本的に再検討することが必要になってきているのである。しかも、さらに、以上の点を踏まえるならば、情報公開法が「国の安全が害されるおそれがあると行政機関の長が認めることにつき相当の理由がある情報」を不開示と規定したことがいかに不当であるかも明らかになってくるといえよう。けだし、このような規定の意図は、いうまでもなく、行政機関の長に第一次的判断権を認め、行政機関の長が不開示の判断を行った場合には、情報公開審査会や裁判所がその判断を覆すことを実際上きわめて困難なものにする点にあるといってよいが、そのように「国の安全」を事実上「聖域」と捉える発想は、以上述べてきたところからすれば、到底受け入れがたいものであるからである。政府が、このように行政機関の長の第一次的判断権を尊重しようとしている根拠は、「国の安全が害されるおそれ」があるか否かは高度に政策的・専門的な判断を必要とするということであるが、しかし、まさにこの種の情報についてこそ、その不開示・開示の第一次的判断権を防衛庁や外務省の長の判断に委ねることには疑問が存するというべきである。この種の情報は、国民の安全や生存にとってもきわめて重大な関連をもつが、防衛庁や外務省の長にそのように国民の安全や生存を重視する視点を期待することは法制上も[16]、過去の実例[17]に照らしてても必ずしもできないからである。

少なくとも、これらの点を考慮すれば、「国の安全」に関する情報について他の不開示情報とは異なった特別扱いをしてまで行政機関の長の第一次的判断権を尊重する理由は存しないというべきであろう。ちなみに、軍事力の存在を憲法で認めているアメリカの情報自由法においても、国防情報を不開示にできるのは「大統領命令により定められた基準に基づき、国防……のために秘密にしておくことが特に認められ、かつ大統領令に従い、実際に秘密指定が正当に行われているもの」に限定されている。[18]日本の情報公開法の規定の仕方は、このようなアメリカの規定との対比においても問題が存するといえよう。

以上、情報公開法が「国の安全が害されるおそれがあると行政機関の長が認めることにつき相当の理由がある情報」を不開示としたことについて憲法解釈上も、また憲法政策的にも正当性をもちえないことを述べてきた。ただ、このような議論に対しては、それではこの種の情報に関してはまったく不開示規定を設ける必要性はないのかという反論が提起されると思われる。これに対して、私は現時点ではつぎのように答えたい。すなわち、国民の安全に関する情報で、その開示が国民の生存と安全を直接的に損なう重大かつ明白な危険性を伴う情報については不開示とするような規定を設けるということである。[19]このような考え方は、すでに明らかにしたように一方では、憲法の平和主義を踏まえると共に、他方では「国家の安全保障」よりも「人間の安全保障」を重視する発想を前提としている。そのような発想を基本に据えたならば、その開示が国民の生存や安全を直接的に損なう重大かつ明白な危険性をもつ情報については不開示にすることも、十分に認められ得るといえよう。ちなみに、そのような情報に関してはその開示・不開示についての第一次的判断権を行政機関の長に認める理由はなんら存在しないので、情報公開審査会や裁判所が厳正に審査することになるのは当然であろう。

もっとも、現実には情報公開法は上記のような規定ですでに施行され、運用されているので、上記規定を前提とした運用を考えざるを得ないことも確かである。しかし、その際にも、上述した私見を踏まえれば、「国の安全が害されるおそれ」があるとは具体的にどういう事態を指しているかを、行政機関の長の判断をも含めて厳格に審査することが、情報公開審査会や裁判所には要請されていると思われる。少なくともいわゆる「防衛情報」については、憲法の平和主義に照らせば、違憲性の推定が働くので、そのような情報は開示が原則であって、不開示については行政機関の長の側に厳しい立証責任を課するように運用すべきであると思われる。ちなみに、アメリカでは、判例上、国の安全等に関する情報については、行政機関の宣誓供述書が十分具体的であり、行政機関が不誠実に行動した形跡がない以上、事実についての争点の審理を主目的とする正式事実審理に基づかずに原告の開示請求を棄却する傾向があるとされているが[20]、かりにアメリカの実例がそうであるとしても、憲法九条がある日本では少なくとも「国の安全」に関する情報については、裁判所としては、厳格な事実審理を行うことが要請されているというべきであろう。

（1）総務庁行政管理局監修『情報公開　制度化への課題――情報公開問題研究会中間報告』（第一法規、一九九〇年）。
（2）前掲書・注（1）二八頁。
（3）諸政党などの情報公開法案については、日弁連編『情報公開法制度に関する中間報告書』（一九八三年）一〇一頁以下に収録されている。自由人権協会の「情報公開法案モデル案」は、自由人権協会編『情報公開法をつくろう』（花伝社、一九九〇年）一七六頁以下に収録されている。
（4）前掲書・注（3）。
（5）日弁連司法制度調査会など編『情報公開法大綱（第二次案）』（一九八八年）および日弁連司法制度調査会など編『情報公開法（第三次案）』（一九九〇年）。
（6）前掲書・注（5）四四頁。
（7）前掲書・注（5）四四頁以下。
（8）前掲書・注（3）一七九頁。
（9）「情報公開法要綱案」と「要綱案の考え方」については、行政改革委員会事務局監修『情報公開法制――行政改革委員会の意見』（第一法規、一九九七年）に収録されている。

(10)　行政情報公開部会事務局編『中間報告要綱案に対する各省庁からの意見整理』一八頁以下。
(11)　『情報公開法制――行政改革委員会の意見』（前掲注9）二六頁以下。
(12)　岡本篤尚「『国の安全』と情報公開」右崎正博ほか編『情報公開法』（三省堂、一九九七年）六〇頁参照。
(13)　欧州における信頼醸成措置については、吉川元『ヨーロッパ安全保障協力会議（ＣＳＣＥ）』（三嶺書房、一九九四年）一三五頁以下参照。
(14)　もっとも、核拡散防止条約は、非核保有国に対しては核査察を規定しているが、一九六八年の同条約の締結時における核保有国に対する核査察は規定していないという、矛盾した規定となっている。核保有国についても核査察を行うようにすべきであろう。
(15)　国連開発計画『人間開発報告書一九九四』（国際協力出版会、一九九四年）二二頁以下参照。なお、「人間の安全保障」についての私見は、拙著『人権・主権・平和』（日本評論社、二〇〇三年）二六九頁以下参照。
(16)　自衛隊法三条は、自衛隊の任務を「国の安全」を保つことに置き、「国民の安全」を保つことにあるとは規定していない。この点については、本書第七章、九章を参照。
(17)　戦前の帝国軍隊が「天皇の軍隊」として国民の安全よりも天皇または国家の安全を第一義としたことは改めて指摘するまでもないが、戦後の自衛隊も必ずしも「国民の安全」を第一義としてこなかったことは、例えば一九八八年の「なだしお」号事件などに端的に示されている。
(18)　アメリカの軍事情報についての取り扱いについては、岡本篤尚『国家秘密と情報公開』（法律文化社、一九九八年）、宇賀克也『アメリカの情報公開』（良書普及会、一九九八年）一六六頁参照。See, also, U. S. Department of Justice, Freedom of Information Act Guide & Privacy Act Overview, September 1994 Edition, p. 33; J. D. Franken / R. F. Bouchard (ed.), Guidebook to the Freedom of Information and Praivacy Act (1996), p. 1-52.
(19)　なお、拙稿「国の安全と情報公開」ジュリスト増刊『情報公開・個人情報保護』（一九九四年）二八頁以下では、「国の安全に関する情報」について、「その情報を公開することが国民の生命・身体・財産に対する直接的で回復困難な損害を即時に発生させると認められるもの」については不開示としてもよいと書いたが、「国家の安全保障」から「人間の安全保障」への安全保障観の転換を踏まえて、本文のような考えに修正することにした。
(20)　宇賀克也『情報公開法の理論』（有斐閣、一九九八年）六二頁。

第三部　ドイツにおける非常事態法制

第十六章　ドイツの国家緊急権
——その法制と論理について——

西ドイツの国家緊急権をめぐる問題については、日本においても、すでにこれまでにかなり詳細な研究や紹介がなされてきている。(1) 本稿が、これまでのそのような諸研究・紹介に対して、特に目新しい何ものかを付け加えることができるかどうかは不明であるが、ここでは、それら諸研究・紹介を踏まえながら、また近年日本で盛んに議論されてきている「有事」立法問題を視野に入れながら、あらためて西ドイツの国家緊急権に関する法制と論理について概観し、私なりの立場から現時点における一定の評価を下してみることにしたい。

なお、周知のように、西ドイツの国家緊急権の問題については、その前史として、ワイマール憲法四八条をめぐる深刻できびしい体験が存在している。この点は、それ自体ワイマール憲法体制のあり方にもかかわる大きなテーマでもあるが、いまそれに立ち入る能力も余裕もない。(2) 以下においては、したがって、第二次大戦以後の西ドイツにおける国家緊急権の問題に限定して若干の検討を加えることにする。(3)

一　ボン基本法の立場

西ドイツにおいては、一九六八年に大々的な憲法改正がなされ、諸外国の憲法の中でもおそらくはもっとも詳細かつ包括的な国家緊急権に関する規定が採り入れられたことは、周知のとおりである。本稿も、この六八年緊急事態憲法をどう理解するかに主眼を置くが、その点の検討に入るに先立って、前提的な問題について若干論及しておくことにしたい。

改めて指摘するまでもなく、一九四九年に制定されたボン基本法には、立法緊急事態（八一条）や連邦の強制措置

年　表

1949. 5.23	ボン基本法公布
1952. 5.26	ドイツ条約（「ドイツ連邦共和国と三国との関係に関する条約」）署名
1954. 3.26	基本法改正（徴兵制の憲法的根拠を与えられる）
1954.10.23	パリ会議でドイツ条約を修正・確認（1955.5.5、ドイツ条約発効） 西ドイツ NATO 加盟を決定
1955. 6. 7	国防省発足
1956. 3.19	基本法改正（再軍備のための憲法改正）
〃 3.19	軍人法（Soldatengesetz）
〃 7.21	兵役義務法（Wehrpflichtgesetz）
1959.11.13〜15	SPD、バード・ゴーデスベルグ綱領決定、国防を肯定
1960. 4.20	緊急事態憲法草案（シュレーダー案）上程
1961. 9.27	連邦給付法（Bundesleistungsgesetz）
1962. 5.30	SPD、ケルン大会で７項目決議（緊急事態立法に賛成の立場を明確化）
1962.10.31	緊急事態憲法草案（ヘッヘャール案）上程
1965. 8.12	民間防衛隊法（Zivilschutzkorpsgesetz）
〃 8.24	経済確保法（Wirtschaftssicherstellungsgesetz） 食料確保法（Ernährungssicherstellungsgesetz） 水確保法（Wassersicherstellungsgesetz） 交通確保法（Verkehrssicherstellungsgesetz）
1966.12. 1	CDU/CSU と SPD の大連合成立
1967. 5.10	緊急事態憲法草案（政府草案）閣議決定
1968. 6.24	緊急事態憲法公布（基本法第17次補充法）
〃 7. 9	労働確保法（Arbeitssicherstellungsgesetz） 災害防護法（Gesetz über die Erweiterung des Katastrophenschutzes）
〃 8.13	信書、郵便及び電信電話の秘密の制限のための法律
1970.12.15	連邦憲法裁判所、信書、郵便及び電信電話の秘密の制限に関して合憲判決
1972. 1.28	連邦ラント首相会議、過激派の公務就業禁止を決議
1972. 7.28	基本法改正（32条２項、73条10号）
〃 8. 7	連邦憲法保障法（Bundesverfassungsschutzgesetz）改正
1975. 5.22	就業禁止措置に対して連邦憲法裁判所が合憲の決定
1976. 8.18	反テロリスト法（Autiterroristengesetz）
1977. 2.28	トラウベ（Traube）事件発覚

（三七条）などの例外的な規定を除くと、緊急事態に関する条項は存在していなかった。このことの意味をどう理解するかが、まず問題となりえよう。

この点に関して、ボン基本法の制定過程をみてみると、当初の憲法草案であったヘレムヒムゼーの草案（一一一条）にはワイマール憲法四八条に類似する緊急権条項があったが、それが審議の過程でさまざまな紆余曲折を経て最終的には削除されたという事実が存在している。[4]緊急権条項が最終的にけずられた理由が基本的にはなにであったかは、必ずしも明確ではないが、たとえば、ウルリッヒ・ショイナーは、この点に関して要旨つぎのように述べている。すなわち、基本法制定過程においては、緊急権に関する規定を設けるべきか否か（Ｏｂ）についてはあまり論議されておらず、むしろ緊急権に関するいかなる規定を設けるべきか（Ｗｉｅ）が争われた。ただ、いずれにしても、この問題は基本法制定に際しての中心的な問題とは考えられていなかった、と。[5]制定過程における緊急権条項の取扱い方そのものは、おそらくその通りであったとしても、このことの背景にはさらにつぎのような事情があったと思われる。

(イ)　いかなる規定を設けるべきかについて決着がつかなかったのは、やはりワイマール憲法時代の国家緊急権をめぐるにがい体験があり、それを是非とも避けるためにはどうしたらよいのかという問題意識が基本法制定者に強くあったからであろう。いいかえれば、ワイマール憲法時代の国家緊急権のあり方に対する強い反省があったからこそ、結果的にはボン基本法に国家緊急権に関する条項が採択されなかったということである。[6]

(ロ)　基本法制定に際して国家緊急権の問題が中心的な問題とは考えられていなかったかどうかは、必ずしも即断はできない。ただ、当時の西ドイツは、国家緊急権発動の重要な裏付けとなる軍隊を保持していなかったし、[7]また占領下において、かりに緊急事態が発生しても、それには占領軍が対処することになるという事情があったことは指摘できよう。[8]このような当時の状況が国家緊急権を論ずる実益を一定程度減殺させたことは推測にかたくない。

ところで、ボン基本法は、このような経緯により国家緊急権に関する本格的な規定を導入することはしなかったが、他面において、いわゆる「たたかう民主制」の原則を明確な形で打ち出したことは、国家緊急権との関連においても見過しえないであろう。ボン基本法における「たたかう民主制」は、具体的には、「自由で民主的な基本秩序」を侵害することを目指す政党の禁止（二一条二項）、「（表現の自由などを）自由で民主的な基本秩序を攻撃するために濫用する者」に対するそれら基本権の喪失（一八条）、「憲法的秩序」に違反する団体の禁止（九条二項）などに示されているが、[9] この「たたかう民主制」の考え方は、いわば、「自由で民主的な基本秩序」を平時から不断に擁護し、そのような秩序に反する非常状態・緊急事態の発生を未然に防ごうとするものである、と捉えうるのである。換言すれば、違憲政党の禁止等の規定は、たしかに、緊急事態に直接対処するためのものではないにせよ、しかし、緊急事態の発生を平時から未然に防ぐために、本来ならば緊急事態の発生によってはじめてなされうるような基本権の制限・禁止を、平時から先取りした形で制限・禁止しようとするものと捉えうるのである。[10] 後述するように、六八年緊急事態憲法は、緊急事態に際しての精神的自由の禁止・制限を避けようとする姿勢を一応は示しているが、ボン基本法自身がすでに重要な基本権の制限を平時から緊急事態を先取りした形で、しかも「たたかう民主制」の名のもとに行なっていることは、六八年緊急事態憲法の性格を理解するうえでも、確認しておいてよいであろう。

二　緊急事態憲法（一九六八年）制定の背景

日本と同様に軍隊を持たないで出発した戦後西ドイツがまもなく憲法を改正して再軍備への道に踏み切り、NATOへも加入していく過程については、日本でもすでに多くの紹介がなされているので、[11] この点については一切省略することにする。ここでは、連邦政府が、基本法を改正して緊急権条項を憲法に導入しようという提案をはじめて六〇年の段階で行なった、その背景にはいかなる事情があったかという点、および六〇年以後六八年の緊急事態憲法成立に至る制定過程においてどのような問題が存していたのかという二点についてだけ簡単に言及しておくことにする。

1　緊急事態憲法草案（一九六〇年）提案の背景

連邦政府が一九六〇年の段階ではじめて緊急事態憲法の草案を提案してきた背景としては、ほぼつぎの三点ほどが指摘できると思われる。

まず第一に、政府の提案理由の中でも述べられているように[12]、西ドイツは確かに一九五四年のドイツ条約の調印で占領体制にピリオッドを打ち独立を回復したが、ドイツ条約五条二項にはつぎのような留保条項が付されており、この留保条項がある限り西ドイツは、完全な意味での独立主権国家ではないという認識がかなり一般的になされていたということである。

「連邦共和国に駐留する軍隊の安全の確保に関して三国が従来保持し行使してきた権利で、現に三ヵ国によって暫定的に保持されているものは、権限をもつドイツ側の官庁が、ドイツの法によって適切なる全権限を獲得し、それによって駐留軍の安全確保に対する有効な措置をとり、ならびに公共の安全と秩序の重大な攪乱に対する能力をもつにいたった場合には、消滅する。[13]」

このような留保条項を取り除き、ドイツが完全な独立主権国家となるためには、駐留軍の安全の確保をはじめとして、緊急事態に十分対処できる緊急事態立法を西ドイツの側でつくる必要があるとされたのである。この点が、単に政府が強調するだけではなく、野党の間でもそれなりに説得力をもちえたことは、たとえばすでに一九五五年段階においてSPDのカルロ・シュミットがつぎのように述べていたことからも、推察される。「我々は、基本法の改正を避けるものではない。なぜならば、緊急時においてなされるべき事柄については、占領権力がそれを行なうよりは、むしろ我々ドイツ人自身が行なう方がまだしもよいと思われるからである。[14]」

一九六〇年段階で緊急事態憲法の制定が提案された背景として第二に指摘できることは、西ドイツにあって再軍備のための憲法改正とそれにともなう基本的な軍事法制の確立が一九五〇年代の後半期をもって一段落をむかえ、それと関連して再軍備に対して一九五〇年代前半にみられた国内の反対意見も一九五〇年代後半になるとかなり弱いものになっていったということである。当初は再軍備に反対していたSPDも、一九五九年の有名なバード・ゴーデスベルグ綱領では、はっきりと、「ドイツ社会民主党は、自由で民主的な基本秩序の防衛を信奉することを公表する。ドイツ社会民主党は、国防を肯定する」と表明するに至る。[15] そして、このような世論の変化は、もちろん、ベルリンの壁に象徴される東西の冷戦状況の固定化に大きな要因を見出すことができよう。そのような対外的要因をも伴いつつ、いずれにせよ、軍隊や国防の必要性について大方の国民の支持が得られるに至った段階が一九五〇年代後半期であり、それを踏まえて本格的に戦争のできる体制、さらには国民をもまるごと戦争に協力させる体制を作るべく、一九六〇年段階に入って緊急事態条項の導入が政府の側から提案されてきたのである。

一九六〇年段階に西ドイツ政府が緊急事態のための基本法改正の提案に踏み切った背景として第三点目に指摘できると思われるのは、西ドイツの学界の動向である。たとえば、はやくも四九年のドイツ国法学者大会において基本法八一条の立法緊急事態の問題が大会テーマの一つとして選ばれており、ワルター・イェリネックとハンス・シュナイダーが報告をしている。[16] 五二年には、ハイドテがラフォレットの記念論文集の中で「国家緊急事態と立法緊急事態」と題する論文を書き、その中でつぎのように述べている。

「国家緊急事態の場合のための権限を実定法で規制することの法政策的任務は、上からの憲法破壊行為を阻止することにある。国家緊急事態の発生そのものは一個の歴史的事実であり、それを憲法規範が防ぐことはできない。ただ歴史的出来事の法的結果については、規範によってこれを確定し、あるいは規制することができる。国家緊急事態の場合には、いずれにせよ、一国内において政治の指針を決定し、政治的発展について責任をもつ者が、緊急事態が要求するところに従って行動せざるをえない。そのような者に対して、憲法が行動の可能性をなんら与えていない場合には、残された道は、ただ憲法破壊の道だけである。必要の前に法なし、である。[17]」

ここには、国家緊急権を実定憲法に導入する必要性がきわめて明確な論理をもって語られている。また、その他にも、五五年には、マックス・プランク研究所から欧米七ヵ国の国家緊急権をめぐる比較研究の書物が出版され、[18] 国家緊急権をめぐる西ドイツの学界の関心の高まりが示される。さらに、また同じ年には、コンラード・ヘッセが「非常状態と基本法」と題する論文を書き、緊急事態に関して憲法上明文の規定を設けることの必要性――つまりは、そのための基本法の改正の必要性を説くことになる。[19] ヘッセは、この論文の中で、緊急事態に対処する方式としては三つほどがあるが、いずれにせよ、緊急事態に関して憲法でなんの規定をも設けず放置しておくことは、かえって緊急事態における権限の濫用を阻止しえず、憲法の安定性と威信（die Stabilität und das Ansehen der Verfassung）を事実の必然性（die faktische Notwendigkeit）のために犠牲とする結果をもたらす旨を指摘する。ヘッセによれば、ワイマール憲法四八条が失敗したのは、それが本来の緊急事態にではなく、いわゆる憲法攪乱（Verfassungsstörung）[20] の場合に悪用されたからであり、そのような運用の誤まりをただせばよいとするのである。

ともあれ、西ドイツの学界においては、一九五〇年代を通じて国家緊急権をめぐる論議が活発になされ、[21] しかも、このような論議を通じて憲法に緊急事態条項を設けるべきであるという意見が有力に唱えられるのである。そして、このような学界の動向が一九六〇年段階における政府の緊急事態条項のための憲法改正提案を容易にするための論理を提供したことは否定しがたいと思われる。

2　緊急事態憲法制定過程における特徴

一九六〇年に政府が行なった緊急事態のための憲法改正提案は、野党などの反対に会い不成功に終わるが、以後一九六八年に至るまでいくつかの政府草案が議会に提案されることになる。この間の経緯についても、すでにかなり詳細な紹介が日本でもなされているので、[22] ここでは、六八年の緊急事態憲法制定に至る過程を概観して私なりに感じた特徴点を一、二指摘しておくにとどめることにする。

まず、一九六〇年の政府草案（いわゆるシュレーダー草案）は、①緊急事態の類型を区別していない、②執行府に緊急命令権を与えている、③その緊急命令権により表現の自由をはじめとする広範な人権の制限が可能とされている、という特色をもっていた。それは、たしかに、①緊急命令権を大統領にではなく、連邦政府に与え、②執行府独裁を防止するために緊急命令権発動の前提となる緊急事態の宣言を連邦議会の権限としている点で、ワイマール憲法四八条とは異なっていたが、「非常の状況は、執行部の秋である」（Die Ausnahmesituation ist die Stunde der Exekutive）という発想に貫かれている点では、ワイマール憲法四八条と基本的には同様のものであった。(23)

これに対して、ＳＰＤは、前述の一九五九年のバード・ゴーデスベルグ綱領を踏まえつつ緊急事態憲法の制定そのものには原則的には反対しなかったが、緊急事態憲法を制定するに際しては、つぎのような原則が採り入れられることが必要である旨を、一九六二年五月の党大会で決議した。すなわち、①緊急事態の類型を明確にすること、②国家緊急権を権力を持たない国民や政党を抑圧する手段として行使しないようにすること、③とりわけ表現の自由を抑制することのないようにすること、④労働組合などの弾圧のために用いられないこと、⑤ラントの権限を抑圧することのないようにすること、⑥連邦憲法裁判所の権能は保障すること、⑦いかなる状況下にあっても、議会の権限と責任は確保されていなければならず、緊急事態立法には、議会自らの責任を回避する可能性を創り出してはならないこと。(24)

したがって、その後の過程は、このようなＣＤＵ／ＣＳＵ政府とＳＰＤなどの野党との間の対立をどのように調整・妥協させていくかを一つの焦点として展開していったといってもよい。たとえば、一九六二年のヘッヘャール案は、緊急事態の類型を区別した点などではＳＰＤの要求を受け入れたが、緊急命令権は、いかなる緊急事態立法にあっても、「不可欠の構成要素」であるという立場をとった点では、一九六〇年政府案と基本的に異ならず、ＳＰＤの反対に出会わざるをえなかった。(25)

また、一九六五年に成立した一連の確保法律――別名、ひき出し法律（Schubladengesetz）――も、一面においては、ＣＤＵ／ＣＳＵ政府とＳＰＤとのこのような妥協の産物と捉えることが可能と思われる。すなわち、これら確保法律（経済確保法、食糧確保法、水確保法および交通確保法）は、その内容たるや、経済、食糧、水、交通といった国民生活全般にわたって「防衛目的のために」広範な規制・統制を加えることを目的としているが、(26)憲法改正手続を踏むことなく単純法律の形で制定されたこれらの法律においては、広範な法規命令制定権が連邦政府に与えられている。この法規命令制定権は、たしかに、その根拠を確保法律に置いており、これら法律の権威のもとに執行府が法規命令権を具体的に発動することになっている点、および、執行府が法規命令を制定しうる場合をあらかじめ、たとえば「(食糧などの) 供給に対する危害を除き又は阻止するため」などに限定している点で、議会の立場をそれなりに重視する形式をとっている。しかし、そのような認定を執行府が行ないさえすれば、連邦議会の同意を得ることなく、「防衛の目的のために、特に市民及び軍隊の需要を賄うために」連邦政府は法規命令を制定しうるとされていること[27]は、連邦政府の独自な裁量的判断により法規命令を制定し、それによって国民の人権を広範に規制し国民総動員体制を敷くことを可能ならしめるものと捉え得るのである。

ところで、これら一連の確保法律の制定によって緊急事態憲法の制定の必要性がなくなったわけではもちろんなかった。そして、緊急事態憲法の制定は、一九六六年一二月にCDU／CSUとSPDとの間に大連合が成立することによって、確定的なものとなる。一九六七年の政府草案は若干の修正は受けるものの基本的にはほぼそのまま一九六八年緊急事態憲法となるものであるが、これは、大連合政権内部におけるCDU／CSUとSPDの妥協・調整の結果として生まれたものであった。すぐ後に検討する一九六八年緊急事態憲法の内容も、このような制定過程における事情を考慮に入れることによってはじめて的確に理解することができるであろう。

なお、一九六八年緊急事態憲法の制定過程について検討する場合、政党レベルの対応と並んで無視しえないのは、議会外の一般国民がこの問題にどのように対応したのかという点である。この点について詳論することはできないが、ひとことだけ述べておくと、学者・文化人、さらには労働組合、活動家などが中心となってかなり広範な反対運動が展開されたということである。カール・ヤスパースの反対は、日本でも有名であるが[28]、その他にもいくつもの著書が緊急事態憲法反対のために出されたりしたし[29]、労働組合の多くも最後の段階まで反対の姿勢をとりつづけていた[30]。反対意見の内容は多岐にわたるが、緊急事態憲法こそが自由で民主的な基本秩序をそこなうものであるといった点と並

- 緊急事態（Notstand）
  - 対外的緊急事態（äußerer Notstand）
    - 防衛事態（115a条以下）（Verteidigungsfall）
    - 緊迫事態（80a条1項）（Spannungsfall）
    - 同盟条項（80a条3項）（Bündnisklausel）
  - 対内的緊急事態（innerer Notstand）
    - 憲法上の緊急事態（87a条4項、91条）（Verfassungsnotstand）
    - 災害事態（35条2、3項）（Katastrophenfall）
  - 「抵抗権」条項（20条4項）
- 平時（Friedenszeit）――信書、郵便および電信電話の秘密の制限（10条2項）（違憲政党の禁止、基本権の喪失など）

んで、核戦争時代における緊急事態憲法の無力性、ソ連や東ドイツの脅威を強調することへの反対などが表明された(31)ことは、日本の「有事」立法論議とも関連して注目に値しよう。このような反対の運動は、結果的には成功しなかったが、しかし、六八年緊急事態憲法の内容に一定の歯止めをかけるうえで、そのはたした役割は、決して過小評価しえないであろう(32)。

三　緊急事態憲法（一九六八年）の構造

一九六八年緊急事態憲法の一つの特色は、緊急事態の類型をこまかく分け、それぞれの事態に応じていささか煩雑なほど(33)に要件・手続・効果などを定めている点にある。以下においては、六八年緊急事態憲法の構造を緊急事態の類型に応じて検討してみることにするが、そのような検討に入るに先立って、はじめに六八年緊急事態憲法の全体的性格との関連で一、二指摘しておくべきことがある。

一つは、六八年緊急事態憲法においては、緊急事態とは別にいわゆる平時の段階においても「連邦もしくはラントの自由で民主的な基本秩序、または連邦もしくはラントの存立もしくは保全のために」信書、郵便および電信電話の秘密というきわめて重要な基本権の制限が可能とされている（一〇条二項）という点である。このような規定が導入されたことについては、それなりの理由付けが連邦政府によってなされてはいるが(34)、しかし、いずれにせよ、これが、前述した違憲政党の禁止条項などと並んでボン基本法の「たたかう民主制」の立場を確認し、それをさらに補強する役割をはたすものであることは明らかであろう。[35]六八年緊急事態憲法については、緊急事態であるということを理由として精神的自由を制限することが特にみられない点に一つの特色がみられるが、しかし、緊急事態に至る前の平時の段階から「自由で民主的な基本秩序」を擁護するという名目のもとに広範な精神的自由の制限が可能とされていることは、六八年緊急事態憲法の全体的性格を考えるうえで見落しえない点であろう。

また、六八年緊急事態憲法で注目されるのは、二〇条四項に新たに導入された「抵抗権」条項である。この条項の意味するものについては、かつて私も簡単ながら論及したことがあるので、[36]ここでは省略することにするが、ひとことだけ付け加えておけば、この条項がほかならぬ緊急事態憲法の制定のプロセスにおいて当初は国家緊急権の濫用をチェックする役割を担って登場してきたにもかかわらず、最終的には国家緊急権に包摂される形での制度化がはかられてしまった点は、決して軽視しえないと思われる。「抵抗権」[37]行使の名宛人から国家権力がドロップしてしまったことは、本来の抵抗権のあり方からすれば逆立ちしたものであり、かくて基本法二〇条四項の「抵抗権」は、他のもろもろの緊急事態条項と並んで、緊急事態に際しての国家権力の行使を補助・補強する役割を担うに至ったのである。[38]

さて、そこで、六八年緊急事態憲法が規定している緊急事態の類型の問題に話を戻すと、六八年緊急事態憲法が想定している緊急事態は、まず大きく、対外的緊急事態（Äußerer Notstand）と対内的緊急事態（Innerer Notstand）とに分けられる。そして、この内、対外的緊急事態は、さらに、防衛事態（Verteidigungsfall）、緊迫事態（Spannungsfall）、同盟条項（Bündnisklausel）の事態の三つに分けられるし、また、対内的緊急事態は、さらに憲法上の緊急事態（Verfassungsnotstand）と災害事態（Katastrophenfall）の二つに分けられる。[39]以下、これら緊急事態の諸類型に応じて六八年緊急事態憲法の内容を検討することにする（ただし、スペースの関係上、災害事態については省略する）。

1　防衛事態（Verteidigungsfall）

まず、防衛事態とは、「連邦領域が武力で攻撃され」、または「このような攻撃が直接に切迫している」事態のことをいう（一一五a条一項）。防衛事態の発生の確定は、原則として、連邦議会が連邦参議院の同意を得て行なうが、「事態が不可避的に即時の行動を必要とし、かつ連邦議会の適時の集会に克服しがたい障害があり、または連邦議会が議決不能なとき」は、合同委員会が行なう（同条二項）。ただし、「連邦領域が武力をもって攻撃され、かつ、管轄の連邦機関が即時に（防衛事態の）確定を行なうことができないときは、この確定は行なわれたものとみなされ、かつ攻撃が開始された時点で公布されたものとみなされる」（同条四項）。

ここで、合同委員会というのは、その構成員の三分の二が連邦議会議員、残りの三分の一が連邦参議院議員から成り立つ委員会であり（五三a条）、防衛事態の前述のような確定を行なうとともに、防衛事態において、「連邦議会の適時の集会に克服しがたい障害があ」り、または「連邦議会が議決不能である場合」[40]に、「連邦議会および連邦参議院の地位を有し、その権利を統一的に行使する」（一一五e条一項）ために特に設けられた機関である。

ところで、このような防衛事態の確定がなされると、平時における立憲主義的統治機構および人権保障に一定の制限・変更が加えられることになる。統治機構上の変更としては、前述の合同委員会の存在と活動が最大のものであるが、その他にも、軍隊に対する命令権・司令権が連邦国防大臣から連邦総理大臣に移り（一一五b条）、連邦はラントの専属的立法事項についても競合的立法権を取得する（一一五c条一項）。連邦政府は、憲法上緊急命令権を与えられてはいないが、防衛事態の発生とともに、確保法律にもとづいて広範な法規命令を制定することが可能となる[41]。また、連邦憲法裁判所およびその裁判官の憲法上の地位およびその任務の遂行は、防衛事態においても原則としては変更されないが、合同委員会は、連邦憲法裁判所の見解によってもその変更が裁判所が機能をはたす能力の維持に必要とされる限度で、連邦憲法裁判所法を変更することができる（一一五g条）。

防衛事態の確定にともなう人権制限としては、まず兵役義務者が原則として無期限の兵役に服することになる（兵役義務法四条三項）ほか、兵役義務者で兵役にも代役にも服していない者は非軍事的役務給付を行なう義務を負うことになる（一二a条三項）。また女子に対して非軍事的役務の給付を課することもできる（一二a条四項）。財産権に対する規制としては、公用徴収にさいして暫定的に法律に基づかないで補償を定めることが可能となる（一一五c条二項一号）。さらに、人身の自由については、最高四日の期間、裁判官のもとに引致しないままに自由を剥奪することが可能となる（一一五c条二項二号）。経済活動の自由が一連の確保法律により広範に制限されることになるのはもちろんである。

以上のような防衛事態に関する法制については、まず、合同委員会の存在と役割が問題となるであろう。合同委員会は、「非常の状況は執行府の秋である」という発想と緊急事態においても議会の権限は極力確保されるべきであるという考え方とのいわば妥協の産物として生まれたものであり、たしかに執行府独裁型の国家緊急権とは若干異なるかもしれない。しかし、それは、国民に直接選ばれた本来の議会そのものとは異なるのであり、そのような機関が防衛事態を確定し、それに引き続く一連の措置を講ずることのもつ危険性は無視しえない。そこには、「『議会主義的多数派』の『独裁』を、合同委員会という見せかけの会議体によって実現する危険性[42]」が多分に存している。

また、防衛事態における人権制限についても問題が存している。防衛事態ということで格別の精神的自由の制限がみられないことの意味については前述した通りであるが、人身の由由、経済的自由などについては、防衛事態においてこれら自由の制限は政府の広範な政治的裁量に委ねられることになる。防衛事態における軍事的・非軍事的役務の給付を労働争議をおさえる目的で労働者に課してはならないとする基本法九条三項の規定も[43]、どこまで実効性をもちうるかは疑問といえよう。結局、防衛事態における最大限の人権保障という理念は、六八年緊急事態憲法においても成功していないといわざるをえないのである[44]。

2　緊迫事態（Spannungsfall）

緊迫事態が防衛事態の前段階の事態をさしていることは明らかであるが、その他に具体的にいかなる事態を意味しているかは基本法上は不明である。制定過程においては、一応、「高度の防衛準備体制の確立を必要とするほどに国際的緊張が高まった事態[45]」を意味すると説明されているが、しかし、これでは、「裁判手続的に適用できる法概念というよりは、むしろ一種の政治的な危機予測を示すものでしかない[46]」という批判を免れがたいであろう。

緊迫事態の発生の確定は、連邦議会が行なうが（八〇a条一項）、緊迫事態の確定にともなって、基本法上のある種の条項、さらには国防に関する法律のいくつかのものが発動される仕組みになっている。すなわち、兵役にも代役にも服していない兵役義務者に対して非軍事的役務給付を課することは、防衛事態の場合はもちろんのこと、緊迫事態の確定によっても可能となるし（一二a条五項）、「職業に従事し、または職場を放棄するドイツ人の自由」も、緊迫事態の確定とともに制限することが可能となる（一二a条六項）。また、同様に緊迫事態の確定によって、「国防の任務を遂行するのに必要な限度で、民間の物件を保護し、かつ交通規制の任務を受持つ」ために軍隊が出動することになる（八七a条三項）。さらに、一連の確保法律においても、緊迫事態の確定にともなって広範な法規命令を制定することが可能とされている（経済確保法二条一項、食糧確保法二条三項、交通確保法二条三項）。

以上のような緊迫事態についての法制に関しては、前述したように緊迫事態の概念そのものがきわめて不明確であることと並んで、さらにつぎのような点が問題となろう。まず、基本法八〇a条一項によれば、緊迫事態の発生をまたないでも、連邦議会の同意がありさえすれば、緊迫事態に発動される一連の基本法条項あるいは確保法律が発動されうることになっている。緊迫状態よりさらに前段階において戦時総動員体制の確立が可能とされているのである。また、国防あるいは非常事態に関する立法のなかには緊迫事態の確定（あるいは連邦議会の同意）をもその発動の前提としていないものが存在している。たとえば、連邦給付法（一条二項）によれば、連邦政府が「連邦共和国の防衛準備体制の迅速な確立のために必要であると判断し」さえすれば、平時の段階においても、連邦政府は一定の物件及び役務の給付を国民に要求することができるようになっている。

要するに、緊迫事態に関する制度は、緊迫事態といった不明確な事態を設定することによって防衛事態と平時との区別をあいまいなものにし、いわば平時から戦争準備体制を確立してそれに支障となる権力分立や人権保障の原理を形骸化しようとするところにそのねらいがあるといってよいと思われる。(47)

3　同盟条項（Bündnisklausel）の事態

基本法八〇a条三項によれば、連邦政府は、連邦議会の事前の同意等を得ないでも、「同盟条約の範囲内で、連邦政府の同意をえて国際機関のなした決定にもとづき」、緊迫事態の確定を前提として適用されうる国防・緊急事態に関する法律を適用することができる。つまり、別名ＮＡＴＯ条項とも呼ばれる本条項によれば、連邦議会による緊迫事態の確定等がなくとも、連邦政府の同意のもとにＮＡＴＯ理事会の決議があれば、それによって緊迫事態の確定があった場合と同様の措置を連邦政府はとりうるのである。

この、いわゆる同盟条項は、もちろん、西ドイツの国防体制がＮＡＴＯの軍事体制の下に編入されている現状を抜きにしては考えることができない性格のものであるが、(48)それにしても、これには、重大な問題が存すると思われる。まず、この同盟条項によって、たとえばＮＡＴＯ理事会が動員体制を敷く旨の決定を行なった場合、連邦政府は事実上その動員体制を連邦領域内に敷くことを義務付けられるということである。この点については、北大西洋条約上もその種の法的な義務は負わないとする見解もあるが、(49)しかし、ＮＡＴＯの実情からすればそうは解しえないと思われる。(50)しかも、この同盟条項は、連邦政府がいわゆる緊迫事態の場合に必要とされる連邦議会の確定手続を回避するために援用される可能性も十分にあるということである。緊迫事態の確定のためには連邦議会の投票数の三分の二の多数が必要とされているが、このような多数が得られる見込みがないと判断した連邦政府が、むしろみずから進んでＮＡＴＯ理事会の動員決議をとりつけ、それを根拠にして緊迫事態の確定を前提とする一連の国防・緊急事態法律の発動を行なうことが可能となるのである。(51)このようにして、同盟条項は、前述したような問題点をもつ緊迫事態の条項そのものをさえも空洞化しうる役割をもっているといえるのである。

4　憲法上の緊急事態（Verfassungsnotstand）

憲法上の緊急事態とは、「連邦もしくはラントの存立、または自由で民主的な基本秩序に対する急迫の危険」が存在するような事態のことをいう（八七a条四項、九一条）。このような事態が発生した場合には、「一ラントは他の諸ラントの警察力ならびに他の行政官庁および連邦国境警備隊の力と施設とを要請することができる」し、「危険の急迫しているラントが、みずから、危険と戦う用意がなく、または戦う状態にないときは、連邦政府は、このラントにおける警察力および他の諸ラントの警察力をその指図下におき、ならびに連邦国境警備隊の部隊を出動させることができる」（九一条一、二項）。しかも、このような警察力ならびに連邦国境警備隊の力で十分ではない時には、「民間の物件の保護にさいし、および組織され、軍事的に武装した反徒を鎮圧するにさいし、警察および連邦国境警備隊を支援するために、軍隊を出動させることができる」（八七a条四項）。

このような憲法上の緊急事態に関しても、さまざまな疑問が提起されえよう。なによりもまず、「自由で民主的な基本秩序」という概念がすぐれてイデオロギー的なものであるという点が指摘されえよう。このことは、有名なドイツ共産党違憲判決によっても明らかである。つぎに、「急迫の危険」という言葉も決して明確ではない。「自由で民主的な基本秩序が侵害される蓋然性があること」といいかえても、同様である。[52] しかも、このように漠然とした「急迫の危険」を連邦政府が認定すれば、連邦議会の承認を事前にとりつけることはなんら必要とされていない。憲法上の緊急事態の適用を労働争議に対して行なうことは明示的に禁じられているが（九条三項）、政治ストや経済的危機などに対して行なう可能性は決して皆無とはいえないだけに、[53] この点は問題となろう。

最後に、いうまでもなく、このような憲法上の緊急事態に際して最終的には軍隊を出動させることができるとされている点である。かつて一九五六年に再軍備のための憲法改正がなされたとき、同時に基本法には「国内の危急の場合に軍隊（の出動）を請求しうる要件は、第七九条の要件を満たす法律によってのみ、これを規律することができる」

（一四三条）という条項が付け加えられた。アドルフ・アルントの表現を借りれば、「国内においてドイツ人に対して連邦軍隊の銃口を向けようとする者は、いかなる者であれ、憲法を侵害するものとなる」[54]と考えられていたのである。ところが、六八年緊急事態憲法においては、この条項は削除されてしまったのである。これについては、結局のところ、ヘッセのつぎのような批判があてはまるといえよう。「自由で民主的な基本秩序は、十分に多数の民衆によってそれが肯定され、担われていることでその存立を確保する。……軍隊の出動という方法で『再建される』ところのものは、常に軍事的独裁あるいは軍隊の出動を自由になしうる権力……の独裁でしかありえない。基本法は、八七a条四項においてそのような解決手段を用意したことによって、基本法自らの存立を守る代りに、それを危険におとしめているのである」[55]。

四　緊急事態憲法制定以後の問題状況

一九六八年緊急事態憲法に対する最終的な評価は、もちろん、ベンダも指摘するように[56]、それが実際に緊急事態に遭遇した場合どのように機能するのかという点を抜きにしては不可能であろう。ただ、緊急事態憲法が制定されてから一〇年以上が経過した今日、緊急事態憲法に関する一応の評価を下すことが可能な状況がこの間すでに西ドイツで生起してきていることも確かと思われる。

たとえば、とりわけ一九七〇年代に入ってから、西ドイツでは、基本法や下位の法律の改正を通じて一九六八年緊急事態憲法を踏まえつつ、それをさらに法制的に整備するとともに、「自由で民主的な基本秩序」を平時から擁るための一連の措置が購じられてきている。この点についてここで詳論することはできないが[57]、たとえば、一九七二年の連邦・ラント首相会議におけるいわゆる就業禁止決議とそれに基づく「過激派」の公務からの締め出し措置は、日本でもよく知られているところである[58]。このような措置にも端的に示されるような一九七〇年代の西ドイツの状況は、「監視国家」とも称されるほどのものであるが、それは、緊急事態憲法体制が単に本来の緊急事態にとどまることなく、かぎりなく平時の立憲主義体制をも浸蝕するものであることを物語っているといってよいと思われる。

それと並んで注目に値するのは、一九六八年緊急事態憲法がかくも詳細な国家緊急権に関する実定憲法上の装置を設けたにもかかわらず、七〇年代の西ドイツにおいて超実定法的国家緊急権論の再登場とでもいえる状況が一面において生れてきているということである。このような状況が生れてきた背景にあるのは、一つはどちらかといえば理論的な問題関心であり、あと一つは七〇年代に監視国家体制と相対抗する形でひんぱつする一連のテロ事件である。

まず前者についていえば、六八年緊急事態憲法が実定憲法としてはおそらくもっとも詳細な規定を設けたにもかかわらず——というよりは、むしろそれ故にこそ——、はたして実定憲法で国家緊急権のすべてをカバーし尽くすことができるのかという疑問が改めて生れてきたということである。たとえば、法と権力との緊張関係の中で問題を捉え、所詮実定法によって国家緊急権をカバーすることはできないとするクレンツラーは、つぎのようにいう。「実定法上の枠付けは、国家緊急事態から生ずる問題（の解決）に対してほとんどききめがないという結論からすれば、国家緊急事態をボン基本法のような『緊急事態憲法』で法的に捕捉しようとする試みがまったく疑わしいものであることは明瞭となる。たしかに、自由主義的思考の伝統に従って、人は、詳細な規定（を設けること）によって執行府の非常権能を確定し、それによって国家緊急事態においても国家の侵害に対して個人を有効に保護しようと期待する。しかし、このような努力は、その反対（の結果）に転化する危険性がある。けだし、それによって、権力担当者は、政治的事態に合せて自分を憲法の外に置き、同時にその執った措置の効果を違法性の名のもとに疑問視されることを強いられるからである」(59)。クレンツラーは、このように述べて、むしろ、イギリス型の国家緊急権のあり方をよりよいとする。また、他方、不文の国家緊急権（das ungeschriebene Staatsnotrecht）の存在を示唆するのが、ベルンハルトである。すなわち、彼は、憲法と国際状態について書いた論文の中で、つぎのようにいう。「私の考えでは、一九六八年の憲法改正にもかかわらず、基本法のもとで不文の緊急事態権能（ungeschriebene Notstandsbefugnisse）が存在しえないか否か、つまり、困難な、他の方法では克服できないような危機的状態において現存の規定が不十分な場合にそのような権能が存在しえないか否かは、なお未決定の問題である。この目下のところはどちらかといえば理論的な問題は、まさに極限的な状況が生じた場合……には、改めて検討と解答を必要とするであろう[60]」。

一九七〇年代に入ってこのような問題関心が改めて生れてきたことは、ワイマール憲法四八条の規定にもかかわらず超実定法的国家緊急権論が登場してきた歴史をワイマール時代にもつ西ドイツにおいて決して不思議なことでもないといえよう。しかも、非常事態とは、ある意味では、事前に予測しえない事態のことを指す[61]とすれば、そのような非常事態のすべてについて執りうるすべての手段をあらかじめ実定法で完全な形で規定しておくことは、どだい不可能ということにもなるのである。そうであるとすれば、いかに非常事態についての詳細な規定を設けたとしても、権力担当者からすれば、それでは不十分な、あるいはむしろそのような規定が逆に障害となるような事態が起こりうることは想定できるところである。

そして、西ドイツにあって権力担当者がまさにそのような事態の一つと考えたのが、七〇年代における一連のテロ事件であり、あるいはそれに関連するトラウベ事件やシュタムハイム事件であった。トラウベ事件とは、原子力工場に勤務する技師トラウベがテロ事件となんらかのつながりがあるのではないかという嫌疑を受けて、なんら法律の根拠に基づくことなく自宅に盗聴器を仕掛けられ、それが発覚した事件である[62]が、この事件について連邦政府の内務大臣マイホファーは、この種の行為は、「現存する危険を阻止するために超法規的緊急事態（der übergesetzliche Notstand）の見地から可能とされる[63]」と釈明した。また、シュタムハイム事件とは、シュトゥットガルト・シュタムハイム刑務所に拘禁されているテロリストとその弁護人の会話が州司法大臣の指令にもとづいて、刑訴法一四八条に違反して盗聴された事件であるが、この事件においても、州司法大臣ベンダーは、超法規的緊急事態の考えを正当化事由として用いたのである[64]。そして、西ドイツにあっては、このような事件とそれに関する政府当局者の釈明をめぐってジャーナリズムや学界において活発な論議が展開されることになった[65]。

論議は、刑事法学の領域においては、刑法三四条の緊急避難の条項を国家権力の担い手も援用できるのか否かをめぐって展開されているが、[66] 問題は、それに尽きるものではない。憲法のレベルでは、それは、ほかならぬ超実定法的国家緊急権あるいは超憲法的国家緊急権（das überverfassungsgesetzliche Notstandsrecht）をめぐる議論とみなしうるのである。[67] このような視点から、たとえば、シュレーダーは、つぎのようにいう。「非常事態の立憲化といえども、すべての異常な事態を予知し、適切に規定しうるものではないことを見落してはならない。このことは、ワイマール時代に三〇年代のはじめになされた不文の国家緊急権をめぐる議論が示すように、広範な緊急事態権限が認められた憲法についてさえあてはまる。それは、また、とりわけ、連邦共和国の憲法のように、不法な（権力）行使を避けるために非常の事態を細かくまた精密に規制しようとする憲法についてあてはまる。特にテロリズム……によって惹起された危機状況は、いわゆる対内的緊急事態において基本法八七a条四項および同九一条で許された警察力と軍事力の（権限）集中によっては十分に克服できないのである」。[68] シュレーダーは、このように述べて、法益の比較較量を、具体的状況との関連で行なうという限定を付したうえで、不文の国家緊急権（das ungeschriebene Staatsnotrecht）の存在を容認するのである。[69]

もちろん、西ドイツにあって、このような議論に対しては、強い反論も提起されている。トラウベ事件に対する政府の釈明に対しては、たとえば、アメルングをはじめとする二二名の刑事法学者が「連邦共和国の盗聴の現実に対する二二名の刑事法学者の見解」を発表し、その中でつぎのように述べている。「監視を正当化する根拠として表明されている、権利侵害は超法規的緊急事態により正当化されるとする見解は、誤まりである。基本法及び基本法執行法律が定めている権利制限の可能性は、同時に国家の権能に対する厳格な限界付けと解されなければならない。執行府は、緊急事態においても、憲法及び憲法秩序を侵害してはならないのである。この点に関連して強く想起されるべきは、緊急事態法律が議会で議決され、また多くの国民によって受け入れられたのは、ひとえに、緊急事態においても国家にその限界を指示し、かくして執行府が実際の、又は仮想の危機状況において自己の裁量に従って市民に敵対する危険を避けるためであったということである。[70]」

また、ベッケンフェルデも、「超法規的緊急事態の理論——憲法のレベルでは、超憲法的緊急事態（Überverfassungsmäßiger Notstand）ということになるが——は、法治国家の憲法の一体性の解体および憲法国家の原理の放棄以外の何ものでもない」(71)とするどく批判している。

このように、政府当局者の主張する超法規的緊急事態の理論——つまりは、超実定法的国家緊急権の理論は、現在のところは少なからず批判にさらされていることは確かといえよう。しかし、それにしても一九六八年緊急事態憲法というものがありながらそのような論議が一九七〇年代に入って出てきたということ自体、そしてあえて付け加えるならば、超実定法的国家緊急権論の再登場を阻止するためにベッケンフェルデなどが一九六八年緊急事態憲法の改正案とみなしうるような議論をせざるをえなくなっている(72)ということ自体、一九六八年緊急事態憲法を評価するにあたって無視しえない点といえよう。つまり、一九六八年緊急事態憲法は、国家緊急権の装置をほぼ完ぺきともいえるような形で実定憲法にとり入れたにもかかわらず、その試みは、現在の段階では十分には成功していない、ということになるのである。

五　むすびに代えて

かつて、大西芳雄教授は、公法学会で「緊急権について」と題する報告を行ない、その中で、「立憲的緊急権のミニマムの条件」の第一として「緊急権の条件および効果は憲法もしくは法律で定められなければならない」とし、合せて「憲法にも法律にも非常事態に対する何らの措置をも予定しない国は、一見、立憲主義の原則に忠実であるかの如く見えて、実は、その反対物に顚落する危険性を含むもの」といえると説いた。(73)このような議論は、大西教授に限らず、日本でも少なからず説かれている議論のように思われるが、(74)しかし、これまでにみてきたような西ドイツの国家緊急権についての検討は、このような議論そのものが十分な根拠をもつものではないことを明らかにしたと思われる。

国家緊急事態のための装置を実定憲法上設けることが有効でないとした場合、この種の問題に対する解決策は一体どこに求められるのか。結論だけを述べれば、結局のところは、国家権力を国民自身が十分にコントロールし、みずからの自由と権利を「不断の努力」によって実現し、擁護しようとする意思を国民がもつことによってしか最終的な解決策はありえないということである。たしかに、いわゆる緊急事態は一つの歴史的な事実として生起しうるかも知れない。しかしそのようなものとして生起する緊急事態が国家緊急事態（Staatsnotstand）として支配権力にとっての緊急事態である場合、そのような緊急事態の打開のために立憲主義原理を犠牲にしてまで国家緊急権を認める必要はないであろう。他方、緊急事態が真に国民の自由と権利にとっての危機的事態である場合、そのような危機的事態の打開は、最終的には国民みずからの抵抗権の行使によって行なうべきであって、国家権力に国家緊急権を付与することによって代行させることは究極的には不可能と思われるのである(75)。

（1）　影山日出弥『憲法の原理と国家の論理』（勁草書房、一九七一年）七八頁以下、石村善治「西ドイツにおける緊急事態法と民主主義」『国際人権年記念論文集』（一九六八年）六三八頁以下、山口定「西ドイツにおける緊急事態法の問題点」㈠㈡立命館法学六八号（一九六六年）三六頁以下、六九・七〇号（一九六六年）五六頁以下、清水望『西ドイツの政治機構』（成文堂、一九六九年）五五七頁以下、粕谷友介「西ドイツ緊急事態憲法の制定過程」（一）〜（六）上智法学論集一七巻一号（一九七三年）一〇五頁以下〜一八巻三号（一九七五年）八三頁以下、百地章「西ドイツの緊急事態憲法」愛媛法学六号（一九七三年）一一一頁以下、土屋正三「西ドイツの緊急事態立法」（一）〜（四）警察研究三八巻一号（一九六七年）一一頁以下〜三八巻四号（一九六七年）四三頁以下、山田晟『ドイツ法概論Ⅰ（新版）』（有斐閣、一九七二年）一四〇頁以下、水島朝穂「西ドイツ緊急事態法制の展開」法律時報五一巻一〇号（一九七九年）六九頁以下など。なお、西ドイツのそれをも含めた包括的な国家緊急権の研究としては、小林直樹「緊急権」宮沢俊義先生還暦記念『日本国憲法体系第一巻』（有斐閣、一九六一年）二一一頁。

（2）　ワイマール時代の問題に関する西ドイツでの研究としては、とりあえず、E. R. Huber, Zur Lehre vom Verfassungsnotstand in der Staatstheorie der Weimarer Zeit, in: Festschrift fur Werner Weber zum 70. Geburtstag (1974), S. 31 ff. 日本では、畑博行「国家緊急権の問題——ワイマール憲法下の緊急措置権を中心として」公法研究一七号（一九五七年）三二頁以下、岩間昭道「憲法破棄の概念」

（一）～（四）神奈川法学九巻二号（一九七二年）一頁～一三巻三号（一九七八年）一頁以下など参照。

（3）なお、本稿は、一九七九年五月一一日に明治大学で開かれた全国憲法研究会の春季研究集会での報告に若干の手直しを加えて、注を付記したものである。

（4）この点においては、JöR. N. F. Bd. 1（1951）S. 605 ff.

（5）Ulrich Scheuner, Einleitung in: C. O. Lenz, Notstandsverfassung des Grundgesetzes（1971）S. 12.

（6）Vgl. Dieter Sterzel, Zur Entstehungsgeschichte der Notstandsgesetze in: D. Sterzel（hrg.）, Kritik der Notstandsgesetze（1968）S. 8.

（7）戦後西ドイツの非軍事化については、佐藤栄一「西ドイツの防衛法制」同編『政治と軍事』（日本国際問題研究所、一九七八年）一九六頁以下参照。

（8）後述のドイツ条約五条の留保条項は、いうまでもなく、占領時代における連合国の緊急事態における権限行使を前提とするものである。

（9）「たたかう民主制」については、宮沢俊義「たたかう民主制」同『法律学における学説』（有斐閣、一九六八年）一五三頁以下、樋口陽一『比較憲法』（青林書院、一九七七年）二五八頁以下、水島朝穂「ボン基本法における『自由な民主主義基本秩序』——『戦闘的民主主義』の中核概念」早稲田法学会誌二九巻（一九七八年）三一五頁以下などを参照。

（10）Vgl. D. Srerzel, a. a. O., S. 8. ; W. Abendroth, Der Notstand der Demokratie in: Der totale Notstandsstaat（1965）S. 13.

（11）西ドイツの再軍備過程については、松隈徳仁『戦後帝国主義の政治横造』（日本評論社、一九七二年）一六三頁以下、深谷満雄『西ドイツ国防体制と軍隊』（教育社、一九七八年）一一頁以下、佐藤・前掲（注7）論文一五九頁以下、石村善治「西ドイツ——再軍備過程の法的諸問題」『法律時報臨増・憲法九条の課題』（一九七九年）三七頁以下参照。

（12）BT-Drucksache III/1800, Entwurf eines Gesetzes zur Ergänzung des Grundgesetzes, S. 3.

（13）ドイツ条約の原文は、Grundgesetz（Beck-Texte）(1980) S. 81ff に収録されている。

（14）ただし、Eric Waldman, Notstand und Demokratie（1968）S. 185. より引用。

（15）バード・ゴーデスペルグ綱領については、須藤博忠『ドイツ社会主義運動史』（日刊労働通信社、一九六八年）八二〇頁以下。なお、社会民主党の国防政策については、SPD, Sozialdemokratie und Bundeswehr（1957）.

（16）Veröffentlichungen der Vereinigung der Deutschen Staatsrechtslehrer, Heft 8（1950）S. 3ff.

（17）F. v. d. Heydte, Staatsnotstand und Gesetzgebungsnotstand, in ; Festschrift fur Wilhelm Laforet（1952）S.70.

(18) H. Mosler (hrg.), Das Staatsnotrecht in Belgien, Frankreich, Grossbritannien, Italien, den Niederlanden, der Schweiz und den Vereinigten Staaten von Amerika (1955).

(19) K. Hesse, Ausnahmezustand und Grundgesetz, DÖV 1955, S. 742ff.

(20) 憲法攪乱（Verfassungsstörung）の概念の用法については、J. Heckel, Diktatur, Notverordnungsrecht, Verfassungsnotstand, AöR, N. F. Bd. 22 (1932) S. 275f. にさかのぼる。

(21) その他、G. Flor, Staatsnotstand und rechtliche Bindung, DVBL. 73 Jahrg. Heft 5, S. 149 (1958); A. Hamann, Zur Frage eines Ausnahme-oder Staatsnotstandsrechts, DVBL 73 Jahrg. Heft 12, S. 405 (1958) など。フロールとハマンの論争については、市原昌三郎「西独における国家緊急事態法をめぐる二方向」防衛研修所研究資料14号『非常立法の本質』（一九六二年）五二頁以下に紹介がある。

(22) とりわけ、粕谷・前掲（注1）論文参照。

(23) 内務大臣シュレーダーが政府提案の理由の中で述べた言葉である。BT-Sten, Ber., 3 Wahlperiode, 124. Sitzung v. 28. 9. 1960, S. 7177.

(24) この点については、Sterzel, a. a. O., S. 14.

(25) 内務大臣ヘッヘャールの考え方である。BT-Sten. Ber., 4. Wahlperiode, 56. Sitzung v. 24. 1. 1963, S. 2487.

(26) 一連の確保法の原文は、W. Schmitt, Die Notstandsgesetze (1969) に収録されている。

(27) 経済確保法一、二条、食糧確保法一、二条、交通確保法一、二条参照。ただし、これらは、一九六八年の改正で、変更され、後述するように法規命令の制定の要件に基本法八〇 a 条の前提が必要とされることになる。

(28) カール・ヤスパース『ドイツの将来』（松浪信三郎訳）（タイムライフインターナショナル・一九六九年）六六頁以下。

(29) たとえば、Der Permanente Notstand (1963); H. H. Holz und P. Neuhöffer, Griff nach der Diktatur? (1965); Der totale Notsstandstaat (1965); H. Ridder, Grundgesetz, Notstand und politisches Strafrecht (1965); Rudi Ver, Requiem auf einen Rechtsstaat (1967) など。

(30) Waldman. a. a. O., S. 209ff.

(31) Waldman. a. a. O., S. 169ff.

(32) たとえば、基本法九条三項に、国家緊急事態に際しての公権力の行使が労働争議に対して濫用されてはならない旨の規定が設けられたのは、労働組合等の反対運動によるところが多い。なお、基本法九条三項については、R. Wahsner, Dienstpflicht, Arbeitszwang, Arbeitskampf in: Kritik der Notstandsgesetze, S. 43ff. ; J. Glückert, Die Arbeitskampfschutzklausel des Art. 9 Abs. 3 Satz 3

Grundgesetz (1973).

（33）K. Hesse, Grundzüge des Verfassungsrechts der Bundesrepublik Deutschland, 8. Aufl.（1975）S. 301 は、そのために「法的明確性、判りやすさ」などに欠けると指摘している。

（34）BR-Drucksache 162/67, S. 17. Vgl. D. Sterzel, Beschränkung des Brief-, Post-und Fernmeldegeheimnisses ; Ausschluß des Rechtswe-ges, in : Kritik der Notstandsgesetze S. 26f.

（35）ちなみに、一〇条二項については、それが基本法七九条一項に定める憲法改正の限界を越えて違憲であるという訴訟が連邦憲法裁判所に提起された。しかし、連邦憲法裁判所は、この訴えをしりぞけた（BVerfGE30, 1）。なお、この判決については、さしあたり、P. Häberle, Die Abhörentscheidung des Bundesverfassungsgerichts vom 15. 12. 1970, JZ 1971, S. 145ff.

（36）拙稿「西ドイツ緊急事態憲法における抵抗権」一橋論叢六五巻一号（一九七一年）九二頁以下（本書第三部第十七章所収）。

（37）なお、佐々木高雄「西ドイツの憲法問題――抵抗権論の変遷を中心に」法律時報五一巻二号（一九七九年）二一頁は、「基本法二〇条四項はドイツ的伝統にきわめて忠実といえるのではなかろうか」と指摘している。「ドイツ的伝統」をどのように理解するかが問題となろうが、いずれにせよ抵抗権行使の名宛人を重視する私見からすれば、このような指摘には賛同しかねるところがある。

（38）Vgl. M. Krenzler, An den Grenzen der Notstandsverfassung（1974）S. 37f.

（39）対内的緊急事態を憲法上の緊急事態のみを指して用いる場合もあるが（たとえば、E. Benda, Die Notstandsverfassung（1968）S.133ff.; R. Hoffmann, Innerer Notstand, Naturkatastrophen und Einsatz der Bundeswehr in: Kritik der Notstandsgesetze S. 86ff）、ここでは、便宜上、Hesse, a. a. O., S. 296ff に従って、対内的緊急事態を広義の意味で、災害事態をも含めて用いた。

（40）このことの確定は、合同委員会が投票の三分の二の多数、少なくともその委員の過半数で行なう（一一五 e 条一項）。

（41）たとえば、水確保法一三条など。なお、経済確保法、食糧確保法、交通確保法においては、緊迫事態の確定の段階ですでに広範な法規命令を制定しうることについては、後述するとおりである。

（42）石村・前掲（注1）論文六五八頁。なお、合同委員会に対しては H. H. Emmelius, Der Gemeinsame Ausschuß in: Kritik der Not-standsgesetze S. 118ff; H. Schäfer, Die lückenhafte Notstandsverfassung, AöR Bd. 93（1968）S. 59ff. アーベントロート『西ドイツの憲法と政治』（東京大学出版会、一九七一年）（村上淳一訳）一六八頁以下参照。

（43）少なくともＳＰＤは、前述した一九六二年のケルン党大会では、そのような理念をもっていたはずである。

（44）Vgl. K.H.Hall, Notstandsverfassung und Grundrechtseinschränkungen, JZ（1968）S. 159ff.

(45) BT-Drucksache V/2873. S. 11.

(46) Hamann/Lenz, Grundgesetz, 3. Aufl.（1970）, S. 555.

(47) 緊迫事態に対する批判としては、Hamann/Lenz, a. a. O., S. 557f; J. Seifert, Spannungsfall und Bündnisfall in: Kritik der Notstandsgesetze, S. 161ff.

(48) この点については、佐藤栄一「『有事』の際の国家と集団安全保障」国際問題二二七号（一九七九年）一五頁以下参照。なお、Vgl. K. Carstens/D. Mahncke, Westeuropäische Verteidigungskooperation（1972）S. 127ff.

(49) K. Ipsen, Die Bündnisklausel der Notstandsverfassung, AöR Bd. 94（1969）S. 560ff. ; Lenz, a. a. O., S. 140.

(50) 佐藤・前掲（注48）論文二五頁は、「西ドイツとＮＡＴＯとの関係は、主権国家としての西ドイツの独自の裁量がはいりこむ余地はほとんどないといっても過言ではない」とすらいう。

(51) Vgl. Hamann/ Lenz, a. a. O., S. 560.

(52) Lenz, a. a. O., S. 147.

(53) Vgl. Hoffmann, a. a. O., S. 102f.

(54) ただし、Hoffmann, a. a. O., S. 97より引用する。

(55) Hesse, a. a. O., S. 303. なお、E. Stein, Staatsrecht, 3 Aufl.（1973）S. 273も、憲法上の緊急事態の条項の基礎にある考え方を批判している。なお、憲法上の緊急事態における軍隊の出動の問題については、Vgl. P.Karpinski, Öffentlich-rechtliche Grundsätze für den Einsaz der Streitkräfte im Staatsnotstand（1974）; Birtles/Marshall/ Heuner/ Kirchhof/ Müller/Spehar, Die Zulässigkeit des Einsatzes staatlicher Gewalt in Ausnahmesituationen（1976）.

(56) Benda, a. a. O., S. 74.

(57) この点については、水島・前掲（注1）論文参照。

(58) さしあたり、Vgl. H. Bethge/ E.Roßmann（hrsg.）, Der Kampf gegen das Berufsverbot（1973）; W. Beutin/ T. Metscher/ B. Meyer（hrsg.）, Berufsverbot（1976）.

(59) Krenzler, a. a. O., S. 104.

(60) R. Bernhardt, Verfassungsrecht und internationale Lagen, DöV 1977, S. 458.

(61) E. W. Böckenförde, Der verdrängte Ausnahmezustand, NJW 1978, S. 1885.

(62) トラウベ事件をすっぱ抜いたのは、Der Spiegel, 28. 2. 1977, Nr. 10, S. 19ff. である。

(63) ただし、J. Seifert, Die Abhör-Affäre 1977 und der überverfassungsgesetzliche Notstand, KJ 1977 S. 108 より引用。

(64) Böckenförde, a. a. O., S. 1882.

(65) この点については、Seifert, a. a. O., S. 105ff.

(66) この観点からする詳細な論文として、神山敏雄「刑法上の緊急避難と国家行為」（上・下）ジュリスト六九五号（一九七九年）一〇一頁以下、同六九六号（一九七九年）一四二頁以下参照。

(67) この点については、Böckenförde, a. a. O., S. 1883; M. Schröder, Staatsrecht an den Grenzen des Rechtsstaates, AöR Bd. 103 (1978) S. 138. E. Denninger, Verfassungstreue und Schutz der Verfassung, in VVDStRL, Heft 37 (1979), S. 44.

(68) Schröder, a. a.O., S. 134.

(69) Schröder, a. a.O., S. 138.

(70) Blätter für deutsche und internationale Politik (1977) S. 506.

(71) Böckenförde, a. a. O.,S.1883f. なお、同旨のものとして、Denninger, a. a. O., S. 45f.

(72) Böckenförde, a. a. O., S. 1888ff.

(73) 大西芳雄「緊急権について」公法研究一七号（一九五七年）一一頁。

(74) 日本の学説の整理としては、さしあたり古川純「国家緊急権」『法律時報臨増・憲法三〇年の理論と展望』（一九七七年）二四九頁以下参照。

(75) このことは、国民の側からする、非軍事的方策による緊急事態への準備を否定するものではない。この点については、小林直樹「憲法と緊急権体制」『法律時報臨増・憲法九条の課題』（一九七九年）一五八頁参照。なお、その後、ドイツの緊急事態憲法に関して書かれた邦語文献としては、石村修「ドイツにおける国家緊急権と有事法制」『法律時報増刊・憲法と有事法制』（二〇〇二年）一七九頁、山中倫太郎「非常事態憲法の構造と論理」（一）（二）法学論叢一五二巻三号（二〇〇二年）四五頁、一五三巻一号（二〇〇三年）九二頁、水島朝穂「ドイツ基本法と『緊急事態憲法』」同編『世界の『有事法制』を診る』（法律文化社、二〇〇三年）八七頁などがある。

第十七章　ドイツ非常事態憲法における抵抗権

一　問題の所在

一九六八年六月二四日の第一七次基本法補充法律によって、西ドイツの基本法が大幅に改正され、かくて、新しい憲法体制――いわば、非常事態憲法体制――が西ドイツに現出したということについては、既に日本においても一般に知られているところである。[1] この憲法改正は、直接的には、従来、西ドイツの国家主権が非常事態の場合には制限され得たことにかんがみ、国家緊急権の諸規定を憲法上創設することによって国家主権の完全な回復をはかることをその一応の目的としているが、[2] しかし、その内容を概観した場合、そこにはきわめて重大且つ危険な問題が含まれているといわざるを得ないのである。新しい非常事態憲法は、それ以前に提出された政府草案に比較すればまだしも民主的なもののようにも見受けられるが、[3] それは、所詮、既に指摘されている如く、国家緊急権の諸装置を憲法上設定したことに規定されて、国民の代表機関たる議会の地位と権限を縮小するとともに、国民の基本権を著しく制限し得るものとなっていることは免れがたいからである。[4] その意味で、例えば、シュタインが、「非常事態の諸規定は、それらがいかに繰返しそれの擁護を強調しようとも、我が国の自由で民主的な基本秩序を危険におとしめている。それら諸規定を基本法に採り入れたことは、我が国の自由の終焉の始まりであり得る」[5] と指摘し、更に、シュテルツェルが、「非常事態立法は、一九四九年にすべての政治集団において一致がみられた、憲法を構成する基本的決定を破棄するものである。……いまや、反対勢力に対する権力的抑圧の装備が登場した」[6] と批判しているのは、蓋し、首肯せざるを得ないものなのである。しかも、ヘッセが新たに導入された基本法第八七a条第四項に関連して次のように述べているのは、このたびの非常事態憲法の本質を突くものとして象徴的とさえ考えられるのである。「自由で民主的な基本秩序は、それが充分に多数の市民によって是認され、且つ担われるという点に依拠している。軍隊によっては、それは確立されもしないし、また回復されもしない。『回復される』のは、常に……軍事独裁あるいは軍隊の出動を左右し得る勢力の独裁である。基本法は、第八七a条第四項においてそのような解決手段を提供することによって、みずからの存立を保障する代りに、それを危険におとしいれているのである。[7]」

ところで、このような批判を被らざるを得ない非常事態憲法の中にあって、一見、我々の予想を裏切るものとして特に注意を喚起せざるを得ないのは、通常、国家緊急権とはまさに対立的に捉えられている抵抗権の規定がそこに同時に採り入れられているという事実である。すなわち、新しい基本法二〇条四項は、次のように規定している。

「この秩序を除去することを企てるいかなる者に対しても、すべてのドイツ人は、他の救済手段が不可能な場合には、抵抗する権利を有する。」

この事実を、我々は果してどのように考えるべきなのであろうか。一般に、国家緊急権と抵抗権とは、前者が国家権力自身による憲法保障のための緊急手段であるのに対して、後者は、国家権力の不法・不正な侵害を除去するために国民の側から行使される憲法保障の最後的手段であると捉えられている。[8]新しい非常事態憲法にあって、国家緊急権の諸規定の導入と並んで抵抗権の規定が設けられたことは、国家緊急権の行使そのものがまさに違憲な形でなされ得ることを予想し、そのような場合にこそ国民の側からする抵抗権の行使が最終的な憲法保障の方策たり得ることを明示したものと考えるべきなのであろうか。基本法二〇条四項の規定の意味をこのように捉えた場合、それは、非常事態憲法全体の前述の評価についても、一定の留保を付さざるを得なくなることは確かである。蓋し、その場合には、少なくとも規範論理的には抵抗権が国家緊急権に優位することが認められてくるからである。しかし、反面、基本法二〇条四項にあって問題とせざるを得ないのは、そこには、ヘッセン憲法一四七条等の規定とは異なって、抵抗権が国家権力の違憲な行使に対してこそ向けられる旨がなんら明示されていないということである。このことの意味を我々はどのように理解すべきなのであろうか。同条項にいう抵抗権を我々は果して伝統的な抵抗権と同一範疇のものとして捉えることができるのであろうか。

以下において問題として解明しようとするのは、ほぼ以上のような点である。それを、本稿は、まず、基本法二〇条四項の成立過程をごく簡単にフォローし、ついで、それを背景として同条項のもつ問題性を検討していくという順序で行なうこととするが、そのような検討は、同条項にいう抵抗権が、実は伝統的な抵抗権とは異なり、まさに非常事態憲法体制のもとで、その中に包摂せられ、それ自体、国家緊急権の発動を補完し、且つその一環として位置づけられざるを得ないものであることを明らかにするであろう。

二　基本法二〇条四項の成立過程

抵抗権の条文化の問題は、既に一九四八年から四九年にかけての基本法制定会議において論議されていたが、(9)直接、非常事態立法との関連でそれが論じられるようになったのは、第四選挙期になってからであるといい得よう。(10)一九六〇年の政府草案について、第四選挙期になって一九六三年一月改めて連邦議会に提出された非常事態憲法に関する政府草案は、抵抗権の規定をなんら含んではいなかったが、この草案の審議の過程で、とりわけ労働組合の側から、政治ストをそれが抵抗権の発露たる限りにおいて基本法で保障すべきであるという意見が議会に提出されたからである。(11)抵抗権の条文化は、勿論、この段階にあっては、非常事態憲法そのものがＳＰＤの反対にあって未成立に終ったこととあいまって実現されることなく、その本格的な審議も第五選挙期にもちこされることになる。しかし、この期にあって、抵抗権の条文化がとりわけ労働組合の側から、しかも、政府の非常事態憲法草案にある「対内的非常事態」の悪用を恐れ、抵抗権の行使としての政治ストがその種の事例に該当しない旨を憲法上明記しておくという意図のもとに主張されたということは確認しておかなければならないと思われる。抵抗権の条文化は、少くとも、その当初にあっては、国家緊急権に対抗する意味において提唱されていたのである。

第五選挙期において最も重要な政治的与件事実は、ＣＤＵ／ＣＳＵとＳＰＤとの間にいわゆる大連立内閣が成立したということである。非常事態憲法は、この大連立内閣の成立によってその実現が確定的となるが[12]、それとともに抵抗権の条文化の論議も本格的なものとなる。一九六七年三月の非常事態憲法に関する新たな政府草案は、それ以前と同様、抵抗権の規定をなんら含んでいなかったが、まず、同年四月二八日の連邦参議院における政府草案の最初の審議に際して、ヘッセン州の代表から抵抗権の条文化が主張されることになる。ヘッセン州の代表のストレリッツは、以下のように主張した。「我々は、スト権がそれが属すべきところに、すなわち、基本法第九条に規定さるべきものと考える。我々は、更に、政治ストの原則的な承認を、即ち、それが連邦並びにラントの自由で民主的な基本秩序の存立の確保と擁護にとって必要である限り、憲法保障の最後的手段たる抵抗権の表現として憲法上それを明示的に認めるべきではないかどうかを考えるべき旨、提案する。連邦政府が、その提案理由の中で、連邦憲法裁判所の判決を引用して抵抗権を肯定したことは妥当である。しかし、憲法上、明示的に抵抗権が認められているヘッセン州の政府にとっては、この重要な点についても憲法自身に規定を設けるべく要求することは当然である。[13]」そして、付け加えて彼はいう。「そのような規定は、例えば、カップの反乱を阻止するためになされたゼネストの如く歴史的に周知の事実を振返ってみた場合、憲法政治上、無視し得ない意義をもつことであろう。[14]」

このストレリッツの発言について注目に値するのは、それが労働組合の側から出された前述の主張と同様の観点からなされていることと並んで、更に、それがカップの反乱の如く直接的には国家権力の担い手ではない者によって企てられる反革命に対処するためにも抵抗権の条文化を説いているという点である。抵抗権の条文化は、ここにおいて、その新たな役割を期待されるに至ったのである。この意味する処はきわめて重要であるが、しかし、問題は、西ドイツの現実の政治・権力状況のもとでこの趣旨が生かされた形での抵抗権の条文化がはたしてどのようにしてなされ得たのかということである。

ともあれ、ヘッセン州代表による以上の如き趣旨の提案は、さしあたっては、連邦参議院において多数の支持を受けるには至らなかったが、それは、その後、ＳＰＤの若干の議員に受け継がれていくことになる。グシャイドルを始めとする若干の議員が、一九六七年六月二八日の連邦議会における政府草案の第一読会に先立って開かれたＳＰＤの党会議においてストレリッツの提案を踏襲した形で抵抗権の条文化を主張することになるのである(15)。しかし、そこでの論議の結果、多数意見として打出されてきたのは、抵抗権をスト権と結びつけることは政治的にみて得策ではなく、誤解を招きやすいし、またその種の主張を貫徹し得る可能性はない、という考えであった。ＳＰＤの大勢がこのような結論に落着いてしまった結果、グシャイドル等の若干の議員に残された道は、抵抗権をスト権とは一応切離して条文化するという方法であった。グシャイドルは、以下の如き条項を基本法一八条に新たに設けることを提案するに至ったのである(16)。

「連邦又はラントの自由で民主的な基本秩序に対する急迫した危険が存する場合、就中、公権力の違憲な行使がみられる場合には、個別的に又は他人と共同してこの危険に対して抵抗をなすことは、各人の権利であり、義務である。」

グシャイドルのこの提案は、抵抗権がスト権と切離されてしまったという点では前述のストレリッツのそれと異なっているが、しかし、抵抗権が直接国家権力の担い手ではない者による反革命に対しても行使され得るとした点ではストレリッツのそれと同一線上にあるものといい得る。彼が、その提案理由の中で同様にカップの反乱の例を引合いに出し(17)、かつ、「連邦又はラントの自由で民主的な基本秩序に対する急迫した危険が存する場合」には抵抗権の行使が認められるとしたことは、そのことを示していると考えられるからである。ただ、ここにあって留意しておくべきは、抵抗権がそのような場合に行使され得る可能性を是認した上で、なお、それが「就中、公権力の違憲な行使」に対してこそ向けられることの重要性を彼はなんら否定しておらず、むしろその点を強調しているということである。

そして、問題は、ＳＰＤ内部からするこのような意見をＳＰＤは果してどのように汲み上げようとしたのか、という点である。ＳＰＤは、確かに、その後まもなく、抵抗権を基本法に明文化することを、それが公民の育成や教育にとっても有意義であるといった論拠をも伴って党の全体の要求とすることになる。しかし、一九六八年三月一七日から同二一日にかけて開かれた非常事態憲法のためのニュールンベルグ党大会において党の要求として結論的に出されてきたのは、次のようなものであった[18]。

「自由と憲法機関の擁護のためのすべての国民の抵抗権は、基本法において明示されるべきである。」

ＳＰＤの立場がどのようなものであるかが、これによって示されたといってもよいであろう[19]。ここにあっては、抵抗権が就中国家権力の違憲な行使に対してこそ向けられるという点がなんら明記されていないだけではなく、逆に、それが「憲法機関の擁護」のために行使されるという点がとりわけ強調されているからである。ＳＰＤは、党内から提出されていたグシャイドルのような意見の一部分だけを採り上げ、他の本質的部分についてはこれを切り捨ててしまったのである。このことは、結局は、ＳＰＤが大連立内閣に加わり、みずから国家権力の一端を担うに至ったという事実に起因していると思われるが、しかし、これの有する意味はきわめて重大といわざるを得ないであろう。抵抗権は、かくて、その重大な変質を求められることになったのである。

ところで、ＳＰＤにあって、抵抗権の条文化への要求がこのような形で決められていったのに対して、大連立政権の他方の政党であるＣＤＵ／ＣＳＵにあっては、問題はどのように捉えられていたのであろうか。ＣＤＵ／ＣＳＵにおいては、抵抗権が超実定法上の権利として存在することは認めつつも、それを基本法上明文化することには反対する意見が当初にあっては支配的であったといえよう[20]。抵抗権を条文化すべきであるというＳＰＤの希望も、かくて、当初の段階においては、ＣＤＵ／ＣＳＵによる明白な拒否に出会ったのである。拒否の理由は、大略、抵抗権は原則的に条文化され得ないものであるという点、そして、条文化によってそれが本来有しているところのものをあまりにも容易に失ってしまうだけであるという点にあった[21]。

ＣＤＵ／ＣＳＵの中にあって、抵抗権を条文化しようとする意見が積極的に打出されてきたのは、ようやく一九六八年になってからである。一九六八年に入って、非常事態憲法の審議はその最終的な段階を迎えることになるが、それは、同時に、そのような体制に対する学生を中心とする反対闘争がその激しさにおいても一つの頂点に達した時期でもあった。その中にあって、例えば、二月始めにベルリンでいくつかのグループが起こした行動は、ベルリン参事会によるデモ禁止令に対してベルリン憲法二三条の抵抗権を援用していたのである(22)。そして、これがＣＤＵ／ＣＳＵには抵抗権概念の誤解によるものであると受取られたのは、蓋し、当然であった。かくて、ＣＤＵ／ＣＳＵにあっても、抵抗権概念を明確化し、なにが抵抗権の行使であり、なにがそうではないかを憲法上提示する必要性が感じられてくることとなる。連邦議会の法務委員会において、ＣＤＵ／ＣＳＵのエベンが基本法一九条として次のような条文を設けることを提案するに至ったのは、以上のような事情に基づいていた(23)。

「連邦又はラントの憲法機関がその法律上の任務を遂行するについて、これを妨げる試みがなされた場合、あるいは、自由で民主的な基本秩序が除去された場合には、いかなる者も、法侵犯者に対して抵抗する権利を有する。」

エベンのこの提案において特徴的であるのは、すでに明らかなように、抵抗権が国家権力の違憲な行使に対して向けられるという文言が完全に欠落していること、そして、国家機関の擁護のためにこそ抵抗権が行使され得るという点が殊の他強調されているということである。エベンの提案は、四月一日の法務委員会にかけられ、そこで一旦はさまざまの反論に出会って多数で否決されることになる。しかし、四月五日の内務委員会は、抵抗権をエベンの提案した文言において基本法に採り入れるべき旨、改めて法務委員会に提案するのであり、かくて、法務委員会は、再度その検討を迫られることになる(24)。法務委員会においては、勿論、この提案は、それが伝統的な抵抗権とは異なるといった批判をも含めて、多くの反論に出会うことになる。グシャイドルの次の如き修正案が提出されたのも、そのような観点からであった(25)。

「権限の濫用又は越権によって、連邦又はラントの憲法機関をしてその任務の遂行を妨げ、或は自由で民主的な基本秩序を除去する企てがなされた場合には、いかなるドイツ人も、法侵犯者に対して抵抗する権利を有する。」

グシャイドルのこの修正案は、いうまでもなく、「権限の濫用又は越権によって」という文言を挿入することによって、抵抗権が国家権力の違憲な行使に対して向けられる点を特に表現しようとしたものであった。しかし、この案は、まさにそのことの故に、就中、CDU／CSUの反対に出会わざるを得なかったのである。その後の各党内部の会議、更には両党派間の会議は、然るべき妥協案を捜し求めることになる。このような過程の中で、抵抗権条項が基本法二〇条に新たに付け加えられること、並びにその行使は最後的手段としてのみ認められることが確認されるに至るが、更には、それを基礎として、次の如きレンツの提案が五月九日の法務委員会に提出されることになる。[26]

「この秩序を除去しようと企てる者は、憲法に違反した行為をなすものである。いかなるドイツ人も、法侵犯者に対しては、他の救済手段が不可能な場合には、抵抗する権利を有する。」

法務委員会にあって、この提案は、文章表現上の修正を受け、現行規定にある如き表現に変えられることになる。唯、これに対しては、なお、SPDのマットフェッファが「権限の濫用又は越権によって」という文言を付け加えるよう提案するのであり、しかも、この案は、一旦は法務委員会において了承されることになる。しかし、エベンの動議に基づいて党派間会議開催のためにとられた休憩の後で再度開かれた法務委員会にあって、このマットフェッファの案は改めてくつがえされ[27]、法務委員会は、かくて最終的に現行規定にある文言において抵抗権を条文化することを連邦議会に提案するに至るのである。

抵抗権をこのような形で条文化することに対しては、院外からも厳しい批判が投ぜられることとなるが[28]、しかし、法務委員会の報告を受けた連邦議会及び連邦参議院において、もはやこの案に対する積極的な反対意見は出されることはなかった。むしろ、この案を支持してなされたエベンの次のような発言が基本法二〇条四項の立法趣旨を端的に物語るものとして象徴的なものとなったといい得るのである。「私も、又、自由で民主的な基本秩序に対する一定の事例の攻撃を取出して、例えば、いわゆる上からの朝憲紊乱行為（Staatsstreich von oben）についてのみ抵抗権を認めることは是認しがたい、という点を明確にすべきであると考える。そうではなくて、まさに通常の国家手段が機能しない極限的な場合には、下からの攻撃に対して民主主義を守るためにも、従って、下からの反逆の企て（Putschversuch von unten）に対しても抵抗権は認められるべきなのである。私は、例として、ドイツの歴史から一九二三年のヒトラーのいわゆる反逆の企てを引合いに出そう。……スパルタクス団の蜂起の際の状況も、まさにそうであった。そこにおいても、権限ある機関がこの蜂起を鎮圧することに成功した。しかし、それとても、もっと別の形になっていたかも知れないのである。抵抗権をそのような場合に排除すべきではない。そうすることは、（抵抗権に）認めがたい制限を課すことになるであろう。[29]」

基本法二〇条四項は、ほぼ以上の如き経過を経て成立するに至ったのである。

三　基本法二〇条四項の問題性

基本法二〇条四項の成立過程を前項においてごく簡単にではあるが概観することによって、同条項にはきわめて重要な問題が含まれていることが改めて明らかになったと思われる。本稿においては、以下、同条項にいう抵抗権の本質的性格をいかに規定すべきかについて問題となる諸点を検討してみることとする。

まず第一に、同条項について第一に確認しておかなければならないと思われるのは、それが非常事態憲法と一体になった形で誕生したという事実である。しかも、この事実は、同条項が非常事態憲法とたまたま同一の時点に、たまたま同一の憲法改正法律において成立したということ以上の意味を有している、ということである。確かに、非常事態憲法に関する政府草案は、既に見てきたように、抵抗権の規定をなんら含んではいなかった。この意味では、権力担当者の側で当初から抵抗権を非常事態憲法と一体の形で条文化しようとする意図があったということはできないと思われる。しかも、同条項をそれ自体として捉えてみた場合、そこに非常事態憲法との直接的な関連性を見出すことはなるほど困難である。ヘッセのいう如く、「基本法二〇条四項の抵抗権は、非常事態に限定されていない[30]」からである。しかし、同条項をより実質に即して捉えてみた場合、つまり、同条項にいう抵抗権の行使が現実になされ得る事態を想定してみた場合、同条項が非常事態立法と無関係であるとは決していい得ないのである。抵抗権の行使がドラスティックな形で問題となるのは、一般に国家権力の正当性・合法性が疑問視されてくる状況においてであるが、それは、国家権力にとってみればその存立基盤そのものが危険にさらされた状態を意味するのであり、国家緊急権の発動はまさにこのような状態においてこそ必要とされてくるからである。しかも、基本法二〇条四項に関してとりわけ重要な点は、西ドイツの権力担当者が、元来は国家緊急権とはこのような緊張関係のもとで対立的に作用する抵抗権を、そして当初にあってはまさにその趣旨においてその条文化が提案されたところの抵抗権を非常事態立法の過程の中で国家緊急権と共存する形で、それも抵抗権を国家緊急権のもとに包摂する形で条文化することに成功したということである。前項において概観した基本法二〇条四項の成立過程は、他ならぬそのことを全体として示していたといい得るのである。また、連邦議会における前述のエベンの発言は、権力担当者のそのような意図を端的に表明したものであるといい得るのである。この点に関連して、同条項の規範内容に即したより具体的な検討は、勿論、後で行なうとするが、ここにおいては、まず、同条項が非常事態立法と一体となった形で成立したことの意味を以上の如きものとして確認しておくことが必要であると思われるのである。

第二に、基本法二〇条四項の抵抗権条項に関して確定しておくべきと思われるのは、同条項が基本法の中で他ならぬ二〇条四項という個所に位置づけられたことに規定されて果していかなる特別の意味が抵抗権に与えられるに至ったのか、あるいは、換言するならば、いかなる特別の意味を付与するために抵抗権は他ならぬ二〇条四項という個所に位置づけられるに至ったのか、という点である。

最初に、抵抗権を他ならぬ二〇条四項に設けたことの立法者の意図が問題となるが、この点、例えば、シャイドルなどは次の二点にそれを認めている(31)。即ち、第一は、抵抗権によって擁護さるべき法益が二〇条の一項から三項にかけて挙げられているから、という点であり、第二は、基本法二〇条は同七九条三項によって改正不能とされており、従って抵抗権条項を二〇条に挿入することによってそれをも改正不能にすることができるから、という点である(32)。そして、シャイドルは、その傍証として、第一の点については、連邦議会への法務委員会の報告書を参照すべきことを述べ、また、第二の点については、連邦議会の審議も最終的な段階に入った際にシュタムベルガーがこの点についてはすべての政党の間に一致がみられるとして、「抵抗権が二〇条に置かれた場合には、これは三分の二の多数をもってしてももはや廃棄され得ない」と述べた(33)ことを引いているのである。シャイドルによって挙げられたこれらのものは、確かに、抵抗権を他ならぬ基本法二〇条四項に規定したことの立法者の趣旨又は意図を先の二点に認めるにあたって、その十分な論拠となり得るものではないといえよう。その意味では、立法者の主観的な意図または直接的な趣旨は必ずしも明らかではないといわざるを得ない。しかし、抵抗権が他ならぬ基本法二〇条四項に規定されたということについては、少なくとも、それに必然的にともなって一定の客観的な意味が付せられざるを得ないのであって、しかも、それは、立法者の主観的な意図と決して切離して考える訳にはいかないものなのである。シャイドルの挙げた先の二点は、立法者の主観的な意図を一義的に示すものではないとしても、なお、抵抗権が他ならぬ二〇条四項に置かれたことの客観的な意味づけを考えるにあたっては、十分に論ずるに足り得るのであり、また、その限りにおいては、立法者の意図をも示唆し得るものなのである。従って、以下においては、この二点に関わって、若干検討を加えることとする。

まず、第一は、抵抗権によって保護されるべき法益に関してである。この点については、二〇条四項自体は「この秩序」と述べているだけなので、必ずしも一義的に明確であるとはいいがたい。シュタインが、これを三項の最後にある「法律と法」に関連づけて、「かくて、現行法の改革に向けられたいかなる試みに対しても抵抗がなされ得るということが結論として意味されるかの如き外見が生れる。これによって、現在の国家・社会秩序の保守的な強化安定が促進される(34)」と批判しているのも、その意味では、全く不当な解釈に基づくとはいい得ないのである。ただ、この点に関しては、立法者の考えを示唆するものとして、前述の法務委員会の報告書が参考になりうるといえよう。そこには、「法益として保護されるのは、就中、民主主義、社会的国家、連邦国家的編成、国民主権、選挙・投票による政治的意思形成への国民の協力、権力分立並びに法治国家といった憲法諸原則である(35)」と述べられているからである。

この考えは、「この秩序」を、シュタインの恐れたように「法律と法」に限定して捉えるものではないが、反面ケムペンのように三項の「憲法的秩序」と同視し、かくて、基本法全体の秩序と広く捉えるのに比較した場合には、若干より具体的であるということができよう。そこに挙げられている憲法諸原則は、ほぼ、二〇条の一項から三項にかけて掲げられているものを網羅したものであると思われるからである。[36]

しかし、「この秩序」がこのように捉えられるものであるとした場合、それに対してはきわめて重大な疑問が提起されてこざるを得ないであろう。蓋し、このような捉え方をした場合には、抵抗権によって本来保護されるべき法益の本質的部分が欠落してしまう――あるいは少なくとも軽視されてしまう――ことになるからである。法務委員会の報告書において抵抗権の法益として挙げられているのは、主として、統治の構造或は統治の原理に関する憲法秩序であって、基本権そのものはなんら明示されていないからである。抵抗権が国民主権原理から演繹され、それ自体、国民主権の一属性としての側面を有する結果、国家の統治構造・統治原理をその保護法益とすることになるという点は、もちろん、否定する訳にはいかないであろう。しかし、そのことは、同時に、抵抗権が他面においては基本権に内在するものとして、それ自体、基本権をもその保護法益としていることを否定あるいは無視するものであってはならない筈である。抵抗権は、この両者の側面を本来的に具有しているのであって、この内の一方を否定あるいは無視した形での抵抗権規定は、不完全のそしりを免れ難いのである。しかも、このことは、就中、後者を否定あるいは無視した形での抵抗権規定についてあてはまらざるを得ないと思われる。そのような形での抵抗権規定は、それ自体、国家統治の論理へと包摂されていく危険性を帯びてくることになるからである。けだし、国民主権は、それが基本権保障という観点を切断された形で使用された場合には、すぐれて現実偽装的な、つまりは現存の国家秩序を正当化するイデオロギーへと転化する危険性を有しているのであるが、このことは、そのまま国民主権の一属性としての抵抗権についても該当することになるからである。抵抗権の保護法益を法務委員会の報告書のように捉えることは、まさにそのような危険性を現実のものとする機能を果しかねないのである。しかも、このことは、更に翻って考えるならば、[37][38][39]

基本法二〇条四項の規定の仕方、その位置そのものにその原因を有しているといえる。基本法二〇条四項にいう抵抗権は、その法益を「基本権」とではなく、「この秩序」と規定されることによって、あるいは、第一章（「基本権」）にではなく、第二章（「連邦及びラント」）の二〇条に規定されることによって、国民の基本権を擁護・実現するという抵抗権本来の意義を欠落又は軽視し、国家統治の論理へと包摂されていく危険性を現実のものとした――あるいは、させられた――といわざるを得ないのである。

抵抗権条項が他ならぬ基本法二〇条に置かれたことに伴って考えざるを得ない第二の問題は、それが果して七九条三項の適用を受け、改正不能なものとなったか否かである。この点については、既に、前述のシュタムベルガーの発言が存するが、唯、これをもってこの点に関する立法者の意図を示したものとするには若干の無理が存することは、前述の通りである。しかも、基本法七九条三項に関していえば、それは、憲法制定権者が憲法改正権者に対してその権限の限界を提示したものであり、その意味で、憲法改正権者がそのように自らに課せられた限界を変更することは、たとえ改正の限界の枠を拡げる形においてであれ、規範論理的にそもそも不可能といわざるを得ないのである。(40)唯、それにもかかわらず、尚、基本法二〇条四項の抵抗権は、それが七九条三項によって改正不能とされている二〇条に置かれたことによって、自ら改正不能な規定になったかの如き外観を呈するに至ったことは疑い得ない処である。抵抗権がその本来の側面を欠落又は軽視させた形で条文化され、且つそれがそのまま改正不能として固定化されてしまう危険性を、基本法二〇条四項の抵抗権はかくて有することになったのである。

第三に、基本法二〇条四項にいう抵抗権に関して最も問題となるのは、改めていうまでもなく、そこには抵抗権が国家権力の不正・不法な行為に対してこそ向けられるということがなんら明記されていない、という点である。抵抗権のいわば名宛人に関わるこの問題について、果して我々はどのように考えるべきなのであろうか。

まず、この点に関する立法者の意図は、既に前項において見てきた如く、明らかであろう。西ドイツの立法者は、例えばエペンの発言に端的に示されるように、抵抗権が単に「上からの朝憲紊乱行為」に対してのみならず、まさに

「下からの朝憲紊乱行為」に対しても――否、それに対してこそ――行使され得る旨を明らかにするために、抵抗権の名宛人に国家権力を明記することを拒んだのである。

これに対して、西ドイツにおける学説は、この問題を果してどのように把えているのであろうか。この点、結論的にいうならば、西ドイツの学説の多数も、また、その評価は別として、少なくとも二〇条四項の規範的意味内容の解釈としては、立法者意思と同様に問題を捉えているといい得るのである。ヘッセ、[41] シュタイン、[42] ペーター、[43] シャイドル[44]そして、ショラー[45]等の見解がそれである。例えば、ヘッセはいっている。「伝統的な抵抗権は……国家権力の保持者による現存の秩序の（不法な）除去に対する抵抗のみを含んでいる。基本法二〇条四項は、これに加うるに、市民に対する市民の抵抗権を規定している」[46]。また、シュタインはいう。「この文章においては、古典的な抵抗権の国家に向けられた点（Staatsgerichtetheit）は表現されていない。むしろ、これによって、『この秩序を除去す』べく企てる市民に対する抵抗権もまた正当化されるのである」[47]。ペーターは、更に、次のようにさえいっている。「通常文献で論じられている抵抗権は、『国家権力の違法な行為又は不法を働く国家権力の担い手に抵抗する』権利をその内容としている。……基本法二〇条四項の権利は、これに対して、別の種類のものである。（そこで）前提とされているのは、原則として、国家の間違った行動ではなく、国家又は個々の憲法原則を除去しようとする個々の市民又は集団の間違った行動である……。国家権力の違法な行使に打勝つことが基本法二〇条に基づく権利の目的ではないのである。」[48]

このような多数説に対しては、もちろん、反対の見解が全くない訳ではない。二〇条四項にいう抵抗権といえども、少くとも解釈論としては、国家権力の違法な行使に対してのみ認められるべきであるとするケムペンの見解があるからである[49]。ケムペンのこの見解は、とりわけ、二〇条四項にある補完条項、すなわち、「その他の救済手段が不可能な場合」という文言を重要視し、その適用を厳格に解することによって実質的に私人又は社会集団による「下からの朝憲紊乱行為」[50]に対する抵抗権の行使を認めがたいものとするのであり、これは、確かに、それなりに傾聴に値するものといいえよう。しかし、それにもかかわらず、結局の処、この解釈には無理があるといわざるを得ないと思われる。

補完条項をいかに厳格に解釈したとしても、「その他の救済手段が不可能な場合」が全く有り得ないとすることはできないし[51]、しかも、そのような場合に、国家権力だけではなく、「この秩序を除去することを企てるいかなる者」も抵抗権の名宛人とされ得ることは否定し得ないからである。その意味では、二〇条四項は、解釈論としても、多数説のように、あるいは立法者が意図したように捉えざるを得ないものなのである。

基本法二〇条四項にいう抵抗権の名宛人として、このように、単に国家権力のみならず――あるいは、むしろそれ以上に――私人又は私的集団が挙げられざるを得ないものであるとした場合、我々は、このことを果してどのように評価すべきなのであろうか。

まず、この点に関連して予め明らかにしておくべきと思われるのは、一般的にいえば、抵抗権の名宛人として私人又は私的集団が考えられ得る場合があること、いわゆる抵抗権の第三者効力が認められ得る場合があることは決して否定し得ないということである。このことは、日本においては従来あまり論じられてこなかった問題であり[52]、従って、抵抗権の第三者効力ということをいうためにはそれなりの論証が必要となってくるが、ここでは、さしあたって次の諸点だけを指摘しておくにとどめたい。即ち、第一は、ここで問題となる抵抗権は国民主権原理から演繹されるものというよりは、むしろ基本権に内在し、それ自体、基本権の擁護・実現のために行使される権利であるということ。第二は、従って、いわゆる基本権の第三者効力ということがなんらかの程度に認められ得るとするならば、そのことから論理必然的に抵抗権の第三者効力ということも認められ得るということ。そして、第三は、基本権の第三者効力は、今日、それが直接的であれ、間接的であれ、一定程度においては認められるに至っているということである[53]。しかも、第四に、総じていえば、このような問題はとりもなおさず資本主義の現代的構造に大きく起因しているということである[54]。つまり、現代において、独占的資本は国家権力との密接な結びつきを背景としつつ自ら大幅な権力を掌握して一般大衆に多大の支配力を及ぼすに至っているのであり、個人は、例えば公害に見られる如くその生存すらもこのような資本（企業）に脅かされているのである。個人が生存権を始めとするもろもろの基本権を真に実現・確保するためには、かくて、資本（企業）に対する関係においてもそれら基本権を主張せざるを得ない状況にあるのであり、基本権の第三者効力、ひいては抵抗権の第三者効力が認められなければならないとするのも、この意味においてなのである。最後に、第五として付加えるならば、このような意味での抵抗権の第三者効力は、西ドイツにあっても例えばシャイドル(55)などによって既に説かれているということである。

抵抗権の第三者効力ということが以上のような意味において認められ得るとした場合、問題は、基本法二〇条四項にいう抵抗権についてもこれと同様の意味において積極的に評価しなければならないか否かである。この点については、しかし、改めていうまでもなく私の考えは否定的である。以下、その理由をも兼ねて同条項にいう抵抗権について若干述べてみることとする。

まず第一に、私が抵抗権の第三者効力ということをいう場合、それは基本権に内在し、それ自体、基本権を擁護・実現するために行使される抵抗権のことを意味していた。二〇条四項にいう抵抗権にあっては、ところが、その保護法益は、既に前述した如く、基本権ではなく、「この秩序」である。「この秩序」の中に基本権保障が全く含まれていないということは確かにできないが、しかし、この文言自体に通常付着している意味からしても、又、前述の如く、それが基本法の第一章にではなく第二章の第二〇条に置かれたことからしても、それがすぐれて統治構造・統治原理に関わる国家秩序という観点が優位した概念であることは明らかである。それは、また、自由を中核とする基本権とはしばしば対立的となるものであることは自明の理である。基本法二〇条四項にいう抵抗権は、その意味では、基本権ではなく、国家秩序を擁護するための権利なのである。ペーターが以下のように述べているのも、かくて、当然といわざるを得ないのである。「基本法二〇条は、市民に対して、彼が原則的に是認し、且つ彼がその保護者である処の憲法上の基本秩序を防衛すべく呼び求めている。この規定は、非常事態憲法が意味する処のもの、即ち、国家の防衛手段が最早十分ではない場合の『危険な瞬間における防衛』を表わしたものである。基本法二〇条四項の権利は、従って、固有の意味における抵抗権とはみなし得ず、むしろ、それは憲法上規定された国家正当防衛（Staatsnotwehr）

或いは国家緊急救助（Staatsnothilfe）の事例に該当する。[56]」

基本法二〇条四項にいう抵抗権が、このように、むしろ国家正当防衛あるいは国家緊急救助という形で捉えられざるを得ないということは、更に、第二の点、即ち、同条項にあっては抵抗権の名宛人として国家権力が明記されていないことによっても裏付けられ得る。[57]私が抵抗権の第三者効力ということをいう場合、それは抵抗権が国家権力に対して行使されるという伝統的な側面をなんら否定するものではなかった。資本主義の現段階にあって、幻想共同体としての国家が独占的資本の特殊利害を共同利害の形態において貫徹させる役割を以前にも増して担わされている以上、[58]そのような国家権力の不法・不正な行使に対する抵抗権は、その重要性を増しこそすれ、決して減じてはいないのである。二〇条四項にいう抵抗権は、確かに、国家権力に対する抵抗を全く否定するものではないとしても、しかし、そのことの重要性を意識的に無視することによって、既存の国家秩序に反すると国家権力自らが判断する処の私人の行為に対して私人が抵抗することを権利として積極的に是認するものとなっているのである。それは、従って、例えばシュタインの述べているように、「これによって、一方においては、不寛容な多数者による私的制裁（Selbstjustiz）の危険性が基礎づけられると共に、他方においては、違憲に行使された国家権力に対する抵抗権の貫徹力が弱められる[59]」という役割を果すのみならず、更により直截には、ケムペンの述べるように、「巧みな操作によって忠誠的にされた市民を、警察力の招集によって出動可能な補助部隊と捉える[60]」ことを結果として意味することになるのである。既存の国家体制がその根底から問われ、かくて崩壊の危機にさらされてくる段階にあっては、国家権力は、単に自らの権力装置をフルに発動せしめるだけでは十分とせず、更に一般の国民に対してもさまざまなイデオロギー操作を通して体制防禦のために積極的に行動すべく要求してくるのであるが、二〇条四項にいう抵抗権は、まさにそのような一般国民の行動を喚起し、それを憲法上正当化するための根拠規定となり得るのである。それ故、又、ここにあっては、シャイドルが以下のように危惧する事態が生じ得ることもあながち否定し得ないものとなるのである。「国内的危機の状況にあっては、緊急事態憲法の組織的装置を発動すること以上に、住民の組織化された反対行動によって社会的不安を克服することがより容易に現われ得るであろう。[61]」いわば、非常事態憲法のもと、基本法第一二ａ条や民間防衛隊法（Zivilschutzkorpsgesetz）に端的に示されている総動員体制は[62]、二〇条四項にいうこのような抵抗権の存在によって補強され、より確実なものとされているのである。

　基本法二〇条四項にいう抵抗権が、ほぼ以上の如き性格をもつものであることが認識された以上、それが西ドイツの憲法政治にとって有する意味も既に自ずと明らかになるであろう。それは、西ドイツにおける自由と民主主義を擁護・実現するものではなく、逆に、非常事態憲法体制のもと、その重要な一環としてそれを形骸化する役割を果しかねないものとなっているのである。そして、敢えて付け加えるならば、実定法化によってこのような役割を果し得ることになった抵抗権規定に対しては改めて、本来の抵抗権の根源に遡って検討し直すことが望まれるのである。

（1）影山日出弥「西独『緊急事態法』の問題点」法学セミナー一四九号（一九六八年）八頁、同「非常事態法と独裁制の成立」現代の眼一九六八年九月号一五一頁、清水望『西ドイツの政治機構』（成文堂、一九六九年）五五七頁以下、山口定「西ドイツ非常事態法の問題点」立命館法学六八号三六頁、六九・七〇号五六頁（一九六七年）。なお、この基本法改正法律については、さしあたっては、長野実「いわゆる西ドイツの非常事態法」時の法令六六四・六六五号（一九六九年）一一頁以下にある翻訳が参考になる。

（2）この点については、影山・前掲(注1)論文八頁、清水・前掲書(注1)五八八頁以下。なお、政府の法案提出理由については、Verhandlungen des Deutschen Bundestages Anlagen zu den stenographischen Berichten Drucksache 5/1879.

（3）それ以前の法案との関連については、とりあえず、Hans Schäfer, Die lückenhafte Notstandsverfassung, AöR Bd. 93, S. 37 ff..

（4）影山・前掲(注1)法セ論文一一頁以下。

（5）Ekkehart Stein, Staatsrecht（1968）S. 241 f.

（6）Dieter Sterzel, Zur Entstehungsgeschichte der Notstandsgesetze, in: D. Sterzel (hrg.), Kritik der Notstandsgesetze（1968）S. 22.

（7）Konrad Hesse, Das neue Notstandsrecht der Bundesrepublik Deutschland（1968）S. 20.

（8）国家緊急権と抵抗権との対抗関係については、とりあえず、和田英夫「緊急権と抵抗権」『現代法と国家』（岩波書店、一九六五年）一二三頁以下及び横田耕一「極限状態における治安と抵抗権」『法律時報臨時増刊・治安と人権』（一九七〇年）二六頁以下参照。

(9) JöR n. F. Bd. I, S. 46 f.

(10) なお、この項の以下の叙述にあたっては、連邦議会並びに連邦参議院の議事録の他は、主としてC. Böckenförde, Die Kodifizierung des Widerstandsrechts im Grundgesetz, JZ 1970, S. 168 ff. 並びにH. Klein, Der Gesetzgeber und das Widerstandsrecht, DöV 1968, S. 865 ff. を参照したことをことわっておきたい。

(11) Böckenförde, a. a. O., S. 169.

(12) ＳＰＤは、既に、六二年の党大会において、非常事態立法の制定には七点の条件を付しながら原則的な賛成の意を表していたのである。Vgl. Sterzel, a. a. O., S. 14.

(13) Verhandlungen des Bundesrates 1967. Stenographische Berichte 308 Sitzung, S. 59.

(14) a. a. O., S. 59.

(15) Böckenförde, a. a. O., S. 169 f.

(16) Böckenförde, a. a. O., S. 170. 並びにO. E. Kempen, Widerstandsrecht, in: Kritik der Notstandsgesetze S. 67 参照。

(17) Böckenförde, a. a. O., S. 170.

(18) Böckenförde, a. a. O., S. 170 Anm. 27.

(19) ＳＰＤが保守的な体制内政党へと転化したことについては、既に、前述の、ＳＰＤが非常事態立法に原則的な賛意を示したという事実、しかも、非常事態立法の問題は『感情的な』大衆討議には適さないものであるとして、選挙の争点などにはしないようにする」立場を採っていたという事実（山口・前掲(注1)論文六九・七〇号六二頁）からも明らかであるが、このことによってそれが完全に立証されたのである。

(20) Böckenförde, a. a. O., S. 170.

(21) Böckenförde, a. a. O., S. 170.

(22) Böckenförde, a. a. O., S. 170.

(23) Böckenförde, a. a. O., S. 170, Klein, a. a. O. S. 865, Kempen, a. a. O., S. 67.

(24) Klein, a. a. O. S. 866, Böckenförde, a. a. O. S. 171.

(25) Böckenförde, a. a. O., S. 171, Kempen, a. a. O. S. 68.

(26) Böckenförde, a. a. O., S. 171, Klein, a. a. O. S. 866.

(27) Kempen, a. a. O., S. 68は、この出来事を、議員の「自由な委任」を排除する党派間協議の典型的事例としている。ちなみに、ケムペンによれば、マットフェッファの提案は、賛成七、反対六、棄権二、によって可決されたが、十五分間の休憩後、それは、反対十、棄権二、で否決されるに至った。

(28) Hesse, a. a. O., S. 5によれば、就中、労働組合が断固として反対していた。労働組合は、最初は自分達の方から提案した抵抗権の条文化に関して、最後には反対に回る破目になったのである。

(29) Verhandlungen des Deutschen Bundestages 5 Wahlperiode 174 Sitzung Stenographische Berichte(15. Mai 1968) S. 9366.

(30) Hesse, a. a. O., S. 15. H. Scholler, Widerstand und Verfassung, Der Staat, 1969, S. 19. も同様に述べている。

(31) G. Scheidle, Das Widerstandsrecht, 1969 S. 145. その他、Scholler, a. a. O., S. 37も同様である。

(32) Verhandlungen des Deutschen Bundestages Anlagen zu den stenographischen Berichten Drucksache 5/2873 S. 9.

(33) Verhandlungen des Deutschen Bundestages 5 Wahlperiode 174. Sitzung, S. 9364.

(34) Stein, a. a. O., S. 241.

(35) Verhandlungen des Deutschen Bundestages Anlagen zu den stenographischen Berichten Drucksache 5/2873 S. 9.

(36) Kempen, a. a. O., S. 72.

(37) この点については、Scheidle, a. a. O., S. 114f. Kempen, a. a. O. S. 69. Scholler, a. a. O. S. 34.

(38) 二〇条四項にいう抵抗権が国民主権の一属性としての抵抗権をもっぱら表示しているという点については、Scheidle, a. a. O. S. 148. Kempen, a. a. O. S. 71.

(39) 国民代表概念のイデオロギー的性格については、既に、宮沢俊義「国民代表の概念」『憲法の原理』（岩波書店、一九六七年）一八五頁以下において明らかにされたところである。同書二二三頁では、例えば、以下の如く述べられている。「人が国民の代表者と呼ぶところの者と国民との間には実定法的には何らの関係がない。国民代表の概念はそうした実定法的な関係の不存在を蔽う『名』であるにすぎぬ。」また、樋口陽一「『国民主権』と『直接民主主義』」憲法理論研究ニューズ二二・二三号（一九六九年）四頁は、「『国民主権』の『実質化』……という命題は、それが現実（支配の実力の所在）との距離をゼロまでにはなしえないところの理念であるという緊張関係が忘れて実体化されるとき、すぐれて現実偽装的なイデオロギーに転化する」旨、指摘している。なお、「国民主権の実体をあるがままに認識することこそ科学としての憲法学の要請するところ」という視点から国民主権の科学的究明を行なったものとして、杉原泰雄「国民主権の憲法史的展開（一）」『一橋大学研究年報　法学研究六』（一九六六年）一頁以下参照。

(40) 同旨、Scheidle, a. a. O. S. 146, Scholler, a. a. O. S. 37. Hesse, a. a. O. S. 16.
(41) Hesse, a. a. O. S. 15 f.
(42) Stein, a. a. O. S. 240.
(43) F. v. Peter, Bemerkungen zum Widerstandsrecht des Art. 20 IV G G, DöV 1968, S. 719.
(44) Scheidle, a. a. O. S. 148 f.
(45) Scholler, a. a. O. S. 34.
(46) Hesse, a. a. O. S. 15.
(47) Stein, a. a. O. S. 240.
(48) Peter, a. a. O. S. 719.
(49) Kempen, a. a. O. S. 78.
(50) 二〇条四項のもつ危険性を避けるため、補完条項の解釈を厳格にしようとしているのは、更に、Hesse, a. a. O. S. 149.
(51) しかも、この文言は、反面においては、連邦内務大臣のベンダが述べているように「法的救済を尽くした後では、憲法侵害が最早償い難いことが明らかに認められる場合」には、法的救済手段を尽くすことは要求されない、というように解釈される可能性をも有するのである。（Verhandlungen des Bundesrates 1968. 326 Sitzung, S. 145.）
(52) ちなみに、拙稿「抵抗権と諸運動」憲法判例研究会編『現代の憲法論』（敬文堂、一九七〇年）三七六頁以下にはごく簡単にではあるが問題の所在は示しておいた。
(53) この点については、とりあえず、芦部信喜「私人間における基本的人権の保障」東京大学社会科学研究所編『基本的人権1』（東京大学出版会、一九六八年）二五五頁以下、及び中村睦男「私人間における基本的人権」憲法判例研究会編『日本の憲法判例』（敬文堂、一九六九年）二五七頁以下参照。
(54) 拙稿・前掲（注52）論文三七六頁参照。
(55) Scheidle, a. a. O., S. 123ff. なお、Scholler, a. a. O. S. 35. も抵抗権の第三者効力といういい方をしている。
(56) Peter, a. a. O., S. 719.
(57) 国家正当防衛或いは国家緊急救助という概念は、刑法学上、「国家的法益に対して私人が正当防衛すること」（木村亀二『刑法総論』（有斐閣、一九五九年）二五九頁）或いは「国家的法益を保全するための私人による緊急救助」（小暮得雄「正当防衛」『刑法講座2』（有斐閣、一九六二年）一三六頁）を意味するものとして用いられている。但し、それが我が国の実定法上認められるものか否かは争われている。

(58) 幻想共同体としての国家については、さしあたっては、マルクス・エンゲルス『ドイツ・イデオロギー』（岩波文庫版）四四頁以下及び九四、一一三頁参照。

(59) Stein, a. a. O., S. 240.

(60) Kempen, a. a. O., S. 79.

(61) Scheidle, a. a. O., S. 148.

(62) この点については、影山・前掲（注1）現代の眼掲載論文一六二頁参照。なお、特に民間防衛隊法のもつ危険性については、Peter Römer, Die〈einfachen〉Notstandsgesetze, in: Kritik der Notstandsgesetze, S. 201 f.

第十八章　ドイツの国家機密法制

一　はじめに

私がお話しますことは、西ドイツの国家機密法制がどうなっているか、そしてこれに関連して実際の運用がどうなっているかということでございます。私は、現在日本で問題となっている国家秘密法案については反対の立場から強い関心をもってきましたが[1]、西ドイツの国家機密法制の問題についてはそれ自体として詳しい研究を行ってきたわけではありません。ただ、第二東京弁護士会からお話があったときに、これを機会に勉強しようと思い立って、講演をお引き受けした次第です。ですから、準備不足のままに臨んでいるわけで、諸先生方には大変申し訳ないのですが、これを契機として勉強させて頂きたいと思って、出向いた次第です。

一応、お手元にレジュメを用意しましたので、これに従ってお話したいと思います。ただ、レジュメに書いてあることすべてについて詳しくお話しする準備も時間もございませんで、私としては、「違法な国家機密」について若干くわしくお話することになろうかと思います。といいますのは、ご承知のように、西ドイツにおいては、「違法な国家機密」ということが言われておりまして、条文上はドイツ刑法典の九三条二項ですが、「自由で民主主義的な基本秩序に反する事実、またはドイツ連邦共和国の条約の相手方当事者に対して秘密が保持されている場合に、国家間で協定された軍備の縮小に反する事実は、国家機密とはしない」という規定がございます。これが西ドイツの一つの特色として日本でも紹介されておりますし、自民党が出しております国家秘密法案の中に、こういった「違法な国家機密」という概念はないということを私も指摘しておりますので、こういった規定が出てきた背景は一体どういうもの

であるかということに私なりに興味をもったものですから、その点について少しばかり詳しくお話したいと思います。(2)

二　現行法制の経緯

そのように言いましても、やはりまず最初に全体的な国家機密保護法制の概略を簡単にお話しておきたいと思います。西ドイツの場合は、国家機密法といった特別の法律があるわけではございませんで、刑法典の各則の第二章に「反逆及び対外的安全に対する危害行為の罪」と題しまして、そこに国家機密保護の諸規定がおかれているわけです。(3)

現在、これらの規定は、基本的には一九六八年の第八次刑法改正によって導入されたものでございまして、その後若干の修正変更もなされておりますが、基本的にはこの一九六八年の改正法律がほぼそのままの形で今日まで来ているといってよいかと思います。一九六八年の改正法律が制定されるまでの間はどうであったかといいますと、一九五一年に第一次の刑法改正がなされまして、この国家機密の保護法制に関していえば、一九五一年の第一次改正で導入された規定が、基本的には一九六八年までほぼそのまま踏襲されてきたといってよいかと思います。

一九五一年以前はどうであったかといいますと、いうまでもなく、戦前のナチス体制下の刑法規定が第二次大戦敗北に至るまで存続していたわけでありますが、一九四六年一月の段階で、連合国は、ドイツを占領してまもなくでございますが、管理委員会の法律第一一号によってナチス時代の刑法の規定の中でとりわけ反逆罪等に関する規定を全面削除しました。従って、一九四六年から一九五一年に至るまでは、この種の刑罰規定といったものは西ドイツには存在していなかったわけであります。東西の対立が激化してきた段階で、一九五一年にかなり反共色の強い形で第一次刑法改正がなされて、そこで今日の反逆罪あるいは国家機密保護の法規定のもとになる規定が導入されて、さきほど申し上げましたように、一九六八年までそれがずっと存続してきたわけであります。

この一九五一年の法改正というのは、いわば電撃的に、しかも反共色が強い形で作られたということで、刑法の規定としてはさまざまな問題があったし、とりわけ国家機密の保護に関する規定についてはそうであったので、一九五

○年代から一九六〇年代にかけてすでにこれら規定の改正問題がさまざまな形で提起されておりました(4)。しかし、なにぶん問題が問題であるだけに、刑法の他の規定と同じような形ではスムーズには改正がなされないままに一九六八年に至って、やっと改正がなされたということでございます。

この改正がなされるに至った背景には、西ドイツにおける政権の交代が、すなわち従来のキリスト教民主同盟から社会民主党主導の政権への移行という状況の変化があったことは一般にも指摘されているところであります(5)。そして、一九六八年の改正趣旨は、大きく二つあったと言われております。一つは、憲法に書いてある罪刑法定主義の原則あるいは構成要件の明確性の原則に、刑法の規定、とりわけさまざまな問題を含んでいた国家機密保護に関する諸規定を適合させるということです(6)。それから、第二は、冷戦下に作られた一九五一年の諸規定をブラント政権の下での東西融和と申しますか、あるいは緊張緩和に向けての政策を踏まえて改めていくということでした。

それに伴って具体的な規定に関していくつかの特徴的な変化といったものが見られているわけですが、第一は、国家機密という概念の限定化ということが、一九六八年の改正法律でまず第一に図られた点であろうかと思います。従来の旧規定では、九九条の一項で国家機密についての概念規定をしていたわけですが、そこでは、国家機密とは「その機密を外国の政府に対して保持することが連邦共和国またはラントの利益のために必要な事実、物件、その他のものをいう」というようにきわめて簡単に定義されておりました。これは、すぐ後でお話しますが、一九六八年の改正規定の九三条の一項と対比すれば、大変簡単であったと申しますか、あるいは無限定であったわけで、これに対して、一九六八年の国家機密の概念規定はそれりに明確なものになったといってよいかと思います。

第二点目は、一九六八年の改正でこの九三条の二項に「違法な国家機密」についての規定が取り入れられて、違憲な事実などにつきましては、国家機密とはしないという形で消極的な限定がなされたということであります。これは旧法では存在していなかった点でありまして、一九六八年の改正法律の非常に大きな改正点の一つであるといってよいかと思います。

それから、第三点目は、これまた国家機密の概念規定の中に含まれていることでございますが、一九六〇年代のシュピーゲル事件その他で争われていたいわゆるモザイク理論をどう考えるかという点に関して、一応、九三条の一項で実定法的な解決を図ったということが一般に言われているわけです。すなわち、九三条一項の国家機密の概念規定の中に「限定された範囲の者のみが知ることができる」という言葉を書くことによって、裏返して言えば、不特定多数の者が知っている事実については、その諸事実の集合体からいかにある一つの新しい帰結なり、推論が導かれ得たとしても、そこに集められた情報といったものが、それ自体はすでに一般に公知の事実であるとすれば、それについてはもはや国家機密とはしないという意味合いが込められることになったわけです。したがって、この九三条の一項の規定によって、いわゆるモザイク理論は採らないということが立法的に確定したということが、一般的に言われております。(7)

それからあと一つは、これも重要な点ですけれども、一九六八年の改正法律では九四条にある反逆の罪と九五条にある漏示罪、この二つが旧法の場合にははっきりと区別されてはいなかったわけです。一九六八年の改正規定の最大の特色の一つは、いわゆる反逆の罪——これは反逆という言葉で翻訳されております場合と外患の罪という形で翻訳されている場合と両方がありますが、ドイツ語は Landesverrat という言葉が用いられております——、つまりは国を売って機密を漏らす、あるいは公表するという罪と、それから九五条にあります漏示する（offenbaren）罪、つまりは国を売るという形をとらないで、ともかく国家機密を漏示する罪の二つを、九四条と九五条という形で二つの条文に明確に分けて、それに見合った規定を置くことにしたわけです。

ところが、旧法の場合には、それらの規定が旧法の一〇〇条などで一緒に規定されていたために、ジャーナリストや報道機関が国家機密を一般国民向けに報道した場合に、ややもすれば反逆罪と同じ罪状で罰せられる可能性なり危険性があったということで、その二つを分けたということが、一九六八年の改正法律の大きな特色であるというように言われております。

ただ、以上の点は、法律改正者の側から言われている改正の趣旨でありまして、そういうことであれば全部よいことづくめということになるわけですが、しかし、一九六八年の刑法改正が以前の一九五一年のそれと比較してまるごとよくなったというように言ってよいかというと、必ずしもそうとばかりは言い切れない側面もあったのではないかと思います。その辺のところは必ずしも詳しくは調べておりませんが、一九六八年という年は、西ドイツの基本法が大々的に改正されて、基本法の中に種々の非常事態条項がきわめて詳細な形で導入された年でもありました。そういった憲法のレベルでの非常事態法制の確立ということと、刑法のレベルにおける国家機密の保護に関する規定の改正とが、まったく無関係に生じたかといえば、必ずしもそうではないのではないか。

私は、その点について詳しい論証は今の段階で示すことはできませんが、ただ、一点だけを指摘しますと、例えば秘密情報員活動を処罰する規定の仕方に少なからざる問題があるように思われます。この点については、九八条、九九条、そして一〇〇条fが規定していますが、まず九八条の一項では国家機密の獲得若しくは通報に向けられた活動を外国勢力のために行なった者ということで、ここに国家機密という概念が反逆的な秘密情報員活動の構成要件になっているわけです。つまり、秘密情報員の活動というのは、国家機密を獲得してそれを外国の勢力に売るというのが本質的なメルクマールであるわけですが、旧法の場合にはその点ははっきりしていたと思います。

ところが、一九六八年の改正では、この九八条の規定と並んで、九九条の規定が新たに設けられました。この九九条の規定によれば、外国の諜報機関のために、秘密情報員としての活動を行っている場合、外国の諜報機関に提供通知される情報は国家機密でなくてもよいということになっている。九九条一項には、「事実、物件若しくは知識の通報若しくは提供に向けられた諜報活動を行なった者」と規定されています。そういうことですので、公知の事実であっても、そのような事実を外国の諜報機関のための活動の一環として提供すれば、九九条で有罪とされるわけです。

これは重要な点でございまして、このような犯罪を国家機密の侵害罪の類型に入れていいかどうかということになりますと、厳密な意味では入れることができないのではないかと思います。にもかかわらず、どうしてこういう規定が取り入れられたのかと言えば、先ほどのモザイク理論が関係してくるわけです。すなわち、九三条の国家機密の概念のところではモザイク理論を排除したわけですが、九九条の諜報機関の秘密情報員の活動のところでは、むしろモザイク理論が積極的に取り入れられている。

現代における諜報活動は、なにも相手国の政府が秘密にしている情報を敵の勢力に渡すということだけが秘密情報員の任務かというと必ずしもそうではない。むしろ、ちまたにあふれている情報を、それが公知の情報であれ、的確に分類整理して、そこからその国の一定の方針なり方向性を的確に判断して自国ないしは敵の勢力に伝える、これが今日のハイテク時代における秘密諜報員の能力でもあるわけです。ですから、秘密諜報活動の一環として収集された情報が秘密である必要があるかといえば、必ずしも秘密である必要はない。秘密でない情報であれ、ともかくそれが相手方の外国勢力の諜報機関のために送られるということであれば、それですでに有罪とすべきだというのが、一九六八年の改正法律で九九条が取り入れられた一つの理由とされているわけであります。こういった規定が一九六八年の段階で新たに導入されたということは、先ほども申し上げたように立法者が述べているようにきれいごとばかりではない、やはり東西の冷戦状況の中で現代型の諜報活動に対する新しい対処措置規定が導入されたと考えることができるのではないかと思います(8)。以上が、一九六八年の改正規定の旧法との違いのあらましです。

三　国家機密侵害罪の類型

つぎに、現行刑法における国家機密保護に関する諸規定をごく簡単に整理すると、一体どういうことになるのかということです。人によって整理の仕方が異なるとは思いますが、さきほど申し上げました一九六八年の法改正の趣旨を踏まえた形で、また刑法各則編第二章の「反逆及び対外的安全に対する危害行為の罪」というタイトルをも踏まえて整理すれば、現行刑法の国家機密侵害罪の類型は、大体、①反逆罪、②国家機密の漏示罪、③秘密情報員活動、④職務上の守秘義務違反の四つに大きく分類整理することができるのではないかと思います(9)。

(1)　反逆罪

まず第一は、九四条の反逆罪（Landesverrat）です。この犯罪の構成要件とされておりますのは、国家機密を外国の勢力若しくはその仲介者に通知し、あるいはドイツ連邦共和国に不利益を与え、若しくは外国の勢力に利益を与える目的のために、権限のない者に得させ、若しくは公表し、それによってドイツ連邦共和国の対外的安全に対して不利益を及ぼす危険を生じせしめるということです。これは刑罰の上限が無期刑で、刑罰が一番重くなっております。

この九四条の規定を踏まえて、九六条の一項に反逆的な探知の規定があります。ここでは、「国家機密を漏えいするために」というように日本語の翻訳ではなっていますが、九四条の反逆罪を行うために国家機密を入手、探知した者は、一年以上一〇年以下の自由刑に処するということですから、九六条の規定は九四条のいわば枝葉的な規定であるといってよいかと思います。それとの関連でさらに問題とすることができますのは、九七条aです。これは違法な秘密の漏えいということです。ただ、この違法な秘密の漏えいの問題については、あとでお話ししますので、ここでは省略いたします。さらに、九七条bの規定の一部はやはり反逆罪との関連で漏えいということが出てきます。これまた九四条の類型に含めることができる規定といってよいかと思いますが、これも説明は省略します。

(2)　国家機密の漏示罪

つぎは、九五条の国家機密の漏示罪です。これが九四条とどうちがうかというと、まず、九五条の場合は、一項を見ますと、「ある官署によりまたはその求めにより秘密とされている国家機密」を権限のない者に得させ云々ということが書いてありまして、いわば形式秘でもあることが必要とされている。九四条の場合は、これは実質秘であればよく、形式秘である必要はないのですが、九五条の場合は、実質秘であるのみならず、形式秘でもなければならないということになっています。

そのような国家機密を権限のない者に得させ、または公表する、それによってドイツ連邦共和国の対外的安全に対して重大な不利益を及ぼす危険を生じせしめる行為が九五条で罰せられる。したがって、この行為が九四条と異なります点は、九四条の場合は、外国の勢力に対してそれを通知する場合とか、あるいは明示的に外国の勢力に通知しない場合にも、外国の勢力に利益を与えるとか、ドイツに不利益を与える目的をもって公表する。したがって、九四条の一項二号と九五条の一項とでちがいます点は、ドイツ連邦共和国に不利益を与え、若しくは外国の勢力に利益を与えるために行っているか、あるいはそういった意図がまったくない形で一般国民に向けて公表するかという点が、両者の基本的な違いとなるわけであります。旧法の場合は、その点が一本化して考えられていたのですが、一九六八年の法律では両者を分けて考える必要がある。九五条の場合は、それだけ罪を軽くする必要があるということで、このような規定が取り入れられたといってよいかと思います。

なお、この九五条の規定に関連して、そのような漏示のための探知行為の罪が九六条の二項で規定されております。また、過失による漏示が九七条で規定されております。それから、九七条ｂで、違法な機密と誤認して漏示した場合も国家機密の漏示罪に含まれる場合がある旨が規定されております。

⑶　秘密情報員活動

三番目の犯罪類型が、一番目や二番目の犯罪類型と異なる決定的なメルクマールは、秘密情報員ないしは諜報活動を行うということに着目して犯罪類型をつくっているということです。しかも、その場合に、とりわけ九九条の場合には秘密情報活動を行っているということであれば、諜報の中身がいわゆる国家機密であるかどうかは問題とされていないという点が、第一類型や第二類型の犯罪とは異なる、第三類型の大きな特色となっていると思います。

⑷　職務上の守秘義務違反

以上の他に第四番目の犯罪類型としてあげられるのが、条文上は少し離れたところに規定されていますが、三五三条ｂにありますいわゆる職務上の守秘義務違反の類型です。これは公務の担当者等が自己が知ることができる秘密――ここでは秘密ということであって、九三条で限定された国家機密である必要はないということです――を漏示し、それによって重要な公の利益を危うくしたという場合であって、九三条以下の場合にはドイツ連邦共和国の対外的な安全に対して重大な不利益を及ぼすということであるのに対して、三五三条bの場合は、単なる公の利益の侵害ということになっているわけです。したがって、犯罪類型としては、反逆罪とか国家機密の漏示罪とか、秘密情報員活動のそれとは異なっていると言ってよいかと思います。

⑸　国家機密の概念

国家機密侵害についての刑法規定の大体の概要は、以上のようになっていると思います。ところで、そういった諸規定の中心をなすのが、いうまでもなく国家機密（Staatsgeheimnis）という概念です。この概念について刑法はどういう規定を設けているかといえば、すでに少しばかりお話したように九三条に書かれております。この規定によれば、国家機密は、一応三つの要素から成り立っていると捉えることができるかと思います。まず第一は、「限定された範囲の者のみが知ることができる」ということでありまして、これはさきほど申し上げましたように、いわゆるモザイク理論を少なくとも国家機密の漏示に関しては否定するために、この要件が付加されたと捉えてよいかと思います。それから第二は、「ドイツ連邦共和国の対外的安全に対して重大な不利益を及ぼす危険を回避するため」ということです。ここでは、「対外的安全」という限定が付されておりまして、これが意味することは外交とか経済等に関する情報あるいは事実は国家機密の概念からははずれるということが制定過程において明らかにされております。[10]そこで議論されていたことがどういうことであったのかというと、外交がそこに入ると国家機密の範囲が膨大無限定になってしまう。それだけでなく、裁判になった場合に、裁判所が外交問題に立ち入ることになる可能性が非常に強い。それはやはり政府にとっても好ましくないということで、ここで対外的な安全というのは主として軍事的な安全であって、外交・経済等に関する情報は国家機密の概念からははずされることになるわけです。しかも、そのような対外的な安全に対して重大な不利益を及ぼす危険性をもつものでなければならないということですので、こういった点は、自民党の国家秘密法の修正案における国家秘密の概念規定と対比すれば明らかなように、きわめて限定的なものであるといってよいかと思います。

第三の要件は、「外国の勢力に対して秘密にされなければならない事実、物件等」ですが、これについては特に説明を要しないと思いますので、省略します。ただ、先ほどの繰り返しになりますが、このような国家機密については、九四条についていえば、実質的な観点から国家機密にあたるかどうかが判断される。しかし、九五条の場合は、さらに形式秘であることも必要とされますので、九三条で一般的に国家機密についての概念規定があっても、その具体的な処理の仕方は条文によって異なるということが留意される必要があろうかと思います。さらにいえば、九九条の場合は、そういった国家機密である必要もない。また、三五三条ｂの場合の秘密は、九三条でいうところの機密よりはもっと軽い秘密でもよいということです。そういう意味で、さまざまな段階と申しますか、規定の仕方がなされていて、かなり細かい規定になっている。その辺のところは、いかにもドイツらしい規定になっているともいえるかと思います。

四　「違法な国家機密」について

(1)　歴史的背景

そういった国家秘密の保護規定の中にあって、やはり西ドイツの刑法規定の中で一番特徴的なのは、最初に申し上げましたように、九三条の二項にある「違法な国家機密」に関する規定であります。どうしてこういう規定が設けられるようになったのかが問題になってくるわけですが、ドイツの学者が書いたものによれば、過去のドイツにも存在していなかったし、おそらくはドイツ以外の国にもこのような違法な国家機密についての規定は存在していない。特殊ドイツ的な規定ともいえるのですが、一体どうしてこのような規定が導入されたのか(11)。

この点を若干調べてみますと、すでにワイマール時代にこの違法な国家機密をめぐる議論は存在していたようです。ワイマール時代において、違法な国家機密が論議されうるようになった背景となったのは、ヴェルサイユ条約でありま す。ヴェルサイユ条約の中にはご承知のようにドイツに対する軍備制限条項がありまして、敗戦国ドイツの軍備について陸軍は一〇万、海軍は一〇万トン、そして空軍は保持することができないというように軍備制限がなされていた。

ところが、講和条約締結後まもなく、ドイツの軍部が再び復活してくることになります。当時の社民党主導型の政府と一定の距離をもった形でいわば国家内の国家としての側面ももって軍部が再建されてくることになる。ドイツ的な伝統をもつ旧ユンカー勢力によって支配された軍部にとっては、ヴェルサイユ条約の軍備制限条項は、いわば目の上のたんこぶのようなものであった。したがって、これをなし崩し的に無視していくというか、破棄していくより他に手はないということで、この軍備制限条項の裏をかくといいますか、なし崩し的に形骸化するための措置が講じられていく。例えば武装した民間の団体や民兵組織を作ったりする。例をあげれば黒色帝国軍隊（Schwarze Reichswehr）などがその一例であり、これは純粋に民間の部隊かといえば、そうではなく、正規の軍隊によって教育訓練を受けているという実態が一九二〇年代においてみられるわけです。建前としては、ヴェルサイユ条約を守っているけれども、しかし、実態的にはそれを帝国軍隊そのものが破っているという事実がみられたわけで、空軍はもってはならないといっても、実質的には空軍は存在し、陸軍も強力な戦車軍団がつくられることになる。

こういった動きについて、国民の間には、ヴェルサイユ体制打破ということで支持する動きもありましたが、しかし、これに対しては反対の国民も少なくなく、このような軍部の新しい動向は、新たな戦争への危機あるいは民主的な共和国体制を暴力的に転覆するための準備行動であるというように考える人達も少なくなかったわけであります。

そういった観点から、ヴェルサイユ条約の軍備制限条項に違反した形で進められていった再軍備に対して、それを積極的に摘発していき、それを広く国民あるいは国際世論にアピールすることによって、ヴェルサイユ体制を擁護し、そうすることで新たな戦争へと突入することを阻止しようといった平和主義的な主張がジャーナリストや学者などによって行われていきました。そういった状況の中でヴェルサイユ条約違反の再軍備についての公然たる事実の摘示がなされることになったわけであります。そして、そのような事実の摘示に対して、検察側はこのような摘発行為はまさに国を売るものであるとして反逆罪のかどで起訴して裁判になるという事態になりました。

そういった裁判として有名なものがいくつかありますが、その一つはフェッヘンバッハ（Fechenbach）事件であり、あと一つはオシーツキー（Ossietzky）事件であります。フェッヘンバッハ事件というのは、独立社会民主党のアイスナーの秘書であったフェッヘンバッハがのちに政治評論家になったのですが、彼はミュンヘンに秘密軍事組織や兵器庫があり、これはヴェルサイユ条約違反であるということをベルリンの外国通信社に伝えたわけです。そのことが、外国通信社を通してパリの新聞で大々的に報道され、問題になりました。そして、フェッヘンバッハに対して、検察側は、当時の刑法九二条の反逆罪で起訴しました。一九二二年にミュンヘンの人民裁判所がフェッヘンバッハに対して懲役一一年の刑を言い渡し、ライヒ裁判所も、一九二六年にこのミュンヘンの人民裁判所の判決を支持しました。[12]

ミュンヘンの人民裁判所は、その有罪判決の理由の中で、秘密の武装集団や兵器庫が存在するか否かではなく、むしろそういった事実を公然と明らかにし、しかも外国の通信社に流すという行為そのものが反逆罪に該当する行為であり、その際、外国通信社に流した国家機密が違法な国家機密であるか否かは一切問題とならないという考え方を示して、ライヒ裁判所もまたこの考えを結論的に支持したわけであります。

オシーツキー事件も同様な事件でありまして、オシーツキーというのは、「ヴェルトビューネ（Weltbühne）」という雑誌の発行人でしたが、その雑誌に一九二九年の三月にクライサーという人が記事を書きまして、その中でドイツの民間航空であるルフトハンザの施設の一部は実際にはカモフラージュされた空軍の施設であるということ、ヴェルサイユ条約では空軍は持ってはならないということを言っているけれども、しかしルフトハンザの一部は実は空軍なのだということを述べたわけであります。そこで、執筆者のクライサーと雑誌の発行人のオシーツキーが起訴されて、反逆罪として最終的には一九三一年にライヒ裁判所で懲役一八ヶ月の刑に処せられました。[13]

この事件の判決でとられた論理もさきほどのフェッヘンバッハ事件の判決の論理と同じでありました。「いかなる国民も、自国に対して忠誠を尽くさなければならない。自国の利益を守ることは国民にとって最高の義務である。違法な事実の探知や公表は有害ではなく、むしろ国家の利益はその法秩序の中に確定され、かつその遂行の中に実現されるものであるから有益であるというような考えを無限定に承認することは、とりわけ外交関係に関しては否定されなければならない。」[14]というようにして、違法な事実の探知や公表は有益であるという考えをとることができないということをはっきりと述べて、ヴェルサイユ条約違反の事実であれ、それが国家機密であるからには、それを外部に対して、ヴェルサイユ条約の締結相手国に対して漏らすことはいけないし、国民に対して漏らしてもいけない、そういった国家機密を漏らす行為は反逆罪に該当するということをライヒ裁判所は明らかにしたわけであります。結局、ワイマール期における裁判所は、ワイマール共和国の中で軍隊と並んで一番変わらなかった、旧態然たる保守的な体制を維持していたと一般的にいわれておりますが、そのような裁判所が下した判決は、一貫して国家機密を外国の政府などに流した者に対しては、その国家機密が違法であるか否かにかかわらず、反逆罪が成立するという考え方をとっていたといってよいかと思います。

しかし、このような判例の考え方に対しては、それはおかしいのではないかという意見が、法理論の問題としてだけではなく平和運動の観点からも主張されました。[15]ヴェルサイユ体制が第一次大戦後の新しいドイツの平和国家建設の基礎になったのであり、そういった新しい平和国家の建設の中に、あるいはヨーロッパの他の国々との国際協調の中にドイツの生きていく道がある、それ故、国際条約は遵守しなければならない、といった平和主義的な主張が唱えられたわけです。そして、そういった主張と一体となった形で違法な国家機密は、かりにそれを外国の勢力あるいは敵国に譲り渡したとしても、あるいはとりわけそれを国民に公表したからといって、反逆罪として有罪とされるのはおかしいという議論が、かなり広範に主張されました。有名な法哲学者のラートブルフなども、「ユスティーツ（Die Justiz）」という雑誌の中で、ライヒ裁判所の判例の立場に対してつとに批判的な立場を表明しておりましたし、[16]社会民主党は、ライヒ議会で刑法九二条の反逆罪の規定は違法な事実を正しく報道した者に対しては適用しないというように改正すべきであるという提案を行っていますが、[17]この提案は採択されないままに終わっています。

さらに、ドイツの平和団体も、同様の決議を行っておりまして、むしろ罰せられるべきは戦争準備行為あるいは戦争の煽動行為なのであり、決してヴェルサイユ条約違反の再軍備の措置を摘発する行為ではないということを、主張したりしています。そういった主張と裁判所の判例の態度とは平行線をたどったままにナチスの体制へと突入していったわけです。ナチスの時代になると、一九三四年に従来の反逆罪の規定はさらに厳しいものに変えられてしまい、そういった状態の下に、ドイツは敗戦を迎えることになりました。

第二次大戦後は、一九四六年一月に連合国の管理委員会が法律第一一号を発して、一九三四年に改悪された反逆罪等の規定を全面削除しますが、それが別の形で復活してきますのが、さきほど申し上げましたように、一九五一年の第一次刑法改正法律によってです。一九五一年の刑法改正の際に反逆罪の規定を設けるについては、当然のことながら、ワイマール期における議論を踏まえてつくるべきだということが社会民主党の議員を中心として指摘されました。アルントという議員は、積極的にこの問題について発言しておりますが、実際にワイマール期における違法な国家機密に関するライヒ裁判所の判例に言及した上で、刑法に反逆罪の規定を設けるとすれば、同時にはっきりと違法な事実は国家機密たりえないということを法律に明記すべきであるということを述べております[18]。

違法な事実ということが漠然としているのであれば、国家機密とは憲法秩序に合致する事実だけであるという形で定義づければよいといった意見も出されるのですが、しかし、結局、与党の賛成は得られませんでした。こういった議論のやりとりの中で、ともあれ早く刑法改正の法律をつくるべきだということで、いわば妥協の産物としてつくられたのが、旧刑法の一〇〇条の三項であります。この規定はつぎのようになっていました。「連邦議会議員が事実関係及び法律関係を良心的に審査し、相反する諸利益を入念に考量したのち、連邦又はラントの憲法的秩序に対する違反を連邦議会または連邦議会委員会において批判する義務があると考慮し、よって国家機密を公表したときは、……そのような行為は違法とはされない[19]。」つまり、簡単に言えば、連邦議会議員がこれは違法な国家機密ではないかということを良心的に熟慮した上でやはり国民に公表しなければならないということを決断して発表した場合には、そのような行為は違法とはされないということが規定されたわけであります。

さきほど私は、違法な国家機密に関する九三条二項の規定は、一九六八年の改正法律ではじめて導入されたと言いましたが、正確にいえば、一定の修正が必要です。いま言いましたように、一九五一年の法律でもこのような規定があった。ただ、問題は、このような規定をどのように理解するかということであり、とりわけこのような規定を根拠にして国会議員だけでなく、一般国民もまた違法な国家機密を公表しても有罪とされないという解釈が導き出されてくるのかという点については、一九五〇年代から六〇年代にかけて相対立する意見が展開されたわけです。[20]

多数説は、これは国会議員だけに認められる免責規定であり、国会議員の場合には入手した情報が違法な国家機密である場合には、それを公表しても有罪とされない。しかし、これは国会議員だけについての免責規定であって、一般国民がそういうことをやった場合には免責されないという考え方でした。これに対して、アルントなどの少数説は、この規定は違法な国家機密については一般国民が公表しても有罪とされないということを前提としているはずだと主張したわけです。つまり、一般国民の場合には、真正な意味で違法な国家機密を漏らした場合には反逆罪とはならない、ところが国会議員の場合には、その他にさらに違法な国家機密ではないかと誤認して、実は違法ではない適法な国家機密を公表しても、無罪となるというのが一〇〇条三項の規定であるというように解釈したわけです。

いずれにしても、そういった議論が旧法の解釈をめぐって、しかもワイマール期の違法な国家機密をめぐる議論の体験を踏まえて展開されたわけです。そういう議論の中で具体的な事件として発生したのが、いわゆるペッチ事件です。[21]これは、西ドイツの憲法保障局——日本でいうと、公安調査庁のような機関ですが——に一九五六年から六三年まで努めていたペッチという人が、憲法保障局には旧ナチス党員がいる、しかも憲法保障局がやっている盗聴活動の中にはもっぱら国民を対象とした、しかも連合国との関係なしになされた純粋に国内的な活動についての盗聴活動もある、これは憲法上許されない違法な盗聴活動なのだと判断して、そのことを弁護士に相談しました。ところが、そのことが「シュピーゲル」という雑誌に公表されて、ペッチが漏らしたということがわかったわけです。そこで、ペッチは、刑法三五三条b——これは現行の規定と同じですが——の公務員の職務上の守秘義務違反ということで起訴されたわけです。

これに対して、ペッチは、本来憲法保障局が行うべきではない違憲な盗聴行為をやっている、しかも憲法保障局の中には旧ナチス党員がいるのは許せないことである以上、自分が漏らした情報は違憲な事実であって、したがってそれを漏らした行為は刑法三五三条bにいう秘密には該当しないはずだ、だから職務上の義務違反にはならないはずだとして無罪を主張したわけです。これに対して、一九六五年の連邦裁判所の刑事部は、結論的にはペッチを有罪とする判決を下しました。ただ、有罪とするについては、一定の条件を付しました。判決によれば、確かに違憲な機密であれば、それを国民に公表することがむしろ公務員の責務である場合もありうる。しかし、それが憲法の核心的な領域に係わる問題についてであれば、直接国民または弁護士に、あるいは権限のない者に漏らすことも許されるけれども、しかし、憲法の核心的な領域に係わるものではない違法な機密については、それを最初から弁護士や新聞などに漏らす行為はやるべきではない、その種の機密についてはまずは上司に相談したり、あるいは連邦議員に事前に相談する手続きを踏み、その上でなお埒があかない場合には、最後の手段として公表することは許される。ところが、ペッチの場合は、そういった手続きをとらなかった。そのことは、はやり有罪に値し、三五三条bに該当するとして、四ヶ月の自由刑に処したわけです。

この連邦裁判所の刑事部の判決を、連邦憲法裁判所も一九七〇年に認めましたが[22]、しかし、六五年の連邦裁判所の判決には大きな問題があり、なんらかの形で違法の国家機密の問題について立法的な解決を図る必要があるという機運が一九六〇年代を通して出てきて、――もちろんそれだけが一九六八年の改正の主眼点になったわけではありませんが――それが、結局六八年の改正で現行のような規定になったわけです。

(2)　現行法の取り扱い

違法な国家機密に関する現行規定について若干申し上げますと、まず、違法な国家機密の内容、あるいは別の言い方をすれば、刑法で保護の対象とされている国家機密ではないものとは一体何であるかというと、刑法九三条二項には二つのことが書いてあります。一つは、自由で民主的な基本秩序に反する事実ということで、これは単に一般的な法律違反の事実ではないということを意味しております。その点で、違法な国家秘密であれば、なんでも刑法の保護の対象からはずすという考えに対して一つの歯止めをかけております。それからあと一つは、「国家間で協定された軍備の縮小に反する事実で、しかもドイツ連邦共和国の条約の相手方当事国に対して機密が保持されているもの」です。これは、例えば、ヴェルサイユ条約を例にとっていえば、フランスに対して秘密にされているワイマール・ドイツのヴェルサイユ条約違反の再軍備の事実といったものが、これに該当する。したがって、そのような事実を漏らしても、反逆罪には当たらないという規定です。

私も、最初はこの二項の「または」以下にこのような規定があることの趣旨がよく判らなかったのですが、この規定は、まさにいま述べたようにワイマール時代からの経緯があるので、やはり書いておかなければならないということで付け加えられているわけです。現行規定では、例えばＮＡＴＯ条約で、西ドイツはＡＢＣ兵器の保持禁止が規定されておりますし、また西ドイツは核拡散防止条約に加入しておりますので、西ドイツがこれら条約に違反した形で再軍備をするという事態になった場合には、この二項の「または」以下の規定が適用される可能性が生ずるとされております。(23)ともあれ、このように限定を付したものが、違法な国家機密の内容となってくるわけです。

ところで、そういった意味で違法な国家機密であれば、それをどういう形で公表しても、あるいは漏洩しても免責されるかといえば、そうではなく、免責されるのはそのような違法な国家機密を国民に対して一般的に発表する行為だけが免責される。別の言い方をすれば、違法な国家機密を外国に対して通知する行為、例えば先ほどの例でいえば、西ドイツがＮＡＴＯ条約違反の行為をやっているということを、フランスの政府当局に密かに通知する行為は、免責されません。なぜならば、それによって西ドイツの対外的な安全というものが侵害されることになるといいうるし、またそういった形で国民に公表するのではなく、フランス政府当局者に対してそういった違法な事実が公表されても、国民は知らされるわけではない。そうとすると、そういった違法な事実を摘発ないしは除去することが国内で行われないままに終わってしまう。ですから、一方的な形で外国の政府に対して違法な国家機密を漏洩する行為は、九四条の反逆罪に準じた形で罰しなければならないという論理が出てくるわけで、それを条文化したのが、九七条ａの規定です。

ですから、ここでは、九三条二項に記載した違法性を理由として国家機密とはならない事実を、外国の勢力またはその仲介者に対して通知して、もって重大な不利益を及ぼす危険を生じさせた場合には、やはり九四条の反逆罪と同じ処罰をするということになってくるわけです。この点で違法な国家機密についても大きな限定がつけられていることに留意する必要があろうかと思います。

それから、もう一つは、本当は違法な国家機密ではないにもかかわらず、違法な国家機密と間違えてそれを漏洩した場合には一体どうなるのかということですが、この点について定めたのが九七条ｂの規定です。結局、これは、間違えたことについて行為者の側に責められるべき事由がある場合とか、漏らした行為が本来の違法行為にしかるべく対処する目的で行ったのではなく、違った目的のために漏らした場合、さらには適切な手段ではない形で漏らした場合には、これは有罪とするというのが、九七条ｂの規定です。例えば、同条一項の三号に書いてあります「右の目的のための適切な手段ではなかった場合」の中には、「行為者が事前に連邦議会の構成員に援助を求めなかった場合は、その行為は原則として適切な手段とはいえない」として、ペッチ事件における連邦裁判所の判断に正当性があるということを条文で規定しているわけです。

以上が、違法な国家機密を含めた、西ドイツの国家機密保護法制の概略です。

五　若干の判例等について

このような法制の中で、いくつかの問題が起きてきたのですが、さきほど紹介したペッチ事件はまさに一九六〇年代における最大の問題の一つになった事件であります。その他にもいくつかの重要な事件がありました。一つは一九六二年の日本でも有名となったシュピーゲル事件、二つ目は一九七〇年代のパウルス事件、そして三つ目は一九八〇年代に入ってからのクレマー事件であります。その他にもいくつか挙げられると思いますが、ここでは、ごく簡単にこの三つの事件について紹介します。

まず最初は、シュピーゲル事件についてです(24)。この事件では、旧刑法の一〇〇条一項の反逆罪の規定違反でシュピーゲル社が起訴されたわけですが、連邦裁判所はシュピーゲル社が公表したのは公知の事実であって、モザイク理論をとることはできないとして無罪としました。これに対して、シュピーゲル社は無茶苦茶な捜査が行われたものですから、その捜査がおかしい、これは違憲違法な捜査だということで連邦憲法裁判所に訴えたのですが、連邦憲法裁判所は、シュピーゲルに掲載したＮＡＴＯ軍や連邦軍に関する記事は公知の事実であり、それ自体は違法な行為ではないということは認めましたが、しかし、捜査の行き過ぎについては違憲とまではいえないとしていわば喧嘩両成敗的な判決を下しました。この事件は、裁判所が憲法裁判所をも含めてモザイク理論をとらないということを反逆罪について明らかにした事件として、一九六八年の刑法改正の契機の一つになったといわれております。それとともに、表現の自由や報道の自由についての判例としても重要な意味をもつことになったものです。

つぎは、一九七一年のパウルス事件です(25)。これは、のちに一九七九年に削除されました刑法三五三条ｃという条文について問題となった事件です。三五三条ｃというのは、三五三条ｂが公務員の守秘義務規定であるのに対して、公務員でない者について秘密漏示を罰する旨を規定した条文です。すなわち、公的秘密を漏示し、これによって「重要な公の利益を危うくした者」が罰せられる規定です。ただし、秘密については形式秘であるということが書いてあるのですが、この規定は一九五一年の段階から、さらには第二次大戦以前から生き延びてきた規定です。三五三条ｂの守秘義務規定の場合は公務員という形で規定されておりますし、それから反逆罪の場合は、先に述べたような限定的な規定になっているのですが、この規定はまったくそういう限定がないままに、連邦などによって秘密とされたものを権限なく他人に漏らし、そのことによって重大な公的利益を危うくした者は三年以下の自由刑に処するという規定であって、この規定については従来から違憲論が多く出され、この規定の現実の適用はあまりありませんでした。ところが、一九七一年にパウルス事件が起きました。これは、「ヴエルト」という週刊新聞がワシントン駐在のドイツ大使パウルスが外務大臣に打った電文の内容をすっぱ抜いたということで捜査が行われて、刑法三五三条cを適用するかどうかが問題となりました。マスコミなどがこの規定の適用に対してはげしく反対しましたので、結局、これは適用しないことになり、一九七九年には削除されました。この規定も、一九六八年の段階で削除されるべくして削除されないままに残ったのですが、このパウルス事件を契機として削除されたということです(26)。

最後は、一九八一年のクレマー事件です(27)。これも大きな問題となった事件でありますが、秘密情報員活動に関する九九条一項一号が具体的に適用された事件です。クレマーというのは、バイエルンの州議会の社会民主党の議員ですが、一九七四年から少なくとも一一回、東ドイツの国家保安省の役人と接触を保ってきて、情報を提供してきたということを理由として、九九条一項一号違反で起訴されてバイエルン州の最高裁判所で有罪判決が下されて、連邦憲法裁判所にいきまして、連邦憲法裁判所もこの判決を支持したという事件です。

連邦憲法判所では、クレマーは九九条一項一号は構成要件が不明確で憲法違反だという主張をするとともに、その裁判手続もおかしいということを主張しました。というのは、検察側は、クレマーが何を漏らしたかについて証言できる人間を法廷に出さなかったのです。つまり、クレマーの行為を監視していた人間がいたのですが、その監視していた人間が、法廷でクレマーはいつどこで東ドイツの人間にあったということを証言すればよかったのですが、検察側は、その人物を法廷に出すことを拒否したのです。その証人が法廷に出れば、その人物が西ドイツの憲法保障局の人間だということが判ってしまいますので、そうすると東ドイツの側からあれは諜報局の人間だというレッテルを張られてしまいますから、法廷に出すことができない。ですから、完全に伝聞証拠で立証をやり、その伝聞証拠を裁判所は全部認めてしまったのです。結局、適正手続が採られないままに裁判は終わってしまったということで、しかも、この規定は国家機密ではない事実を漏らした場合にも適用されるので、本人は諜報活動と思ってやったわけではないのに、それが諜報活動とされてしまうとすると、そもそも諜報活動とは何であるのかといった問題などがこの九九条の一項一号にはあることが明らかになりました。そして、この規定は削除すべきだという議論もさまざまに出されてきて、現在に及んでおります。

六　小　結

以上が、西ドイツの国家秘密保護法制とその運用の概略です。以上のような検討を踏まえて結論的なことをごく要点的にいえば、つぎのようなことが言えるのではないかと思います。

まず第一に、西ドイツの国家秘密保護に関する法律の規定の仕方は、日本で自民党が提案している国家秘密法案に比較すれば、はるかに明確でかつ限定的であるということです。このことは、すでに繰り返し述べてきたことですが、九四条の反逆罪の規定と九五条の秘密漏示罪の規定がはっきりと区別されている点にも端的に示されております。自民党案の場合は、「外国に通報する」という行為の中に本来のスパイ行為とそうでない報道行為が混在しているのに対して、西ドイツの場合には両者は明確に区別されています。しかも、本来のスパイ行為についても、西ドイツの九四条と自民党案の四条とを比較すれば判りますが、西ドイツの場合の方が限定的な規定の仕方になっております。九四条には、「ドイツ連邦共和国の対外的な安全に対して重大な不利益を及ぼす危険を生じせしめる者」といった限定がありますが、自民党案の場合にはこのような限定はなんら存在していません。

この点に関連してさらに指摘しうるのは、いうまでもなく「違法な国家機密」の存在です。西ドイツにあっては比較的詳しく述べたように、九三条二項で「違法な国家機密」に関する規定を設けて、保護されるべき国家秘密を限定しようとしているのに対して、自民党案の場合には、どこにもそのような規定はみられません。以上のことは、諸外国にもスパイ罪があるからといって、決してそれらすべてを一律に扱うわけにはいかないということを示しています。

第二は、西ドイツにあっては、国家秘密保護に関してこのように限定的な規定が設けられているのですが、それにもかかわらず、これらの規定がしばしば国家権力によって乱用され、国民やマスコミの人権を侵害してきたということです。シュピーゲル事件やペッチ事件は一九六八年の法改正の以前の事件ですが、一九六八年の法改正の後にも、パウルス事件やクレマー事件など、国家権力による秘密保護法規の恣意的な運用が問題とされました。そして、これら規定の存在は、国家権力による不断の盗聴活動、尾行活動などを正当化し、西ドイツを監視国家にすることに少なからず寄与してきました(28)。

西ドイツのように明確で限定的な規定がある場合でもそうですから、それよりもはるかに不明確で無限定な自民党案が成立したならばどういうことになるかは、想像するだけでも恐ろしいことです。西ドイツの場合には、それでも、まだしも国家権力による恣意的な運用に対してマスコミや労働組合などによる批判が強く出されて、それは起訴の取りやめや法律の改正への動きとなってきておりますが、日本の場合には国家秘密法が一旦成立した場合には、そのような抵抗がどこまでなされるのか、少なからず疑問に思われます。

第三は、それでは西ドイツの場合にはこのように精緻な国家秘密保護の法制があることによって、西ドイツの対外的な安全が十分に守られているのか、あるいはスパイ活動がなくなったのかといえば、必ずしもそうではないということです。西ドイツの対外的な安全は、これら規定があるにもかかわらず、米ソの核軍拡競争によって、そして西ドイツがその一方の側に加担していることによって、少なからず脅かされていますし、またスパイ行為もなくなってはいません。スパイ行為がなくなるかどうかは、西ドイツの事例などをみても判りますが、結局のところはスパイ罪の規定があるかどうかということとは、ほとんど関係がないといってよいように思われます。スパイ行為を本当になくすためには、むしろスパイ行為を必要としないような友好関係を諸外国と取り結ぶことが重要であり、そして、そのような平和主義的な政策をとるように努力する以外に他に方法がないように思われます。西ドイツの国家秘密保護法制とその実際の運用は、以上のことを私たちに教えてくれているように思われます。

（1）日本の国家秘密法案をめぐる問題については、本書第二部第十二章参照。

（2）西ドイツの国家秘密保護法制については、石村善治「西ドイツにおける国家秘密保護法制」法律時報五七巻一二号（一九八五年）三八頁、野中俊彦「知る権利と報道の自由―西ドイツ」ジュリスト五〇七号（一九七二年）九一頁、神山敏雄「西ドイツの国家秘密保護刑法」法と民主主義二〇五号（一九八六年）二〇頁参照。

（3）西ドイツの刑法典の翻訳としては、法務大臣官房司法法制調査部編『ドイツ刑法典』（法曹会、一九八二年）参照。

（4）この点については、H. Copic, Grundgesetz und Politisches Strafrecht neuer Art, 1967.

（5）一九六八年の刑法改正の経緯については、さしあたり、石村・前掲(注2)三九頁以下参照。

（6）憲法が要請する構成要件の明確性と国家機密との関係については、vgl, G.Kohlmann, Der Begriff des Staatsgeheimnisses und das verfassungsrechtliche Gebot der Bestimmmtheit von Strafvorschriften, 1969, S. 120ff.

（7）Kohlmann, a.a.O., S. 88ff.

（8）この点については、K.Dammann,Geheimdienstliche Agententätigkeit（§99StrGB）— Relikt des kalten Krieges, in: Demokratie und Recht 2, 1985, S. 188.

（9）西ドイツ刑法典における国家秘密保護規定については、Schönke/Schröder, Strafgesetzbuch, 21. Aufl., 1982, S. 828ff.; Dreher/Tröndle, Strafgesetzbuch, 45. Aufl.（1991）, S. 699ff.; Reihe Alternativkommentare, Kommentar zum Strafgesetzbuch, Bd. 3（1986）, S. 149ff.

（10）H. Lüttger,Das Staatsschutzstrafrecht gestern und heute, Juristische Rundschau, 1969, S. 126.

（11）違法な国家機密の歴史的背景については、H-H. Jescheck, Die Behandlung des sog. illegalen Staatsgeheimnisses im neueren politischen Strafrecht, Festschrift für K.Engisch（1969）, S. 584ff.

（12）RGStr 61,19. なお、この事件に関しては、M. Hirschberg, Der Fall Fechenbach, Die Justiz, Bd. 1（1925/26）, S. 46ff.

（13）RGStr 62,65.

（14）RGStr62,67.

（15）例えば、一九二六年一〇月には、ドイツ平和協会の総会で、この反逆罪の規定が問題とされていた。Vgl., H.Kantorowicz, Der Landesverrat im deutschen Strafrecht, Die Justiz, Bd 2（1926/27）, S.92.

（16）G.Radbruch,. Offener Brief an Herrn Dr. Otto Liebmann, Die Justiz Bd.1（1925/26）, S.195.

（17）E.L.Gumbel, Landesverrat, begangen durch die Presse, Die Justiz, Bd.2（1926/27）, S. 75ff.

（18）　Jescheck, a.a.O., S. 587.

（19）　旧刑法の規定については、Schönke/Schröder, Strafgesetzbuch, 13. Aufl.（1967）, S.614ff.

（20）　当時の西ドイツの学説については、vgl, Jescheck, a.a.O., S. 588.

（21）　BGHSt 20, 342.

（22）　BVerfGE, 28, 191.

（23）　Jescheck, a.a. O., S. 593.

（24）　BVerfGE, 20, 162. なお、シュピーゲル事件については、石村善治「国家秘密と報道の自由――シュピーゲル事件」ドイツ憲法判例研究会編『ドイツの憲法判例』（信山社、一九九六年、第2版・二〇〇三年）一三一頁及び同論文末尾掲載の文献参照。

（25）　石村善治「西ドイツにおける国家秘密保護法制」（前掲注2）四二頁参照。

（26）　刑法三五三条cをめぐる問題については、M. Möhrenschlager, Das Siebzehnte Strafrechtsänderungsgesetz — Zur Geschichte, Bedeutung und Aufhebung von 353 c Abs. 1, JZ, 1980, S. 161ff.

（27）　BVerfGE, 57, 250.

（28）　石村善治・前掲論文（注2）四五頁参照。

〈補注〉　本稿は、一九八六年一一月二八日に第二東京弁護士会で行った講演記録（第二東京弁護士会・国家秘密法阻止対策会議が編集した冊子『国家秘密法外国法制研究資料（一）』〈一九九〇年一月〉に収録）に加筆修正を行なうとともに、最低限必要な注を付したものである。そのため、本章では口語体の文体をそのまま維持することにした。なお、ドイツ刑法典の国家機密保護に関する規定は、一九八六年以降も基本的には変更がないことについては、vgl., Schönke/ Schröder, Strafgesetzbuch, 27. Aufl., 2006, S. 1150ff.

第十九章　ドイツ連邦軍のNATO域外派兵の合憲性

一九九四年七月一二日、ドイツ連邦憲法裁判所は、ドイツ連邦軍のNATO域外派兵を連邦議会の同意を条件として合憲とする判決を下した。(1) この判決は、冷戦終焉後の国際社会において「国際貢献」を理由として自衛隊の海外派兵を認めるべきか否かをめぐってホットな論議がなされている日本においても大きな関心をもって受けとめられた。たしかに、いろいろな点でドイツとの対比が問題となる日本では、この点についてもドイツの対応を検討しておくことは、それなりに意味があることであろう。そこで、本稿では、ごく簡単にこの判決の概要を紹介し、あわせてこの判決の問題点などについて私なりに感ずるところを述べてみることにする。

一　事実の概要

連邦憲法裁判所の審査の対象となったのは、大きくわけて二つの連邦政府の行為である。一つは、旧ユーゴの紛争に関連してNATOとWEU（西欧同盟）が行ったアドリア海における海上封鎖行動とボスニア・ヘルツェゴビナ上空におけるNATOの監視行動にドイツ連邦軍を参加させた行為であり、あと一つは、ソマリアにおける国連のPKO（UNOSOMUⅡ）に対してドイツ連邦軍を参加させた行為である。以下、少し具体的に事実の経緯をみれば、つぎの通りである。

(1)　まず、旧ユーゴの紛争に関して。(2) 一九九一年六月にクロアチアとスロベニアが独立宣言を行ったことを契機として連邦制の維持を主張するセルビアとの対立は武力紛争となった。その後、マケドニアやボスニア・ヘルツェゴビナも独立宣言を行い、他方、セルビアとモンテネグロは、新ユーゴスラビア共和国を作り、武力紛争は拡大し、大量の犠牲者を出し、人道上の問題も発生した。このような事態に対して、国連の安保理は、九一年九月二五日に決議七一三号を採択して、すべての国がユーゴスラビアへの武器軍需品の輸送を禁止するように決議するとともに、九二年二月二一日には決議七四三号を採択して、国連保護軍（ＵＮＰＲＯＦＯＲ）を設置することとした。さらに、同年五月三〇日には決議七五七号を採択して、新ユーゴスラビアが国連決議を遵守しなかったことを理由として、すべての国が新ユーゴスラビアに対して医療目的の供給と食料品を除く一切の製品の禁輸実施を制裁として課することを決定した。それとともに、安保理は、ボスニア・ヘルツェゴビナにおける事態が国際の平和と安全に対する脅威をなすという認識を踏まえて、同年一〇月九日に決議七八一号を採択して、ボスニア・ヘルツェゴビナ上空における軍用機の飛行禁止を決定し、その監視を国連保護軍に求めた。ところが、このような飛行禁止に対する違反行為が後を絶たないということで、安保理は、九三年三月三一日に決議八一六号を採択して、国連加盟国に対して個別的にまたは地域的機関を通してボスニア・ヘルツェゴビナ上空における飛行禁止の遵守を確保するために必要なあらゆる措置をとる権限を与えた。

以上のような安保理の対応を踏まえつつ、ＮＡＴＯ外相会議とＷＥＵ閣僚会議は、まず九二年七月一〇日、決議七一三号及び同七五七号の履行を海上において監視するためにアドリア海に海軍部隊を派遣することを決定した。そして、連邦政府は、九二年七月一五日、このようなＮＡＴＯとＷＥＵの決定を踏まえて連邦海軍部隊をアドリア海に派遣することを決定した。

また、ＮＡＴＯ理事会は、九三年四月二日と八日に、安保理決議八一六号の履行を支援する用意がある旨を決定し、あわせて個別的な実施段階、出動方針なども決定した。そして、これと並行して連邦政府は、九三年四月二日に、ボスニア・ヘルツェゴビナ上空における監視行動を行うＮＡＴＯのＡＷＡＣＳ部隊に連邦軍を参加させることを決定した。

つぎにソマリアにおけるＰＫＯへの参加について。(3)アフリカのソマリアでは、一九九一年一月にそれまでのバーレ独裁政権が崩壊した後、激しい内乱状態に陥った。その結果、三〇万人以上が戦闘や飢餓のために死亡し、一五〇万人以上が生命の危険にさらされ、一〇〇万人以上が難民として近隣諸国に逃れるという事態となった。その後、国連の働きかけもあって一時的な停戦が成立したことをも契機として、安保理は、九二年四月二四日に決議七五一号を採択して停戦監視と人道援助物資の確保のために国連ソマリア活動（UNOSOM）を開始することにした。しかし、これが十分な成果をあげ得ないということで、さらに安保理は、同年一二月三日に決議七九四号を採択して、加盟国に対して武力行使を含む必要な手段をとりうる権限をもつ軍隊の派遣を授権した。これを踏まえて、米国を中心として統一機動部隊（UNITAF）が設置され、「希望回復作戦」が展開されたが、しかし、このようないわゆる多国籍軍については、安保理や国連事務総長との権限関係が必ずしも明確ではなかった。そこで、安保理は、九三年三月二六日に決議八一四号を採択して、ソマリア全域において憲章第七章に基づく武力行使をなしうる第二次国連ソマリア行動（UNOSOMⅡ）の設置を決定し、UNITAFの任務をUNOSOMⅡに拡大して引き継がせることにした。このような安保理の決議に基づいて、国連事務総長は加盟国に対して要員の派遣を要請し、かくしてUNOSOMⅡには三〇ヵ国以上の国から約三万人の要員が派遣されることになった。そして、ドイツも、そのような派遣国の一つとなった。

すなわち、国連事務総長が九三年四月一二日の書簡で連邦政府に対してUNOSOMⅡのために軍事要員を派遣することを要請してきたことを踏まえて、連邦政府は、同年四月二一日の閣議で軍事要員の派遣を決定した。その後、連邦政府と国連事務総長との間での四月二六日と二八日の書簡の交換および五月一一日と五月一二日の書簡の交換を通じて連邦軍のソマリアへの派遣が確定し、連邦政府は五月一二日に先遣部隊を派遣した。

⑵　以上のような連邦政府の二つの行為のいずれについても、SPD（社会民主党）とSPDの議員達は、これらの行為が「軍隊は、防衛のために出動する場合の他は、この基本法が明文で許している限度においてのみ、出動することが許される」と定めた基本法八七a条二項および「連邦の政治的関係を規律し、または連邦の立法の対象にかかわ

る条約は、それぞれ連邦の立法について権限を有する機関の、連邦法律の形式での同意または協力を必要とする」と定めた基本法五九条二項一段その他の規定に違反するとして機関争訟を提起した。また、ＦＤＰ（自由民主党）とＦＤＰの議員達は、連邦政府がボスニア・ヘルツェゴビナ上空におけるＮＡＴＯのＡＷＡＣＳ部隊による監視行動に連邦軍を参加させた行為について、これは基本法八七ａ条二項などの憲法規定に違反するとして機関争訟を提起した。なお、ＳＰＤとＦＤＰは、ボスニア・ヘルツェゴビナ上空におけるＮＡＴＯのＡＷＡＣＳ部隊の監視行動への連邦軍の参加については、本訴とは別に連邦政府の決定の執行を差し止める仮命令の申立てを連邦憲法裁判所に行なったが、連邦憲法裁判所は、一九九三年四月八日、申し立てを却下する判決を下した(4)。

連邦憲法裁判所は、以上のような機関争訟について合同審理を行い、一九九四年七月一二日に以下のような判決を下した（なお、この判決には、ＦＤＰの提訴は不適法で却下すべきとする、ベッケンフェルデなど二名の裁判官の反対意見が付されているが、その内容の紹介は省略する）。

二　判決の要旨

判決の主文のうち、実体判断に関する部分はつぎの通りである。「基本法は、連邦政府に対して、武装兵力の出動については連邦議会の——原則として事前の——形成的同意（konstitutive Zustimmung）を求めることを義務づけている。連邦政府は、一九九二年七月一五日、一九九三年四月二日、及び一九九三年四月二一日の決定に基づいて連邦議会の事前の形成的同意を求めることなしに武装兵力を出動させたことにより、この（憲法上の）要請に違反した。訴えは、その他の点については棄却する」。つまり、連邦政府が、連邦議会の同意を得ることなしにＮＡＴＯ域外に連邦軍を派遣することを決定したことは憲法に違反するが、ＮＡＴＯ域外に連邦軍を派遣すること自体は基本法には違反しないとしたのである。判決理由の概略は、以下の通りである。

(1)　まず判決は、基本法二四条二項が「連邦は、平和を維持するために相互的集団安全保障制度に加入することができる。その場合には、連邦はその主権を制限し、〈それによって〉欧州および世界の諸国民の間に平和で永続的な秩序をもたらし、かつ保障することに同意するであろう」と規定していることを踏まえてつぎのようにいう。「基本法二四条二項は、連邦に対して平和の維持のために相互的集団安全保障制度に加入することを授権している。この授権は、連邦に、そのような制度への加入と結びついた主権の制限の同意を容認しているだけではない。それは、さらにそのような制度への加盟と典型的に結びついた任務の引き受けについての、従ってまたそのような制度の枠組みや規則の下でなされる〈軍隊の〉出動への連邦軍の使用についての憲法上の根拠をも提供している」。「相互的集団安全保障制度は、通常、その任務の遂行に寄与し、かつ最後的手段として平和の破壊者に対して出動できる兵力をもその拠り所としている。したがって、この制度の構成国は、原則として平和の維持及び回復のために安全保障組織に軍事的手段をも提供できるようでなければならない」。

「相互的集団安全保障制度」の意味についでは今日でも統一的な解釈はないが、基本法二四条二項の趣旨を踏まえれば、「相互的集団安全保障制度は、各構成国に対して平和保障の規則装置と固有の組織の設立によって相互的に平和の維持を義務づけ、かつ安全を保障する国際法上拘束された地位を根拠づけるものである。その場合、この制度がもっぱらあるいはとりわけ構成国の間で平和を保障するのか、それとも外部からの攻撃に対して集団的な援助を義務づけるものなのかは、問題とはならない」。したがって、「集団的自衛のための同盟も、それらが厳密に平和維持を義務づけられるならば、その限りで基本法二四条二項の意味での相互的集団安全保障制度でありうる」。かくして、国連はもちろんのこと、NATOも、この意味での相互的集団安全保障制度とみなしうる。そして、立法者が、国連やNATOへの加入について基本法五九条二項による同意を与えた以上は、この同意には、国連やNATOの軍事行動への連邦軍の参加に伴う主権の制限の同意も含まれている。

ところで、国連の平和維持活動は、「国連の集団安全保障制度の構成要素をなしている」。したがって、国連のUNOSOMⅡの活動へのドイツ部隊の参加は、基本法二四条二項にその憲法上の正当化事由をもっている。また、NA

TOとWEUによって実施されたアドリア海における禁輸の監視行動並びにボスニア・ヘルツェゴビナ上空におけるNATOのAWACS部隊による飛行禁止の監視行動へのドイツ軍隊の参加も、NATO条約および国連憲章への加入についての同意法律と相俟って基本法二四条二項に憲法上の根拠をもっている。これら作戦行動へのドイツ軍隊の参加は、これらの同意法律によって裏付けされている。

(2)　つぎに、提訴者らが主張している基本法八七a条二項違反に関しては、「(同条は) 基本法二四条二項を相互的集団安全保障制度の枠内で武装兵力を出動させることの憲法上の根拠として用いることの妨げにはならない」。基本法八七a条二項にいう「防衛」や「出動」の概念をどのように解釈するか、また同条が「域内での」軍隊の出動についてのみ規制しようとしたのかどうかについては、この訴訟手続きではなんら決定する必要がない。なぜならば、この点の解釈がどのようなものであろうとも、「基本法二四条二項に基づいてドイツ連邦共和国が参加した相互的集団安全保障制度の枠内においてドイツの武装兵力を出動させることは、基本法八七a条によっては排除されていないからである」。基本法二四条二項は、基本法の制定段階から存在していた規定である。この規定の上述したような意味について、その後の基本法の改正者が変更を加えたとは読み取れない。基本法八七a条を追加した一九六八年の緊急事態憲法の導入に際しても、軍隊が国内的緊急事態において出動しうる条件を基本法に規定することに注意が払われていたのであって、それ以上に、緊急事態憲法は、軍隊の新たな出動可能性を創出もしなければ、基本法ですでに容認されていた出動可能性を制限するものでもなかった。「基本法の最初のテキストですでに認められていた相互的集団安全保障制度への加盟と、それに伴って可能となる、そのような制度の枠内でなされる〈軍隊の〉出動へのドイツ軍隊の参加は、なんら制限されるべきものとはされなかった」。

(3)　また基本法五九条二項一段については、この規定から、国際法上の関係に関わる連邦政府の行為が連邦共和国の政治的関係を規律し、または連邦立法の対象に関わる場合には常に法律による同意を必要とする条約の形式が選択されなければならないということが帰結されるわけではない。一九八九年以降の世界的な構造変化に対して、NAT

OやWEUは、新たな安全保障政策の構築を試みることによって対応した。しかし、それは、これらの条約の明文による変更という段階にまでは至っていない。たとえば、一九九二年六月一九日にWEU構成国の外相・国防相会議が出したペータースベルグ宣言は、旧ユーゴの事態を解決するために国連安保理の決議を支持し、それを効果的に履行するために貢献する用意がある旨を述べているが、しかし、そこには新たな条約を締結する意思はなんら表明されていない。また、一九九一年一一月七日および八日になされたNATO構成国首脳会議は、新たな戦略的コンセプトを提示したが、これは既存の条約の枠内のコンセプトによって特色づけられる。いずれにしても、これまでのところ、これらの条約の変更は明らかになされていない。したがって、この点について、基本法五九条二項の適用は問題とならない。同様に、ソマリアにおける国連の活動へのドイツ軍隊の参加についても、基本法五九条二項の適用は問題とならない。

(4)　ところで、「軍隊の軍事的出動については、議会の形成的留保の原則が基本法から導き出されるべきである」。「このような留保は、一九一八年以来ドイツの伝統にかなっている」。ワイマール憲法は、このことを四五条二項で宣戦講和について明らかにしたし、ボン基本法も、一九五六年以降の改正法律はそのことを明らかにしている。たとえば一九五六年の基本法改正では、五九a条一項によって連邦議会が行う「防衛事態」の確定が軍隊の出動の法的前提とされたし、その他にもとりわけ四五a条、四五b条、そして八七a条一項二段などが軍隊に対する議会統制の表れとなっている。また一九六八年の基本法改正で導入された一一五a条一項も、防衛事態の確定を議会の権限としているし、八〇a条三項の同盟条項も、軍隊の出動を執行府の排他的権限とはしていない。

そして、このような武装兵力の出動についての議会の形成的同意の原則は、安保理決議の枠内でなされる武装兵力の出動についても妥当する。ただし、連邦軍の要員を外国における救援活動のために提供する場合には、軍人が武装行動に関わらない限りにおいて連邦議会の同意を必要としない。

もっとも、このような議会の権限は、連邦共和国の軍事的防衛能力と同盟能力を危うくするものであってはならない。それ故、連邦政府は緊急の場合には暫定的に軍隊の出動を決定し、また同盟や国際組織の出動決議に協力して議会の事前の授権なしに暫定的に軍隊の出動を行うことも認められる。その場合には、連邦政府は、ただちに議会の承認を求め、議会が要求する場合には、軍隊を撤収させなければならない。連邦議会は、武装兵力の出動については、基本法四二条二項に従って決定しなければならない。

「連邦政府は、一九九二年七月一五日、一九九三年四月二日、および同年四月二一日の決定に基づき武装兵力を出動させ、そのことによって、ドイツ連邦議会の形成的同意を事前に求めなければならないという上記の憲法上の要請に違反した」。

(5)　なお、上記(3)の連邦憲法裁判所の見解に対しては、ベッケンフェルデなど四名の裁判官が、連邦政府の措置は基本法五九条二項一段に基づく連邦議会の権利を直接的に危うくするものであり、連邦憲法裁判所はこの規定違反を確認すべきであるとする意見を付している。その理由は、次の通りである。「ＮＡＴＯもＷＥＵも、設立条約によれば防衛条約である。それらは、その加盟国の一または二以上に対する武力攻撃がある場合、これに対して相互的援助を約束することに基づいている」。「国連の庇護の下での第三国における平和維持活動および平和創造活動を引き受けることは条約のテキストでは任務とはされていない。そのような任務は、前文や目的規定からも正当化され得ない」。憲法制定者が基本法五九条二項一段において対外政治の領域での連邦議会の協力権限を狭く限定した範囲でのみ認めたという事実は、潜在的には条約の変更に向けられた国際法上の意思表示や行動形態への同条の適用を排除するものではない。「なぜなら、この規範の意義と目的は、立法者が事後的な異議申立てによっては取消すことができない国際法上の義務を不意に負わされる危険を排除しようとすることにあるからである」。同条のこのような趣旨は、同条の適用を改正条約による条約の変更にのみ限定した場合には逆転してしまう。

もっとも、このような意見は、裁判官の過半数を制するものではなかったので、連邦憲法裁判所の見解とはならなかった（連邦憲法裁判所法一五条四項参照）。

三　若干の検討

以上のような連邦憲法裁判所の判決に関しては、ドイツにおいてさまざまな論評が出されている。(5) これらの論評をも参考にしながら、以下には私なりに感じた点を若干述べてみることにする。

まず第一に、従来からドイツにおいては、はたしてNATOの域外へのドイツ連邦軍の派兵が基本法八七a条二項に照らして認められるか否かについて見解の対立があった。そして、学説上はむしろ基本法八七a条二項の下では基本法を改正しなければそのような派兵は認められないとする見解が有力であったということもできる。(6) 連邦政府も、そのような学説や世論を配慮してか、少なくとも一九九一年までは、NATO域外への派兵はできないとする見解をとってきた。(7) このような経緯を踏まえた場合、連邦憲法裁判所が八七a条について行った説明に対しては、そのあいまいさや疑義を指摘する見解も見られることは、(8) ある意味では当然ともいえよう。このような指摘は、連邦憲法裁判所が、NATO域外派兵については基本法二四条二項によって正当化される以上、基本法八七a条にいう「防衛」や「出動」の意味などについては議論する必要はないとして詳しい説明を行わなかったことにも関連している。この点に関して、例えばベールはつぎのように指摘する。「(判決に関して) 理解しがたいのは、基本法二四条二項と八七a条二項の関係について、従って具体的にはいかなる規定が集団的安全保障の枠内でドイツの域外派兵を規定しているのかについて短い説明しかないことである。たしかに、……基本法二四条二項は、集団的軍事行動へのドイツの参加を促進し、あるいは容易にする傾向を含んでいるととらえることもできよう。しかし他方では、基本法八七a条二項の禁止(規範)の性格についても考慮すべきであろう。同条は、軍隊は〈防衛の他は〉、〈この基本法が明文で許している限度においてのみ〉出動させることができるとしている。この双方の規範の緊張領域がどのように有意味に解決され得るかは、憲法裁判所の判決ではあまりにも漠然とした (allzu dunkel) ままである」(9)。アルントは、つぎのようにさえ指摘している。「連邦憲法裁判所は、当時の (八七a条の) 憲法改正参加者の一致した意思をひっくり返してしまった。従って裁判所は、この決定的な点において実際上憲法改正者として振る舞ったことになる」[10]。

第二に、以上の点とも関連して、判決が基本法二四条二項を根拠としてNATO域外派兵を合憲としている点についても議論の存するところである。この規定については、例えばプロイスがすでに判決以前の段階でつぎのように指摘していたことが留意されよう。「基本法二四条二項は、平和維持と安全保障の政治的条件を含む規範である。この規定に軍事的な意味を第一義的に付与するとすれば、それは、この規定が第一項と第三項の間に位置することからしても、この規定の意味を誤解することになろう。その逆に、この規定は、政治的・規範的に多様な相互関係を確立することによって軍事的な強制の適用を回避しようとするものである」[11]。判決に対する論評のなかでも、例えば、ベールはつぎのように指摘する。「それ（＝集団的安全保障制度）への加盟は、必ずしも軍隊を予め用意しておくことに依拠するものではない──そのことは、とりわけ（無軍備の）憲法制定者が一九四九年に前提としていたことである──。むしろ、そのような制度の枠内においても、広範な非軍事的紛争解決の領域が存在するし、国際法上も、加盟国は直接軍事出動を行わないでも、集団的な諸措置に参加することができる」[12]。

判決は、基本法八七a条が一九六八年に取り入れられる以前に、すでに一九四九年の基本法制定段階で二四条二項は存在していたことを強調するが、しかし、他方でベールの指摘するようにその段階では西ドイツに軍隊は存在していなかったのであり、そうとすれば、むしろ二四条二項は軍事的な参加を伴わないでも集団的安全保障制度に加入することができることを前提としていたと捉える方がわかりやすいように思われる。しかも、国際法的にいっても、例えば国連への参加が必ずしも国連の軍事行動への参加を義務づけるものでないことは、国連憲章四三条に照らしても一般的に認められているといってよい[13]。そうであるとすれば、なおさらのこと、基本法二四条二項の規定から直ちにドイツの軍事的参加の合憲性を導き出すことについては、さらにより詳細な説明が必要であるように思われる。

また、基本法二四条二項に関しては、そもそも同規定にいう「相互的集団安全保障制度」をどのように理解するかをめぐって古くから見解の相違があった[14]。判決は、「相互的集団安全保障制度」を集団的自衛権に基づく同盟をも含めて広く解釈し、したがってＮＡＴＯもそのような「相互的集団安全保障制度」の一つと位置づけたが、しかし、このような解釈については問題の存するところであろう。判決は、集団的自衛権に基づく同盟も、「それらが厳密に平和の維持を義務づけられている場合には、その限りで相互的集団安全保障制度となりうる」としているが、しかし、少なくとも国際法上は、軍事同盟の否認の思想を背景として集団的安全保障の制度が発達してきたことは否定しがたい歴史的事実であろう。(15) 判決には、この点についての説明が必ずしも十分にはなされていないようである。また、「相互的集団安全保障制度」をこのように広くとらえた場合には、ＮＡＴＯその他の軍事同盟への加入は、ほとんどすべて憲法上は可能ということになる。そしてそのような軍事同盟への加入を理由としてドイツ連邦軍をＮＡＴＯ域外の世界中のどこの地域に派兵させることについても憲法上の制約はほとんどないということになりかねない。(16) 実際上は、ドイツはＮＡＴＯやＷＥＵの枠組みの中でしか行動しないからドイツ軍隊の暴走の危険はないということなのであろうか。この点でも、憲法上は問題が残されているようである。

第三は、ＮＡＴＯやＷＥＵが冷戦締結後その性格を少なからず修正し、本来の条約には必ずしも規定されていない事態についても軍事的な対処をするようになったことを、条約締結に関する議会の統制権能との関連でどのようにとらえるのかという問題である。この点、判決は、条約の明文の改定がなされるのでない限りは、基本法五九条二項が規定する議会の同意法律を新たに求めることは必要ではないとしたが、これに対しては、ベッケンフェルデなど四名の裁判官は、本件の場合、議会の同意法律を求めないで連邦政府が域外派兵を決定したことは議会の条約についての統制権能を危うくするものであるとした。たしかに、条約の適用については、国際情勢の変化に伴う弾力的な運用が必要な場合が少なくないともいえよう。しかし、それにも自ずから限度があるはずである。判決の見解を押し進めていけば、連邦政府が条約の明文の改定を提案しない限り、条約の現実の運用がいかに条約の本来の趣旨とかけ離れたものになろうとも、議会の同意法律は必要ではないということにもなりかねない。それでは、基本法五九条二項の趣旨は損なわれることになるであろう。ベッケンフェルデなど四裁判官がこの点を問題としたことには、それなりの理由があるように思われる。

第四に注目されるのは、判決において、連邦政府が域外派兵の決定をするにあたって連邦議会の同意を求めなかったことは、軍隊の出動には連邦議会の形成的同意を必要とする憲法の要請に違反するものである旨を判示した点である。判決は、そのような憲法上の要請は一九一八年以来のドイツの伝統であり、基本法ではとりわけ一一五a条一項にそのような要請は端的に示されているとしたが、戦後のドイツがナチスの反省をも踏まえて再軍備に際しても文民統制にそれなりに留意したことからすれば、このような判決の見解は当然ともいえよう。もっとも、連邦憲法裁判所は、そのように判示することによって、提訴者であるＳＰＤなどの立場にも一定の政治的配慮を行ったといえなくもない[17]。他方でまた、連邦議会の同意は基本法四二条の単純多数で足りるとしたことは、議会の多数に基盤を置く政府にとってはさしたる障害にはならないという見方も[18]、たしかに成り立ち得る。ただ、それにしても、連邦憲法裁判所がこのような判断を明示した点は、例えば日本にあってテロ対策特措法やイラク特措法において自衛隊の海外派遣について国会の事後承認のみを規定していることと対比すれば[19]、その相違は顕著というべきであろう。

ところで、連邦憲法裁判所の判決は、連邦政府が憲法上の要請に違反したと判示するにとどまり、その結果として域外派兵が無効であるとか、あるいは連邦政府は域外派兵した連邦軍を撤収させなければならないといった判断はなんら示さなかった。連邦憲法裁判所のこのような判決を踏まえて、その後、九四年七月一九日に連邦政府は連邦議会に対して連邦政府の域外派兵を事後承認することを求める提案を行い[20]、連邦議会は同月二二日にＳＰＤの多くの議員をも含めた大多数の賛成でこの提案を承認した[21]。

ＮＡＴＯ域外派兵をめぐる憲法上の問題はこのようにして一応の決着がつけられた。そして、それにともなって、この点をめぐる基本法改正の論議にもとりあえずのピリオッドが打たれた[22]。しかし、このような決着のつけ方で果してよかったのかどうかは、最後になお慎重に検討されるべき問題のように思われる。そのような検討は、とりわけ旧ユーゴやソマリアにおける国連の活動の実態がどのようなものであるかが今日かなり明らかになっているだけに必要なように思われる。ソマリアについては、ガリ事務総長が提唱した「平和強制部隊（peace-enforcement units）」としての性格を帯びて展開されたＵＮＯＳＯＭⅡは、現地の住民の反対をも受けて挫折し、九五年三月にはついにソマリアから撤収せざるを得なくなったことは承知の通りである。[23] 旧ユーゴに関しても、例えばフィナンシャル・タイムズは、その社説でつぎのようにすら指摘している。「国際社会は、ユーゴを救うことができなかったし、それはボスニアを救うことにも失敗した。その失敗は、ヨーロッパ連合の揺りかごの上を妖怪のように徘徊してきている。ソマリアにおける同様の失敗と並んで、それは、再生した国連を新世界秩序の中心とする努力をくじいた。そして、それはいまや年老いたＮＡＴＯに対して死の一撃を加えようとしているように見える」[24]。ガリ事務総長自身も、九五年初頭に国連に提出した『平和への課題』の第二版ではソマリアや旧ユーゴでの事態を踏まえつつ以下のように述べるに至っている。「平和維持（peace-keeping）の論理は、強制力（enforcement）のそれとはまったく異なる政治的軍事的前提に基づいているのであり、強制力のダイナミックスは、平和維持が促進しようとする政治的プロセスとは両立不可能である」[25]。ここには、冷戦以後の変質したＰＫＯの破産宣告がその推進者自身によって示されているように思われる。それは、たとえ国連の権威の下においてであれ、外部から平和を強制することはできないという厳然たる事実の承認でもある。それは、また、たとえばＵＮＤＰ（国連開発計画）において、「国家の安全保障」から「人間の安全保障」への根本的な発想転換の必要性が強調されていることとも密接な関連をもっている。[26]

そうであるとすれば、なおさらのこと、連邦憲法裁判所が、「憲法改正者としてふるまった」とか、「黒が白と同じになった」[27]といわれるほどにかなり強引な憲法解釈を行ってあえてソマリアや旧ユーゴへの派兵を合憲としたことの意味は一体なんであったのかが改めて問われざるを得ないであろう。そして、基本的にはそれと同様の問いかけは、憲法の規定を無視して自衛隊の海外派兵を強行した日本についてもあてはまるように私には思われる。

（1）　BVerfGE 90, 286 ; EuGRZ 1994, 21. Jg, Heft 11-12. S. 281.

（2）旧ユーゴスラビアの紛争については、福田菊『国連とＰＫＯ』（第二版）（東信堂、一九九四年）一八七頁、滝沢美佐子「旧ユーゴスラビアにおける国連の活動」外交時報一三〇六号六〇頁など、また冷戦後の安保理事会の活動については、佐藤哲夫「冷戦後の国際連合憲章第七章に基づく安全保障理事会の活動」一橋大学研究年報・法学研究二六号五三頁参照。

（3）ソマリアにおける国連などの行動については、福田菊・前掲書二〇三頁の他、松田竹男「ソマリア武力行使決議の検討」法政論集一四九号三五一頁、松本祥志「ソマリアと国際連合」法学セミナー一九九四年三月号六頁など参照。

（4）BVerfGE 88, 173. なお、この判決については、武永淳「ボスニア・ヘルツェゴヴィナ空域のＮＡＴＯ－ＡＷＡＣＳ機へのドイツ兵士派遣禁止を求める仮命令」自治研究七〇巻九号一三五頁及び水島朝穂「ＮＡＴＯ域外派兵と基本法」ドイツ憲法判例研究会編『ドイツの憲法判例』（信山社、一九九六年）三九三頁参照。なお、ＳＰＤは、連邦軍のソマリアへの派兵についても執行停止の仮命令を求めたが、連邦憲法裁判所は、九三年六月二三日、連邦議会の同意を条件として派兵の継続を認め（BVerfGE 89, 38）、連邦議会は、同年七月二日にその同意を与えた（Deutscher Bundestag, Stenographischer Bericht, 12/169, S. 14608）。

（5）B. Bähr, Auslandseinsätze der Bundeswehr, MDR 9/1994, S.882; C. Arndt, Verfassungsrechtliche Anforderungen an internationale Bundeswehreinsätze, NJW 1994, Heft 34, S. 2197; W. Heun, Anmerkung, JZ 21/1994, S.1073; G. Nolte, Bundeswehreinsätze in kollektiven Sicherheitssystemen, ZaöRV 54/3-4 (1994) S. 653; K. Dau, Parlamentsheer unter dem Mandat der Vereinten Nationen, NZWehr 1994 Heft 5, S. 177; D. Lutz, Seit dem 12. Juli 1994 ist die NATO ein System kollektiver Sicherheit!, NJ 11/1994, S. 505; G. Schulze, Deutsche Streitkräfte im Ausland, JR 1995 Heft 3, S. 98. なお、邦語文献としては、小林宏晨『ドイツ連邦軍の「海（域）外派遣」』（政光プリプラン、一九九七年）、松浦一夫『ドイツ基本法と安全保障の再定義』（成文堂、一九九八年）、拙稿「ドイツ連邦軍のＮＡＴＯ域外派兵の合憲性」ドイツ憲法判例研究会編『ドイツの最新憲法判例』（信山社、一九九九年）三四八頁など参照。

（6）例えば、Stern, Staatsrecht, Bd. 2 (1980) S. 1477; v. Münch, Kommentar, Bd. 2 (1983), S.115; E. Stein, Rechtsprobleme einer deutschen Beteiligung an der Aufstellung von Streitkräften der Vereinten Nationen, ZaöRV 34 (1974), S.429; U. K. Preuss, Die Bundeswehr – Hausgut der Regierung ?, KJ 26 (1993), S.2. これに対して、基本法を改正しないでも域外派兵は合憲とするのが、J. Frowein/T. Stein, Rechtliche Aspekte einer Beteiligung der Bundesrepublik Deutschland an Friedenstruppen der Vereinten Nationen, 1990, S. 1ff. u. S. 17ff.; K. Tomuschat, Die staatsrechtliche Entscheidung für die internationale Offenheit, in: Isensee/Kirchhof (hrsg.), Handbuch des Staatsrechts, vol. 7 (1992) S.501 など。なお、水島朝穂「ドイツ連邦軍の域外出動と基本法」広島大学総合科学部紀要・社会文化研究一八（一九九二）一四一頁参照。

（7）　例えばコール首相は、一九九一年三月一三日の連邦議会での答弁でも、「わが国の憲法は、これまでこれらの（＝国連の集団的安全保障措置に参加する）義務の完全な履行について制約を課してきた。それが、歴史的実状である」と述べていた（Deutscher Bundestag, Stenographische Berichte, 12/14, S. 774）。なお、連邦政府の従来の見解については、Vgl. Tomuschat, a. a. O., S. 501.

（8）　Bähr, a. a. O., S. 882; Arndt, a. a. O., S. 2197.

（9）　Bähr, a. a. O., S. 883.

（10）　Arndt, a. a. O., S. 2198.

（11）　Preuss, a. a. O., S. 267.

（12）　Bähr, a. a. O., S. 884.

（13）　Kelsen, The Law of the United Nations（1950）, S. 754; Verdross, Völkerrecht 5 Aufl.（1964）S. 651. なお、この点についてはさらに、vgl. Stein, a. a. O., S. 444; Preuss, a. a. O., S. 268; B. Bähr, Völkerrechtliche Verpflichtungen Deutschlands im Rahmen eines kollektiven Sicherheitssystems der Vereinten Nationen, NZWehrr 1994 Heft 5, S. 184.

（14）　すでに一九五〇年代において、例えば、Forsthoff, in: Der Kampf um den Wehrbeitrag, Bd. 2/2（1953）S. 335は、集団的安全保障制度と集団的自衛権に基づく同盟とは区別されるべきという見解をとったのに対して、Menzel, in: Der Kampf um den Wehrbeitrag, Bd. 2/1（1952）, S.292は、それと反対の見解を述べていた。この点をめぐる学説については、D. Frank, AK-GG 2 Aufl. Bd. 1（1989）S. 1633: K. Doehring, Systeme kollektiver Sicherheit, Isensee/Kirchhof（hrsg.）, a. a. O.,（Fn. 6）S. 669.

（15）　この点は、Forsthoff, a. a. O., S. 335が強調していたところである。

（16）　vgl. Nolte, a. a. O., S. 684.

（17）　vgl. Bähr, a. a. O., S. 884.

（18）　ペーター・レルヒェ（鈴木秀美訳）「連邦憲法裁判所の最近の基本判決における主要傾向」自治研究七一巻三号二八頁。

（19）　この点については、本書第一部第六章および第八章参照。

（20）　Deutscher Bundestag, Drucksache 12/8303, S. 1.

（21）　Deutscher Bundestag, Stenographischer Bericht, 12/240, S. 21164. ちなみに、投票者総数四八五名のうち、政府提案への賛成は四二一名、反対は四八名、棄権が一六名であった。

（22）　vgl. Heun, a. a. O., 1074. なお、この問題をめぐる諸政党の改憲案の検討については、Preuss, a. a. O., S. 271ff. 及び鈴木秀美「ドイ

ツ連邦国防軍のＮＡＴＯ域外派遣と基本法」国会月報一九九一年八月号五〇頁参照。

(23) ちなみに、ソマリア各地を視察した欧州連合（ＥＵ）のイリアング特別代表は、一九九五年三月二四日、「首都モガデイシオなどソマリアの治安状況は、今月初めに第二次国連ソマリア活動（ＵＮＯＳＯＭⅡ）が完全撤退した後、ずっと良くなった」と発表した（毎日新聞一九九五年三月二六日）。

(24) Financial Times, November 29, 1994.

(25) B. B. Ghali, An Agenda for Peace, second edition (1995), p. 15.

(26) ＵＮＤＰ（国連開発計画）『人間開発報告書一九九四』二二頁参照。

(27) Lutz, a. a. O., S. 505.

第二十章　ドイツのテロ対策立法の動向と問題点

一　はじめに

二〇〇一年九月一一日にアメリカで発生したいわゆる同時多発テロ事件は、アメリカのみならず、世界各国に大きな衝撃を与えた。そして、アメリカはもちろんこと、他の西欧諸国の政府当局者も、なんらかの形でテロに対するあらたな対応策を講ずることの必要性を感じることになった。(1) アメリカ政府は、対外的にはテロの首謀者をかくまっているとされたタリバン政権が実効的な支配をしていたアフガニスタンに対して、自衛権の名の下に武力攻撃を行うと共に、国内的にはいわゆる愛国者法を制定して、とりわけ在米イスラム系の外国人に対する監視規制を厳格にして、憲法上の論議を巻き起こした。アメリカ憲法の基本にある市民的自由は安全のためならば制限してもよいのかどうか、かりに制限できるとしても、どのような場合に、どの限度で制限できるのかが論議されることになったのである。(2) アメリカとは事情が若干異なるが、ドイツにおいても、九・一一事件の影響は、少なからざるものがあった。ドイツにおいては、テロリズムに対する対処問題は、すでに一九七〇年代以降から論議され、一定の立法措置が講じられてきたが、九・一一事件は従来の立法措置では不十分ではないかという議論を引き起こし、連邦議会は新たな立法措置を講ずることになった。しかし、それら立法措置は、当然のことながら、ボン基本法との関係でさまざまな論議を惹起することになった。自由（Freiheit）か安全（Sicherheit）かという問題がドイツにおいても、激しく議論されることになったのである。(3) また、とりわけテロ対処措置ということで連邦軍を使用することについては、ボン基本法が、一九六八年の非常事態憲法の制定の際に連邦軍の使用については一定の限定を付する規定を設けただけに、そのような基本法との関係で憲法上の論議を惹起することになった。

そこで、以下には、九・一一事件以降におけるドイツのテロ対策立法の動向を簡単に概観すると共に、テロ対策立法の一つである航空安全法に関する連邦憲法裁判所の違憲判決について紹介することを通して、テロ対策立法の問題点を検討することにする。

二　九・一一以降のテロ対策立法の動向

九・一一事件以降のドイツにおけるテロ対策立法は、時期的には大きく四つの段階に分けることができよう。第一は、九・一一事件直後になされた第一次テロ対策立法であり、第二は、二〇〇二年に制定された第二次テロ対策立法である。そして、第三は、二〇〇四年に制定され、翌年に公布施行された航空安全法であり、第四は、二〇〇七年に制定された第二次テロ対策法の改定である。以下、その概要をごく簡単にみてみることにする。(4)

まず、第一次テロ対策立法は、大きく結社法の改定と刑法の改定を内容としている。二〇〇一年の結社法(Vereinsgesetz)の改定(BGBl. I, S.3319)では、従来同法では、宗教団体は同法にいう結社には該当しないとされていたが(二条二項三号)、この規定を削除して、宗教団体も結社法にいう結社の中に含められ、したがって、「その目的若しくは活動が刑事法に違反し、又は憲法的秩序若しくは国際協調主義に違反する」場合には、禁止措置が取られることになった(同法二条二項)。このような改定の目的は、いうまでもなく、いわゆるイスラム原理主義などを掲げて、宗教団体としての性格あるいは装いをもちつつも、テロ活動を行う団体を禁止することにあるといってよい。(5)

また、刑法の改定は、国外に存在するテロ団体の構成員をも取り締まることを可能とすることを目的としている。ドイツの刑法は、一九七六年の改定において、テロリスト団体については、その構成員を処罰することを規定したが(一二九a条)、ただ、処罰する場合には、少なくとも団体の一部がドイツ国内に存在することが必要とされていた。そのような規定を改定して、国外に存在するテロ団体の構成員についても処罰することを新たに定めたのである(一二九b条）（但し、同改正が最終的に公布されたのは、二〇〇二年八月二九日である）。ちなみに、同条一項はつぎのように規定している。「一二九条及び一二九a条は、外国における団体にも妥当する。行為が、欧州連合加盟国以外の団体に関わるときは、この法律の場所的適用範囲において行使された活動により遂行され、又は行為者若しくは被害者がドイツ人であり、又は国内にいるときに限り妥当する。（以下略）」[6]。

次に第二次テロ対策立法は、二〇〇二年一月に制定された「国際的テロリズムの制圧のための法律（Gesetz zur Bekämpfung des internationalen Terrorismus）」（BGBl. I, S.361）（以下、テロ制圧法と略称）である。この法律は、従来存在してきた二〇あまりの法律や命令の内容をテロ対策のために一括して改定することを内容としたいわゆる条項法（Artikelgesetz）であるが、この法律によって改定された法律としては、連邦憲法擁護法、軍事諜報局法、連邦情報局法、基本法一〇条法、安全性審査法、連邦国境警備隊法、旅券法、身分証明書法、結社法、連邦刑事庁法、外国人法、庇護手続法、外国人中央登録簿法、連邦中央登録簿法、社会法典、航空交通法などがある。これらの法律の名前をみただけで、この第二次テロ対策立法がいかに広範かつ多岐にわたる内容をもつものであるかがわかるであろう。これらの改正内容については、すでに日本でも詳細な紹介がなされているので[7]、ここでは、これらの改正内容の中で私なりに特徴的と考える二、三の点についてごく簡単にみてみることにとどめる。

まず注目されるのは、連邦憲法擁護法（Bundesverfassungsschutzgesetz）の改定（一条）である。連邦憲法擁護法は、従来、連邦憲法擁護庁及び州の憲法擁護機関に対して以下の活動について情報を収集・評価する権限を認めてきた。①自由で民主的な基本秩序並びにドイツの連邦及び州の存立や安全に反してなされる活動、並びに連邦、州及びそれらの構成員による公務の執行を不法に妨げることを目的とした活動、②外国勢力のためにドイツの安全を脅かす諜報的な行為、③暴力又は暴力の準備によってドイツの外交的利益を脅かそうとする活動。第二次テロ対策立法によって、これらの活動に加えて、さらに、諸国民の協調の思想、特に諸国民の平和的共同生活に反する活動についての情報の収集・評価も連邦憲法擁護庁などの任務の中に含められることになった。また、連邦憲法擁護庁などの情報交換についてもあらたな規定が加えられた。すなわち、連邦憲法擁護庁は、従来は自由で民主的な基本秩序の確保及び州の存立や安全に必要な場合であって、かつ連邦内務大臣の同意があった場合に限り、他機関に対して個人関連データを含む情報を伝達することが認められていたが、この改定によって、生活上及び防衛上重要な施設の安全に必要な場合にもこれらの情報を伝達することができるようになった。また、連邦憲法擁護庁は、その任務の遂行に必要な場合には、金融機関に対して、資金や口座の動向についての情報の提供を、又郵便サービス提供業者からは氏名、住所、宛名等を、航空交通サービス提供者からは、氏名、住所、輸送サービスの利用に関する情報等の提供を、テレコミュニケーション・サービス提供者からは利用・接続データの提供をいずれも無償で求めることができるようになった。連邦憲法擁護庁は、このような改定によって、市民のプライバシーに関する広範な情報を入手することが可能となった。たしかに、この法律では、このような情報の入手は、連邦憲法擁護庁長官又はその代理の任にある者の申請に基づいて行われ、申請は「信書・郵便及び電信電話の秘密の制限に関する法律」で設置された基本法一〇条審査会に報告されるが、しかし、それがどの程度に歯止めとしての意味をもつかについては疑問が少なくない。なお、連邦憲法擁護庁のこのような権限の拡大に呼応して、軍事諜報局や連邦情報局の権限の拡大も、軍事諜報局法と連邦情報局法の改定によって行われた。

次に、外国人に対する規制の強化である。これは、結社法、外国人法、庇護手続法、外国人中央登録簿法の改定を通して行われた。まず、結社法の改正（九条）によって、外国人結社で、①ドイツの政治的意思形成、平和的な共同生活、公の安全又はその他のドイツの重大な利益を損なう場合、②ドイツの国際法上の義務に反する場合、③その目的または手段が人間の尊厳を尊重する国家的秩序の基本的価値に適合しないドイツ領域外の活動を支援する場合、④政治的、宗教的又は他の利益を実現するための手段として暴力の使用を支持又は惹起する場合、⑤人又は物に対する攻撃を教唆し、支援し、又は脅迫するドイツ領域内外の団体を支持する場合に、禁止することができるものとされた。また、外国人法の改正（一一条）では、外国人のドイツでの滞在を不許可とする場合として、新たに、外国人が自由で民主的な基本秩序若しくはドイツ連邦共和国の安全を脅かし、政治的目的の追求に際して暴力行為に関与し、暴力の使用を公に呼びかけ、若しくは暴力をもってこれを脅迫し、又は国際的テロリズムを支援する結社に所属し若しくはその種の結社を支援することが事実によって証明された場合がつけ加えられた。また、庇護手続法の改正（一二条）では、出身地の特定のために庇護申請者本人に事前に通知した上で音声を記録することができるようになり、又指紋などの庇護申請者のデータを最長一〇年間保存することができるようにされた。さらに、外国人中央登録簿法の改正（一三条）では、従来登録簿に記載することとされていた氏名、出身国、生年月日等の個人情報データに加えて、本人の申告により宗教上の所属に関する情報も加えられることになり、又、国境警備を任務とする警察組織以外の連邦及び州の警察組織へのデータの伝達が、具体的な危険の存在の有無にかかわらず行われることになった。

さらに注目されるのは、安全性審査法（Sicherheitsüberprüfungsgesetz）の改正（五条）である。安全性審査法は、安全性が侵されやすい活動（sicherheitsempfindliche Tätigkeit）の任務に就く人については安全性の審査を行うことを規定しているが、安全性が侵されやすい活動として、従来は、①極秘、秘又は関係者限定に分類される秘密物件に接触し、又は入手しうる活動、②ＥＵ等の国際機関の秘密物件に接触し、又は入手しうる活動、③連邦の官庁その他の公的機関又はその一部で、秘密物件の量及び重要性から、連邦最高官庁が連邦内務省の承認を受けて治安分野の国家的治安官庁として表明したところでの活動を挙げていた。そして、このような活動に従事する者については、それぞれ所轄の官庁などが安全性の審査を行うことを規定してきた。今回の法改正によって、生活上若しくは防衛上重要な施設内において安全が強く求められる地位において、又は連邦国防省の業務領域において安全が特に強く求められる地位において職務に従事する者又は職務に従事すべき者も、安全性審査が求められることになった。ここにおいて、「生活上重要な施設」とは、「①その運営に付随する独自の危険性のために、その障害の際には住民の大部分の健康又は生命が顕著な危険に晒され得る施設、②共同体の機能に不可欠で、かつ、その障害の際には住民の大部分において著しい不安を生じさせ、かくして公共の安全又は秩序に対する危険を発生させるとみられる施設」を意味し、また、

「防衛上重要な施設」とは、「連邦国防省の所轄分野外の施設であって、その設置や維持が防衛体制の維持に貢献し、かつ、その障害の際には、短期間補われなかっただけで連邦軍、連合軍及び民間防衛の装備、指揮及び支援の機能が顕著な危険にさらされ得る施設、その運営に付随する独自の危険性のために、住民の大部分の健康又は生命が著しく危険にさらされ得る施設」を意味するとされる。このように「生活上重要な施設」に従事する者についても安全性審査が求められることによって、鉄道、郵便、電気通信のみならず、エネルギー、水、製薬会社、銀行など市民生活に関連する多数の施設に勤務する者についても安全性審査が行われることになった(8)。

九・一一事件以降におけるテロ対策立法の第三期は、二〇〇四年の航空安全法（Luftsicherheitsgesetz）の改正（BGBl. I,S.78）である（公布は二〇〇五年一月一四日、施行は翌一五日）。同法は、航空機に対するテロ行為を阻止するために、警察力をもってしては不十分な場合には、連邦軍を使用し、そして、ハイジャックされた航空機が人命に対する攻撃に用いられた場合には、当該航空機に対する武力行使を連邦軍が行うことを認めている。このような規定が設けられた背景にあるのは、一つには、二〇〇一年九月一一日にアメリカで発生した同時多発テロ事件であるが、もう一つは、二〇〇三年一月五日にドイツのフランクフルトで発生した軽飛行機乗取り事件である。この事件では、軽飛行機をハイジャックした犯人は当初はフランクフルト市の高層ビルに激突する気配を見せたが、ハイジャック犯が自発的に空港に着陸したので、事なきを得たが、この事件においてもハイジャックされた航空機が市民に対する人命の侵害のため利用されうることが明らかになったとして、連邦政府は、二〇〇四年一月に航空安全法の改定を連邦議会に提案し、同法は、連邦参議院で賛成を得ることが出来なかったが、最終的に連邦議会の決議によって成立した。ちなみに、同法の核心部分である一三条から一四条の規定は、要旨以下の通りである(9)。

一三条（連邦政府の決定）⑴　重大な航空事故によって基本法三五条二項二文又は三項による特に重大な災害事故が差し迫っているとの予測を根拠づける事実が存在する場合には、効果的に対処するために必要な範囲で、この災害事故を防ぐために、領空において州の警察力を支援するために、軍隊を出動させることができる。

⑵　基本法三五条二項二文による出動の決定は、当該州の要請に基づき連邦国防大臣が連邦内務大臣の同意を得て行う。即時の対応が求められている場合には、連邦内務大臣への通知は直ちに行われなければならない。

⑶　基本法三五条三項（複数の州に関わる場合）による出動の決定は、連邦政府が当該複数の州の同意を得て行う。連邦政府が適時の決定を下すことが困難な場合には、連邦国防大臣が連邦内務大臣の同意を得て決定する。当該の州及び連邦内務省への通知は直ちに行われなければならない。

⑷　詳細は、連邦と州の間で定める。軍隊による支援は、この法律の規定に基づいて行われる。

一四条（出動措置、命令権限）⑴　特に重大な災害事故を防ぐために、軍隊は、領空において、航空機の進路を変更させ、着陸を強制し、武力を用いて威嚇し、又は警告射撃をすることが許される。

⑵　可能な複数の措置の中では、個人及び公衆に対する危害を最小のものとする措置が選択されなければならない。その措置は目的達成に必要な範囲でのみ許される。その措置によりもたらされる不利益が達成される成果と均衡を欠くことは許されない。

⑶　武力（Waffengewalt）の直接的な行使は、航空機が人命に対する攻撃に用いられ、かつ、武力の直接的な行使が現存する危険を防ぐ唯一の手段であるとの状況判断がなされる場合にのみ認められる。

⑷　第三項による措置は、連邦国防大臣又は防衛事態においてその代理に任命されている連邦政府の構成員のみが命じることができる。

一五条（その他の措置）⑴　一四条一項及び三項による措置は、検査を行い、警告及び迂回を試み、それに失敗した後においてのみ許される。この目的のために、軍隊は、飛行の安全に権限を有する官署の要求に基づき、領空において、航空機に対して検査を行い、迂回させ、又は警告することができる。

⑵　連邦国防大臣は、空軍監察官に対して、上記の措置を命じる一般的な権限を与えることができる。空軍監察官は、連邦国防大臣に対して、一四条一項及び三項による措置の実施につながる可能性のある状況について、直ちに報

告を行わなければならない。

テロ対策立法の第四期は、二〇〇七年に制定されたテロ制圧法補充法である。二〇〇二年のテロ制圧法は、二〇〇六年まで効力をもつ五年間の時限立法として制定されたので、期限切れを迎えてどうするか問題とされたが、連邦議会は、二〇〇七年一月にテロ制圧法補充法（Gesetz zur Ergänzung des Terrorismusbekämpfungsgesetzes）（BGBL I, S. 2）を制定して同法の延長を決定した。この補充法は、連邦憲法擁護法の一部改定を盛り込むと共に、新たに同法の適用状況に関して評価（Evaluierung）の条項を設けた点が注目される。すなわち、同法一一条によれば、テロ制圧法並びにこの法律に基づいて改定された連邦憲法擁護法などの適用に関しては、二〇一一年一月一〇日までの間に、連邦議会の同意によって任命された学識専門家の参加の下で評価されなければならないとされている。

以上のようなテロ対策立法に関しては、ドイツにおいてさまざまな議論が行われてきた。とくに、テロ制圧法に関しては、それが市民生活に大きな影響を及ぼすだけでなく、憲法で保障された基本権にも直接的に関わるだけに、学説上も賛否両論の議論が交わされてきた。その議論の概略はすでに日本でも紹介されているので[10]、その詳細はここでは省略するが、いくつかの基本的問題点についてだけ触れておけば、まず第一に、この法律によってボン基本法が保障している自由権、とりわけ基本法二条一項が保障する人格の自由な発展の権利や情報に関する自己決定権、基本法一〇条が保障する信書、郵便及び電気通信の秘密など、さらには、表現の自由（五条）や結社の自由（九条）などが大幅に制限されていることが問題となろう。この法律の目的は、テロに対して市民の安全や国家の秩序を擁護することにあるが、しかし、そもそも「完全な安全」というものはありえず、それを追求しようとすればするほど、それだけこれらの市民的自由は大幅に制限されてくることにならざるを得ないであろう。たとえば、この法律によって、連邦憲法擁護庁は金融機関等から口座保有者等の預金や資金移動に関する情報を収集し、また郵便事業者等から郵便流通に関する情報を収集し、さらに電気通信事業者から電気通信情報を収集することが可能とされている。また、安全性審査法の改正によって、公務に従事する者のみならず、私的な職業に従事する者についてまでも、安全性の審査がなされることが可能とされている。

しかも、第二に問題とされるのは、このように市民的自由を大幅に制限することを可能とする根拠や要件が、法律の規定の上ではきわめて漠然不明確であるということである。たとえば、テロ制圧法によって連邦憲法擁護庁は「諸国民の協調の思想、特に諸国民の平和的共同生活に反する活動」を取り締まるために上記のような情報収集活動を行うことができるが、「諸国民の平和的共同生活に反する活動」の意味は、きわめて漠然不明確であり、運用如何によってはほとんど際限のないものにもなりかねない。同様に、安全性の審査の対象となる者には、「生活上若しくは防衛上重要な施設において安全が強く求められる地位」において職務に従事する者も含まれるが、「生活上重要な施設」として改正法は、上述したように「その運営に付随する独自の危険性のためにその障害の際には住民の大部分の健康又は生命が顕著な危険にさらされ得る施設」などをあげるが、しかし、このような規定によって、そこで働く者の安全性審査が求められる施設が具体的に明確にされたのかといえば、必ずしもそうともいえないであろう。これによって、公務に従事する者のみならず、多くの民間企業に従事する労働者や市民も治安機関の監視の下に置かれかねないのである。このような立法が、ボン基本法がその基本原理としている規範明確性の原則や本質性の原則などに抵触する疑いがあると指摘されているのは当然ともいえよう。(11)

第三に、このような状況の下においては、近代立憲主義憲法が前提とする個人と国家社会のあり方そのものが変質を被ることにもなりかねない。レプシウスは、テロ対策立法の動向の下では、「個人はもはや遵法市民としては捉えられず、潜在的な脅威と捉えられています」、「自由の保障は、もはや個人の保護を意味するのではなく、個人が参加することができる社会の保護を意味します。市民的自由は社会的目的に従属する自由とな（る）」と述べているし、(12)またデニンガーは、テロ対策立法が想定する「予防国家」の下においては、リスクは常態となり、危険がないことが例外となって、市民は自ら危険がないことの立証責任を負うという立証責任の転換も行われうるという。(13)個人は、自由で自律した人間としてではなく、国家の監視と保護の下に置かれる危うい存在と見なされるのである。

もちろん、このような動向に対しては、学説上の批判があるだけではなく、連邦憲法裁判所も、直接テロ制圧法に関してではないが、二〇〇四年の大規模盗聴判決[14]など関連する判決において一定の慎重な、あるいは抑制的な対応をしていることは留意されてよいであろう。[15]連邦憲法裁判所のそのような対応を示す判決の一つが、航空安全法に関する二〇〇六年二月一五日の違憲判決である。そこで、以下には、この判決の内容について少し具体的に紹介し、若干の検討をすることにしたい。

三　航空安全法違憲判決について

航空安全法に関しては、その制定段階からその合憲性に関して学説上も少なからざる疑義が提出されていたし、[16]連邦大統領も、憲法上の疑義がある旨を述べていた。[17]このような疑義をも踏まえて、航空機を仕事等で頻繁に利用する人達が、航空安全法の上記のような規定は国家に対して、犯罪の行為者ではなく、犠牲者である市民を故意に殺害することを許すものであって、基本法一条一項、二条二項一文及び一九条二項に規定された憲法異議申立人達の権利を侵害するものであるとして憲法異議を申し立てた。そして、連邦憲法裁判所は、この憲法異議を受理して、二〇〇六年二月一五日、航空安全法の一四条三項は基本法二条二項一文及び一条一項並びに八七ａ条二項などに違反して無効である旨の判決を下した。[18]その判決内容を簡単に紹介すれば、以下のようである。

(1)　憲法異議の適法性について

まず、連邦憲法裁判所は、この憲法異議の適法性について審査し、適法性を以下のように肯定した。本件で憲法異議は航空安全法一四条三項に対して向けられているが、憲法異議が法律に対して直接向けられている場合には、憲法異議の申立人が当該法律によって自ら（selbst）、現在（gegenwärtig）、直接に（unmittelbar）その基本権を侵されていることが前提となる。本件において憲法異議の申立人は私的な理由や仕事で頻繁に民間航空機を利用することを説得的に述べている。したがって、航空安全法一四条三項の規定によって自ら、現在その基本権の侵害を受けるということは十分にありうるところである。また、この規定にいうような武力をもってする航空機への直接的な攻撃は、必要な場合には当該航空機の撃墜を目的としている。このような攻撃によって、航空機に搭乗している、攻撃には責任を負わない人々も生命の危険にさらされる。このような状況の下においては、中立人の直接的な利益侵害の可能性も存在している。「彼ら（中立人達）が自ら航空安全法一四条三項による措置の犠牲者になるまでの間待つように彼らに要求することはできないのである。[19]」

(2)　航空安全法一四条三項の違憲性について

つぎに、この憲法異議において実体的な争点となった問題は大きく二つある。一つは、連邦軍をこのようなテロ行為に対して出動させて武力行使する権限がボン基本法上認められているかどうかという問題であり、あと一つは、ハイジャックされた航空機がテロに用いられるとはいえ、その中に市民が乗っている場合に、それを撃墜して市民の生命を剥奪することがボン基本法が保障している生命権や人間の尊厳などを侵害することにならないかどうかである。連邦憲法裁判所は、これらの二点について審査し、航空安全法の上記規定は、以下のような理由でいずれの点についても違憲であると判示した。

第一の点については、基本法は八七a条二項において、「軍隊は、防衛のために出動する場合以外は、この基本法が明文で認めている限りにおいてのみ出動することができる」と規定している。この規定は、一九六八年の非常事態憲法の導入の際に取り入れられたものであるが、この規定は軍隊を執行権の手段として使用するために不文の権限を条理から導き出すことを阻止するためのものである。したがって、「基本法八七a条二項の解釈と適用にとって基準となるのは、テキストに厳格に従うという要請によって連邦軍を国内において出動させる可能性を限定するという方針である[20]」。このことは、自然災害又は特に重大な災難事故に際して軍隊の出動を規定した基本法三五条二項及び三項の場合にも妥当する。すなわち、これらの規定は、たしかに、一ラントにおける自然災害又は特に重大な災難事故に際しては当該ラントの要請に基づいて、また自然災害又は特に重大な災難事故が二つ以上のラントにまたがる場合には連邦政府の判断で軍隊を出動させることを規定している。しかし、「航空安全法一四条三項による武力の使用を伴う航空機に対する直接的な攻撃措置は、基本法三五条二項二文の範囲を遵守するものではない。なぜならば、この規定は、自然災害又は特に重大な災難事故を取り除くために特殊軍事的兵器（spezifisch militärische Waffen）の使用を伴う軍隊の出撃を認めてはいないからである」(21)。基本法三五条二項二文にいう「救助（Hilfe）」とは、ラントの警察力にその任務遂行のために認められる救助手段と質的に異なった救助手段を認めたものではない。軍隊は、ラントの要請に基づいて出動する場合に、当該ラントの法が警察力に認めている武器の使用を行うことは認められるが、しかし、戦闘機搭載火器のような軍事的戦闘手段を用いることは認められていない。基本法三五条二項二文の意味及び目的から必然的に導き出されてくるこのような解釈は、この規定の体系的な理解及び制定史からも確証される。すなわち、「憲法制定者の見解によれば、基本法三五条二項二文による『救助』のための軍隊の出動は、地域的な災害出動に際してその枠内で認められる警察的な任務と強制権限を行使すること、例えば危険区域を遮断したり、交通規制を行ったりすることのために軍隊を使用することに明示的に限定されるべきものとされていた」(22)。

航空安全法一四条三項は、また、一ラントを超える領域にまたがる災害緊急事態について定めた基本法三五条三項一文の規定とも合致していない。基本法三五条三項一文によれば、一ラントを超える領域にまたがる災害緊急事態に際して軍隊を出動させる権限は明示的に連邦政府にのみ属している。ここにおいて連邦政府とは基本法六二条によれば、連邦首相と連邦大臣とからなる合議機関である。ところで、航空安全法一三条三項一文は軍隊の出動は連邦政府が当該諸ラントの同意を得て決定すると規定しているが、同条項の二文と三文は、連邦政府が適時の決定を下すことができない場合には、連邦国防大臣若しくは防衛事態においてその代理の任に当たる連邦政府の構成員が連邦内務大臣の同意を得て決定すると規定している。しかも、このような決定は例外的になされるだけではなく、一般的になされるものとされている。このような規定は、基本法三五条三項一文とは一致しない。しかも、基本法三五条三項一文の場合の軍隊の出動に際しても、典型的な軍事兵器を伴う軍隊の出動は違憲とされており、この点からしても、航空安全法一四条三項は違憲である。基本法三五条三項一文と三五条二項二文とでは、この点に関してはなんらの相違もない。しかも、このことは、基本法三五条三項一文の制定過程からしても確認されうる。

次に第二の点については、航空安全法一四条三項は、軍隊に対して航空機に対する攻撃を、その攻撃の犠牲者となる人間が乗っているにもかかわらず認める限りにおいて、基本法一条一項の人間の尊厳並びに基本法二条二項一文の生命権の保障とも合致しない。基本法二条二項一文が保障する生命権は同条項三文によれば法律の留保に服するが、しかし、そのような法律は、この基本権に照らして、またこれと密接に関連する基本法一条一項の人間の尊厳の保障に照らして吟味されなければならない。「人間の生命は、主要な憲法原理及び最高の憲法価値としての人間の尊厳のバイタルな基礎をなしている。いかなる人間も、その個性、身体的・精神的状態、その給付、社会的地位にかかわらず、人格としてこの価値を有する。それは、いかなる人間からも奪われてはならない(23)。」

国家は、生命権と人間の尊厳とのこのような関係に照らして、一方では、人間の尊厳を侵害するような措置を講ずることによって生命への基本権を侵害することを禁止されるとともに、他方で、人間の生命を保護する義務を負う。「この保護義務は、国家とその機関に対して、いかなる個人の生命をも保護し、かつ援助するようにすることを命ずる」。「このような保護義務はその根拠を、国家に明示的に人間の尊厳の遵守と保護を義務付けている基本法一条一項二文に置いている(24)」。この義務が国の行為に際して具体的に何を意味しているかは画一的に決めることはできない。ただ、各人が自由に自己決定を行い、かつ自己発展を行うことができることが人間の本性に属しており、また各人は共同体の中で基本的に同等の構成員として固有の価値を認められているとする基本法制定者の理解を踏まえるならば、人間を国家の単なる客体（Objekt）とすることは、人間の尊厳の尊重と保護義務により一般的に禁止されることになる。かくして、人間の主体性を、その権利主体としての地位を基本的に疑問視するような取り扱いを公権力が行うことはすべて禁止される。そのような取り扱いがどのような場合に存在するかは個別の事例においてその特有の状況に照らして具体的に判断されるべきことになる。

「このような基準に照らせば、航空安全法一四条三項は、連邦軍による航空機の撃墜によって、その乗組員や乗客として同条項において前提とされている非戦時（nichtkriegerisch）の航空事故の招来になんらの影響をも及ぼすことがない人々が被害を受ける限りにおいて、基本法二条二条一文及び一条一項と合致しないことになる」(25)。なぜならば、乗組員や乗客は、単に航空機のハイジャック犯によって客体とされるだけではない。航空安全法一四条三項に基づく措置を講ずる国家もまた、かれらを他の人々を保護する救助行為のための単なる客体として取り扱うことになるのである。乗組員や乗客は、国家による航空機の撃墜行為によって防御不能で救助不能な状態に置かれ、その結果、航空機とともに狙い撃ちされ、おそらくは殺されることになる。そのような取り扱いは、尊厳と不可侵の権利の主体（Subjekt）としての乗組員や乗客を無視することになる。かれらの生命が国家によって一方的に処分されることによって、ハイジャックの犠牲者として保護を必要とする乗客達は、人間に各人自身のために帰属する価値を奪われることになる。

しかも、このようなことは、航空安全法一四条三項による出撃措置が同法一四条四項一文に基づいて決定されるべき瞬間において、事実状態が十分に見通され、正確に認定されることが期待され得ない状況の下で生じうる。コックピット協会も航空安全法一三条一項の意味での重大な航空事故が存在し、特に重大な災害事故の危険を根拠づけることの確認は、状況によっては多くの不確実性を伴うということを指摘している。航空安全法一四条三項の適用に際して存する危険は、撃墜命令が不確実な事実根拠に基づいてあまりにも早すぎる形でなされるということにある。出撃が効果的であるためには、そのような出撃措置が場合によっては必要ではないということは最初から犠牲にされざるをえない。危険防止の領域においては、予測不確実性を完全に避けることはできないとしても、しかし、基本法一条一項の下においては、乗員や乗客のように責任を負わない人間をそのような不確実性を犠牲にして故意に殺害するようなことは観念しがたいことである。ただ、「それにもかかわらずなされた（航空機の）撃墜とそれに関する指令が刑法的に（strafrechtlich）どのように判断されるべきかについては、ここでは決定すべきではない[26]」。いずれにしても、憲法的判断に際して決定的なことは、当事者でもなく、責任も負わない人間に対して、航空安全法一四条三項に規定されているような類いの措置を講ずる法律上の権限を立法者が作り出すことはできないということである。そのようなことは、非戦時における軍隊の出撃として、生命への権利と人間の尊厳の保護と尊重に対する国家の義務と合致しない。

乗組員や乗客として航空機に搭乗した者は航空法一四条一項のような航空事故に巻き込まれた場合には、航空機が撃墜され、かくして自分たちも死亡することに同意していることが推定され得るのかといえば、そのようなことは認められ得ない。そのような推定を認めることは根拠薄弱であり、実体を欠いたフィクション以外のなにものでもない。また、航空機を他の人々に対する凶器として使用しようとする者によって航空機に閉じ込められた者は、自ら武器の一部となっているので、そのようなものとして取り扱われざるを得ないとする見解を受け入れることもできない。このような見解は、あからさまにそのような事件の犠牲者はもはや人間としてはみなされず、事物の一部（Teil einer Sache）とみなされるということを表明している。また、個人は、そうすることによってのみ法的に構成された共同体をその粉砕と破壊に向けられた攻撃から防御することができる場合には、国家全体の利益のために自らの生命を犠牲に供する義務を緊急的に負うという考えも、上記と異なった結論を導き出すものではない。「その場合、当法廷では、非常事態憲法によって創設された保護メカニズムを超えてさらに（国家共同体の）存立確保のためのそのような連帯義務が基本法から導き出されるか否か、またどのような状況の下でそのような義務が導き出されるかについては決定する必要はない。航空安全法一四条三項の適用領域においては、共同体の除去と国家の法と自由の秩序の否認に向けられた攻撃の阻止が問題となっているわけではないからである[27]。」

さらに、航空安全法一四条三項は、航空機を凶器として用いることによってその生命が奪われることになる人々のための国家の保護義務によっても正当化することはできない。たしかに、国家の保護義務の遂行のために講ずる手段の選択は限定されることもありうる。しかし、その選択は、あくまでも憲法と一致する手段でなければならない。航空安全法一四条三項の場合には、その点が欠けている。この規定に基づく航空機に対する武力を伴う直接的な出撃の命令と実施は、航空機に閉じこめられている出撃の犠牲者もまたその生命について国家的保護を請求する権利を有しているということを見落としている。これらの乗客の生命の保護が国家によって妨げられるだけではない。国家は、むしろ自らこれらの無防護の人々の生命を侵害することになるのである。かくして、航空安全法一四条三項に基づくいかなる措置も、これら乗客の主体的地位を基本法一条一項に一致しない形で無視し、また同条項により国家に要請される殺害禁止をも無視することになるのである。

これに対して、航空法一四条三項は、乗客が搭乗していない航空機に対して武力をもって直接攻撃を加えたり、航空機を地上の人々の生命に対する凶器として使用する人間にのみ向けられる場合には、基本法一条一項に違反しない。同条項は、航空機を人々に対する凶器として使用しようとする人間に対してのみ適用される限りにおいては、比例原則の要請にも違反しない。この規定は、人間の生命を救助するという目的をもっている。また、この規定は、その保護目的を達成するために不適切な手段ということはできない。さらに、目的達成のための規定の必要性も、存在している。そのような航空機の撃墜は、それと結びついた基本権侵害の重大性と保護すべき法的利益の重要性との全体的な考量の結果を踏まえれば、攻撃の前提要件が確実に存在する場合には、当事者に要求できる適切な防護処置ということができる。

以上述べたことからして、航空安全法一四条三項は、「その全体において違憲であり、従って、連邦憲法裁判法九五条三項一文により無効（nichtig）である。当該規定の基本法との不一致を単に確認するにとどめる余地は、本件のような状況の下においては存在しない」[(28)]。

四　学説の若干の検討

以上に紹介したように、連邦憲法裁判所は航空安全法一四条三項の規定を違憲無効と判示したが、このような判決に対しては、ドイツにおいて賛否両論が出されている[29]。この判決を批判する論者は、これでは、ドイツは、航空機の乗っ取りによって行われるテロ行為に対して無防備（wehrlos）になり、国家の基本的法秩序や市民の安全は確保できないと批判する[30]。例えば、U・パルムは、要旨、つぎのように言う[31]。まず、判決が基本法八七a条や三五条三項をその制定過程を踏まえて厳格に解釈した点に関しては、このような解釈は、従来の連邦憲法裁判所の解釈基準の変更であるとともに、憲法条文にも現実にも即さない解釈であると批判する。彼によれば、たとえば、基本法三五条三項は「これに有効に対処するために必要な限度において」と規定しており、必ずしも「軍事的な手段」によってはならないとは規定していない。まさに警察的な手段では有効に対処できないから連邦軍の出動を要請しているのであるから、連邦軍が「軍事的な手段」を行使することは同条項の想定しているところと解すべきことになる。また、基本法八七a条が規定する「防衛（Verteidigung）」の概念に関して言えば、この概念は今日相対化してきており、対外的な軍事行動と国内的な警察行動を厳密に区別することは出来なくなってきている。たとえば、九・一一同時多発テロ事件に対処するアメリカの行動も「自衛権」によって説明されており、それは国際的に認められている。したがって、航空安全法が想定するような航空機乗っ取り行為に対抗する行為も「防衛」という概念でとらえてもよいことになる。そうであるとすれば、航空安全法一四条三項が規定するような連邦軍の行動を違憲とすることはできないことになる。

また、判決が航空安全法一四条三項が基本法一条一項や二条二項に違反すると判示した点についても、つぎのような批判が加えられる。ボン基本法では、生命権は、法律の留保に付されており、法律をもってすれば制限できる。法律による制限が可能か否かは、その制限が基本法一九条二項が規定する権利の本質内容が保障されるかどうかによって判断されるが、生命権という同等の法益が相対立するような緊急時の例外的な状況においては、生命権も共同体と関連づけて相対的に解釈されなければならないので、その制限は認められる。このような見解は、人格（Person）の観念の精神史にも合致するし、それ故に、連邦憲法裁判所も従来の判例において人格の共同体との関連性（Gemeinschaftsbezogenheit）や共同体への拘束性（Gemeinschaftsgebundenheit）を強調してきた。ところが、今回の判決は、個人の共同体への拘束性については国家の存続や国家的秩序が危うくなるような場合についてのみ論じていて、乗客の生命権への侵害は、憲法上基本的になにものによっても正当化され得ないとしている。判決によれば、乗っ取られた乗客の生命権は絶対的な価値をもつことになり、乗客の生命に対する国家の尊重義務は、テロリストの標的とされる人々よりも、常に―予測の不確実性が存在せず、航空機の撃墜によって何千人もの人達が救われるような場合にも―優先されることになる。

しかし、このような見解は、基本法一条一項の人間の尊厳に関する従来の連邦憲法裁判所の判例を踏まえたものではなく、適切とはいえない。この判決自身が引用している盗聴法判決において、連邦憲法裁判所は、基本法一〇条二項による裁判的救済の排除は民主的秩序と国家の存立の保障のために必要な秘密の保護に資するものであり、人格の無視や過小評価の故になされているわけではないので、人間の尊厳に対する侵害にはならないとした。このような基準に照らせば、人間の尊厳は、航空安全法一四条三項によって侵害されない。なぜならば、同条項が規定する措置の目的は他の人達の生命を救うためにテロリストの攻撃を阻止することにあるからである。

同様にC・グラムも、人間の尊厳が基本法の下では共同体との関係性や拘束性に依拠するものであることを強調する。[32] 彼によれば、人間は社会的存在（Sozialwesen）として、権利をもつだけではなく、その権利を通して義務をも、そして犠牲をも要求されうる。判決もまた、国家全体の存立が問題となる場合には、個人の生命を犠牲に供することも認められうるとしたが、ただ、判決は、本法の場合にはそのような事例には当たらないとしている。しかし、たとえば、テロリストが乗っ取った航空機で原子力発電所を攻撃すれば、戦争に近い数の犠牲者が生まれる可能性も排除できない。そうであるとすれば、航空安全法一四条三項は共同体の排除や国家的な法秩序の否認に向けられた攻撃を除去するためのものではないとする判示は説得的とはいえないことになる。

連邦憲法裁判所の判決に対する以上のような批判に対しては、同判決を基本的に支持する見解も出されている(33)。たとえば、C・シュタルクは、連邦憲法裁判所がボン基本法八七a条二項や三五条二項の解釈を踏まえればテロリストに対する軍事兵器をもってする軍隊の出撃の権限は導き出され得ないとしたことは、すでに航空安全法の立法過程においても明らかにされていたとする。つまり、判決も指摘しているように、航空安全法の制定過程において、ボン基本法のこれらの規定は、特別の能力をもってする軍隊の出撃を正当化してはおらず、そのためには、憲法の改正が必要であるとみなされていたのである。事実、そのために、基本法三五条と八七a条の憲法改正案がCDU/CSUによって提案されていたが、それは連邦議会の議決するところとはならなかった。CDU/CSUが立法過程において認めていたことを、連邦憲法裁判所は憲法解釈の方法で説得的に（plausibel）根拠付けたのであり、その際、基本法の注釈者達が支持した路線を尊重したのである。したがって、「軍隊をそれが必要な場合には空からの危険を防止するためにも使用することができるということが、基本法八七a条で（補充的に）またはその他の基本法条項で規定されない限りは、航空機を利用したテロの攻撃に有効に対処することは、連邦の権限範囲にはないのである。同様のことは、海からの攻撃（それがドイツの主権領域に属する領海からなされる限りにおいて）についても妥当する(34)」。

連邦憲法裁判所が、航空安全法の基本権違反を判示した点に関しては、シュタルクは、判決が乗っ取られた航空機に乗客がいる場合とそうでない場合に分けて議論している点に即して検討する。そして、前者の場合については、判決が、基本法一条一項の下ではテロについて何らの責任を負わない人間を故意に殺害することを許すような授権規定を設けることは考えられないとした上で、それにもかかわらずなされた航空機の撃墜が刑法的にどのように評価されるべきかについては留保をしている点に注目する。この点について、シュタルクは、判決が生命に関わる事柄についての行動を一般的に規律することの困難性を示すとともに、異常な事態において法律上の根拠なしに困難な決定を（政府関係者が）下したならば、そのことの刑事訴訟上の責任を場合によっては負うことになる可能性を示したものとする。また、後者の場合については、判決が航空機を撃墜したとしてもテロリストの人間の尊厳を侵害したことにはならないと判示したことについて、その根拠付けは適切に（zutreffend）なされていると評価する。もっとも、この点に関しては、武器として使用された航空機の地上における撃墜が、航空機がどこに墜落するかによって、テロリストによって企図された者以外の人達に対しても重大な損害をもたらしうる点などに問題が存しているとする。ただ、いずれにしても、シュタルクは、判決が生命は人間の尊厳のバイタルな基礎であるとした点を評価し、この判示は、胎児保護の問題や生命の終局にある人間の問題を考える場合にも意義をもつと評価する。

シュタルクとともに、判決を積極的に評価するW・ヘッカーは要旨次のようにいう[35]。航空安全法が規定するような、乗っ取られた航空機の撃墜のための連邦軍の出撃は、明らかに連邦軍の出撃についての基本法の限定的規定と矛盾していた。連邦軍は当初は対外的な「防衛」の場合にのみ出動できるとされていたが、非常事態憲法の改正に際して国内的に出動するについては、「この基本法が明示的に認める場合に限り」と、厳しく限定した形で認めることにした。ここにおいて、「防衛」の概念は、対外的な脅威ファクターによる伝統的な脅威に厳しく限定される。このような規定を踏まえて、三五条二項を解釈すれば、連邦憲法裁判所が、警察力としての使用ではない形での連邦軍の使用について違憲の判断を下したことは、学説の動向をも踏まえたものとして根拠がある。また、判決が航空安全法の規定が基本権侵害とした点については、これは人間の尊厳についての従来の連邦憲法裁判所の判例を基本的に踏襲したものである。すなわち、連邦憲法裁判所によれば、人間の主体としての実質が基本的に疑問視されるような場合には、人間の尊厳の侵害が存在することになるのであり、その場合には、他のいかなる基本権や法的利益との比較考量もできない絶対的な限界が画されることになる。そして、この限界は、国家の保護義務を援用することによっても疑問視されてはならないのである。近年、誘拐された人間を救助するためには誘拐犯を拷問にすることも人間の尊厳には抵触しないのではないかといった議論が一部にあるが、今回の連邦憲法裁判所の判決は、基本法一条一項の人間の尊厳の解釈に関する新傾向をめぐる論議をも踏まえれば、決定的な意義（entscheidende Bedeutung）を有する。航空安全法は、連邦立法者の過去に例のないような法政策的な過ちの結果であった。この法律における自由と安全の座標軸の移動の試みは、これまで知られていたあらゆる限界を超えるものである。生命と生命との比較考量はできないという従来の確信は、ありうべき極限的状況を引き合いに出すことによって放棄された。立法者は、新たな予防の論理（Präventionslogik）についての不確かな評価と規制を全法秩序に感染させている。しかし、航空安全法の検討の結果は、新たな予防の論理に限界を画して、リベラルな基本権理解についての基本的立場を維持しようとする試みが決して効果がないわけではないことを示している。なお、国家的秩序の根本に対する継続的攻撃が加えられるような極限的な事例についてはどう考えるべきかという問題は残るが、しかし、いずれにしても、確認しておくべきは、ドイツにおいては現在のところ国家の存立が脅かされるような事態は存在していないということである。したがって、テロリストの脅威を阻止するためにはドイツの平時の法秩序を断ち切る必要があるとする、現に強まっている議論は、完全に行き過ぎであるし、それ自体が法秩序に対する本当の危険（eigentliche Gefahr für die Rechtsordnung）を示しているのである(36)。

五　小　結

以上、ドイツにおけるテロ対策立法の動向の簡単な素描と、その一つである航空安全法に関する連邦憲法裁判所判決及び同判決に関する学説の若干の検討を行った。以上の検討を踏まえて、これらの問題について私なりのまとめを簡単にすれば、以下のようになるであろう。

まず第一に、テロ対策立法全般に関しては、テロ制圧法に関して前述した問題点が基本的にはほぼそのまま妥当するということである。すなわち、ドイツにおいてもテロ対策のための立法ということで、あるいは「安全」を確保するという名目で市民的自由やプライバシーが大幅に制限されてきているが、このような状況は、たしかに「監視国家」化あるいは「予防国家」化と呼ばざるを得ないものと思われる。このような状況の下においては、テロ対策や

「安全」を重視するあまりに、近代憲法の基本原則である基本権の保障がないがしろにされかねないという問題が生じてきているのである。しかも、そこにおいては、そもそも「テロ」とは、あるいは「安全」とは具体的にいかなる意味内容をもつのかについての厳密な限定が十分にはなされないままに、生命、自由、そしてプライバシーなどの制限が正当化されているのである。(37) もちろん、一般市民を無差別に殺傷する行為を認めることはできないし、そもそも人の生命、身体に対する加害行為は正当事由がない限りは認めることができず、したがって、そのような加害行為を「安全」の確保ということで規制・阻止することは認められてよいであろう。その意味では、市民的な「安全」の確保を市民的な生命・身体の「安全」の確保とほぼ同義のものと捉える限りで、そのような「安全」を具体的に侵害する行為を規制することは認められてよいであろう。(38) ただ、今日、問題とされているのは、そのような加害行為が現実に行われてからではテロに対抗して十分な「安全」を確保することができないということで、そのような加害行為が行われるはるか以前の段階で、加害行為を行う危険性をもつと公権力が考える者に対して規制が加えられるとともに、一般市民に対する規制も加えられてきているということである。「安全」の意味と範囲が不明確に拡大し、それにともなって「脅威」の敷居が低くなり、(39) レプシウスが指摘するように、一般市民もまた「潜在的脅威」とみなされているのである。そのような一般市民のとらえ方が、「人間の尊厳」を唱うボン基本法の基本原理と抵触してくることは否定しがたいと思われる。

第二に、航空安全法に則していえば、同法一四条三項は、テロリストによってハイジャックされた航空機を連邦軍が武力によって乗客を含めて撃墜することを認めている。航空機がアメリカの同時多発テロ事件のように地上の多数の市民を殺害することを防ぐためという理由によってである。この法律では、ハイジャックになんらの責任をもたない乗客の生命は、地上の人々の生命と比較考量されて、後者のために犠牲に供されうることを認めている。このことを正当化するために、乗客は航空機に搭乗する時点で極限的な場合には死ぬことを同意しているとか、航空機を撃墜することはテロリストの攻撃対象となる人々の生命を守るための国家の保護義務に基づくといった理由などが連邦政府によって挙げられたが、これらの理由は、いずれも憲法上の根拠がないものであることが、連邦憲法裁判所の判決によって説得的に示された。連邦憲法裁判所は、乗客達の生命権（人間の尊厳と結びついた）の尊重の必要性を根拠として、同法一四条三項の規定を違憲無効と判示したのである。連邦憲法裁判所は、このように判示することによって、生命権と人間の尊厳というボン基本法の価値理念をテロ対策立法に関しても基本的に遵守することを明らかにしたのである。(40)

もっとも、この判決に関しては、立憲主義あるいは憲法国家(41)の観点からして問題がないわけではない。例えば、判決は、テロになんらの責任を追わない乗客を故意に殺害するような立法措置を講ずることは基本法一条一項の下では考えられないとしつつも、「にもかかわらずなされた航空機の撃墜並びにそれに関する指令が刑法的に（strafrechtlich）どのように評価すべきかについては、ここでは決定すべきではない」としている。この点に関して、シュタルクは、前引したように、そのような指令や撃墜を行った者が刑事責任を負わされる可能性を認めたものとしているが、しかし他方では刑事責任を免れる可能性をも認めたものともいえなくもない。(42)そのような場合には、憲法上は違憲な行為であるが、刑法上の責任を問うことはできないということになってくるが果たしてそれで法的に首尾一貫しているかどうか、また、そうなった場合には政府当局としては航空機の撃墜を行う方向で行動することになりかねないが、果たしてそれでよいかどうかという問題が残ることになると思われる。

また、判決が、国家共同体全体の破壊に向けられた攻撃に対処するために、「非常事態憲法によって創設された保護メカニズムを超えてさらに共同体の存立確保のための連帯義務が基本法から導き出されるかどうか、またどのような状況の下で導き出されうるかについては、当法廷では決定する必要はない」と判示した点についても、問題がないわけではない。一九六八年の非常事態憲法は、当時にあっては、非常事態に対応する憲法改正としてきわめて包括的なものとされ、これによって超実定憲法的な国家緊急権の発動を阻止する意味合いをもつとされていたが、(43)しかし、この判決は、そのような超実定憲法上の国家緊急権の発動の可能性を必ずしも否認しなかったからである。(44)その意味では、この判決も立憲主義の根本に関わる難問の一つを将来に先送りしたといえなくもない。

他方で、この判決に対しては、これではドイツはテロに対しては無防備になるといった批判が提示されたことは上述した通りである。そして、このような判決に批判的な立場からは、ボン基本法の改正案も提案されることになる。前述したように、すでに航空安全法の制定段階においてCDU/CSUから、八七a条二項に「空と海からの危険に効果的に対処するために軍隊の出動がその防止のために必要な場合」にも連邦軍の出動を可能とする改正案が出されていたが、(45) 判決後において、例えば連邦内務大臣のショイブレは基本法八七a条を改正して、「防衛のため」以外にも、「国家共同体の基礎に対するその他の攻撃を直接防止するためにも」連邦軍の出動を認めるようにすべきであると提案した。(46) 学説上も、例えばドライストは、八七a条二項をつぎのように改正することを提案した。「防衛のために出動する場合以外に、軍隊は、相互的集団安全保障機構の枠内でのその規則に従った出動、緊急事態及び災害の防止及び除去のための出動、並びに国際的に活動するテロリズムへの対処のための出動が認められる。詳細は、法律で規定する」。(47) しかし、このような改正案は、連邦議会で採用されることはないまま今日（二〇〇七年現在）に至っている。

その代わりに、二〇〇六年に改正されたのは、基本法七三条一項であった。すなわち、二〇〇六年の六月から七月にかけてドイツでは連邦制度に関するかなり大幅な基本法の改正が行われたが、(48) その一環として、連邦の専属的立法権を規定した七三条一項に九a号が追加されて、「ラントの境界を越える危険が存在する場合、一のラント警察官庁の管轄が認められていない場合、またはラントの最上級庁が要請している場合における連邦刑事警察（Bundes-kriminalpolizeiamt）による国際テロリズムの危険の防止」という規定が設けられることになったのである。(49) この規定は、一方では、連邦レベルでもテロに対する対処の必要性を基本法で明確にするとともに、他方では、テロに対処するのは「連邦刑事警察」であって、連邦軍ではないということをも明確にしたように思われる。テロ行為は、戦争とは違うし、したがって、テロ行為に対しては、警察で対応すべきであって、武力をもってする連邦軍の出動に対しては慎重であるべきとする伝統的な考え方が、この基本法改正においても、とにもかくにも維持されていると捉えることができるようにも思われる。

最後に、ドイツにおける上述したようなテロ対策立法の動向と問題点は、日本においてテロの問題を考える場合にも一定の示唆を与えているように思われる。日本においては、もともと国際的なテロの危険性は少なかったといえるが、九・一一の同時多発事件以降、アメリカの対テロ戦争に積極的に協力する姿勢を示したことによって、日本においても国際的なテロの脅威や「安全」の重視の必要性が語られるようになってきた。しかし、そもそも、アメリカの対テロ戦争の発想には大きな問題が存していた。アメリカは、九・一一の同時多発事件に対してアフガニスタンに対する攻撃を自衛権の名の下に行ったが、しかしそのこと自体に国際法的に疑問があったし、また、その延長線上でイラクに対する武力攻撃を行ったが、しかしこれもまったく根拠のないものであり、まさに国際的なテロに対処するということが口実の一つに用いられたにすぎないものであった(50)。このような対テロ戦争によって、逆にテロの脅威が増加するという悪循環が今日の国際社会で見られる現象である。そのような現象を踏まえれば、対テロ戦争への協力という名目で、自衛隊を海外に出動させることは、テロを国際社会からなくする上で決してプラスにはならないことに留意すべきであろう。また、国内的にみれば、ドイツの航空安全法のような立法措置はまだ講じられていないが、テロに備え、「安全」を確保するという名目の下で市民的自由の過剰な規制の危険性はすでにさまざまな領域でみられている(51)。ドイツの場合には、まだしも連邦憲法判所が一定の歯止めの役割を果たしているが、日本の場合には、最高裁判所にそのような役割を果たすことを期待することができるかどうか、従来の最高裁が政治的自由の規制立法に関して違憲判断を下すことにきわめて消極的であったことを踏まえれば、少なからず危ういようにも思われる。結局は、「憲法の番人の番人」である市民が、テロという言葉に踊らされることなく、自由と安全との関係は本来どうあるべきか(52)、「人間の尊厳」を守るとはどういうことかを考えていくことでしか、「監視国家」化への道を防ぎ、立憲主義を護ることはできないように思われる。そのことをドイツの事例は示唆しているように思われる。

(1) 各国のテロ対策立法の動向については、大沢秀介・小山剛編『市民生活の自由と安全――各国のテロ対策法制――』（成文堂、二〇〇六年）及び憲法理論研究会編『憲法の変動と改憲問題』（敬文堂、二〇〇七年）の「第二部　9・11以降における各国の憲法変動」八九頁以下所収の川岸令和、小山剛、柳井健一の諸教授の論文参照。

(2) 大沢秀介「アメリカ合衆国におけるテロ対策法制」大沢・小山編・前掲（注1）一頁以下、同「現代社会の自由と安全」公法研究六九号（二〇〇七年）一頁以下参照。

(3) E. Denninger, Freiheit durch Sicherheit?, KJ 2002, S. 467 ff; ders., Freiheit durch Sicherheit, Anmerkungen zum Terrorismusbekämpfungsgesetz, Strafverteidiger, 2002, S. 96 ff. ;B.Rill (Hrsg.), Terrorismus und Recht – Der wehrhafte Rechtsstaat, 2003; U. Blaschke/A. Förster/S. Lumpp/J. Schmidt (hrsg.), Sicherheit statt Freiheit?, 2005. また、P.J テッティンガー「安全の中の自由」（小山剛訳）警察学論集五五巻一一号（二〇〇二年）一四四頁以下、西浦公「『安全』に関する憲法学的一考察」栗城壽夫先生古稀記念『日独憲法学の創造力（下巻）』（信山社、二〇〇三年）八一頁以下参照。

(4) ドイツのテロ対策立法に関する日本での紹介としては、小島祐史「ドイツの治安関係法令――テロ対策法を中心として（1）～（6）」警察学論集五六巻四号一一三頁、五号一五一頁、六号一八三頁、七号一八五頁、九号一〇九頁、一一号一二五頁（二〇〇三年）、渡辺斉志「テロ対策のための立法動向」外国の立法二一二号（二〇〇二年）一〇五頁、同「ドイツにおけるテロリズム対策の現況」外国の立法二二八号（二〇〇六年）一三三頁、岡田俊幸「ドイツにおけるテロ対策法制」『市民的自由と安全――各国のテロ対策法制――』（前掲注1）九五頁、小山剛「自由・テロ・安全――警察の情報活動と情報自己決定権を例に」『市民的自由と安全』（前掲注1）三〇五頁、同「法治国家における自由と安全」高田敏先生古稀記念論集『法治国家の展開と現代的構成』（法律文化社、二〇〇七年）二四頁、同「ドイツの憲法変動――9・11の前と後」『憲法の変動と改憲問題』（前掲注1）一一三頁以下参照。

(5) 結社法の改正については、初宿正典「ドイツの結社法における宗教・世界観団体の地位」『日独憲法学の創造力（上巻）』（前掲注3）四一七頁以下参照。

(6) 訳は、法務省大臣官房司法法制部編『ドイツ刑法典』（法曹会、二〇〇七年）一〇〇頁参照。

(7) 特に、小島祐史・前掲（注4）論文と渡辺斉志・前掲（注4）論文に詳しい紹介がなされており、本稿もテロ制圧法に関しては、これらの論文を参照した。

(8) ちなみに、安全性の審査は、安全性が侵されやすい活動の内容に応じて、①簡易安全性審査、②拡大安全性審査、③安全性調査を伴う拡大安全性審査に分けられる。安全性の審査を受ける者は、自己の広範な個人情報の申告を管轄機関に行うと共に、そのことの評価や照会を憲法擁護機関や警察などからなされることになる。この点については、小島裕史・前掲（注４）論文（３）一八三頁以下参照。

（9）航空安全法の制定過程と概要については、渡辺斉志「ドイツにおけるテロ対策への軍の関与――航空安全法の制定」外国の立法二二三号（二〇〇五年）三八頁以下で紹介されている。

（10）渡辺洋「『たたかう民主制』の意味・機能変遷――『対テロ戦争』との関連で――」神戸学院大学法学三二巻四号（二〇〇三年）五三頁以下、オリバー・レプシウス「自由・安全・テロリズム～ドイツの法的現状」（河村憲明訳）警察学論集五八巻六号（二〇〇五年）二四頁以下、岡田俊幸・前掲（注４）論文九五頁以下参照。

（11）Denninger, Freiheit durch Sicherheit?, KJ 2002, S. 474. 岡田俊幸・前掲（注４）一二二頁参照。

（12）レプシウス・前掲（注10）論文三四頁。

（13）Denninger, a.a.O.,S. 472.

（14）BVerfGE 109, 273.

（15）この点については、小山剛・前掲（注４）の諸論文及び白藤博行「『安全の中の自由』論についての覚書」専修大学法学研究所報三三号（二〇〇六年）一六頁以下参照。

（16）航空安全法に関連する文献としては、vgl., M. Baldus, Streitkräfteeinsatz zur Gefahrenabwehr im Luftraum, NVwZ 2004, S. 1278 ff.; K. Baumann, Das Grundrecht auf Leben unter Quantifizierungsvorbehalt?, DÖV2004, 853ff.; P. Dreist, Terroristenbekämpfung als Streitkräfteauftrag – zu den verfassungsrechtlichen Grenzen polizeilichen Handelns der Bundeswehr im Innern, NZWehr 2004, S. 89ff.; M. G. Fischer, Terrorismusbekämpfung durch die Bundeswehr im Inneren Deutschlands?, JZ 2004, S. 376 ff.; A. Meyer, Wirksamer Schutz des Luftverkehrs durch ein Luftsicherheitsgesetz?, ZRP2004, S. 203 ff; M. Pawlik, § 14 Abs. 3 des Luftsicherheitsgesetzes – ein Tabubruch?, JZ2004, S. 1045 ff.; J. M. Soria, Polizeiliche Verwendungen der Streitkräfte, DVBL 2004, S. 596 ff.; D.Hartleb, Der neue § 14 III LuftSiG und das Grundgesetz, NJW 2005, S. 1397 ff.

（17）M. Droege, Die Zweifel des Bundespräsidenten – Das Luftsicherheitsgesetz und die überforderte Verfassung, NZWehr 2005, S. 199 ff.

（18）BVerfGE 115, 118.

（19）BVerfGE 115, 118（139）.

（20） BVerfGE 115, 118（142）.
（21） BVerFGE 115, 118（146）.
（22） BVerfGE 115, 118（148）.
（23） BVerfGE 115, 118（152）.
（24） BVerfGE 115, 118（152）.
（25） BVerfGE 115, 118（153）.
（26） BVefGE 115, 118（157）.
（27） BVerfGE 115, 118（159）.
（28） BVerfGE 115, 118（165f.）.
（29） この判決に関する評釈としては、Vgl. C. M. Burkiczak, Das Luftsicherheitsgesetz vor dem Bundesverfassungsgericht, NZWehrr2006, S. 89 ff.; C. Gramm, Der wehrlose Verfassungsstaat?, DVBL2006, S. 653 ff.; F. Hase, Das Luftsicherheitsgesetz: Abschuss von Flugzeugen als „Hilfe bei einem Unglücksfall"?, DÖV2006, S. 213ff.; W. Hecker, Die Entscheidung des Bundesverfassungsgerichts zum Luftsicherheitsgesetz, KJ 2006, 179 ff.; W. R. Schenke, Die Verefassungswidrigkeit des § 14 III LftSiG, NJW2006, S. 736ff.; C. Starck, Anmerkung, JZ2006, S. 417 ff.; U.Palm, Der wehrlose Staat?, AöR2007, S. 95ff. また、松浦一夫「航空テロ攻撃への武力対処と『人間の尊厳』」防衛法研究三〇号（二〇〇六年）一一九頁以下参照。
（30） Palm, a.a.O.,S. 95 ff.; Gramm, a.a.O., S. 653 ff.
（31） Palm, a.a.O., S. 95 ff.
（32） Gramm, a.a.O., S. 659 ff.
（33） Hecker, a.a.O., S. 179 ff.; Schenke, a.a.O., S. 736 ff, Starck, a.a.O., S. 417ff.
（34） Starck, a.a.O., S. 417.
（35） Hecker, a.a.O., S. 179 ff.
（36） Hecker, a.a.O., S. 194.
（37） テロについては、国連においてもいまだ確定的な定義はなされていない。問題の根底には国家的テロをテロの中に含めるかどうかという難問があるからである。Vgl., C. Tomuschat, Internationale Terrorismusbekämpfung als Herausforderung für das Völkerrcht,

DÖV2006, S. 360 ff. なお、ドイツ刑法典一二九ａ条は「テロ団体の結成」を禁止し、同条にいうテロ団体とは、謀殺、故殺、民族殺人、人道に対する犯罪、戦争犯罪、恐喝的人身奪取、人質、その他の犯罪の遂行などに向けられた団体をいうとしているが、これによってテロが他の犯罪行為と明確に区別されるようになっているかどうかは必ずしも明らかではない。テロの定義問題については、C・タウンゼント『テロリズム』（宮坂直史訳）（岩波書店、二〇〇三年）三頁以下も参照。

（38）　ちなみに、森英樹「憲法学における『安全』と『安心』」樋口陽一先生古稀記念『憲法論集』（創文堂、二〇〇四年）五〇三頁以下は、「人身の自由」の総則的意味をもつと捉えうる「安全（safety）」と、政府のシステム化された任務たる「安全（security）」とを区別している。

（39）　F. Schoch, Abschied vom Polizeirecht des liberalen Rechtsstaats?, Der Staat 2004, S. 353f によれば、「予防国家（Präventionsstaat）」の主要なメルクマールは、①情報への事前対処のための強力なデータの収集処理、②危険の敷居の低下、③加害者と被害者との古典的な区別の均等化にあるとされるが、ドイツにおけるテロ対策立法は、まさにこのようなメルクマールを備えているようにみえる。

（40）　もっとも、生命権と人間の尊厳の関係をどのように理解するのかについては、なお検討すべき問題が存している。この問題については、vgl., J. F. Linder, Die Würde des Menschen und sein Leben.DÖV2006, S. 577ff. なお、人間の尊厳に関する最近のドイツの学説判例の検討については、青柳幸一「ドイツ基本法一条一項『人間の尊厳』論のゆらぎ」筑波大学法科大学院創設記念・企業法学専攻創設一五周年記念『融合する法律学（上巻）』（信山社、二〇〇六年）一頁以下及び井上典之「『人間の尊厳』論・再考」『法治国家の展開と現代的構成』（前掲注４）二五九頁以下参照。

（41）　憲法国家（Verfassungsstaat）については、石村修『憲法国家の実現』（尚学社、二〇〇六年）六一頁以下及び拙稿「日本国憲法六〇年と改憲論議の問題点」『憲法の変動と改憲問題』（前掲注１）二二頁以下参照。

（42）　ちなみに、判決は E. Hilgendorf, Tragische Fälle – Extremsituationen und strafrechtlicher Notstand,in ; Blaschke/Förster/ Lumpp/ Schmidt, a.a.O., S. 130. をも参照しているが、この論文は、この種の極限的な場合においては刑法上の責任を問うことはできないとしている。なお、この問題についての刑法上の観点からの検討としては、森永真綱「テロ目的でハイジャックされた航空機を撃墜することの刑法上の正当化(一)～(三)」姫路法学四一・四二号（二〇〇四年）一九七頁、四三号（二〇〇五年）一四九頁、四五号（二〇〇六年）一五七頁参照。

（43）　一九六八年の非常事態憲法の制定については、とりあえずは、拙稿「西ドイツの国家緊急権——その法制と論理について」ジュリスト七〇一号（一九七九年）三三頁（本書第三部第十六章所収）参照。

(44) Vgl., Hecker, a.a.O., S. 193 ff.

(45) Bundestag Drucksache 15/2649. vgl., Starck, a.a.O., S. 417.

(46) この提案については、vgl., U. Sittard/M.Ulblich, Neuer Anlauf zu einem Luftsicherheitsgesetz — Ein Schuss in die Luft?, NZWehrr 2007, S. 60ff.

(47) P.Dreist, Bundeswehreinsatz für die Fussball-WM2006 als Verfassungsfrage, NZWehrr2006, Heft2, S. 69. なお、この点については、松浦・前掲（注29）論文一六四頁参照。

(48) Bundestag Drucksache 16/813. この改正についての紹介と検討については、服部高宏「連邦と州の立法権限の再編」阿部照哉先生喜寿記念論文集『現代社会における国家と法』（成文堂、二〇〇七年）四五三頁以下、同「連邦法律の制定と州の関与」法学論叢一六〇巻三・四号（二〇〇七年）一三四頁以下参照。

(49) この点については、vgl., C. J. Tams, Die Zuständigkeit des Bundes für die Abwehr terroristischer Gerfahren, DÖV2007, S. 67 ff.

(50) この点については、さしあたり、拙稿「イラク特措法の批判的検討」龍谷法学三六巻四号（二〇〇四年）一頁以下（本書第一部第八章所収）参照。

(51) 日本における問題状況については、岡本篤尚「『安全』の専制」憲法問題一二号（二〇〇一年）九三頁以下、同「果てしなき『テロの脅威』と『安全の専制』」全国憲法研究会編『憲法と有事法制』（日本評論社、二〇〇二年）二五八頁以下、清水雅彦「『安全・安心』イデオロギーと『統治』の危機」憲法理論研究会編『〝危機の時代〟と憲法』（敬文堂、二〇〇五年）一〇七頁、同『治安政策としての「安心・安全まちづくり」』（社会評論社、二〇〇七年）、白藤博行「『安全の中の自由』論と警察行政法」公法研究六九号（二〇〇七年）四五頁以下など参照。

(52) なお、周知のように一九九〇年代以降「国家の安全保障（national security）」に対抗する（あるいは補完する）形で「人間の安全保障（human security）」という言葉がしばしば用いられるようになってきている。私自身はこの言葉を日本国憲法の平和的生存権に近い内容をもったものとして積極的に評価しているが（拙著『人権・主権・平和』（日本評論社、二〇〇三年）二六九頁以下参照）、この言葉も、テロの脅威に対抗するために「安全」を「自由」よりも重視する議論に利用される危険性を場合によってはもちかねないことには留意する必要があるであろう（森英樹・前掲（注38）論文五一九頁以下参照）。その意味では、「人間の安全保障」論がそのように利用されないように歯止めをかけることも今後の課題といえよう。なお、「人間の安全保障」についての最近の総合的研究としては、大久保史郎ほか編『講座・人間の安全保障と国際的組織犯罪（全四巻）』（日本評論社、二〇〇七年）参照。

〈初出一覧〉

第一部　有事法制の展開

第一章　「自衛隊法制三十年の軌跡と行方」法学セミナー二四巻一二号（一九八〇年）、「安保改定・沖縄返還・日米ガイドライン」法律時報臨時増刊『憲法と有事法制』（二〇〇二年）
第二章　「有事法制研究三十年史」軍事民論二四号（一九八一年）
第三章　「安全保障会議の危険な役割（上・下）」軍事民論五五号（一九八九年）、同六二号（一九九〇年）
第四章　「ＰＫＯ協力法の憲法上の問題点」ジュリスト一〇一一号（一九九二年）
第五章　「新ガイドライン関連法の憲法上の問題点」ジュリスト一一六〇号（一九九九年）
第六章　「平和憲法の理念と『テロ対策特別措置法』」軍事問題資料二五六号（二〇〇二年）
第七章　「『有事』三法と憲法の危機」法律時報七五巻一〇号（二〇〇三年）
第八章　「イラク特措法の批判的検討」龍谷法学三六巻四号（二〇〇四年）
第九章　「有事七法の狙いと問題点」法律時報七六巻一〇号（二〇〇四年）
第十章　「防衛省設置法と自衛隊海外出動の本来任務化」龍谷法学四〇巻三号（二〇〇七年）

第二部　軍事秘密法制と情報公開

第十一章　「軍事秘密と情報公開」ジュリスト七四二号（一九八一年）
第十二章　「国家秘密法案を批判する」軍事民論四三号（一九八六年）
第十三章　「自衛隊裁判と軍事秘密について」ジュリスト六四六号（一九七七年）
第十四章　「那覇市『防衛』情報公開取消訴訟判決の意義と課題」法律時報六七巻九号（一九九五年）

第十五章　「国の安全と情報公開」ジュリスト増刊『情報公開・個人情報保護』（一九九四年）

第三部　ドイツにおける非常事態法制

第十六章　「西ドイツの国家緊急権——その法制と論理について」ジュリスト七〇一号（一九七九年）
第十七章　「西ドイツ非常事態憲法における抵抗権」一橋論叢六五巻一号（一九七一年）
第十八章　「西独における国家秘密法制について」第二東京弁護士会・国家秘密法阻止対策会議編『国家秘密法　外国法制研究資料（二）』（一九九〇年）
第十九章　「ドイツ連邦軍のＮＡＴＯ域外派兵に関する連邦憲法裁判所判決」法学教室一七六号（一九九五年）
第二十章　「ドイツのテロ対策立法の動向と問題点」龍谷法学四〇巻四号（二〇〇八年）

事項索引

あ行

か行

さ 行

た 行

な 行

は 行

ま 行

や 行

ら 行

わ 行

〈著者紹介〉

山 内 敏 弘（やまうち としひろ）

1940年　山形県生まれ
1967年　一橋大学大学院法学研究科博士課程修了（法学博士）
獨協大学教授、一橋大学教授などを経て、
現在、龍谷大学法科大学院教授
専攻・憲法学

〈主要著作〉

『平和憲法の理論』（日本評論社・1992年）
『戦争と平和』（岩波書店・1994年、共著）
『憲法の現況と展望（改訂版）』（北樹出版・1996年、共著）
『憲法と平和主義』（法律文化社・1998年、共著）
『憲法判例を読みなおす（改訂版）』（日本評論社・1999年、共著）
『日米新ガイドラインと周辺事態法』（法律文化社・1999年、編著）
『有事法制を検証する』（法律文化社・2002年、編著）
『人権・主権・平和』（日本評論社・2003年）
『新現代憲法入門』（法律文化社・2004年、編著）
『無防備地域運動の源流』（日本評論社・2006年、共編著）など

学術選書
9
憲　法

立憲平和主義と有事法の展開

2008(平成20)年6月30日　第1版第1刷発行
5409-01018 P416.0:¥8800E:b065

著　者　山　内　敏　弘
発行者　今井 貴 渡辺左近
発行所　株式会社 信 山 社
〒113-0033 東京都文京区本郷6-2-9-102
Tel 03-3818-1019　Fax 03-3818-0344
henshu@shinzansha.co.jp
エクレール後楽園編集部 〒113-0033 文京区本郷1-30-18
笠間才木支店 〒309-1600 茨城県笠間市才木515-3
笠間来栖支店 〒309-1625 茨城県笠間市来栖2345-1
Tel 0296-71-0215　Fax 0296-72-5410
出版契約No.2008-5409-9-01010 Printed in Japan

印刷・製本／松澤印刷・大三製本
ISBN978-4-7972-5409-9 C3332 分類323-011-a010
5409-0101:012-050-0150

◇塙浩 西洋法史研究著作集◇

1 ランゴバルド部族法典
2 ボマノワール「ボヴェジ慣習法書」
3 ゲヴェーレの理念と現実
4 フランス・ドイツ刑事法史
5 フランス中世領主領序論
6 フランス民事訴訟法史
7 ヨーロッパ商法史
8 アユルツ「古典期ローマ私法」
9 西洋諸国法史（上）
10 西洋諸国法史（下）
11 西欧における法認識の歴史
12 カースト他「ラテンアメリカ法史」
クルソン「イスラム法史」
13 シャヴァヌ「フランス近代公法史」
14 フランス憲法関係史料選
15 フランス債務法史
16 ビザンツ法史断片
17 続・ヨーロッパ商法史
18 続・フランス民事手続法史
19 フランス刑事法史
20 ヨーロッパ私法史
21 索　引　未刊

◇国際人権法学会編◇

国際人権１(1990年報) 人権保障の国際化
国際人権２(1991年報) 人権保障の国際基準
国際人権３(1992年報) 国際化と人権
国際人権４(1993年報) 外国人労働者の人権
国際人権５(1994年報) 女性と人権
国際人権６(1995年報) 児童と人権
国際人権７(1996年報) 国際連合・アジア
国際人権８(1997年報) 世界人権宣言
国際人権９(1998年報) 刑事事件と通訳
国際人権10(1999年報) 国際人権条約の解釈
国際人権11(2000年報) 最高裁における国際人権法
国際人権12(2001年報) 人権と国家主権ほか
国際人権13(2002年報) 難民問題の新たな展開
国際人権14(2003年報) 緊急事態と人権保障
国際人権15(2004年報) 強制退去・戦後補償
国際人権16(2005年報) NGO・社会権の権利性
国際人権17(2006年報) 憲法と国際人権法
国際人権18(2007年報) テロ・暴力と不寛容